VD

Dortmunder Beiträge
zur Zeitungsforschung
Band 25

Herausgegeben von Kurt Koszyk,
Institut für Zeitungsforschung der Stadt Dortmund

Moritz Goldstein (Inquit)

Berliner Jahre
Erinnerungen 1880-1933

VD
Verlag Dokumentation München 1977

CIP-Kurztitelaufnahme der Deutschen Bibliothek

Goldstein, Moritz
Berliner Jahre, Erinnerungen 1880 - 1933 [achtzehnhundertachtzig bis neunzehnhundertdreiunddreissig]. - 1. Aufl. - München : Verlag Dokumentation, 1977.
(Dortmunder Beiträge zur Zeitungsforschung : Bd. 25)
ISBN 3-7940-2525-3

Die Drucklegung wurde dankenswerterweise durch die Stadtsparkasse Dortmund gefördert.

Druck/Binden: Hain-Druck KG, Meisenheim/Glan
Printed in the Federal Republic of Germany
ISBN 3-7940-2525-3

Moritz Goldstein 1930

Vorwort

Die Herausgabe dieses Erinnerungsbuches, dessen Manuskript 1948 entstand, verdanken wir einem Hinweis von Mr. Will Schaber (New York), der den Band 23 unserer Reihe (B. F. Dolbin) verfasste. Moritz Goldstein, der nach Jahren des Exils hochbetagt in New York starb, gehört zu der vergessenen Journalistengeneration, die 1918 - 1933 an der Gestaltung der "Vossischen Zeitung" mitwirkte. Seine Autobiographie ist zugleich ein bedeutsames Dokument jüdischer Existenz in Deutschland. Das sehr subjektiv geschriebene Werk muß als ein überpersönliches Zeugnis für das liberale Judentum in der bürgerlichen Gesellschaft der Wilhelminischen und der Weimarer Jahre gewertet werden.
Der Anhang mit journalistischen Arbeiten Goldsteins, insbesondere aus seiner Tätigkeit unter dem Pseudonym Inquit, als er Nachfolger des berühmten Gerichtsreporters Paul Schlesinger (Vgl. Sling, Richter und Gerichtete, Berlin 1929) war, soll den zeitgeschichtlichen Hintergrund einer bewegten Epoche verdeutlichen helfen.
Wir danken dem Bildhauer Kurt Harald Isenstein, geb. 1898 in Hannover, heute Kopenhagen, für die Überlassung einer Abbildung der nach 1933 zerstörten Porträtbüste Moritz Goldsteins. Cand. jur. Helmut Wöstefeld hat an der Auswahl der Inquit-Beiträge mitgewirkt.
Der Herausgeber bittet, einige typographische Ungereimtheiten zu entschuldigen, die auf die Herstellungsbedingungen des Executiv-Satzes zurückzuführen sind, sich aber ohne großen Kostenaufwand nicht mehr korrigieren ließen.

Kurt Koszyk

Inhalt

Verzeichnis der Abbildungen

I. Rechtfertigung

Zum dritten Male setze ich die Feder an zu dem Versuch ... ja, zu welchem Versuch? Mein Leben zu erzählen? Ich habe nichts Ungewöhnliches erlebt, und niemand fragt nach mir und meinen Umständen. Wenn ich mich dennoch immer wieder getrieben fühle, von mir selbst zu berichten und dabei, wenn nicht mein Leben, so doch aus meinem Leben zu erzählen, so ist meine wahre Absicht, die Partei meiner geistigen Leistung zu ergreifen, ihre Sache zu führen, so wie man einen Prozess führt, zur Abwehr von Unrecht und in Verteidung des Rechts.

Dies ist das Unrecht, gegen das ich mich wehre: Ich erhebe den Anspruch, eine schöpferische Leistung von Rang vollbracht zu haben. Aber ich lebe im Dunkeln, unbekannt, unerkannt, vereinzelt und vereinsamt. Ich führe das Leben einer unscheinbaren Pflichterfüllung; von je her, aber mehr als je, seit ich aus meiner Heimat vertrieben bin. Zwar entspricht diese Art von Leben durchaus meiner Ueberzeugung, wenn nämlich Leben und Werk in Streit miteinander geraten, sodaß nur einem von beiden sein volles Recht werden kann. Alsdann entscheide ich mich ohne Zaudern für das Leben und nicht für das Werk. Ich hasse aus tiefster Seele alles Literatentum. Denn das Leben liefert die Maßstäbe, nach denen der wahre Wert gemessen wird, und nicht die Literatur. Indessen mein Leben und meine literarische Leistung hätten einander nicht widersprechen sollen und nicht zu widersprechen brauchen. Ich mußte mich praktisch bewähren, weil ich von meiner literarischen Leistung nicht leben noch eine Familie erhalten konnte. Aber mein Ziel war, für die Literatur zu leben. Und die Voraussetzung eines solchen Lebens ist, daß man irgendwie von ihr muß leben können. Das heißt, man muß mit seiner literarischen Leistung Erfolg haben so weit, dass man berühmt oder wenigstens bekannt ist; nicht wegen der Eitelkeit, die dadurch geschmeichelt wird, sondern weil es die Grundlage bildet für ein Dasein, das sich völlig der schöpferischen Leistung widmen darf. Ruhm hätte mich nicht aufgeblasen noch hätte er mich stolz oder anspruchsvoll gemacht. Ruhm ist mein natürliches Klima, die Luft, in der ich frei atmen könnte und seelisch gesund wäre.

Dieses Ziel habe ich verfehlt, und eben das empfinde ich als ein mir zugefügtes schweres Unrecht. Es hat seine Gründe, und ich will sie berichten und erklären, soweit ich sie erkenne. Aber es ist mir so ergangen auch ganz ohne Grund, durch puren Zufall, durch Ungunst der Umstände, aus Laune des Schicksals, gegen Sinn und Vernunft. Bis zu einem gewissen Grade bin ich völlig unwissend darüber, warum es mir so ergangen ist.

Mein Anspruch stützt sich auf eine geschriebene Leistung, die, wenn man sie gedruckt zusammenfasste, viele Bände füllen würde; eine Leistung, die entstanden ist unter dem Druck des Brotberufes, abgetrotzt dem Zeitmangel, der Müdigkeit, der Mutlosigkeit, zu Zeiten auch der Krankheit. Sie ist teilweise unveröffentlicht geblieben und also unbekannt, teilweise übersehen, teilweise längst vergessen und tief versunken. Und sie ist durch all dies von dem Schicksal bedroht, sich in Makulatur zu verwandeln, völlig unterzugehen, sich in Nichts aufzulösen, in dem Augenblick, da ich die Augen schliesse. Denn es lebt niemand, der mit meinem literarischen Nachlass Bescheid wüßte und darauf vorbereitet oder dafür geeignet wäre, ihn ans Licht zu ziehen.

Mich, der ich mich völlig frei weiß von Todesfurcht oder irgendeiner anderen Furcht, jagt das Gespenst dieser Möglichkeit. Die Schauer der Vernichtung fallen mich an, wenn ich an meine verborgene unbetreute literarische Hinterlassenschaft denke.

Dieses Gespenst zu beschwören, ist der eigentliche Zweck meiner Niederschrift. Ich berichte hier von mir und meinem Tun und Treiben in der Hoffnung, es könnten diese Blätter etwas von meinem wahren Wesen, das heißt von meiner schaffenden und erkennenden Existenz bewahren; und es könnten aus ihnen ein paar verwandte Menschen mich bemerken und den Weg zu meiner Leistung suchen und finden.

Die Umstände, unter denen ich dies hier schreibe, sind bis zur Unkenntlichkeit verschieden von meiner Lage in demjenigen Teil meines Lebens, aus dem ich erzählen will. Ich befinde mich im Exil, nun schon länger als 40 Jahre.

Ueber meine Erlebnisse und Erfahrungen im Ausland könnte ich ein Buch verfassen; oder Bücher - wie übrigens beinahe jeder Emigrant. Die Zeit dafür ist noch nicht gekommen, und ich gedenke nichts dergleichen zu tun.

Der grosse Haufe der Emigranten lebt nun schon so lange in der Fremde, daß der Zustand der Vorläufigkeit, den das Exil zunächst zu haben schien, aufgehört hat. Nicht wenigen von ihnen ist es gelungen, in der neuen Heimat eine neue, ihnen gemäße Existenz aufzubauen. Geschäftsleute, wenn sie Geschicklichkeit hatten und das Glück ihnen günstig war - beides wurde verlangt -, Aerzte und Zahnärzte, die zugelassen wurden, auch ein paar Schriftsteller und Künstler gehören dazu. Sie sind bereits Bürger ihres neuen Landes oder auf dem Wege, es zu werden. Ihre Kinder besuchen die fremden Schulen oder haben sie schon absolviert, beherrschen die fremde Sprache ohne fremden Akzent, betrachten sich als zugehörig und einheimisch und helfen ohne Absicht mit, ihre Eltern an den neuen Boden zu binden. Für diese Bevorzugten heißt Emigration, wie sich herausstellt, nichts anderes, als daß sie umgezogen sind, bisweilen in eine bessere Gegend. Sie haben aufgehört, Emigranten zu sein.

Aber andere, und vermutlich die meisten, sind nicht wieder eingewachsen; im wesentlichen deshalb, weil sie keine ihnen gemäße oder überhaupt keine Existenz mehr gefunden haben. Auch für sie ist das Exil mit all seiner Vorläufigkeit und Unsicherheit längst zum Dauerzustand geworden, der sich, solange sie leben, nicht mehr ändern wird. Manche von ihnen bleiben, wo sie hingespült worden sind, in kümmerlichen Umständen, weit unterhalb ihrer Kenntnisse und Fähigkeiten, in wehmütiger Erinnerung an das geachtete, bisweilen verwöhnte und jedenfalls bequeme Leben, das sie früher geführt haben. Andere kehren zurück oder möchten zurückkehren, noch andere wandern weiter oder suchen weiter zu wandern. Keine lockende Zukunft liegt vor ihnen, das beste, was sie erhoffen dürfen, ist, daß sie vor nackter Not bewahrt bleiben.

Zu dieser Gruppe von Emigranten gehöre ich selbst mit meiner Frau. Es ist uns so gegangen trotz unablässiger schwerer, meist körperlicher Arbeit, mit der wir immerhin im grossen und ganzen unseren Lebensunterhalt erworben haben - was keine geringe Leistung darstellt. Daß es sich so verhält, darüber sollte ich mich nicht wundern. Das Leben ist mir auch unter den so viel günstigeren

Bedingungen meiner Heimat nicht leicht gefallen, sondern schwer. Wie konnte ich erwarten, Erfolg und Aufstieg würden mir in der kalten, harten, gleichgültigen Fremde besser glücken, zumal der Schwung und die Empfehlung der Jugend weit hinter mir liegen? Vielleicht sollte ich mich vielmehr wundern, daß ich immer noch da bin und weiter kämpfe.

Emigration bedeutet Hilflosigkeit. Bürger in der Fremde lernen nun den Zustand kennen, der dem Proletariat auch in der Heimat seit je her geläufig ist: sie können einander nichts nützen und sich gegenseitig nicht fördern. Proletarier wissen daher mit einander nichts anzufangen, und es gibt unter ihnen im Grunde keine Geselligkeit. Menschen in der bürgerlichen Sphäre dagegen kommen gerne zusammen. Denn im allgemeinen sind sie nicht hilfsbedürftig. Und zugleich vermögen sie einander vielfach zu nützen und sich gegenseitig vorwärts zu bringen, meistens durch nichts anderes, als daß sie sich kennen. In der Fremde sitzen die Landsleute aus der bürgerlichen Schicht wieder beieinander; aber keiner von ihnen bildet ein Kraftzentrum, aus dem er Nutzen für andere strahlt. Sie sitzen beieinander, weil sie niemanden haben als sich selbst, aber sie wissen miteinander nichts anzufangen. Das macht die Emigrantengeselligkeit so unfroh. Und eben durch diese gegenseitige Hilflosigkeit sind sie proletarisiert; viel mehr dadurch als durch die Enge und Dürftigkeit der Behausung und durch den Zwang, die sogenannten untergeordneten Arbeiten der Wirtschaft selber zu verrichten.

Denn Emigration bedeutet auch Vereinsamung. Das andere Land, in dem man lebt und obwohl man darin lebt und es täglich und stündlich um sich hat, bleibt verschlossen und fern. Du erreichst es nicht, allen Anstrengungen zum Trotz. Wie sollte es anders sein? In der Heimat wuchsest du aus deiner Familie mit allen ihren Verästelungen, aus deinem Kreise, aus deiner Schule, aus deinem Beruf. In der Fremde siehst du dich aus allen diesen Bindungen gerissen. Dafür kennst du, wenn du Glück hast, den Nachbarn, aber du kennst ihn nur von außen, so wie auch er dich nur von außen kennt. Er ist nicht neugierig nach deinen Umständen, nach deiner Herkunft, nach deiner Vergangenheit. Du genügst ihm so, wie er dich da hat; und hoffentlich findet er dich einen angenehmen Nachbarn. Ferner kennst du, wenn du Glück hast, deinen Berufskollegen, der neben dir arbeitet. Aber auch ihr, und in noch stärkerem Masse, kennt euch nur von außen. Und vielleicht kennst du noch hier und da diesen und jenen, und jeder von ihnen hält sich für sehr menschenfreundlich, wenn er dich fragt, wie du dich heute befindest, und wie es deiner Frau geht.

Und daher bedeutet Emigration vor allem Verlust des angeborenen, mit dir gewachsenen, von dir erworbenen, des gewohnten und dir gebührenden Ansehens. Vielleicht ist dies der Verlust, der sich am schwersten tragen läßt. Im Anfang glaubst du, durch Freundlichkeit, durch strenge Rechtlichkeit, durch Arbeit und Leistung wirst du dir dein altes Ansehen zurückgewinnen. Unter günstigen Umständen magst du dir ein gewisses neues Ansehen erwerben; aber es hängt in der Luft. Das alte, das verdiente, dein ganz persönliches Ansehen bleibt so tot wie die Vergangenheit.

Und endlich bedeutet Emigration Unstetheit. Du hast kein Haus und keinen Hof mehr, auch wenn du jahrelang unter derselben Adresse erreichbar sein solltest. Auch früher bist du gelegentlich, oder auch häufig, umgezogen. Dann nahmst du alles Deinige mit dir, wozu nicht nur die Dinge gehören, sondern auch die Menschen und Beziehungen, und jede zufällige Wohnung konntest du sofort wieder in ein eigenes Heim verwandeln. In der Fremde weht es dich hin und her, hierhin und dorthin, du wirst nicht gefragt, es vollzieht sich an dir, du kannst dich nicht widersetzen, du bist den unbekannten Mächten ausgeliefert. Jedesmal packst du dein bisschen Habe zusammen, das für einen, der weder Geldmittel noch Heimat hat, viel zu umfangreich und viel zu schwer ist. Jedesmal lösest du den engen Zauberkreis eines äusserlichen Behagens und einer vorläufigen Ordnung wieder auf und fängst irgendwo anders, einem willkürlichen und beziehungslosen Ort, ganz von vorne an. Dabei geht die rasende Fahrt dicht am Abgrund entlang. Uebrigens hat uns das Exil wenigstens so viel beschert, dass wir immer wieder in höchster landschaftlicher und bisweilen auch architektonischer Schönheit behaust gewesen sind. Das bietet keinen Ersatz für Sinn und Sicherheit, aber es bedeutet auch wieder keine geringe Gunst.

Deine Existenz besteht schliesslich in einem unermüdlichen und aussichtslosen Kampf mit der kleinen Misere. Es verhält sich nicht so wie früher, daß du den Apparat handhabst und ihn zur Vollbringung des Wesentlichen benutzest. Sondern der Apparat beherrscht und tyrannisiert dich; und die Förderung des Wesentlichen, wenn du dafür überhaupt Raum und Kraft findest, kann nur nebenher, allenfalls und zufällig geleistet werden. Es lohnt sich nicht, diese ununterbrochen klappernde und blechern klirrende Kette äusserer, meist unerfreulicher Begebenheiten in gewissenhafter Erzählung abzuhaspeln, so schwer wir auch an ihr zu tragen hatten.

Darüber jedoch brauche ich nicht zu schweigen, dass diese 40 Jahre nicht nur aus kleiner Misere bestanden haben, sondern zugleich auch aus produktiver Bemühung und Leistung. Wen die Emigration nicht zerbricht oder verdirbt, den macht sie stärker. Mich hat sie jung erhalten, ich bin innerlich derselbe geblieben, der ich früher war, und wenn die Umstände von damals wiederkehrten, so könnte ich einfach dort fortfahren, wo wir einst so brutal unterbrochen worden sind. Ich habe in der Emigration nicht aufgehört, zu lernen, zu planen und zu schreiben, und das unter Verhältnissen, die jedem Aufschwung und jeder geistigen Entfaltung Hohn zu sprechen schienen. In meinen Augen ist das eine heroische Leistung, auf die ich stolz bin, und ich zaudere nicht, mich ihrer zu rühmen.

Von meinem Exil habe ich verbracht, immer mit meiner Frau, im Anfang auch mit unserem Sohn Thomas: nahezu sechs Jahre in Italien; etwa drei Monate in Frankreich; mehr als acht Jahre in Grossbritannien. Endlich, Oktober 1947, sind wir in die Vereinigten Staaten von Amerika eingewandert und haben damit Thomas, nach einer Trennung von reichlich neun Jahren, wiedergetroffen. Weiter hoffen wir nicht mehr zu wandern, wenigstens nicht von Land zu Land, wenn auch wahrscheinlich von Ort zu Ort und gewiss von Wohnung zu Wohnung. Die eigenen Möbel und die eigene Bibliothek sind in Italien verloren gegangen. Seitdem stehen wir da als ein Ehepaar mit ein paar Koffern und Kisten, in denen sich allerlei Kram befindet, wozu auch meine Skripturen und Manuskripte gehören, mein eigentlicher Besitz, wenn auch nur in der Einbildung. Dagegen tragen wir mit uns als längst vertraute Begleiter unsere Sorgen, unsere Unsicherheit, unsere Mühsal. Es folgen uns unsere Fähigkeiten, unser Wissen, unsere Arbeitskraft (solange sie vorhalten mag) und unsere Hoffnung, dazu unser Verlangen nach Ruhe, nach Geborgenheit, nach einem Obdach, aus dessen Hut wir nicht mehr vertrieben werden können. Wir schleppen mit uns auch die Sehnsucht nach der verlorenen Heimat; die Sehnsucht nicht nach einem fernen und immer ferneren Lande, sondern nach einer entschwundenen Zeit. Aber vielleicht teilen wir diese Sehnsucht mit allen alten Menschen. Denn das Kennzeichen des Alters ist, dass man nicht mehr in die Zukunft träumt, sondern in die Vergangenheit.

Den grössten Teil unseres Exils habe ich, und haben wir, verbracht in schwerer, meist körperlicher, nach früheren Maßstäben untergeordneter Arbeit. Damit meine ich nicht die notwendigen Verrichtungen im eigenen Haushalt, die heutzutage nur wenigen erspart bleiben, sondern die Berufsarbeit gegen Geld. Körperliche Arbeit beschert einen ungewohnten Seelenfrieden, im Gegensatz zu geistiger Arbeit. Auch ist die normale Müdigkeit nach körperlicher Arbeit ein angenehmes Gefühl, während sie nach geistiger Arbeit quält und verstimmt. Freilich bedeutet das Bewusstsein, dass man im gesellschaftlichen Sinne nichts "ist", eine schwere Bürde des Selbstgefühls, dem es nicht immer standhält. Man verliert seine Sicherheit im Verhältnis zu denen, die etwas "sind", man wird misstrauisch und empfindlich. Viele Menschen, denen man in dieser Lage begegnet, wissen sehr wohl, mit wem sie es zu tun haben, und benehmen sich danach. Aber es fehlt auch nicht an solchen, die entweder garnichts merken oder ihre zufällige Ueberlegenheit mit Behagen auskosten. Im ganzen verhält es sich so: Gesetzt, jemand wird verhaftet und zum Grabenreinigen an die Landstrasse gestellt, wie es unter den Diktatoren ja manch einem feinen Herrn geschehen ist; so spielt er zunächst bloss eine Rolle. Er mag sich bemühen, sie gut zu spielen, und mag es mit einem gewissen Humor tun, indem er bei sich schon die Zeit vorweg nimmt, da er davon im vertrauten Kreise erzählen wird. Aber wenn seine Lage über eine gewisse Frist anhält, sagen wir: länger als ein Jahr, so geht der Humor der Situation völlig verloren, und er ist nur einfach sozial abgesunken; ein höchst schmerzliches Erlebnis.

Es hilft nichts, dass mich die Freunde nichts merken lassen oder dass ich mir gut zurede: in Wahrheit bin ich längst sozial abgesunken.

Dass ich mich selber nicht ebenso einzuschätzen brauche, das verdanke ich einem Werk, an dem ich seit vielen Jahren arbeite.

Es war in den Tagen meiner Entlassung aus dem Hause Ullstein 1933 und der daraus folgenden Beschäftigungslosigkeit, dass ich den Plan dazu fasste. Auch damit bezeichne ich noch nicht den Beginn, die Anfänge reichen zurück bis in meine Militärzeit 1903-1904. Damals sah ich die Macht in ihrer eindrucksvollsten und unverhülltesten Form, und ich stellte meine Beobachtungen an und zog meine Schlüsse schon damals. Dann wurden mir neue Lektionen eines gründlichen Anschauungsunterrichtes zuteil, sozusagen in aufsteigenden Klassen: bei Ausbruch des ersten Weltkrieges; im Felde; beim deutschen Zusammenbruch 1918; und bei dem Versuch, das politische Chaos zu überwinden und eine deutsche Republik auf die Beine zu stellen. Dann erlebten wir die Freikorps, dann die verschiedenen Organisationen zur Aushöhlung des demokratischen Deutschland. Und zuletzt kam Hitler. Damit hörten Staat, Staatszweck und Staatsform auf, ein theoretisches Thema für Leitartikel zu sein, die gewisse Leute schrieben und wir anderen mit gedämpftem Interesse lasen, vielmehr verwandelten sich diese Aufsatzstoffe in lebendige Kräfte, mit denen es uns selbst an den Kragen ging. Und so beschloss ich, über den Staat und seine Macht, über den Menschen der Macht und allgemein über das Phänomen der Macht ein Buch zu schreiben.

Es war eine weitschichtige Aufgabe, die Schwierigkeit lag für mich darin, dass ich zu wenig Wissen auf diesem Felde besass, und dass gleichzeitig zu viel Stoff auf mich eindrang. Einen Teil der Fülle konnte ich auf eine Schrift "Die Sache der Juden" abwälzen (unveröffentlicht), die ich in Italien verfasste, wobei ich das Problem des Nationalismus und den Komplex der Judenfrage mir vom Halse schaffte. Mit der Ausarbeitung begann ich in England, nicht lange nach unserer Ankunft. Es waren Monate niederdrückender Abhängigkeit, aber ich hatte Zeit. In der Leere unseres damaligen Daseins hielt diese Arbeit mich innerlich aufrecht. Und diesen Segen hat sie mir weiter gespendet, während ich von Berufs wegen nichts weiter war als der Helfer meiner Frau in ihrem Pensionsbetrieb. Hinter dem Rücken der Gäste war ich eben doch etwas anderes, nämlich der Erdenker und Verfasser eines grossen politisch-philosophischen Traktates. Mit meinen Gedanken kreiste ich ständig um das Buch, und in langen Wintermonaten durfte ich mich auf mein Werk konzentrieren, völlig vereinsamt, denn da war niemand, mit dem ich Gedanken und Pläne diskutieren konnte; auch eine Bibliothek stand mir nicht zu Verfügung.

Das Ganze war auf sechs Bücher berechnet, wenigstens drei davon wurden nach und nach fertig. Für das erste brauchte ich vier Monate, für das zweite sieben Monate, für das dritte drei Jahre. Darin drückt sich nicht die Schwierigkeit der Aufgabe aus, sondern die Wucht der Ablenkung. Dass ich die Ausarbeitung des vierten Buches begonnen habe, liegt nun schon wieder lange zurück. Noch ist völlig unentschieden, ob ich das Werk je vollenden werde; wenn ja, ob es veröffentlicht und gelesen werden wird. Manchmal kommt mir das ganze Unternehmen vor wie eine Donquichotterie. Öfter aber freue ich mich dieses meines heimlichen Treibens, bei dem ich mich so unbefangen fühle, gerade weil die Welt nichts davon weiss.

So also, innerlich und äusserlich, verhält es sich mit mir, während ich mich daran mache, über mein Leben und Streben in der Heimat Bericht zu erstatten, in einem letzten Versuch, die Mauer, die mich umgibt, zu durchbrechen. Indessen, ich schreibe, in Nebenstunden und ohne Eifer, mit der wehmütigen Heiterkeit desjenigen, der voraussieht, auch diese Anstrengung werde vergebens bleiben, und der zugleich seit langem weiss, wie unwichtig irgendein privates Schicksal und also auch mein eigenes Literatenlos ist. Denn der Weg alles Menschlichen führt in die Dunkelheit und in das Schweigen, und es ist auf tröstende und versöhnende Weise wunderbar gut so.

New York, 1948 M.G.

II. Der Einsame

Ich finde mich als Kind vor dem Hause, in dem meine Eltern eine gemietete Vierzimmerwohnung im dritten Stock inne haben, auf der Strasse stehen, einer baumlosen, ziemlich schmalen Berliner Strasse, die ich aber als sonnig und breit in der Erinnerung trage, und zusehen, wie andere Kinder spielen. Die Kinder sind mir fremd, ich habe kein Recht mitzuspielen und wage nicht, mit Frage oder Anrede mich einzufügen oder um Erlaubnis zu bitten, ja, es kommt mir nicht entfernt der Gedanke. Sie haben sich mit Kreide ein Rechteck auf die Steinfliesen gezeichnet, es in Felder geteilt und oben mit einem Halbkreis abgeschlossen. In einem Feld steht geschrieben "Hölle", in einem anderen, dem letzten, "Himmel". Eins der Kinder wirft ein Kettchen auf das Spielfeld, hüpft auf einem Bein hinterher, stösst es mit dem Fuss von Feld zu Feld. Schliesslich scheidet es aus, und ein anderer Spieler tritt an seine Stelle.

Das nennt man unter Kindern eine Hopse - ich weiss das heute. Ich erfuhr es von meinem Sohn, als er ein Kind war und selber mit anderen Kindern vor unserem Hause Hopse spielte. Die Regeln kenne ich noch immer nicht. Denn ich habe es nie gespielt, ich bin nicht dazu aufgefordert worden, es waren keine Kinder um mich her, die es spielten und bei denen ich von selbst dazu gehört hätte.

Das Faktum ist ohne Belang, aber bezeichnend für mein Verhältnis zu Menschen, nicht nur in der Kindheit, sondern durch mein ganzes Leben. Es herrschte keine Verschwörung um mich her, ich hatte Gespielen und später Freunde und verkehrte unbefangen mit ihnen. Aber ohne dass ich ausgeschlossen wurde, war ich immer wieder nicht dabei, wo jeder andere mittat, und kannte nicht, was jedem anderen geläufig war. Schloss ich mich, unbewusst, selber aus? Irgendwie muss es der Fall gewesen sein, obwohl ich mich in meinem Bewusstsein vor Sehnsucht, teilzunehmen, verzehrte.

In der Steinwüste unseres Wohnviertels gab es eine Oase, sie hiess der Luisengarten, ein Stück umfriedeten Geländes mit üppigem Baumbestand und kleinen Rasenflächen. Der Park gehörte der Luisenkirche und war früher Begräbnisplatz gewesen. Wir fanden im Sande noch Menschenknochen und Gebisse. Um dort ein- und auszugehen, dazu bedurfte es einer Erlaubniskarte und des Gitterschlüssels, die man jedes Jahr zu Beginn des Sommers von der Gemeinde sich ausbitten musste. Wir hatten Schlüssel und Karte, ein Tisch mit Bank und Stühlen wurde angeschafft, wir hatten dort unseren gemieteten Platz und benutzten ihn, an den Vormittagen mit der Mutter, an den Abenden mit beiden Eltern. Ich sehe mich, jetzt ein Junge von acht oder neun Jahren, der fashionablen Gesellschaft zusehen, die dort Krocket zu spielen pflegte. Einen Teil der Herren - aber wahrscheinlich waren es Jungen von 12 bis 15 Jahren - kannte ich: es waren die Söhne des Inhabers eines Herrengarderobengeschäftes in unserer Strasse namens Cohn. Sie bedeuteten mir den Inbegriff der Eleganz und weltmännischen Gewandheit, wenn sie mit ihren gleichaltrigen Damen unbefangen plauderten und scherzten und dabei mit den kühnen und sicheren Schwüngen ihrer Hämmer die Holzbälle durch die Reifen jagten. Wer dabei sein durfte! Wer über die körperlichen und geistigen Gaben verfügte, dabei zu sein! Ich traute mir beides nicht zu, aber dennoch war ich wenigstens einmal dabei. Eine der Damen forderte mich auf, mitzumachen, und drückte mir einen Hammer in die Hand. Sie erklärte mir auch, worauf es ankäme und was ich zu tun hätte. Ich feierte keine Triumphe. Weder wusste ich ein Wort zu reden oder gar zu scherzen noch traf ich die Bälle noch trieb ich sie zielbewusst durch die Reifen und gegen den Zielpfahl. Ich bin körperlich keineswegs hilflos, sondern ausgesprochen und weit über die Regel geschickt. Aber ich hatte gar keine Übung, weder im Krocketspiel noch in der gesellschaftlichen Konversation.

Spielgefährte war mir mein um anderthalb Jahre älterer Bruder Paul, jetzt längst tot. Damals waren wir noch brüderlich befreundet, später entwickelten wir uns völlig auseinander und, ohne uns je zu verfeinden, wussten wir kaum miteinander zu sprechen. Er kam in der Schule nicht mit und musste sie vorzeitig verlassen, geistige Interessen waren ihm fremd, oder vielmehr, es reichte bei ihm nicht dazu. Er wurde ein kleiner Kaufmann und quälte sich sein Leben lang im engsten Kreise, ohne es je zu einer auskömmlichen Existenz zu bringen. Dafür verfügte er über gesellige Talente und hatte in seiner Sphäre viele Freunde. Ich trennte mich endgültig von ihm, als ich 1933 auswanderte. Er starb nach langer qualvoller Krankheit in Berlin, glücklicherweise bevor die schlimmste Judenverfolgung einsetzte. Er hat also nicht mehr erlebt, dass seine beiden Kinder, schon herangewachsen, von den Nazis umgebracht wurden. Seine Frau gehört zu den wenigen Jüdinnen, die in Deutschland überlebt haben.

Vielleicht hätte ich weniger Schwierigkeiten im Menschlichen gehabt, wenn meine Schwester Lenchen am Leben geblieben wäre. Aber sie starb mit fünf Jahren 1888 an Diphteritis, wenige Tage vor Weihnachten, meine Eltern zerbrachen fast unter der Wucht des Schlages. Ich war damals acht Jahre alt, und obwohl ich Tränen vergoss, fiel es mir doch bald leicht, zu Spiel und Frohsinn zurückzukehren. Was der Verlust für mich wirklich bedeutete, ermass ich erst viel später. Wäre sie am Leben geblieben, so grübelte ich oft - wer weiss, was für eine liebevoll verstehende Gefährtin ich an ihr gehabt hätte. Wer weiss! Es hätte auch ganz anders kommen können, es war möglich, dass ich mich mit ihr so wenig verstand wie mit meinem Bruder Paul. Aber um sie her wären doch Mitschülerinnen und Freundinnen gewesen, und ich, in der Rolle des älteren Bruders, hätte von früher Jugend auf in unbeschwerter und harmloser Verbindung mit Mädchen gestanden und hätte gelernt, mit ihnen umzugehen. So aber, während ich durch meine frühe Jugend fast keine Freunde hatte, wuchs ich auch ganz ohne Mädchen auf.

Statt dessen gab es um mich her, damals in meiner frühen Knabenzeit, alte Schachteln in Haufen. Ich begreife nicht, wo sie alle herkamen, und noch weniger, warum sie so hässlich und so simpel waren. Aber es quoll förmlich aus allen Fugen meiner Kinderzeit von betagten Witwen und ausgedörrten Jungfern. Sie gingen bei meinen Eltern aus und ein, und ich verstehe nicht ihre Nachsicht. Sie tauchten auf, wenn meine Eltern uns ins Freie mitnahmen, und verdarben uns die Freude an dem Ausflug. Ich erinnnere mich eines Spazierganges mit meinem Vater über freies Feld, das von unserem steinigen Wohnviertel her gewiss nicht einfach zu erreichen war. Wir müssen mit der Pferdebahn (ich weiss nicht, wohin) gefahren sein, um die uniformen Stadthäuser hinter uns zu bringen. Aber da wanderten wir denn endlich einen Wiesenpfad, weit ab, wie wir dachten, von allen ausgetretenen Wegen der Stadtmenschen. Und siehe, gerade auf diesem schmalen Pfad, unausweichlich, zu unserem Entsetzen, übrigens auch zum Missvergnügen meines Vaters, kamen uns zwei betagte Schwestern unseres Bekanntenkreises entgegen, brachen in Jubel aus über das unerwartete Zusammentreffen und hängten sich geschwätzig an uns. Es gab in diesem Kranz verwelkter Weiblichkeit Schwerkurzsichtige nahe an der Erblindung, Verwachsene, Frauen mit kranken Männern, Geschiedene, Verlassene, lauter unglückliche Wesen, gewiss, und wahrscheinlich war dies der rührende Grund, warum meine Eltern sie ertrugen. Aber ihr unaufhörlich lamentierendes Geschwätz um ihren kleinen sorgenvollen Alltag langweilte mich zu Tode, während zugleich ihr Mangel an Wohlgestalt, des Leibes und des Geistes, mein Gefühl tief verletzte. Es ist dies nicht ein Urteil, das ich rückblickend fälle. Wenn ich es damals auch nicht hätte formulieren können, gelitten habe ich darunter aufs Schmerzhafteste.

Derselbe Zauberfluch, der meine frühe Jugend mit fadem missgeformten Alter umstellte, hielt die gleichaltrigen Mädchen fern. Es gab ihrer keines in meiner Familie, es gab sie nicht im Kreis meiner Eltern. Wie es sein kann und wie es hätte sein sollen, lernte ich erst kennen, als ein paar Jahre nach Lenchens Tode noch ein Bruder, Berthold, geboren wurde. An ihm erlebte ich mit Verblüffung und Neid, wie die Mädchen da waren, während er heranwuchs, immer neue Mädchen; nicht Mädchen, wie man sie sich später selber sucht, sondern natürlicher Weise und ohne sein Zutun. Sie waren jetzt mit einem Male da, in der Familie und im Verkehr meiner Eltern, sie waren auch da in den Familien seiner Mitschüler. Er kannte nicht diese leeren Nachmittage, wenn man nach Gefährten und Gefährtinnen lechzte, nicht dieses unfrohe Herumhängen im Kreise der Erwachsenen. Um ihn gab es nicht nur immer Menschen, sondern auch die jeweils passenden Menschen. Er wurde immer eingeladen oder er selber hatte Besuch. Solange er lebte, war das Haus meiner Eltern gesellig. Dieselbe Erfahrung, mit demselben Erstaunen und demselben Neid, - wenn man es Neid nennen kann, - machte ich später mit meinem eigenen Sohn. Auch um ihn waren von selbst und ohne sein Zutun die Gespielen und Gespielinnen, die er brauchte, sie stammten, wie konnte es anders sein, aus meinem Umgang und dem meiner Frau. Es ist das natürlichste von der Welt und verhält sich normaler Weise überall so. Warum es um mich her ganz anders war, vermag ich nicht zu erklären.

Wie einsam ich war, und mit mir mein Bruder Paul, dafür ist ein ganz unbedeutender Vorfall bezeichnend, den ich im Gedächtnis behalten habe. Meine Eltern, obwohl zeitlebens gute und unerschütterlich treue Juden, feierten Weihnachten als ein Fest ihrer Kinder. Als wir noch zu Dritt um sie waren, putzten wir ein Bäumchen aus und warteten mit Herzklopfen auf den Augenblick, da das silberne Glöckchen tönen würde und wir die "gute Stube" betraten, wo es uns mit seinen Kerzen anstrahlte und die zauberhaften Geschenke - ohne Zweifel sehr bescheidene Gaben - bereit lagen. Seit Lenchens Tode war das Fest ein Trauertag für meine Eltern. Indessen, sie wollten es uns nicht verderben, und obwohl sie kein Bäumchen zündeten, so kauften sie doch Geschenke ein. Wenn hinter geschlossener Tür die Vorbereitungen im Gange waren, so warteten wir beiden Brüder allein, bis auf eine Gefährtin, die wir gar nicht mochten. Das war ein Mädchen in unserem Alter namens Hermine, eine Waise, die nur selten zu uns kam, mit der wir gar nichts anzufangen wussten, die uns vielmehr zu Tode langweilte. Sie verdarb uns mit ihrer lahmen und lähmenden Gegenwart das ganze Weihnachtsfest. Ich erinnere mich eines 24. Dezembers - es mag zwei Jahre nach dem Tode meiner Schwester gewesen sein - an dem wir zueinander sagten: "Wenn doch Hermine nicht käme"! In der Tat, sie kam nicht. Als wir aber in der Dämmerung beisammen sassen und auf das Klingelzeichen warteten, da überfiel uns das Bewusstsein der Einsamkeit und Verlassenheit, und wir sagten mit Seufzen zu einander: "Wenn Hermine doch lieber gekommen wäre!"

Aus der Wohnung, in der Lenchen gestorben war, zogen, ich darf sagen: flohen meine Eltern nach der Oranienstrasse, und von dort zogen wir in die Köpenicker Strasse, in eine Wohnung, die mitten im Lärm der Stadt lag - im Hof wurde eine Spritfabrik betrieben, deren Fässer man auf- und ablud - aber über unseren bisherigen Standard hinaus weiträumig und (verhältnismässig) herrschaftlich war. Dort klärte sich der Familienhimmel auf. Denn dort wurde mein Bruder Berthold geboren, und wenn auch mein Vater sich enttäuscht fühlte, dass er nicht wieder ein Mädchen geschenkt bekam, so war das Neugeborene doch in jeder Hinsicht ein Ersatz für das verlorene Kind - soweit Menschenwesen ersetzt werden können. Die schweren Schatten der Trauer zerstoben, und Helligkeit strahlte wieder im Hause. Der kleine Bruder gab nicht nur meinen Eltern die innere Fröhlichkeit zurück, sondern er füllte durch sein blosses Dasein die Wohnung wieder mit dem wohlgemut lärmenden Treiben, das um ein gesundes Kind zu herrschen pflegt.

Aber es gingen mehr Veränderungen zum Besseren vor: Ich wurde 1891 aufs Köllnische Gymnasium umgeschult. Mein Schulanfang seit 1886 war, teils durch Einschulungsschwierigkeiten teils durch Krankheit, ausserordentlich unregelmässig gewesen, und ich hatte viel Zeit verloren. Schliesslich kam ich 1887 auf das Luisenstädtische Realgymnasium. Als ich die Sexta erreicht hatte, wurde ich ein sehr schlechter Schüler, nicht durch Mangel an Begabung, sondern durch Verträumtheit. Über dem schweren Kampf ums Brot und dem Unglück im Hause fanden meine Eltern nicht Spannkraft genug, sich um mich zu kümmern und meine Schularbeiten zu überwachen, und so hinderte mich niemand, in meiner Welt der Unwirklichkeit zu leben, statt lateinische Vokabeln zu lernen. Meine Eltern sahen aber, trotz der katastrophal schlechten Noten, dass ich aufs Gymnasium gehörte, und obwohl ich innerlich aufs heftigste protestierte und es für Torheit hielt, führten sie den Wechsel herbei. In der Aufnahmeprüfung schnitt ich schlecht ab und wurde in die Obersexta verwiesen statt in die Quinta. Jetzt war ich anderthalb Jahre hinter meinem Turnus zurück. Später, von Unter- nach Obertertia, blieb ich auch noch sitzen, wieder aus purer Verträumtheit, wie ich getrost behaupten darf, und damit hatte ich schliesslich zwei Jahre Verspätung. Ich war zu alt für meine Klasse, zu alt für meine Mitschüler, und später, als andere Achtzehnjährige zur Universität abgingen, ich aber erst nach Prima versetzt wurde, wuchs meine Ungeduld zur unerträglichen Qual. Kein Wunder, dass mein ohnehin schwaches Selbstgefühl noch weiter geschwächt wurde.

Meine Eltern aber hatten völlig recht. Wenn ich mit irgendetwas in meinem Lebenslauf zufrieden bin, so damit, dass ich ein Gymnasium habe absolvieren dürfen, und ein so gutes und anspruchsvolles wie das Köllnische, eines der ältesten in Berlin. Auch traf ich jetzt erst Mitschüler, die ich als ebenbürtig empfand. Mit fünfen oder sechsen meiner neuen Klasse, lauter gesunden und gutgewachsenen Jungen, bildete ich bald und fast sofort eine freundschaftliche Gruppe. Einer von ihnen veranlasste mich, die Knabenzeitung "Der gute Kamerad" zu abonnieren. Sie zuerst brachte mich in Verbindung mit der Welt jenseits meines allerengsten Kreises. Aus Dankbarkeit, aber auch aus Hilflosigkeit blieb ich dem Blatte treu, auch als ich es schon längst ausgewachsen hatte. Schliesslich, ich weiss nicht mehr, auf wessen Veranlassung, wurde die Jugendzeitschrift durch den "Kunstwart" abgelöst, und auch an ihm hielt ich viel zu lange fest.

Mit den neuen, von mir bewunderten Mitschülern hoffte ich in ein Verhältnis des gegenseitigen Besuches zu kommen, aber das geschah nicht. Ich war das Abseitsstehen gewöhnt, aber dieser Misserfolg schmerzte mich. Ich konnte ihn mir durchaus nicht erklären, denn in der Schule waren wir Freunde, und zugleich schloss ich aus ihren Gesprächen, dass sie untereinander Verbindung ausserhalb der Schule hielten. Aber wenigstens diesmal war es nicht der Fluch der Isoliertheit, der über mir wirkte. Sie wollten einfach nicht, oder es war ihnen von ihren Eltern eingeschärft worden, sie sollten nicht den Juden mit ins Haus bringen. In unserem täglichen Umgang wurde keine judenfeindliche Haltung jemals spürbar. Nach ein paar Jahren befreite ich sie von meiner Gegenwart, indem ich, wie gesagt, sitzen blieb. Damit hörte die Beziehung sofort völlig auf. Ich fand neuen und engeren Anschluss in der neuen Klasse, sie aber entwickelte sich zu heftigem und offenem Antisemitismus. Dies gilt übrigens nicht, soviel ich weiss, für den bedeutendsten unter ihnen, den später als Geographen berühmt gewordenen Alfred Wegner.

Wenn die Klassenfreunde nicht mit mir verkehren wollten, so fand ich dafür Freunde in dem Haus unserer neuen Wohnung. In dem Stockwerk unter uns lebte eine Familie mit zwei Jungen unseres Alters, Richard und Willi; nicht Brüder, wenn auch irgendwie verwandt. Der Sohn des Hauses war Richard, Willi ein Pensionär, dessen Eltern in Konstantinopel lebten, wo der Vater ein hoher deutscher Beamter war. In den Ferien reiste Willi zu ihnen nach Haus, und das gab ihm zu der Überlegenheit, die er an sich ausübte, etwas Geheimnisvolles. Obwohl er alle unsere Spiele mitspielte, blieb er uns undurchsichtig. In späteren Jahren, noch ein ganz junger Mensch, beging er Selbstmord.

Zum ersten Male hatte ich Freunde, die nach ihren Familien mindestens auf gleicher Stufe mit uns standen und die zugleich an Kenntnissen und Interessen mir die Stange hielten. Damals übrigens waren sie, infolge ihrer viel glücklicheren, das heisst normaleren Entwicklung, mir weit überlegen. Ich sage "ich" und "mir", obwohl mein Bruder Paul mit Selbstverständlichkeit dazu gehörte. Aber jetzt stellte sich klar heraus: er konnte geistig nicht mit, und ich muss mich anklagen, dass ich bisweilen der Versuchung nicht widerstand, ihn im Bunde mit meinen Freunden mit seiner Schwerfälligkeit und Unbeholfenheit aufzuziehen. Freilich stand ich gerade damals gar nicht gut mit ihm. Er hatte Freude daran, mich zu hänseln und zu stören, womit er mich bis aufs Blut peinigte, wogegen ich aber hilflos war, ausser dass ich schliesslich auf ihn einhieb. Es kam dann zu wilden Prügeleien zwischen uns, und wenn mein Vater einschritt, so behauptete Paul, mit Recht, ich hätte zuerst geschlagen, und ich wurde gescholten. Das Ganze war mir kein Spass; ich litt schwer unter diesem Zwist und dem Mangel an Harmonie. Wenn ich also bisweilen mit Richard und Willi gemeinsame Sache gegen ihn machte, so lag darin etwas von Vergeltung. Immerhin, ich habe längst Grund gefunden, mich dieser billigen Triumphe über ihn zu schämen.

Ich spielte endlich mit, und da Willi sowohl wie Richard aus ihrer Phantasie lebten, so schwelgten wir in Spielen der Phantasie. Wir verschafften uns metallene Helme und riesige eiserne Schwerter - aus der Fabrik von Richards Vater - und fochten miteinander, dass wir uns fast die Finger abschlugen. Wir streiften durch die Strassen und entdeckten die grosse Stadt mit ihren Wundern und Sehenswürdigkeiten. Oder wir spielten, in unerschöpflichen Variationen, "König". Eigentlich war es improvisiertes Theater ohne Zuschauer. Einer musste den König machen - diese Rolle fiel meistens Willi als dem ältesten und reifsten zu. Einer gab den Minister oder Feldherrn - das war sehr of Richard. Dann wurde eine Frau benötigt, die Königin oder die Königstochter - dafür galt ich als der geeignetste. Und dann blieb noch der Part der "Wache", völlig reizlos und langweilig, aber es ging durchaus nicht ohne ihn. Und obwohl wir im Ganzen bereit waren, gerecht zu verfahren und das Opfer dieser Rolle reihum gehen zu lassen, so fiel es doch immer wieder und viel zu oft auf meinen Bruder Paul. Er empfand das durchaus als Zurücksetzung und sträubte sich dagegen, aber gewöhnlich half es ihm nichts.

Damals fing ich auch an zu basteln, was in der Hauptsache auf eine bescheidene Art von Tischlerei hinauslief. Es war eine Tätigkeit, die ich gemeinsam mit meinem Bruder ausüben konnte und in der er nicht zurückblieb. Uns beiden machte es Spass, und wir beide waren handgeschickt. Wir verschafften uns Geräte und sammelten allmählich eine richtige kleine Werkstatt an. Später durften wir uns an den Bau eines photographischen Apparates wagen - die Amateurphotographie steckte erst in den Anfängen - mit dem wir ganz hübsche Aufnahmen zustande brachten.

Eine andere Liebhaberei, oder mehr als Liebhaberei, entwickelte sich in meiner Leidenschaft für die Natur. Wir beide, Paul und ich, begannen zu sammeln, Schmetterlinge, Käfer, gepresste Pflanzen, Steine. Von einem Ausflug in den Harz brachte mein Vater den Anfang einer Schmetterlingsammlung mit, auf einer Reise in die Schweiz legte meine Mutter den Grund zu unserer Steinsammlung. Ich fing Feuer und machte mich sogleich daran, weiterzusammeln. Auch dazu halfen meine Eltern, indem sie uns illustrierte Anleitungen schenkten. Weiteren Beistand vermochten sie uns nicht zu leisten, denn als Großstadtmenschen verfügten sie durchaus nicht über irgendwelche Kenntnis der Natur. Auch gab es in den steinigen Strassen, in denen unser Leben sich abspielte, weder Schmetterlinge noch Käfer noch Pflanzen noch Mineralien. Ich muss denn auch gestehen, dass unsere Sammlungen, so sehr ich sie hegte und pflegte, nicht wuchsen. Es hätte mir damals der kundige und freundliche Mentor begegnen müssen, der mich bei der Hand nahm und an die Natur heranführte, dort, wo sie sich mit Händen greifen lässt. Aber dieser Mentor blieb aus, diesmal wie in allen anderen Fällen, in denen ich seiner bedurfte und sehnsüchtig auf ihn wartete. Später entdeckte ich noch eine andere Quelle meines sammlerischen Misserfolges. Wenn ich mit Kameraden durch das offene Gelände ausserhalb Berlins streifte, so fanden und fingen zwar sie mit Leichtigkeit und in Fülle, nicht aber ich. Erst nach Jahren wurde ich über den Grund aufgeklärt: ich bin partiell farbenblind, nämlich rot- und grünblind. Ich entdeckte nicht die Erdbeeren im Kraut so, wie jeder andere sie entdeckt, indem sein Blick von der leuchtenden roten Farbe angezogen wird. Ich muss die Frucht der Form nach sehen, um ihrer gewahr zu werden, und das ist sehr viel schwerer.

Einen Führer, und keinen schlechten, fand ich im Bücherschrank meines Vaters. Es stand dort in vielen kleinen starken Bänden ein Kompendium der gesamten Naturkunde, betitelt "Bernsteins naturwissenschaftliche Volksbücher"; eine populäre Darstellung also, aber, wie ich glaube, zuverlässig nach dem damaligen Stande der Forschung. Ich las sie von Anfang bis zu Ende und erwarb mir dadurch ein Wissen, das weit über dem meiner Altersgenossen lag. Dies naturwissenschaftliche Interesse habe ich mir mein Leben lang bewahrt und damit einen Vorsprung an Kenntnissen und Einsichten, nicht verglichen mit Fachleuten, versteht sich, aber mit Literaten und sogenannten gebildeten Menschen meines Kreises.

Aus Bernsteins Volksbüchern lernte ich, dass Rost aus der Verbindung von Eisen mit Sauerstoff entsteht. An einer anderen Stelle las ich, Kohle sei näher verwandt mit Sauerstoff als Eisen, übe daher eine stärkere Anziehung auf ihn aus als Eisen und verbinde sich fester mit ihm. So wenigstens verstand ich, was da gedruckt war. Diese beiden Stellen, die im Original nichts miteinander zu tun hatten, verband ich in meiner Vorstellung und gründete darauf ein Experiment. Ich dachte: Wenn man rostiges Eisen und Steinkohle in einem sauerstofflosen Raum zusammenbringt, so müsste die stärkere Anziehung der Kohle auf den Sauerstoff des Eisens wirken und der Rost verschwinden. Ich füllte also einen tiefen Teller mit Wasser, liess darauf den Deckel einer Zigarrenkiste oder einen Teil davon schwimmen und placierte auf ihm eine Kerze, einen verrosteten Nagel und ein Stück Kohle. Die Kerze zündete ich an und deckte über das Ganze unsere Käseglocke. Die Flamme verzehrte den Sauerstoff, neue Luft konnte nicht eindringen, da der Rand der Glocke ins Wasser tauchte, und nach einer gewissen Zeit erlosch das Licht. Ich wartete mit äusserster Spannung auf das Verschwinden des Rostes, aber nichts dergleichen geschah. Ich dachte, der Prozess erfordert vielleicht Zeit, und liess die ganze Veranstaltung die Nacht über stehen; aber auch am nächsten Tage hatte sich nichts geändert. Ich las die Stellen aufmerksam nach, versuchte es noch einmal, aber der Misserfolg blieb derselbe. Dieses Experiment habe ich damals immer wieder unternommen, mit immer neuer Hoffnung und immer neuer Enttäuschung. Ich konnte durchaus nicht verstehen, warum der Sauerstoff nicht zur Kohle wanderte, so dass der Rost verschwand - und im Grunde verstehe ich es noch immer nicht.

Ich war zwölf Jahre alt, als mein Bruder Berthold zur Welt kam. Er wuchs heran zu einem begabten heiteren liebenswürdigen Menschen, der keinen Feind kannte und dem die Freunde zuströmten. Ich bilde mir ein, dass ich mit ihm sehr nahe hätte verbunden sein können. Aber vorläufig hatten wir älteren Brüder an ihm zwar ein niedliches Spielzeug, aber für Kameradschaft war zunächst und lange der Altersunterschied zu gross. Als er selber zwölf Jahre alt wurde, war ich schon vierundzwanzig. Mit Vierundzwanzig hätte er anfangen können, mir, der ich dann sechsunddreissig gezählt hätte, geistig Gefährte zu sein. Aber er erreichte dieses Alter nicht: Er fiel, ein Kriegsfreiwilliger, im Ersten Weltkrieg gegen die Russen. Sein Grab ist unbekannt geblieben. Zum zweiten Male verloren meine Eltern ihr jüngstes Kind. Der Frohsinn wich wieder aus dem Hause. Aber diesmal fühlten sie wohl: es war nicht mehr auf lange.

Das alles lag in der Zukunft. Niemand von uns ahnte etwas davon in der Köpenicker Strasse. Eine andere Sorge drückte meine Eltern: die Miete für diese Wohnung war zu hoch. Es wurde beschlossen, sie gegen eine billigere zu tauschen, und mein Vater suchte und fand sie dort, wo die grosse Stadt in offenes Land überging, in der Augsburger Strasse. Solange Berlin noch stand, hatte das Viertel um den Bahnhof Zoologischer Garten inzwischen längst aufgehört, an Feld und Wiese oder auch nur an unbebautes Gelände zu erinnern. Die Großstadt war weit darüber hinausgewachsen, und die Augsburger Strasse lag inmitten der endlosen Strassenzüge. Aber als wir dorthin zogen, begann unplaniertes Gelände wenige Schritte von unserem Hause, und in fünf oder zehn Minuten konnten wir die unberührte Natur mit bestelltem Kornfeld, Wiesengras und Wasserläufen erreichen.

In meiner Erinnerung stellen die knapp zwei Jahre in der Augsburger Strasse die glücklichste Zeit meines Lebens dar. Willi und Richard zwar gingen uns durch die Übersiedlung verloren, das heisst, sie verblassten zu flüchtigen, nur gelegentlich vorübergleitenden Bekannten. (In viel späteren Jahren und unter ganz anderen Umständen habe ich Richard wiedergefunden, und wir sind uns sehr nahe gekommen. Die Emigration riss uns auseinander, und ich fürchte, ich werde ihn nicht noch einmal wiederfinden.) An Stelle der beiden alten Freunde aber fanden wir neue. Dazu gab es Mädchen im Haus, mit denen wir spielten und zu denen wir sprachen. Dazu war unser engster Kreis von Frohsinn erfüllt, der von dem jüngsten, zu einem niedlichen Knaben sich entfaltender Bruder ausstrahlte. Das Mädchen in der Küche, die Portierleute, die kleinen Handwerker der Nachbarschaft mit ihren Familien, sie alle spielten mit in dem lustigen Stück, das damals aufgeführt wurde. Der Fluch ruhte.

Das Haus, in das wir zogen, war, wie der ganze Stadtteil, erst vor kurzem fertig geworden, überall wurde noch gebaut, es roch nach Farbe, es atmete Frische, sogar der Himmel und die Sonne wirkten wie neu. Geschäfte hatten sich angesiedelt, manche gingen wieder ein, aber die tüchtigen hielten sich und wuchsen mit dem schnell wachsenden Stadtteil zu Ruf und Wohlstand. Zum ersten Sylvester brachte mein Vater Pfannkuchen nach Haus, der Bäcker hatte gesagt: "Wir wussten nicht, auf wie viel wir uns vorbereiten sollten, aber, Gott sei Dank, nun sind wir heraus". Sie waren so fein heraus, dass sie sich zu einer der grössten und bekanntesten Bäckereien entwickelten. So war es mit dem Schlachter, so mit dem Obsthändler, so mit der Drogerie. Einer an der ersten Ecke, die nach zehn Jahren ein großstädtisches Verkehrszentrum bildete, machte seine Sache schlecht und musste aufhören. Ich sah ihn später durch viele Jahre in der Friedrichstrasse stehen und Passanten auf alte Kleider ansprechen. Er hatte ein Millionengeschäft in Händen gehabt. Das war die klägliche Ausnahme. Die meisten machten es gut und kamen vorwärts, als die Gegend sich entwickelte. Der Schwung und die Zuversicht muss sich uns mitgeteilt haben, obwohl ich es damals nicht wusste. Aber wenn ich zurückdenke, so scheint mir, dass wir den Auftrieb fühlten. Oder wenigstens, ich fühlte ihn.

Wir waren im Oktober hinausgezogen, es wurde Winter, ein ungewöhnlich strenger Winter, durch viele Wochen hintereinander konnte man Schlittschuh laufen. Nicht auf gefrorenen Flüssen oder Seen, sondern auf gegossenem Eis. Aber hier waren es nicht die tristen Höfe, auf denen in der Innenstadt armselige Unternehmer ein bescheidenes Vergnügen boten. Hier war es die weite Fläche der Westeisbahn. Hier lief ganz Berlin, das gute Berlin, und wir liefen mit, ohne gesellschaftlichen Ehrgeiz als fröhliche Jugend mitten unter den Erwachsenen. Zum ersten Male war ich ein Junge und freute mich meines Lebens. Der Winter verging, und zum ersten Male sah ich es Frühling werden, erlebte das Wunder des Keimens und Sprossens und Blühens und wurde vom grenzenlosen, unaufhaltsam hervorquellenden Wachstum überwältigt. Mit Kameraden streifte ich über die Wiesen, bis zur Brust im Grase, fischte in den Wasserläufen und lernte Pflanzen und Lebewesen unterscheiden. Zum ersten Male vernahm ich den Ruf der Goldammer im Abendrot und erfuhr, dass es die Goldammer war, die so rief. Ich lernte auch den Schlag des Buchfinken, der Meise, der Drossel, des Pirols unterscheiden. Zum ersten Male hörte ich die Lerche steigen. Es liegt an meiner Farbenblindheit, dass ich Vögel besser mit dem Gehör als mit den Augen erkenne.

Unsere Wohnung lag im Hinterhaus. Um zu ihr zu gelangen, musste man den Torweg durchschreiten und über den Hof gehen. Es nannte sich Gartenhaus und hatte wirklich nichts ärmliches oder bedrückendes. Der Hof war mit Kacheln belegt und mit Rasen und Sträuchern geschmückt. Von unseren Fenstern aber blickten wir in ein baumbestandenes Karree, das mir wahrscheinlich sehr eng vorkommen würde, wenn ich es heute wiedersehen könnte, das uns aber wie ein Blick in die freie Natur erschien nach den kahlen Schächten, mit denen wir uns vorher hatten abfinden müssen. Dorthin öffnete sich auch unser Balkon, eine "Loggia", ein wahrer Segen namentlich für meinen Vater, der sich vor Sehnsucht nach freier Natur zeitlebens verzehrte. In den anderthalb Sommern, die uns dort vergönnt waren, lebten wir denn auch, so viel wir konnten, auf der Loggia. Bank und Tisch vom Luisengarten standen jetzt hier. Ich will nicht renommistisch behaupten, dass die Blumen dufteten - ausser den bescheidenen Stöcken, die meine Mutter in Kästen zog -, aber die Bäume rauschten und die Vögel sangen, oder zwitscherten oder riefen, und ich hatte Musse, den Amseln alle ihre Gewohnheiten abzulauschen.

Mit Stolz und brennender Teilnahme beobachteten wir, wie die Stadt um uns her wuchs. Die Kaiser-Wilhelm-Gedächtnis-Kirche, die jetzt in Trümmern liegt, aber Jahrzehnte lang in ihrer romanischen Verkitschtheit das weithin sichtbare, jedem bekannte, oft erwähnte, zugleich viel bewitzelte Wahrzeichen des Westens bildete, war noch im Bau, das Schiff gerade zur Hälfte fertig. Die grossen Fensterbögen rundeten sich eben. Die Häuserreihen der Tauentzienstrasse wiesen noch grosse Lücken auf, man munkelte, dass eine elektrische Hochbahn hier entlang geführt werden sollte. Der Kurfürstendamm war bebaut bis zur Fasanenstrasse, dann kam offenes Gelände, man sah bis nach Halensee, auf der ganzen langen Strecke gab es nur ein einziges Haus, dort wo die Avenue einen leichten Knick macht. Vom Nollendorfplatz bis nach Hubertus fuhr mit wehender Rauchfahne eine Dampfbahn. Die Kaiserallee, am Joachimsthalschen Gymnasium vorbei als dem einzigen Bauwerk, verlief zwischen bestellten Feldern, auf denen im Sommer das Korn wogte. Wir rieten gern, wie lange es dauern würde, bis die Felder durch Strassen, das Korn und Gras durch Steine, die Stille und Einsamkeit durch Lärm und Gewühl verdrängt sein würden. In Wirklichkeit dauerte es teils erheblich länger, als wir vermutet hatten, teils ging es sehr viel schneller.

Wir hätten alle glücklich sein können im Gartenhaus an der Augsburger Strasse; oder auch, wir waren dort glücklich, bis auf eine geringe Störung: Es ging uns nicht gut, trotz der verbilligten Wohnungsmiete. Mein Vater kämpfte unverdrossen und tapfer um das tägliche Brot, aber es reichte nur mit Mühe und nur allenfalls. Die Ausgaben stiegen mit dem Heranwachsen der Söhne, aber er kam nicht vorwärts. Der Druck, der so auf meinen Eltern lag, beschwerte uns Brüder nicht sehr und trübte nicht unser Dasein. Aber, es versteht sich, wir wussten davon und fühlten es. Da kam mit einem Schlag der Umschwung, der die Sorge ums tägliche Brot verscheuchte und mein Elternhaus auf eine ganz andere Grundlage stellte und ihm einen ganz anderen Stil gab.

Als ich eines Tages aus der Schule heimkehrte und meine Mappe in unserem gemeinsamen Zimmer abwarf, hörte ich meinen Bruder Paul, der an seinem Schreibplatz über Schularbeiten sass, vor sich hin murmeln, ohne aufzublicken: "Da kommt der eine Sohn vom Direktor." Ich hielt das für eine brüderliche

Uzerei und erwiderte nichts. Als ich jedoch bei meiner Mutter eintrat, erfuhr ich die grosse Neuigkeit: Meinem Vater war der Posten eines kaufmännischen Direktors des Aktienbauvereins Passage angeboten worden.

Dass auf diesem oder einem ähnlichen Wege der Himmel meinen Eltern eines Tages aus dem gröbsten Existenzkampf heraushelfen würde, stand in unserem kleinen Kreis seit langem fest. Dass es aber gerade die Passage war, die das Glück brachte, steigerte bei uns Brüdern die Überraschung und Erregung. Denn zu ihr bestanden von je her geheimnisvolle Beziehungen. Das Gebäude, eine jener anspruchsvollen Gründungen aus der Zeit nach dem deutsch-französischen Kriege, ursprünglich eine Sehenswürdigkeit, damals noch immer ein Mittelpunkt des Fremdenverkehrs, enthielt eine Doppelreihe von Läden längs einer glasgedeckten Galerie von der Behrenstrasse nach den Linden. Ausserdem beherbergte es ein Hotel, ein Cafe, ein Restaurant "mit Damenbedienung", allerlei Bureaux, das "Kaiserpanorama", in dem man, durch Linsen blickend, Reisen durch aller Herren Länder unternehmen konnte (den Film gab es noch nicht), als Hauptanziehung aber das "Passage-Panoptikum" mit seinen erstaunlichen oder schauerlichen Wachsfiguren, seiner Abnormitäten-Schau und seinem Variété-Theater. Meine Eltern verfügten seit Jahren über ein Passepartout, das uns die Tore dieses Wunderinstitutes öffnete, wann immer wir wollten. Und es gehörte zu den knabenhaften Unternehmungen von uns Brüdern, uns mit einem Freunde zu beladen, mit ihm den weiten Weg von der Augsburger Strasse nach den Linden zu Fuss zu wandern, durch das Panoptikum zu streifen, dann unseren Begleiter für eine Stunde zwischen uns ins Variété zu setzen und endlich mit ihm denselben weiten Weg nach Hause zu ziehen. Zu jener Zeit wurde das Panoptikum von der Direktion der Aktiengesellschaft mitverwaltet, obwohl durch einen eigenen künstlerischen Direktor. Im Laufe seiner Amtsführung erfuhr mein Vater, dass die Passage im Grunde ein missratenes Bauwerk war, nämlich viel zu schmal und mit einem gedrückten Stock. Aber das wussten wir nicht von vornherein, sondern liessen uns durch den schimmernden Glanz und die lärmende Geschäftigkeit nur allzu gern berauschen.

Nachdem meine Mutter mich eingeweiht hatte, verstand ich auch meinen Bruder. Als er mich eintreten sah, da hatte er sich vorgestellt, wie ich eines zukünftigen Tages durch das Panoptikum schritt und die Angestellten sich respektvoll zuflüsterten: "Da kommt der eine Sohn vom Direktor". Er hatte es auf mich angewandt, der ich daherkam und noch von nichts wusste; aber er hatte es ursprünglich gewiss von sich selber erträumt.

Zunächst war es nur ein Angebot, und meine Mutter verfehlte nicht, ihre kummerreiche Lebenserfahrung zusammenzufassen in den geseufzten Satz:"Die Kalle (Braut) ist zu schön". Ob einer von uns Brüdern jemals einen triumphalen Vorbeimarsch, wie Paul ihn sich vorgestellt hatte, wirklich vollzogen hat, weiss ich nicht. Aber dieses eine Mal war die Kalle nicht zu schön. Eines Tages trat mein Vater sein Amt an. Und eines anderen Tages durften Paul und ich ihn dort besuchen, sahen uns von einem uniformierten Portier respektvoll begrüsst und zurechtgewiesen, traten in ein Bureau, wo der Kassierer und zwei Buchhalter, höchst würdige Herren in reifen Jahren, uns abermals mit äusserster Höflichkeit empfingen und beflissen weiterleiteten, und traten schliesslich bei meinem Vater ein. Es ergab sich, dass er über einen Schlüssel verfügte, mit dessen Hilfe man durch eine besondere Tür in das Panoptikum gelangte, ohne die Umstände der Billetkontrolle, der das ordinäre Publikum unterlag. Es ergab sich ferner, dass im Theatersaal

Die Berliner Passage, Friedrich- / Ecke Behrenstraße, um 1910.
Aufnahme von Heinrich Zille. (Aus Winfried Ranke: Heinrich Zille. Photographien Berlin 1890–1910. München 1975. Lizenzausg. Schirmer / Mosel Verlagsgesellschaft f. Büchergilde Gutenberg)

der Komiker, bevor er auftrat, sich mit uns unterhielt wie ein gewöhnlicher Mensch, und dass in der Pause der Kapellmeister, ebenfalls ein Mensch wie wir selber, meinem Vater mit Hochachtung begegnete und Anordnungen von ihm entgegennahm.

Meine Eltern bekamen eine Dienstwohnung zugewiesen innerhalb der Passage, und wieder eines anderen Tages zogen wir dort ein. Der Architekt hatte an keine bürgerliche Behausung gedacht, sondern die Räume etwa für die Zwecke einer Bank bestimmt. Daher gab es statt der Mädchenkammer einen Safe mit schweren Stahltüren, es gab kein Entré und eine Küche, die nur durch Zimmer hindurch erreichbar war. Erst im Laufe der Jahre, durch immer neue Verbesserungen, zu denen meine Mutter unermüdlich drängte, wurde die Unterkunft in eine bequeme Wohnung verwandelt. Von Anfang an aber hatten die Zimmer durch ihre Weite und Höhe einen grossen Stil. Leider gingen die palastartigen Fenster sämtlich auf einen engen Hof, den das Gläserklappern und die Bumsmusik des Restaurants mit Damenbedienung erfüllte, und meine Eltern verzehrten sich die beinahe zwei Jahrzehnte, die sie dort hausten, in Sehnsucht nach Ruhe bei Nacht und nach Luft bei Tage.

Die seltsame Veranstaltung des Panoptikums bildete eine Art Fortsetzung unserer Wohnung. Es war bei uns ganz üblich, dass wir Gäste zwischen dem Abendbrot und dem Obst auf eine Stunde in die Variétévorstellung führten. In späteren Jahren wurde das Institut verpachtet, mit der neuen Direktion entwickelten sich keine erfreulichen Beziehungen, und so verschloss sich uns die Wunderwelt. Aber zunächst und auf viele Jahre gingen wir dort aus und ein und scheuten uns nicht, in nächtlichem Dunkel die leeren Gänge und Säle zu passieren, mitten durch das Gewimmel der Wachsfiguren, deren krasse und starre Lebensnähe keinerlei Schauer mehr in uns weckte. Die Schreckenskammer freilich, in der das Schicksal eines Verbrechers vom Raubmord bis zur Hinrichtung gezeigt wurde, blieb mir unheimlich, und ich betrat sie in all den Jahren nicht öfter als zwei oder drei Mal. Aber die anderen Gestalten und Szenen wurden uns bald völlig vertraut, manche sahen wir entstehen, von anderen kannten wir die intime Geschichte. Wir wussten, dass die Nacktheit einer Badenden über dem Körper einer bestimmten Angehörigen des Hauses geformt worden war. Manche von den Schaustücken und Abnormitäten, die drüben gezeigt wurden, lernten wir von der bürgerlichen oder menschlichen Seite her kennen. Eine der beiden Treppen, die in altmodischer Weiträumigkeit zur Direktionswohnung führten, hatten wir mit jenem Hotel gemeinsam, das zum Komplex der Passage gehörte. In diesem Hotel, keineswegs ersten Ranges, logierten zur Zeit ihres Auftretens sowohl der Zwerg Atom als auch der Riese Machnow. Aber während wir Brüder leichtfüssig und gedankenlos die bequemen Stufen hinab und hinauf rannten, musste der Zwerg Atom sich auf den Armen seines Managers tragen lassen; der Riese Machnow wiederum konnte sich auf ihnen nur seitwärts bewegen, seine Füsse waren zu gross für die normalen Flächen; wie er auch in einer Droschke nur sitzen konnte, indem er die Beine über den Kutschbock legte. Es kamen exotische Truppen, etwa aus Tunis, und sogleich holten wir uns das eindrucksvolle Modell eines bärtigen Alten, um ihn in seinem feierlich weissen faltenreich fliessenden Gewande zu photographieren. Ein Wunderknabe, der mit zwei Jahren Gedrucktes lesen konnte, wurde beinahe täglich vom Podium weg zu uns gebracht, wo man noch nicht die Kunst verlernt hatte, ein Kind aus dem nassen Zustand in den trockenen zu überführen. Ein anderes Zweijähriges, aus der Truppe der Dahomeyneger, ein Mädchen namen Titi, avancierte zur Spielgefährtin meines jüngsten Bruders Berthold und ist mit ihm photographiert. Sie bescherte ihm und uns jedoch eine schlimme Gabe, nämlich tropische Malaria. Monatelang wusste man nicht, woran der Kleine litt, und behandelte ihn auf alle möglichen Krankheiten. Als die Ursache erkannt war, gab man ihm Chinin und hatte damit rasch Erfolg. An ihm steckte ich mich an, bekam Schüttelfrost, und die Temperatur stieg bis zu 42 Grad. Aber bei mir bestand von Anfang an kein Zweifel, worum es sich handelte, ich nahm sofort Chinin, und nach drei oder vier heftigen Anfällen war die Wucht des Fiebers gebrochen.

Die Passage oder "Kaisergalerie", wie sie offiziell hiess, hatte, als wir dort wohnten, schon viel von ihrem Glanz verloren. Zwar riss das Gewühl der Menschen in dem glasgedeckten Durchgang bei Tag und Nacht nicht ab, aber der Verkehr hatte einen Stich ins Unsolide bekommen, und zu gewissen Stunden machte sich das Laster schamlos breit. Es war ein zynischer Mitschüler, der mich darüber aufklärte; ich selbst hatte nichts davon geahnt und kaum etwas gesehen. Indessen, kein Krümchen Schmutz und kein Hauch von üblem Geruch drang je über unsere Schwelle: die Wohnung meiner Eltern, obwohl der niedrige und niedrigste Amüsierbetrieb des damaligen Berlin um sie kreiste, bewahrte ihre Reinheit und Würde unangetastet.

Der Direktionsposten brachte meinem Vater aufreibenden Dienst, mancherlei Ärger bis zu bitterer Kränkung, auch schwere Krankheit; aber der Kampf mit der Not war zuende. Allmählich wuchsen meine Eltern in die freiere und erhöhte Existenz hinein, empfingen mit Genugtuung ohne Überheblichkeit die Anrede Herr und Frau Direktor und fanden sich im Mittelpunkt eines grossen Kreises von freundschaftlich gesonnenen und verehrungsvoll anhänglichen Menschen. Als sie anlässlich der silbernen Hochzeit das Fazit ihres Lebens zogen, da sahen sie um sich an festlicher Tafel weit über hundert Menschen, die alle es sich zur Ehre anrechneten, bei dieser Gelegenheit dabei sein zu dürfen.

Ich fuhr fort, das Köllnische Gymnasium zu besuchen. Unglückseliger Weise, wie schon erwähnt, blieb ich in Untertertia sitzen, zu meiner tiefen Beschämung. Das Griechische war daran schuld, über dessen Vokabeln und Formeln ich wieder einmal hinweggeträumt hatte, statt sie mit gesammelter Aufmerksamkeit zu lernen. Ich kam damit in einen ganz anderen Kreis von Mitschülern. Die meisten waren Juden, im krassen Gegensatz zur vorigen Klasse. Und es herrschte unter ihnen eine geistige Lebendigkeit, von der ich bis dahin keinen Begriff gehabt hatte. Sie lebten in einer Welt, die mir verschlossen geblieben war. Denn mein Vater, obwohl geistig aufs höchste interessiert, war mit dem, was er wusste, ein Autodidakt. Trotz seiner Sehnsucht nach akademischer Ausbildung hatte er das Gymnasium in Tertia verlassen müssen und war in die kaufmännische Lehre gegeben worden. Er fühlte sich gescheitert und litt schwer darunter. Erst als er den Direktorposten bekam, dessen Rang er begreiflicher Weise überschätzte, fand er sich mit seinem Los ab. In meiner Kindheit soll ich ihn mit Fragen überhäuft haben. Lange Zeit war er in der Lage, meinen Wissensdurst zu befriedigen. Aber es kam der Tag, da seine Antworten mir nicht mehr genügten. Ich stiess auf die Grenzen seiner Bildung. Mit der erbarmungslosen Härte der Jugend antwortete ich darauf mit höhnischer Geringschätzung. Sie blieb im ganzen unausgesprochen, aber es entstand ein Zustand der Gereiztheit zwischen uns, der anhielt, bis ich aus dem Hause ging. Erst viel später habe ich die volle Tragik im Leben meines Vaters begriffen oder mir eingestanden und innerlich Abbitte geleistet. Die letzten Jahre seines Lebens standen wir sehr gut miteinander.

In der neuen Klasse wurde ich gewahr, wie wenig von dem geistig kulturellen Leben meiner Zeit ich kannte. Meine Eltern hatten nach ihrer Herkunft und Erziehung wenig Verständnis für Musik und die bildenden Künste, und nur ein unsicheres Verhältnis zu Literatur und Theater. Es war bei ihnen nicht Geringschätzung, sondern Unkenntnis. Und ihr Verkehrskreis brachte ihnen keinen literarischen oder künstlerischen Gewinn. Vom Elternhaus empfing ich zwar den höchsten Respekt vor der geistigen Leistung und ihren Trägern, aber keine Führung dahin. So fühlte ich mich unter diesen Mitschülern äusserst unbehaglich in dem Bewusstsein, dass ich nicht mittun konnte. Aber es trat eine ungeheure Änderung in meinem Leben ein, durch die auch dieses Missverhältnis sich allmählich ausglich: Ich fand einen Freund.

Ein Unwohlsein überfiel mich einmal während des Unterrichtes. Der Lehrer wollte mich nicht unbegleitet nach Hause gehen lassen und fragte, wer in meiner Nähe wohnte. Es meldete sich Erich.

Er war kein Mensch von Wohlgestalt, untersetzt, plattfüssig und viel kleiner als ich. Aufgefallen war er mir bis dahin nur von seiner lästigen Seite durch eine Neigung zu geräuschvoller Albernheit. Erst später, als wir schon befreundet waren, entdeckte ich die Schönheit seiner hohen Stirn. Er wohnte in der Tat wenige Minuten von der Passage, sein Vater war Rechtsanwalt und Notar. Fast sofort begannen wir, uns gegenseitig zu besuchen und beinahe die ganze schulfreie Zeit, den Nachmittag und den Abend miteinander zu verbringen. Womit? Im wesentlichen mit ununterbrochenem Gespräch.

Die Förderung, die er mir brachte, vermag ich nicht abzuschätzen. Er kam aus einem Akademikerhause von alter Tradition, ich brauchte bloss seine Schwelle zu überschreiten, um das alles in mich zu saugen. Er führte mich mit Absicht und Ausdauer zur Musik, erschloss mir Mozart, Beethoven und Schubert. Er veranlasste mich, Violine zu spielen, und obwohl ich es nicht weit darin brachte, vergingen uns ungezählte glückliche Stunden in gemeisamem Musizieren. Er besass Bücher, wusste von Büchern, gab mir die Stichworte, die mich wie Wegweiser durch die grosse Literatur leiteten. Er bereicherte meine naturwissenschaftlichen Kenntnisse um die neueren physikalischen Theorien. Er regte mich zu selbständigem philosophischem Denken an.

Ob wir endlos durch die Strassen bummelten, ob wir in seinem oder in meinem Hause beieinander sassen, wir diskutierten und diskutierten. Die ganze Welt wurde durchgesprochen, alle Probleme geklärt und entschieden. Er komponierte und verlangte mein Urteil über seine Leistungen. Noch nicht jetzt, aber später verlangte ich dasselbe von ihm über meine literarischen Anfänge. Er war ein Mathematiker von Rang, dem Schulpensum weit voraus; dahin freilich vermochte ich ihm nicht zu folgen.

Erichs Elternhaus mit seinem geistig höheren Stil und seinem freieren Ausblick in die Welt gab mir das Gefühl, ich sei gehoben und in die mir gemässe Schicht eingetreten. Leider befand sich dieses Haus im Zustande des Verfalls. Ich wusste davon jahrelang nichts, obwohl ich es aus Andeutungen hätte schliessen können. Zwar zog die Familie aus unserer Nähe weg in eine bescheidenere Wohnung und Gegend. Aber die Katastrophe trat erst ein, als Erich und ich schon Studenten waren.

Mein Bruder Paul sollte als Kaufmann nach England gehen, und am frühesten Morgen des Tages seiner Abreise kam Erich, wie verabredet, in die Passage, um ihm adieu zu sagen. Er sass mit uns am Frühstückstisch und befremdete mich durch ein Übermass an Seufzern und ein Benehmen, das auf schweres Unglück deutete, oder vielmehr, wie ich es verstand, das in mir den Eindruck schweren Unglücks hervorrufen sollte. Ich verlor schliesslich die Geduld und ermahnte ihn barsch, seine Haltung zu bewahren, bis wir allein sein würden. Als wir Paul zum Bahnhof begleitet und dem Zuge nachgewinkt hatten, konnte er sich mir endlich anvertrauen. Er sagte: "Ich weiss nicht, ob mein Vater in diesem Augenblick sich das Leben nimmt oder sich dem Gerichte stellt". Das war keine Übertreibung. Der Vater hatte in seiner Eigenschaft als Notar Mündelgelder unterschlagen. Bisher hatte er, obwohl längst in schweren Schulden, die Untreue verdecken können. Jetzt ging es nicht länger. Die Ursache zu diesem Absturz war, wie Erich mir enthüllte, die Mutter, eine von den gefährlichen glückmordenden Hysterikerinnen, wie ich aus eigener Beobachtung wusste. Sie hatte, ohne Liebe für ihren Mann und längst einem anderen innerlich verbunden, ihn zu Ausgaben weit über seine Kräfte gereizt. Warum freilich der Vater durch seine juristische Praxis die keineswegs ausschweifenden Kosten eines behäbigen, aber nicht aufwendigen Haushaltes nicht aufzubringen vermochte, weiss ich nicht. Es muss etwas von schwerer Unordnung in seinem eigenen Leben und Beruf geherrscht haben, was ich nicht erfuhr und wovon auch der Sohn vielleicht keine genaue Kenntnis hatte. Jetzt jedenfalls bestand die Mutter darauf, er sollte seinem Leben ein Ende machen, um der Kinder willen, das heisst vor allem in Rücksicht auf Erichs jüngere Schwester. Mit diesem Befehl, wenn man es so nennen will, hatte der Vater das Haus verlassen.

Ich wusste auf diese erschütternde Enthüllung zunächst keinen Rat. Als wir uns getrennt hatten, fiel mir ein: Warum flieht der Mann nicht? Ich dachte, ich müsste diese Frage unter allen Umständen Erich vorlegen. Glücklicherweise konnte ich ihn finden. Denn er hatte mir gesagt, er würde in der Bibliothek Bücher tauschen. Seltsam, dass er in seiner Aufregung und Verzweiflung zu diesem friedlichen Gang sich aufgelegt fühlte. Tatsächlich fing ich ihn ab. Er entgegnete mir, es fehlten seinem Vater die Mittel zur Flucht. Jetzt fiel mir etwas anderes ein. "Dein Vater soll zu meinem Vater gehen, " riet ich. Die beiden waren sich nie begegnet: aber ich dachte mir, wenn er dazu veranlasst werden könnte, würde mein Vater ihn mindestens vor dem Selbstmord bewahren. Tatsächlich kam er zu meinem Vater, am Nachmittag desselben Tages. Ob er heimgekehrt war oder wie Erich ihn sonst erreicht hatte, weiss ich nicht. Mein Vater gab ihm den Rat, der sich von selbst verstand: "Stellen Sie sich dem Gericht und nehmen Sie Ihre Strafe auf sich." Beim Abschied fügte mein Vater die barmherzigen Worte hinzu: "Ich versichere Sie meiner vollen Hochachtung." Als ich der Frau diese Szene berichtete, verhehlte sie nicht ihre Wut. Sie gab meinem Vater die Schuld oder Mitschuld daran, dass der Mann ihrem Verlangen nicht nachgekommen war, sondern sich gestellt hatte.

Die Dinge liefen dann ab, wie es unvermeidlich war, wobei mir Erich furchtbar leid tat: Untersuchungshaft, Haussuchung, Aufgabe der Wohnung, Gerichtsverhandlung. Er kam mit einer Gefängnisstrafe von etwas mehr als einem Jahr davon. Die Familie bezog ein bescheidenes Quartier in einer fast proletarischen Gegend. Den Unterhalt bestritt der Hausfreund, ein blonder germanischer Hüne, der jetzt offen hervortrat; ein gutartiger harmloser Mensch trotz alledem. Bei ihnen fand Erichs Vater Unterschlupf, als er aus dem Gefängnis entlassen wurde. Er lebte dort die kurze Spanne, die ihm noch vergönnt war, heiter und unangefochten, soweit man aus seinem Betragen schliessen durfte, von keiner Scham und keiner Reue niedergedrückt. Im Vergleich zu den Stürmen, die vorausgegangen waren, wirkte die enge Existenz in der Proletarierwohnung wie eine Idylle. Sie endete, als ihn der Schlag rührte. Der Hausfreund heiratete die Witwe und führte lange Jahre mit ihr eine Philisterehe.

So ging es mit Erichs Elternhaus. Mit Erich selbst ging es nicht so schlimm, aber auch nicht gut. Er war ungepflegt in seiner Erscheinung und loddrig in seiner Führung. Das konnte ich bald sehen. Dass Loddrigkeit und Ungepflegtheit ihre Wurzeln in seinem Charakter hatten, musste ich allmählich lernen. Ich hatte mich schwer über ihn zu kränken, mich mit Unkorrektheiten abzufinden, Nachlässigkeiten zu übersehen. Es gab um ihn her immerfort zu vertuschen und auszugleichen. Schliesslich wusste ich über ihn vollständig Bescheid. Ich für meine Person fand mich damit ab wegen der weit zurückreichenden geistigen Kameradschaft, die uns verband, und wegen der Anregung, die fortfuhr von ihm zu strahlen. Aber dies war nur möglich, weil ich auf niemanden als auf mich selber Rücksicht zu nehmen brauchte. Als ich mit 30 Jahren heiratete und als ich einen anderen Menschen zu schützen hatte, kam es zum jähen Bruch mit Erich. Danach haben wir uns nie wiedergesehen.

Ich bin noch nicht so weit, ich zähle erst 15 Jahre. Es war ein schicksalvolles Jahr: ein Mädchen trat in mein Leben.

Onkel Salomon und Tante Ernestine hatten fünf Töchter. Sie heirateten, eine nach der anderen, die jüngst sogar zwei Mal. Die Hochzeit, die ihr Vater jeder von ihnen ausrichtete, pflegte mit bescheidenem Glanz in dem altmodischen Berliner Hotel "König von Portugal" gefeiert zu werden. Immer sassen wir mit an der Festtafel. Bei der dritten Hochzeit bekam ich eine Tischdame. Auch sie zählte 15 Jahre, ein paar Wochen weniger als ich. Sie hiess Hedwig. Ich sass drei Stunden lang neben ihr, zum ersten Mal in meinem Leben neben einem Mädchen. Wir redeten die ganze Zeit, durch nichts und niemanden unterbrochen, als immer wieder durch Festreden und Tafellieder, die wir als ebenso viele lästige Störungen empfanden. Als wir uns trennten, liebte ich sie.

Ich wusste das durchaus nicht sofort. Ich fuhr in einem Zustand der Seligkeit mit meinen Eltern heim in die Passage, schlief selig in geträumter Fortsetzung unserer Unterhaltung, erwachte selig und fand die Welt von Grund auf verändert. Wie hatte ich es nur bisher ertragen können? Wie ertrugen es die Erwachsenen, die keine Hedwig hatten, um unablässig an sie zu denken? Sie taten mir leid, und zugleich verachtete ich sie, meine Eltern in ihrer gelassenen Ehe nicht ausgenommen.

Unerfahren wie ich war, hatte ich nicht im geringsten daran gedacht, irgendwelche Verabredungen zu treffen, um sie wiederzusehen. Tatsächlich sah ich sie drei Jahre lang nicht wieder, ein paar zufällige kurze und peinliche Begegnungen ausgenommen. Ich klammerte mich an eine beiläufige Bemerkung Hedwigs, dass sie mit ihren Schwestern nachmittags in den Tiergarten zu gehen pflegte, und zwar in die Gegend der Hofjägerallee. Dazu wusste ich, dass sie am Nollendorfplatz wohnte. Drei Jahre lang jeden Nachmittag zog ich von der Passage den weiten Weg durch den Tiergarten zur Hofjägerallee, über den Lützowplatz zum Nollendorfplatz, und durch die Potsdamer Strasse zurück zur Passage - ein Marsch von rund zwei Stunden. Ich fand sie so gut wie niemals, weder in der Hofjägerallee noch in deren Umgebung. Manchmal, selten, sah ich sie auf ihrem Balkon sitzen; aber sie sah mich nicht, und ich wusste nicht, wie ich mich bemerkbar machen sollte. Hätte sie mich bemerkt, und hätte sie geahnt, dass ich ihretwegen da unten vorbeiging, so wäre ich vor Scham in die Erde gesunken. Die ganz wenigen Male, die ich wirklich auf sie stiess, brachten mir nur die äusserste Verlegenheit. Sie verriet mit keinem Zeichen, dass ihr die Begegnung irgendwie lieb sei, und ich wusste ihr nichts zu sagen, zum Teil ohne Zweifel eben deswegen.

Es war eine blosse Traumliebe, aber von der äussersten Heftigkeit. Ich lebte im Geiste dauernd mit ihr, alle meine Gedanken bezogen sich auf sie, mein ganzes inneres Gespräch war an sie gerichtet. Ich überlege mir heute, welch ein Mass von Isolierung diese einsamen Gänge und dieses sehnsuchtvolle Träumen ohne Wirklichkeit verursacht haben müssen, ausser der Isoliertheit, zu der ich an sich schon neige. Es wusste auch niemand von meinen heimlichen Gedanken, ich vertraute mich nicht einmal meinem Freund Erich an. Wenn ich mir aber klar machte, wie lange ich schon ergebnislos nach ihr herumlief, so überfiel mich so etwas wie Verzweiflung.

Ich war verzaubert worden, während ich drei Stunden lang an der Festtafel neben ihr sass. Als wir aufstanden, lag ich schon im Bann und erkannte die Wirklichkeit nicht mehr. Diese Wirklichkeit sah so aus, dass Hedwig im alleräusserlichsten Sinne gar nicht zu mir passte. Sie war klein unter dem Durchschnitt, ich bin gross und war damals lang aufgeschossen. Bei freier Wahl, wenn ich unbefangen sie hätte schreiten sehen, auf der Promenade oder im Ballsaal, wäre mir niemals eingefallen, mich ihr zu nähern. Ein Teil der Befangenheit, wenn ich doch mit ihr zusammentraf, kam ohne Zweifel daher, dass ich das körperliche Missverhältnis empfand, wenn ich es mir auch nicht klar machte.

Seltsamer Weise wurde ich auch dann nicht untreu, als sich eine Ablenkung darbot. Sie kam von Elise, die in unserem Hause diente als Betreuerin meines kleinen Bruders Berthold. Sie war von normaler Grösse und ausgesprochen hübsch, aus besserem Hause weit oberhalb des Niveaus etwa eines Dienstmädchens. Leider umgab sie eine Schicht von Gehemmtheit und auch Verschrobenheit. Sprechen konnte ich kaum mit ihr. Sie gefiel mir sehr, aber die Liebe zu Hedwig hinderte mich daran, mich nun in Elise zu verlieben. Dagegen fasste sie eine leidenschaftliche Zuneigung zu mir. Sie hatte jeden Nachmittag auf Geheiss meiner Mutter mir einen Imbiss auf mein Zimmer zu bringen, während ich über meinen Schularbeiten sass; denn ich galt für pflegebedürftig. Jedesmal blieb sie neben meinem Stuhl stehen, und ich wagte es, die Hand um ihren Gürtel zu legen. So verharrten wir vielleicht eine Viertelstunde lang, ohne dass wir ein Wort wechselten und ohne dass ich nur einen Schritt weiter zu gehen wagte. Ich sah in ihr den Inbegriff der jungfräulichen Keuschheit, aber wahrscheinlich war sie weniger weltfremd, oder sie empfand natürlicher als ich. Jedenfalls liess sie vorsorglich die Tür meines Zimmers weit offen, so dass sie jede Annäherung eines Hausgenossen schon von weitem wahrgenommen hätte. Ihre Vorsicht blieb ganz vergebens. Viele Wochen, vielleicht sogar Monate, stand sie so bei mir, und ich zweifle heute nicht, dass sie jedesmal auf einen Angriff von mir wartete. Aber, zu meiner Schande muss ich es gestehen, ich erwachte nicht aus meiner Starrheit, und ihre Besuche hörten schliesslich auf.

Als ich 18 Jahre alt war, heiratete die fünfte meiner Cousinen. Wieder sassen wir mit an der Tafel, wieder bekam ich eine Tischdame, und wieder war es Hedwig. Wie damals sassen wir stundenlang nebeneinander; nur leider, zu meiner schmerzhaften Verblüffung, gelang mir nicht jener strömende Austausch, der mich das erste Mal so beglückt hatte. Dagegen, als wir uns trennten, hatten wir uns verabredet; und ferner, wie sich herausstellte, war diesmal sie verzaubert worden.

Von nun an kamen wir regelmässig zusammen und hatten, was man ein Verhältnis nennt, in allen Ehren, aber mit schlechtem Gewissen; denn zu jener Zeit fehlte dem Verkehr der Jugend noch jede Unbefangenheit vor den Erwachsenen und namentlich den eigenen Eltern. Sich zu treffen, wenn auch am hellen Tage, war verboten und konnte nur heimlich geschehen. Indessen wir waren, wie es sich von selbst versteht, ruchlos genug, uns zu treffen, erst nur ein bis zwei Mal in der Woche, dann mit wachsender Häufigkeit und Regelmässigkeit. Dann, eines Tages, gingen wir noch einen Schritt weiter: wir verlobten uns; oder, da das Bündnis ja nicht offiziell sein konnte, so "versprachen" wir uns, wie der Ausdruck lautete. Es war ein Ereignis, über das ich nur den Kopf schütteln kann.

Denn um offen zu sein - was heute nicht schwer fällt, was aber damals über meine Kräfte ging - inzwischen war ich schon erwacht und hatte das körperliche Missverhältnis bemerkt und als etwas unbehagliches empfunden. Wäre ich nicht so einsam gewesen, hätte es Mädchen um mich her gegeben, so hätte ich damals, mit Achtzehn, schon nicht mehr daran gedacht, mich an Hedwig zu klammern. Aber es war wirklich so, dass ich mich an sie klammerte. Jedoch ich wäre mit häufigem Zusammensein zufrieden gewesen und hätte die Dinge sich entwickeln lassen. Aber sie blickte viel weiter. Sie hatte zwei Schwestern, die beide in ähnlicher Weise "versprochen" waren. Bei der einen galt es im Ernst und führte zur Ehe, die andere heiratete einen ganz anderen. Hedwig, die im Alter zwischen den beiden stand, wollte es nicht schlechter haben; sie wollte auch versprochen sein.

Eines Abends, nach einem Ausflug, begleitete ich sie bis in ihr Haus. Wir küssten uns, zum ersten Mal. Dann sah sie mich mit fragend flehendem Blick an. Ich verstand: "Kann ich denn nicht auch versprochen sein"? Ich hatte nicht den Mut und nicht die Härte, Nein zu sagen oder Nein zu tun. Ich nickte. Darauf küssten wir uns aufs neue. Gesprochen wurde nicht ein Wort. Aber keiner von uns beiden war im Zweifel über den Sinn dieser Szene: Wir hatten uns versprochen.

Als ich auf die Strasse trat, rang ich die Hände. Was war mir da widerfahren? Ich hatte mich gebunden, ohne es zu wollen. Der kostbare Schatz meiner Freiheit und Selbständigkeit war vertan. Ehe ich mich noch umgesehen hatte in dieser Welt, lag ich schon an der Kette. Entsetzlich! Aber es war geschehen. Da gab es kein Zurück. Ehrlicher Weise konnte ich nicht mehr zurück. Hätte ich mein Wort brechen sollen? Das kam mir nicht in den Sinn. Ich hatte eine Verpflichtung auf mich genommen, endgültig und auf Lebenszeit. Ich war bereit, sie zu erfüllen.

Der Zustand meiner Versprochenheit dauerte beinahe drei Jahre. In vieler Beziehung war es eine glückliche Zeit. Zunächst trat ich damit in ihr Elternhaus. Es war eine bessere jüdische Familie, etwa auf dem Niveau meiner eigenen. Hedwig und ihre Schwestern hatten eine Berliner Höhere Mädchenschule besucht und lebten inmitten des entsprechenden Kreises. Es war nichts als der Kreis, in den ich gehörte, aber bisher hatte ich ihn doch nicht erreichen können. Der Vater war ein vortrefflicher Mann, Architekt, ursprünglich ein schlichter Maurermeister, als welchen er fortfuhr sich im Adressbuch zu bezeichnen, der es zu Wohlstand gebracht hatte, von redlichstem Charakter und mit eifrigem Bildungsstreben. Ich kam jetzt ohne Mühe in Beziehung zu mancherlei Menschen, und in meinem Verhältnis zur Welt trat eine gewisse Normalisierung ein. Hedwig selbst verfügte keineswegs über auszeichnende geistige Gaben, aber sie wusste auf dem Gebiet der sogenannten allgemeinen Bildung vieles, was ich nicht wusste. Vor allem hatte sie die seltene und so wertvolle Tugend des Zuhörens. Ich konnte mein gesamtes geistiges Leben vor ihr ausbreiten und tat es unermüdlich und zu meiner tiefen Beglückung. Sie nahm teil, oder sie erweckte mir das Gefühl, ich könnte sie teilnehmen lassen, an allen meinen dichterischen, damals vor allem dramatischen Plänen, Hoffnungen und Träumen. Und sie beschränkte sich nicht auf ein passives Aufnehmen. Sie hatte die wunderbare Fähigkeit zu ermutigen und anzuspornen. Sie glaubte einfach an mich und meine Zukunft; oder ich hatte den Eindruck, sie tue das. Ein so volles geistiges Zusammenklingen - ein hohes Glück, auch wenn es auf Illusion beruht - ist mir nach ihr nie wieder zuteil geworden.

Inzwischen ging ich durch die Prima des Köllnischen Gymnasiums - voller Scham vor ihr, denn meine Altersgenossen waren schon viel weiter - und schliesslich glückte mir der Sprung in das Studententum. Langsam drängte sich in meinem Bewusstsein die Tatsache vor, dass sie nicht die Art von weiblichem Wesen war, das mir gefiel. Man kennt seinen erotischen Geschmack nicht von vornherein und nicht von selbst, merkwürdiger Weise. Sondern, was sehr wenig bekannt und anerkannt ist, man muss ihn erst aus der Erfahrung lernen, und bisweilen durch eine sehr schmerzhafte Erfahrung, umso schmerzhafter und härter, je ausgesprochener der Geschmack ist. Ich bin ihr aber niemals in diesen Jahren untreu geworden, auch nur so weit, dass ich mit anderen Mädchen zusammengekommen wäre; und es tauchte auch niemand auf, der mich entzündet und von ihr weggelockt hätte. Inzwischen begannen meine Eltern, an unserer Beziehung Anstoss zu nehmen und es mich fühlen zu lassen. Es ist darüber zuhause kaum gesprochen worden, es geschah mehr durch Andeutungen und halbe Bemerkungen. Sie konnten gegen Familie und Persönlichkeit nichts Ernsthaftes einzuwenden haben, aber sie sahen deutlich das körperliche Missverhältnis, und sie sahen auch, dass ich noch unabsehbar fern von einer eigenen Existenz war. Ich glaube jedoch nicht, dass ihr Widerstand viel Einfluss auf mich gehabt hat; er machte mich nur störrisch. Aber es wirkte noch etwas anderes gegen unsere Verbundenheit: Hedwig stand schlecht mit ihren Schwestern. Die Szenen des Unfriedens, die sie mir berichtete, stiessen mich ab. Das war nicht, was ich unter Mädchen verstand, aus denen einmal Damen werden sollten. Und so gab ich bei mir selbst endlich zu: ich hatte falsch gewählt.

Damit zugleich stand für mich fest, dass ich ein Ende machen musste. Nicht indem ich mich allmählich zurückzog oder wegblieb oder floh, sondern indem ich ihr offen bekannte, dass ich sie nicht liebte. Der Entschluss, ihr diesen Schmerz anzutun, fiel mir unsagbar schwer. Dennoch fasste ich ihn und führte ihn aus, erbarmungslos gegen sie, aber auch mit Härte gegen mich. Das Geständnis kostete sie fast das Leben. Vor den Ihrigen suchte sie Haltung zu bewahren, aber nach ein paar Tagen brach sie zusammen. Der Vater liess ihr Zeit, sich auszuweinen, dann nahm er sie sich vor und schüttete seinen äussersten Zorn über sie aus. Zorn worüber? Über die Heimlichkeit - eine Einstellung, die nach heutigen Begriffen so gut wie unverständlich ist. Ich wollte auch aus der Familie nicht wortlos verschwinden und bestand auf einer Aussprache mit dem Vater. Es kam nicht viel dabei heraus, wie sich vorhersehen liess; aber wenigstens brauchte ich nicht zu erröten oder mich zu verstecken, wenn ich später irgendeinem Mitglied des Hauses begegnete.

Zwischen uns war es damit aus, aber ich war keineswegs einfach fertig mit Hedwig. Zunächst blieb ich in vollkommener seelischer Einsamkeit zurück. Es war niemand da, zu dem ich mich hätte flüchten können. Ich sehnte mich herzbrechend nach ihr, suchte sie zu treffen und traf sie auch ein paar Mal zu unfruchtbarem Hin- und Her-Gerede. Der Bruch wurde erst vollkommen, als sie sich mit einem anderen erst "versprach" und dann verlobte. Binnen kurzem heiratete sie: für mich ein schrecklicher Tag. Indessen sie führte eine lange Ehe, aus der Kinder und Enkel hervorgingen. Seltsamerweise habe ich sie niemals wieder getroffen oder auch nur gesehen, obwohl ich später gern alte Erinnerungen mit ihr ausgetauscht hätte.

Seither ist der Nazisturm durch Europa gebraust. Ob sie den Massenmord an den Juden überlebt hat, weiss ich nicht.

III. Ratlosigkeit

Der Übergang von der Schule zur Universität, aus der Bindung in die Freiheit, aus der Aufsicht in die Selbstverantwortung ist ein ungeheurer Schritt. Ich empfand seine Bedeutung überaus stark. Mit meinen zwei Jahren Verspätung hatte ich das Ereignis mit äusserster Spannung und Ungeduld erwartet und mich zuletzt der Verzweiflung nahe gefühlt. Dabei wurde ich aber nie wankend in dem Entschluss, auszuhalten und das Abitur zu bestehen. Merkwürdiger Weise wurde die Schule mir schwer. Ich nenne das merkwürdig, nämlich wenn ich mich mit anderen vergleiche, die gewiss nicht befähigter waren und denen das Gymnasium nicht die geringste Mühe zu bereiten schien. Auch bei dieser Gelegenheit war es mein jüngerer Bruder und später mein Sohn, die mich in Erstaunen versetzten, als ich mitansah, wie leichten Schrittes sie die Stufenleiter der Klassen hinaufhüpften. Was mich betrifft, so hatte ich niemals Schwierigkeiten im Verständnis. Im Gegensatz zu den meisten anderen bin ich an dem geistes-wissenschaftlich-sprachlichen Zweig und an dem mathematisch-naturwissenschaftlichen Zweig in gleichem Masse interessiert und also wohl für beide begabt. Dennoch gab ich einen schlechten Lerner ab. Als ich ein Kind war, tadelte mein Vater immer wieder meine Flüchtigkeit. Wahrscheinlich war es Verträumtheit, Inanspruchnahme und Beschäftigung von innen her. Ich dachte ganz einfach an etwas anderes, oder es dachte in mir an etwas anderes, wenn ich an die Schulaufgaben hätte denken sollen. Nach der Pubertät mühte ich mich, diesen Hang zu überwinden, nicht auf Grund eines Entschlusses, versteht sich, aber tatsächlich. Es ist mir das auch gelungen, aber es kostete mich einen überaus grossen Kraftaufwand; es kostete mich Selbstüberwindung. Ich darf sagen, dies ist meine Haltung zum Leben geblieben. Immer habe ich einen Beruf ausüben müssen, der nicht aus innerer Berufung stammte, zu dem mich vielmehr die Notdurft zwang. Immer habe ich meine Pflicht getan und eine ausreichende Leistung zustande gebracht, zugleich nicht mehr als eine normale Leistung, mit einer viel zu grossen subjektiven Anstrengung. Über dieses Missverhältnis habe ich unendlich viel gegrübelt, aber zu einer Lösung bin ich nicht gelangt - die Lösung hätte darin bestehen müssen, dass ein Erfolg mich von der Frohnarbeit erlöste und mir gestattete, einen Beruf auf meine Berufung zu gründen. Kurzum, ich war von Obertertia ab ein guter Schüler und bestand ein gutes oder sehr gutes Abiturientenexamen. Aber ich arbeitete die letzten drei Jahre ausserordentlich schwer, nicht selten bis tief in die Nacht hinein. Einige Male, wenn der häusliche Aufsatz abzugeben war, sass ich bis drei Uhr auf.

Von meinen Mitschülern muss ich wenigstens zwei erwähnen. Der erste ist Alfred Döblin, nach meiner Überzeugung einer der stärksten Gestalter, die in den letzten Jahrzehnten in deutscher Sprache geschrieben haben. Er war älter als wir alle, auch menschlich reifer und wusste mehr. Er verbarg dies alles unter einer gewissen Albernheit, die ihn auch nicht verliess, als er ein ausgewachsener und berühmter Mann geworden war. Wir zeigten uns unsere ersten schriftstellerischen Versuche und fanden sie gegenseitig schlecht. Als er anfing, bekannt zu werden, zweifelte ich lange an der Berechtigung seines Erfolges, bis sein "Wallenstein" mich überwältigte. Die Lehrer ärgerte er durch eine gewisse Unfügsamkeit des

Denkens und Redens, die vorlaut oder dreist wirkte, gewiss gegen seine Absicht und wahrscheinlich ohne sein Wissen. Die Schule rächte sich an ihm, indem sie ihn vor dem Abiturium auf ein Jahr zurückstellte: ein furchtbarer Schlag nicht nur für sein Selbstgefühl, sondern auch für seine private Existenz. Er selbst hat darüber aufühlrlich berichtet in seiner autobiographischen Darstellung bei Gelegenheit seines 50. Geburtstages. Obwohl wir gemeinsame Interessen hätten haben müssen, kamen wir nicht in Verkehr miteinander, weder während der Schulzeit noch als Studenten. Vielleicht war es Hochmut auf meiner Seite: er stammte aus einer kleinen Familie, nach meinen damaligen Maßstäben. Erst viel später, als ich seine Werke kennenlernte und darüber in den Zeitungen schrieb, freundeten wir uns an. Jedoch es wurde keine geistige Bundesgenossenschaft. Die Emigration trennte uns, aber auf meinem Wege von Italien nach England habe ich ihn in seiner Pariser Wohnung besucht, wo er mit seiner vortrefflichen Frau, einer wahren Gefährtin seines Schaffens, und einem Teil seiner Kinder so unbeschwert und verspielt hauste, wie ich ihn immer gekannt hatte. Inzwischen ist er nach Amerika und von da in französischem Auftrag nach Deutschland geweht worden, und es hat bis zu seinem Tode 1957 keine Verbindung zwischen uns mehr gegeben.

Das Köllnische Gymnasium lag in einer Gegend Berlins, die aufhörte, Wohnviertel zu sein, und ging daher an Zahl der Schüler zurück. Zum Abiturium (1900) waren wir nicht mehr als sieben. Sechs davon waren Juden, der einzige Christ hiess Abraham und stammte aus einer märkischen Pastorenfamilie. Unter diesen Sieben befand sich der andere meiner Mitschüler, den ich hier mit Stolz erwähnen muss: Ernst Heilmann, der spätere Führer der sozialdemokratischen Fraktion im Preussischen Landtag, der ungekrönte König von Preussen, wie man ihn wohl nannte, der rote Heilmann, wie er allgemein hiess. Seine grosse politische Begabung kannten wir schon auf der Schule und erwarteten das höchste von ihm. Ebenso entwickelte sich dort schon sein Schachtalent, das ihn befähigte, mehrere Partien gleichzeitig blind zu spielen. Er schmöckerte nicht unter dem Tisch, aber er löste Schachaufgaben. Seine Rednergabe kam in Studentenkreisen schon voll zur Geltung.

Über Heilmann ist in der Zeit seines politischen Erfolges viel Ungünstiges verbreitet worden, und auch in Langhoffs "Moorsoldaten", dem krassen Bericht aus dem Konzentrationslager, kommt er schlecht weg. Während unserer gemeinsamen Schulzeit habe ich ihn als einen völlig geraden und lauteren Menschen kennengelernt, und ich glaube nicht, dass sein Charakter sich so ins Schlechte gewandelt haben kann. Er war auch tapfer, von jener moralischen Tapferkeit, die Bismarck Zivilcourage genannt hat. Nur deswegen wurde ihm von der preussischen Behörde die juristische Laufbahn gesperrt. Und nur deswegen weigerte er sich unter den Nazis, ins Ausland zu gehen, was er ohne Mühe hätte tun können. Er "blieb bei seinen Arbeitern". Gewiss ahnte er die Grösse des Martyriums nicht, das ihm bevorstand. Er wurde ins Konzentrationslager gebracht und nicht nur mit Hohn übergossen, sondern in jeder Weise geschändet, immer wieder misshandelt und beständig mit dem Tode bedroht. Sieben Jahre lang kostete er den bitteren Kelch bis auf die letzte Neige. Als er endlich starb und im furchtbarsten Sinne des Wortes von seinen Leiden erlöst wurde, körperlich und geistig verstümmelt, war seine Persönlichkeit längst erloschen. Das bedeutet kein Versagen im Moralischen. So wie der Leib unter Überanstrengung und Misshandlung Schaden nimmt, so bröckelt unter zu schwerem Unglück auch die Psyche ab und fällt schliesslich in sich zusammen. Wer wollte sich erdreisten, hier den Richter zu spielen? Wer weiss von sich, wie lange seine Kraft unter den gleichen Bedingungen standgehalten hätte? Ernst Heilmann hatte etwas an sich, das die üble Nachrede und vielleicht auch die Misshandlung herausforderte: Mit seinen rostroten Haaren, seiner langen Gestalt und seiner Gewohnheit, die Hände waschend zu reiben, erinnerte er an Uriah Heep in Dickens' unvergesslichem Roman "David Copperfield". Nach meiner Kenntnis war er innerlich durchaus das Gegenteil dieses schleichenden Schurken, obwohl auch er ein Mensch, der sein Leben auf nichts als auf die eigene Leistung gestellt hatte. Nur durch Leistung wurde er in der Klasse unser Primus und behauptete diesen Platz fast durch die ganze Schulzeit. Niemand von uns missgönnte ihm seinen Rang. Und so über Verleumdung, Beschimpfung, Entwürdigung und sieben Jahre lang hingezogene raffinierte Ermordung hinweg gedenke ich meines armen Mitschülers und Conabiturienten in Verehrung und bewahre mir sein Bild in Freundschaft.

Ich gehöre nicht zu denen, die ihre Schulzeit verwünschen. Ich hatte fast durchaus gute, wohlmeinde und kenntnisreiche Lehrer und ich war überhaupt heisshungrig nach Wissen. Aber nicht nur wegen meiner Verspätung von vollen zwei Jahren empfand ich die Schule als Gefängnis, sondern noch aus einem tieferen Grunde: Mich verlangte nach Produktion, und die regelmässige tägliche Pflicht nahm mir die innere Bewegungsfreiheit. Ich war nicht mehr der verträumte Junge, der seine äusseren Pflichten vergass. Ich zwang mich zur Pflichterfüllung und unterdrückte gewaltsam meinen Schaffensdrang. Ich dachte, wenn ich nur erst der Schule entronnen wäre, so würde ich an jedem Tag und zu jeder Stunde tun dürfen, wozu es mich von innen her trieb. Nicht im Entferntesten ahnte ich, dass dieser Kampf zwischen Berufspflicht und Schaffenslust mein ganzes Leben beherrschen und dass die Berufspflicht fast immer die stärkere Macht sein würde.

Aber endlich kam der Tag der Befreiung von einer kaum noch ertragenen Frohn, Erfüllung einer fast bis zur Krankheit gesteigerten Sehnsucht. Ich war Student, auch ich. Und nun durfte ich mir alles erfüllen, was ich mir längst ausgedacht hatte!

Da war zunächst die Wahl des Studiums. Mein Vater wollte mir das Schicksal ersparen, unter dem er selber litt: dass er nicht hatte werden dürfen, was er wollte. Ich dagegen sollte werden, was ich wollte. Er liess mir völlig freie Wahl. Was also wollte ich werden?

Ich glaube nicht, dass ich meinem Vater oder irgendjemandem sonst darüber Rechenschaft abgelegt habe; aber ich wusste bei mir selber genau, was ich werden wollte. Ich wollte deutscher Dichter werden, und zwar ein Dichter von Dramen. Wie ich dazu gekommen bin, werde ich später erzählen. Jedenfalls stand dieser Entschluss in mir fest, seit ich 15 Jahre alt war; und gerade jetzt, zur Zeit meines Abituriums, arbeitete ich an meinem ersten grossangelegten abendfüllenden Stück. Aber ich wusste keineswegs, welche Schritte man zu unternehmen hat, um dieses Ziel zu erreichen; und vor allem wusste ich nicht, wie dieses Ziel in der Wahl eines bestimmten Studiums auszudrücken sei.

Ich wusste nur so viel: Medizin oder Jura wollte ich nicht studieren. Auch Journalist zu werden, lehnte ich ab - nebenbei: wie man das wird, hätte ich noch viel weniger gewusst. Ich sagte in meinen letzten Schuljahren zu allen, die mir erreichbar waren - aber mir war kein ernsthafter Mensch erreichbar - ich möchte

Kulturgeschichte studieren. Was ich damit meinte, vermag ich heute klar auszudrücken: Ich wollte studieren, um mich des Kulturgutes meiner Zeit zu bemächtigen; also nicht etwa, um mich auf einen Brotberuf vorzubereiten. Nun war mein Vater, obwohl es ihm auf seinem Direktorposten gut ging, weit davon entfernt ein vermögender Mann zu sein; und ich wusste sehr wohl, dass ich mir mein Brot würde zu verdienen haben. Aber ich wusste auch, dass Dramen, die gespielt werden, Einnahmen bringen, und ich wusste von Menschen, die davon leben. Ich war nicht leichtfertig mit meinem Plan, Kulturgeschichte zu studieren. Ich möchte meine Haltung damals auch nicht weltfremd nennen. Es war einfach so, dass ich an meine Zukunft als Dramenschreiber glaubte.

Keiner von denen, die ich über mein Studium befragte, konnte mir sagen, wie man Kulturgeschichte studierte, wer sie lehrte, und was für Aussichten sie bot. Da gab es im weiteren Bekanntenkreis meiner Eltern eine unverheiratete Dame, schon bei Jahren, aus Ostpreussen, eine germanische Riesin, die von sich selbst behauptete, sie triebe Kulturgeschichte. In Wahrheit pflegte sie eine bescheidene Art von Folkloristik und schrieb kleine Artikel darüber für Vereinszeitschriften. An sie vor allem wandte ich mich um Rat und Beistand, aber sie war ganz und gar nicht geeignet,mich zu führen.

In späteren Jahren, wenn ein junger Mann sich an mich mit dem gleichen Anliegen gewandt hätte, so wäre er von mir folgendermassen belehrt worden: Was Sie wollen, gibt es nicht. Der Kultur Ihrer Zeit können Sie sich von jedem Studium her nähern. Es wird an Ihnen liegen, eines wie grossen Teiles davon Sie sich bemächtigen und wie tief Sie dringen. Lernen Sie zunächst irgendetwas, im Grunde ist es gleichgültig, was; und suchen Sie von da aus weiterzuschreiten. Aber tün Sie um des Himmels Willen nicht, was Sie im Grunde wollen: Lernen Sie nicht auf Dichter. Das muss von selber kommen und wird von selber kommen, wenn Sie das Zeug dazu haben.

Niemand sagte dies oder etwas Ähnliches zu mir. Dennoch sprach endlich einer das entscheidende Wort; ein Wort, das leichthin fiel und das doch meinem künftigen Lebensweg die äussere Richtung gab.

Der einzige Akademiker in meiner engeren Familie war der Bruder meiner Mutter, Onkel Albert, Rechtsanwalt Knopf, jedoch mehr Kaufmann als Jurist. Indessen, er wurde noch durch den stattlichen Titel des Kaiserreichs ausgezeichnet: "Justizrat", und trug ihn in Ehren bis in die Hitlerzeit, als er friedlich und unerwartet starb. Er war musikalisch begabt und von raschem Geist. Mir in meiner Jugend hätte er wohl ein Führer sein können, wenn es ihm nicht an Ernst gefehlt hätte. Er heiratete, nach jahrelangem Verhältnis, eine Opernsängerin von hohem Rang, eine geborene Pessara, die sich Arassep nannte, noch dazu Christin. Die Familie empfing sie, wie es nicht anders sein konnte, mit Misstrauen: verdaute sie aber bis zum vollkommenen Philistertum. Im Augenblick ihrer Verbindung mit Onkel Albert verzichtete sie auf ihre Laufbahn als Opernsängerin; aber ihr Liebhaber und späterer Gatte zerstörte ihr Künstlertum: er machte einen Witz aus ihrem Gesang. Ich habe noch ihre grosse zauberhafte und wunderbar geschulte Stimme gehört, in unseren Zimmern, für die sie viel zu mächtig war. In seiner Nähe sang sie nicht mehr um der Kunst willen, sondern um die Familie zum Lachen zu reizen.

Onkel Albert war gut zu seinen Neffen und nahm besonderen Anteil an mir. Zu meiner Einsegnung schenkte er mir Lübkes "Reallexikon des klassischen Altertums", ein Buch, das mir ungeheuer viele Dienste geleistet hat und das ich besass - trotz häufigen Gebrauchs in bestem Zustand - bis es durch unsere Vertreibung aus Italien mit meiner ganzen Bibliothek verloren ging. Indessen abgesehen von dem einen Fall, den ich jetzt berichten will, fand ich bei ihm keine Hilfe in meinen geistigen und namentlich produktiven Nöten und Bestrebungen. Er irrlichterte in vielen Bezirken des intellektuellen und künstlerischen Lebens umher, aber sein Mangel an Ernst verhinderte, dass er irgendwo Fuss fasste.

Eines Tages, kurz vor meinem Abitur, stand ich mit ihm auf der Plattform einer Berliner Strassenbahn. Die Rede kam auf die Wahl eines Studiums, und ich trug ihm meine wirre Absicht vor, Kulturgeschichte zu treiben, und meine Ratlosigkeit darüber.

"Das gibt es," sagte er. "Man nennt das Germanistik" und erklärte mir, was es damit auf sich hat, indem er besonders bei der Geschichte der deutschen Literatur verweilte.

Das Gespräch dauerte nicht lange, ich wusste zu wenig von diesem Fach, um sachdienliche Fragen zu stellen, und Onkel Albert wieder war zu oberflächlich, um durch Fragen seinerseits erst einmal herauszubekommen, wohin ich denn eigentlich zielte. Aber ich fasste sofort den Entschluss, Germanist zu werden. Dabei wirkte gewiss auch der Wunsch, meinem Vater über das künftige Studium endlich mehr sagen zu können als nur den negativen Bescheid: Nicht Medizin und nicht Jura.

Es war ein unsagbar törichter Entschluss. Wenn einer Schriftsteller und Dramatiker werden will, so darf er alles andere studieren, nur nicht die Wissenschaft von den Schriftstellern und Dramatikern. Mein Plan entsprach etwa dem eines Narren, der, um Maler oder Bildhauer zu werden, Kunstgeschichte studieren wollte. Ich glaube zwar, die Germanistik hat mir in meiner Produktion nicht geschadet; aber sie hat mir auch nicht genützt; nicht beim Produzieren, wie sich von selbst versteht, aber auch sonst nicht, denn ich habe keinerlei wissenschaftliche - wenn auch, wie ich berichten werde, eine organisatorische - Leistung auf dem Gebiet der Germanistik aufzuweisen. Das Fach fesselte mich ganz einfach nicht genug. Ich merkte das schon in meinem ersten Semester. Was daran Wissenschaft war, die Sprachforschung, ging mich nichts an. Und um die deutsche Literatur, die mich sehr viel anging, kennen zu lernen, hätte ich sie nicht berufsmässig zu studieren brauchen. Der Schaffende muss nicht ein Fachmann sein, ausser in den Mitteln seiner Kunst. Er benötigt also nicht Vollständigkeit des Wissens, sondern Vorbilder. Wenn ich denke, wieviel kostbare Stunden ich vertan habe mit der pflichtgemässen Lektüre von Werken wie etwa Ludwig Tiecks impotenten Monstredramen "Kaiser Oktavian" und "Genoveva"! Wenn ich statt dessen lieber Strindberg gelesen hätte, von dem ich einiges über das Handwerk lernen konnte! Diese Überlegungen verstehen sich von selbst. Kurios, dass ich mich damals so schwer vergriff.

Wie gesagt, ich wusste bald, dass ich kein innerliches Verhältnis zu meiner Wissenschaft fand. Freilich wäre es mir schwer gefallen anzugeben, was ich denn statt dessen hätte studieren sollen. Heute würde ich vielleicht Geschichte wählen. Naturwissenschaften, wie schon berichtet, lagen mir sehr nahe, aber ich hätte nicht gewusst, wie ich daraus einen Beruf machen sollte. Manchmal dachte ich, reine Philosophie wäre das richtige für mich gewesen, obwohl auch daraus sich schwer eine Profession machen lässt, ausser der des Universitätsdozenten. Das vernünftigste wäre wohl gewesen, mich überhaupt nicht an ein Fach zu binden, sondern zu hören, wo es mir gefiel, und mir keine zeitraubenden Examensvorbereitungen aufzuerlegen. Aber dagegen sprach zweierlei: ich musste mir mindestens die Möglichkeit zu einem Brotberuf offen halten, und ich war viel zu solide, vielleicht sage ich besser: pedantisch, um mich mit einem nicht abgerundeten Studium abzufinden. Alles in allem: ich passte nicht in eine der vorhandenen Schablonen, aber ich zwang mich in eine Schablone.

Einen einzigen lebenden Germanisten kannte ich - es war eine sehr lockere Bekanntschaft. Sie stammte daher, dass wir ein paar Jahre vorher zu Dritt, nämlich ich mit meinem Bruder Paul und meinem Freund Erich, Tanzstunde genommen hatten, wozu wir uns, wie es damals üblich war, der Leiterin eines Mädchenpensionats vorstellten. Ich lernte dort zwar tanzen - Erich nicht - aber sonst war es ein ganz verfehltes Unternehmen, das unsere grossen Erwartungen schwer enttäuschte: nicht eine einzige Mädchenbekanntschaft entstand daraus; die meisten der Teilnehmerinnen gefielen mir nicht, ja sie missfielen mir durchaus, und an die zwei oder drei, die mir gefielen, wagte ich mich nicht heran. Von dem Sohn der Pensionsmutter, einem stattlich aussehenden jungen Mann, wusste ich, dass er Germanistik studierte. Er hatte zwar an dem Kursus nicht teilgenommen, aber sich mit den Herren bekannt gemacht. Daraufhin wagte ich jetzt, ihm zu schreiben und um eine Unterredung zu bitten.

Er gestattete mir sofort, ihn auf seiner Studentenbude zu besuchen. Wahrscheinlich hat er wenig so stolze Tage erlebt wie den, an dem ich zu ihm kam, um mir bei ihm Rat über seine Wissenschaft zu holen. Er empfing mich, obzwar durchaus freundlich, mit der Würde eines ordentlichen Universitätsprofessors und spendete mir freigebig von seiner Weisheit, die nicht viel mehr als ein paar Semester alt sein konnte. Zunächst wies er mich an, germanische Sprachen zu pauken, so wie ich einst Lateinisch und Griechisch gepaukt hatte, und zwar Gotisch, Althochdeutsch und Mittelhochdeutsch. Mich schauderte bei dieser Aussicht. "Die Sprache," sagte er gescheit, aber das stammte gewiss nicht von ihm, "muss Ihnen so klar werden wie ein Skelett". Die Sprache, liess er sich weiter vernehmen, sei mein tägliches Brot, die Literatur nur der Kuchen. Ich hätte es mir umgekehrt gewünscht. Lesen! lautete sein weiterer Rat, viel lesen! eigentlich immerfort lesen! aber nicht unbefangen zu meiner Ergötzung wie bisher, sondern mit dem Bleistift in der Hand, Auszüge und Zusammenfassungen anfertigen. Diese Regel habe ich im wesentlichen befolgt und sie nützlich befunden bis auf den heutigen Tag. Dann lächelte er geheimnisvoll und dämpfte ein wenig seine Stimme.
"Es ist eine kleine gotische Grammatik erschienen, für den praktischen Gebrauch. Sehr nützlich, um die Anfangsgründe zu lernen. Deklination, Conjugation und Vokabeln, alles in Lektionen übersichtlich zusammengestellt, mit Übersetzungsstücken. Von Heydrich". Er nannte auch den Vornamen, aber der ist mir entfallen. Dazu erfuhr ich noch den Verlag und die Buchhandlung, in der ich das Werk vorrätig finden würde. Mit einem Anflug von Schüchternheit fügte er hinzu: "Heydrich, das bin ich selbst". Er hiess nämlich ganz anders als Heydrich. Was für ein Mann! dachte ich. Er hat schon eine gotische Grammatik verfasst. Ich kaufte sie mir sofort, ein dünnes Heft ohne Ausstattung, für einen geringen Preis zu haben. Möglicher Weise ist dies das einzige Exemplar, das jemals regulär verkauft worden ist. Ich habe danach, ehrlich gesprochen, nicht schlecht gotisch deklinieren und konjugieren gelernt. Aber das Unternehmen war eine unerhörte Dreistigkeit: Ein Student, der vom Gotischen nur wusste, was er selbst eben ge-

lernt hatte, unterfing sich, einen Leitfaden zu verfassen nach der Methode, die zur Erlernung moderner Sprachen in populären Einführungen üblich und bis zu einem gewissen Grade nützlich sein mag. Nicht nur seine Kenntnisse reichten dazu in keiner Weise aus, sondern niemand in der Welt vermag gotisch zu parlieren. Es gibt keinen freien gotischen Text, selbst Bischof Ulfilas' berühmte Bibel ist eine Interlinear-Übersetzung. Woher nahm jemand die Syntax, um gotisch-deutsche und deutsch-gotische Lesestücke zu verfassen?

Mulus, Maultier, nämlich weder Pferd noch Esel wurde der junge Mensch genannt, der das Gymnasium hinter sich gebracht hatte, dessen erstes Semester aber noch nicht angegangen war. Die Muluszeit galt als besonders glücklich: die einzige Zeit im Leben, in der man mit gutem Gewissen nichts zu tun brauchte. Unser Abitur hatte an einem ungewöhnlich späten Termin stattgefunden, am 27. März - kurioser Weise dasselbe Datum, an dem wir drei Jahre früher unser "Einjähriges" abgelegt hatten, zugleich mein Geburtstag, und so war die Muluszeit nur kurz. Ich verbrachte sie zum grössten Teil auf den Bibliotheken, zu denen ich nun Zutritt hatte, in dem ungeduldigen Bemühen, schon immer mit dem Studium anzufangen. Aber ich fand mich ratlos. Es gibt in der philosophischen Fakultät keinen vorgeschriebenen Studiengang wie bei den Juristen und Medizinern, man wird in das Meer der Wissenschaft geworfen und muss schwimmen, so gut oder schlecht man vermag. Niemand wies mich an, der Autor der gotischen Sprachlehre für alle Tage dachte nicht daran, sich meiner anzunehmen. Schliesslich wusste ich wenigstens, welche Kollegs ich in meinem ersten Semester hören würde. Man musste Literaturgeschichte belegen, der ordentliche Professor dafür war Erich Schmidt, er las Romantik. Sein Widerpart auf sprachlichem Gebiet war der alte Weinhold, eine Berühmtheit, aber kein Lehrer, er las Mittelhochdeutsch. Ich hatte sehr wenig Nutzen davon. Besser traf ich es mit der Philosophie: ich belegte Stumpfs grosses Kolleg über Geschichte der Philosophie und tat damit ahnungslos das beste, was ich tun konnte. Es gibt keine leichtere Einführung in die Philosophie als ihre Geschichte, indem dem Lernenden die Probleme in der Reihe vorgeführt werden, in der sie dem Menschengeist überhaupt aufgegangen sind. Professor Stumpf, am bekanntesten durch seine Bemühungen um eine wissenschaftliche Psychologie - aber er war weit davon entfernt, ein Psychologe zu sein- hatte gewiss nicht den Rang eines Denkers; aber er war der rechte Mann, die Denktaten anderer seinen Hörern auf schlichte Weise vorzutragen. Um sein Doktorexamen an der Berliner Universität zu machen - worauf ich abzielte - brauchte man noch ein drittes Fach, und ich wählte dazu Kunstgeschichte. Nicht dumm, obwohl ich damals das Fach höchst ungenügend besetzt fand: der grosse Hermann Grimm war tot, der geniale Lehrer Wölfflin noch nicht berufen. So musste ich mich unfähigen Händen anvertrauen, aber der Schaden war nicht gross, denn das ganze Gebiet sollte mir erst erschlossen werden, und es fesselte mich ungeheuer.

Etwas blieb aus, was ich erwartet hatte und was sich später, als mein Bruder Berthold Student wurde, und noch einmal, als mein Sohn zur Universität ging, ohne Schwierigkeiten vollzog. Mir war erzählt worden, dass die Studentenverbindungen sich auf die Mulusse stürzten, um sie als Mitglieder zu werben, sie zu "keilen", wie der Fachausdruck lautete. Niemand, weit und breit niemand machte den geringsten Versuch, mich zu keilen. Ich konnte und kann mir das durchaus nicht erklären. Ich leide nicht an Verfolgungswahn und rede mir nicht ein, es bestehe eine Verschwörung gegen mich. Ich habe auch nicht die Erfahrung, dass ich unbeliebt bin oder einen schlechten Eindruck mache. Ich mache freilich einen falschen Eindruck. Ich wirke zu ernst und würdig. Ich erwecke in gewissen Menschen offenbar so etwas wie Furcht. Manchmal erschrickt einer vor mir. Man muss mich sehr genau kennen, damit ich mich unbefangen gebe und damit der andere merkt, dass ich recht umgänglich bin. Es entsteht ein Vacuum von Respekt um mich her, das ich nur mit Mühe durchbreche und das mir den Umgang mit Menschen ausserordentlich erschwert. Ich weiss dies alles aus einer langen und bitteren Lebenserfahrung und Selbstbeobachtung. Ob damit die Enttäuschung meiner Muluszeit erklärt wird? Mir haben immer die Mädchen tiefes Mitleid erweckt, die auf ihren ersten Ball geführt werden und die Erfahrung machen, dass sie nicht gefallen und sitzen bleiben. Ein bisschen kam ich mir vor wie ein Mauerblümchen. Im wesentlichen ist es so mein Leben lang geblieben. Ich erinnere mich nicht, dass ich jemals aufgefordert worden bin, beizutreten oder mitzumachen oder teilzunehmen. Immer wieder stand ich abseits und wusste von nichts, wo jeder beliebige andere völlig im Bilde war und mittat. Freilich widerstrebt etwas in mir jeder Art von Verein und Organisation. Ich bin keineswegs verlegen oder ungeschickt als Redner. Ich habe Vorträge gehalten vor allen möglichen Arten von Hörerschaften und Toaste ausgebracht an allerlei Festtafeln. Aber einer Versammlung beizuwohnen, in der diskutiert wird, macht mich dumm. Ich vermag keinen klaren Gedanken zu fassen und traue mich nicht, an der Debatte teilzunehmen.

Wäre ich damals von einer Studentenverbindung zum Eintritt aufgefordert worden, so hätte ich vielleicht abgelehnt. Und wäre ich Mitglied geworden, so hätte ich mich wahrscheinlich höchst unbehaglich gefühlt. Die Versuchung trat nicht an mich heran, aber ich blieb nun allein, wie ich es gewöhnt war. Bei mir zu Hause sah man das wohl, und ohne in die Tiefe zu dringen, warf man mir vor, ich sei "gar kein richtiger Student". Nein, ich war kein richtiger Student und sehr weit entfernt von der fröhlichen Sorglosigkeit, zu der ich meiner materiellen Lage nach wohl berechtigt gewesen wäre. Ich tat so, als ginge ich zielbewusst meinen Weg, aber in Wahrheit fand ich mich gar nicht zurecht, am wenigsten in meiner Wissenschaft. Ich wusste nicht, was ich im bürgerlichen Sinne werden sollte. Im Grunde hatte ich nur eines im Herzen: für die Bühne schreiben und damit Erfolg haben. Ich dachte an Dramen und ich schrieb Dramen, und die Pläne, Hoffnungen und Enttäuschungen, die damit in Verbindung standen, bildeten meine eigentliche gelebte Wirklichkeit. Aber darüber werde ich später im Zusammenhang berichten.

Da keine Studentenverbindung sich um mich bemüht hatte, so nahm ich an dem Leben der nichtkorporierten Studenten teil, der Freien Studentenschaft, wie sie sich offiziell nannte, oder Finkenschaft, wie man im Studentenjargon sagte. Sie trat damals auf als Gegnerin der Korps und Burschenschaften und entfaltete viel Verve in der Bekämpfung des altherkömmlichen reaktionären Verbindungswesens mit seinen vielen Mißständen. Ich wurde da mit hineingezogen, aber obwohl ich mit den Tendenzen der Finkenschaft übereinstimmte, es war nicht die Gesinnung, die mich dahin trieb, sondern das Bedürfnis, irgendwo mit dabei zu sein und aus der Isolierung herauszukommen. Es gelang mir nur insofern, als wir da unsere gemeinsamen Sitzungen, Vorträge und Veranstaltungen hatten. Ich machte allerlei Bekanntschaften, wie sich das auf der Universität von selbst ergibt. Irgendeine nähere menschliche Beziehung oder gar Freundschaft ist nicht dabei herausgekommen.

Indessen steht mir ein Vorfall lebhaft in Erinnerung, der als eine Art von Triumph anfing und als schwere Blamage endete. Die Finkenschaft gab eine Zeitung heraus, wöchentlich, wenn ich mich recht erinnere, die unter Studenten kostenlos verteilt wurde. Am Erscheinungstage lag sie in der Eingangshalle der Universität für jeden aus, der sich bedienen wollte, und war gewöhnlich rasch vergriffen. Zu diesem Blatte schrieb ich einen Beitrag, die erste journalistische Arbeit meines Lebens, über die allgemeine Politik der Finkenschaft. Was ich eigentlich auszusetzen oder vorzuschlagen hatte, weiss ich nicht mehr. Schon in der nächsten Ausgabe, wenige Tage nachdem ich den Beitrag an die Redaktion abgeschickt hatte, fand ich ihn gedruckt, an erster Stelle, sodass jeder, der eines der ausgelegten Blätter aufnahm, meinen Aufsatz sofort bemerken musste. Wahrscheinlich freute ich mich, aber zugleich erschrak ich. Ich, den niemand kannte, stand da plötzlich in der Öffentlichkeit. Der Beitrag schlug wie eine Bombe ein. Er wurde überall diskutiert - nicht mit mir, wohlverstanden -, und das Präsidium der Freien Studentenschaft setzte sofort eine ausserordentliche Versammlung an, um die von mir aufgeworfenen Fragen zu erörtern.

Es war die erste eigentliche Versammlung, an der ich in meinem Leben teilnahm. Ich ging dahin in der Erwartung, ich würde aufmerksam anhören, was die anderen für oder gegen meinen Artikel zu sagen hätten, und würde dann meinerseits aufstehen, um in Ruhe und Klarheit darauf zu antworten. Für diesen Fall notierte ich mir kurz einen Gedankengang in mein Notizbuch. Ich fand den Raum überfüllt - nach dem Maßstab studentischer Diskussionsabende, versteht sich. Der Vorsitzende begrüsste mich - ich weiss nicht, woher er mich kannte - und äusserte gönnerhaft: nun, man werde sich aussprechen.

Das tat man. Das heisst, es ging ein Redestrom los, von dem ich mich sozusagen weggeschwemmt fühlte. Man sass, nach studentischem Brauch, an langen Tafeln, und ich sass mitten unter den anderen, allein, unbeachtet, unerkannt. Niemand wusste, wer der Verfasser war, und also erst recht nicht, dass ich es war. Es sprach auch niemand von mir oder richtete das Wort an mich oder an den unbekannten Autor. Es wickelte sich eine unendliche Rednerliste ab, in der ich gar keinen Platz fand. Ich hätte mich gleich zu Anfang oder noch vor Beginn auf die Liste setzen lassen sollen. Aber dazu war ich zu unerfahren, und ausserdem hätte ich das keinesfalls gewagt. Ich wollte erst sehen und hören. Ich sass, sah und hörte und arbeitete derweilen angestrengt an meiner Erwiderung; aber während ich meine Anwort innerlich formulierte, sprach der nächste Student und brachte die Rede auf etwas ganz anderes. Inzwischen wurde die Rednerliste so lang, und man war des Diskutierens schon so müde, dass ich es als geschmacklos empfunden hätte, mich auch noch hinzuzugesellen. Zugleich häufte sich der Stoff, jeder Redner brachte etwas Neues hinzu, und meist etwas, das in gar keinem Zusammenhang mehr stand mit dem, was ich geschrieben hatte. Und so sass ich da, verwirrt, stumm, im eigentlichen Sinn des Wortes dumm gemacht, und fand nicht die Lücke, in die ich hätte springen können. Freilich lag auch eine Ungeschicklichkeit der Leitung vor. Sie hätte mir das Wort geben müssen, unabhängig von der Rednerliste, oder wenigstens das Schlusswort. Wäre ich öffentlich aufgerufen worden, mich zu äussern, wahrscheinlich hätte ich dann etwas zu sagen gewusst. Daran dachte sie nicht. Vielleicht vermied sie es absichtlich, vielleicht war es ihr recht, dass ich und mein Artikel auf diese Weise ausgelöscht wurden. Jedenfalls, der Augenblick kam, wo jemand Schluss der Debatte beantragte, und nachdem es sich ziellos stundenlang hingeschleppt hatte, war es plötzlich zu Ende, die Versammlung brach auf, und wir gingen nach Hause. Ich fühlte mich unendlich blamiert und gedemütigt, und Bekannte verstärkten noch meine Scham, indem sie mir ihre Empörung darüber, dass ich nicht das Wort ergriffen hatte, unverhohlen ausdrückten. Der bescheidene Sieg hatte sich in eine schwere Niederlage verwandelt.

Die ersten beiden Semester brachte ich in Berlin zu, im Hause meiner Eltern, das heisst in der Passage und damit in bequemer Nähe der Universität und Bibliotheken. Für das dritte Semester ging ich nach München. Dafür sprachen mehrere Gründe. Es war damals üblich, wenigstens ein Semester an einer anderen Universität zu verbringen. Heidelberg oder Freiburg wurden bevorzugt; warum ich mir München aussuchte, weiss ich nicht mehr. Ich selbst verlangte sehnsüchtig danach, einmal ausserhalb der väterlichen Autorität und der mütterlichen Obhut mich zu erproben, obwohl ich in meiner freien Bewegung so gut wie gar nicht behindert wurde. Aber das Leben zu Hause, wo es ausser mir noch zwei Brüder, aber keine Schwester gab, hatte, neben vielen Vorteilen, sein eigentümlich drückendes Gewicht. Endlich aber und hauptsächlich: der Arzt erwartete vom Klimawechsel eine günstige Wirkung.

Denn ich war in diesen Jahren von Leiden schwer geplagt. Seit jeher anfällig und schwach, von Erkältungen und Magenaffektionen beständig heimgesucht, ohne dass eine ernsthafte Ursache gefunden wurde und daher auch ohne dass etwas wirksames dagegen getan werden konnte, hatte ich seit meinen letzten Schuljahren eine quälende und zuweilen überaus schmerzhafte äussere Krankheit, eine Furunkulose, zu ertragen. Wahrscheinlich hing sie zusammen mit einer Lungentuberkulose, die sehr viel später entdeckt wurde. Unser Hausarzt, völlig ahnungslos, was eigentlich vorlag, meinte, München werde mir gut tun.

Ich reiste denn also, viele Wochen vor Beginn des Sommersemesters, nahm mir ein bescheidenes Zimmer nahe der Universität, in der Schellingstrasse, und da sass ich denn nun also ungebunden in München, und das fröhliche Treiben konnte losgehen. Aber da geschah nichts von fröhlichem Treiben. Zunächst war ich völlig allein und ohne jeden Umgang. Seither habe ich manchen jungen Menschen in eine auswärtige Universität reisen sehen. Immer geschah es nach Verabredung mit Freunden und in ihrem Kreise, er reiste in Gesellschaft und fand Gesellschaft, und alles andere entwickelte sich von selbst. Ich fuhr allein, kannte in München niemanden und wusste von niemandem, und lebte die ersten Wochen so völlig einsam, dass ich ausser zu meiner alten Wirtin, mit der aber eine Unterhaltung nicht möglich war, tagelang kein Wort sprach. Es gelang mir auch nicht, Mädchenbekanntschaften zu machen. Da ich nicht auch noch die Abende allein in meiner trübseligen Studentenbude sitzen wollte, ging ich in irgendein Bierlokal, und dort geriet ich einmal in eine lebhafte Unterhaltung mit einem Mann an meinem Tisch, von dem sich herausstellte, dass er Maler war. Ich hielt das für eine Wendung in meinem Leben und berichtete die Begegnung frohlockend nach Hause. Aber ich sah den Maler niemals wieder.

Als das Semester angehen sollte, zog ein anderer Student zu derselben Wirtin, ein katholischer Lehrersohn aus Posen. Wir hatten wenig gemeinsames, aber wir waren von nun an viel zusammen. Unsere völlig abweichenden Lebensumstände und Lebensauffassungen stiessen manchmal heftig gegeneinander, aber wir blieben das Semester hindurch befreundet, ohne dass er mir irgendetwas zu geben hatte.

Viel später fand ich ihn als bescheidenen Amtsgerichtsrat in Berlin wieder. Ferner sah ich in diesen Tagen einen anderen Studenten, den ich flüchtig aus Berlin kannte, und gab meinerseits die Anregung, dass wir zusammen ausgehen sollten. Er griff den Vorschlag bereitwillig auf und attachierte sich an mich oder besser mich an sich mit einer Art von Enthusiasmus. Er studierte Kunstgeschichte und Philosophie, war mir an Wissen und an Welt weit überlegen, lebte übrigens in sehr bequemen Umständen von einem üppigen Wechsel und gönnte sich jeden Luxus, von dem er mir oder uns aber nur erzählte, ohne uns jemals daran teilnehmen zu lassen. Leider hat er seine Fähigkeiten niemals zu einer wissenschaftlichen Leistung zusammengerafft, ja, er bestand nicht einmal ein Examen. Später übernahm er die Fabrik seines Vaters, verlor sie in der Inflation und verarmte so völlig, dass er kurz vor meiner Auswanderung, als ich selbst schon existenzlos war, ein geringes Almosen von mir annahm.

Wir drei waren von da ab durch das ganze Semester fast täglich beisammen, ohne dass ich sagen kann, wir seien befreundet gewesen. Die Verschiedenheiten zwischen je zweien von uns waren zu gross. Aber wenigstens aus der physischen Einsamkeit der ersten Wochen war ich nun erlöst. Die Vorlesungen fingen an, und ich erfuhr den starken Einfluss des Philosophen Theodor Lipps, bei dem ich Ethik hörte. Wir sahen, während er vortrug und dabei ein Stück Kreide sorgfältig seiner papierenen Schutzhülle entledigte, die Gedanken, bevor er sie aussprach, auf seinem spannungsvollen Gesicht und auf seiner geäderten Stirn entstehen. Ich höre noch den Donner des gestampften Beifalls, als er im Zuge seiner moralischen Überlegungen zu der Formulierung gelangte: "Der Mensch hat so gewiss ein Recht auf Revolution, wie er nicht berechtigt ist, sich zu Grunde richten zu lassen." Das können noch nicht die Studenten gewesen sein, die später unter Hitler in die nationalistische Verrohung marschierten.

Im übrigen war mein Münchener Sommer nichts weniger als ein freies Burschenleben. Gesundheitlich hatte die Ortsveränderung gar nichts genutzt, eher geschadet. Man verordnete mir kostspielige Bäder, die auch nichts halfen, aber meinen Wechsel stark in Anspruch nahmen. Ich war von meinem Vater keineswegs reichlich mit Geldmitteln ausgestattet worden, sondern so, dass ich bei berechnetem Verbrauch gerade durchkam. Medizinische Bäder jedenfalls passten da nicht hinein. Ich wollte aber meine Eltern nicht mit Krankheitsberichten ängstigen. Und so sparte ich mir die Kosten vom Essen ab. Wir, das heisst der Lehrersohn, der seine eigenen Gründe zur Sparsamkeit hatte, und ich, fanden ein kleines Restaurant, wo man für 50 Pfennig, und dann eins, wo man sogar für 45 Pfennig Mittag essen konnte. Speck haben wir dabei nicht angesetzt. Nicht die Kargheit, aber das körperliche Unwohlsein deprimierte mich sehr.

Zu Niedergeschlagenheit fand ich auch sonst Grund. Ich trug ja meine Pläne einer dramatischen Laufbahn mit mir herum. Wie gesagt, ich werde später darüber zusammenhängend berichten, auch über meine Münchener Fehlschläge. Dahinter, wenn auch verblassend, schimmerte die Vorstellung einer allgemeinen schriftstellerischen Zukunft. Aber wie man das anfängt, ausser, versteht sich, dass man produzieren muss, wusste ich durchaus nicht. Ich lebte in der Erwartung irgendeines "Erfolges", wie ich es bei mir nannte, der meine ganze Existenz zum Besseren, Freieren und Höheren ändern würde. Aber es trat nichts dergleichen ein. Ich fand die menschlichen Zugänge nicht. Dass in Schwabing die Künstler und Schriftsteller hausten, hatte ich mir wohl sagen lassen. Aber wenn ich zum Schwabinger Tor hinausging, und selbst wenn ich dort ein Kabarett besuchte oder in ein Cafe einkehrte, begegnete mir keiner von ihnen. Ich meldete mich zur Aufnahme in den Akademisch-dramatischen Verein, aber - höchst demütigend! - ich wurde nicht angenommen. Man sagte mir gar nichts, man liess mich nur fühlen, ich sei nicht erwünscht. Und ebenso wenig oder, wenn ich so sagen darf, noch weniger fand ich den Zugang zur Bühne. Nichts ging vorwärts, ich blieb isoliert, trotz meiner beiden Studien-Kollegen und trotz eines gewissen studentischen Betriebes, an dem ich, wieder von der Freien Studentenschaft her, teilnahm. Nur ein kleines Ereignis, das ich wenigstens damals als wichtigen Erfolg buchte, fiel vor: Ich sandte einen Beitrag an den "Kunstwart", und als ich, mit einem gleichgültigen Kommilitonen die Strasse entlangschlendernd, vor einer Buchhandlung stehen blieb, um nach der ausgehängten neuen Nummer zu sehen, konnte ich triumphierend mit dem Finger auf das Inhaltsverzeichnis des Umschlages weisen. Mit Jubel las ich, und mit Ehrfurcht las mein Begleiter mich da gedruckt. Ich glaubte nicht anders, als nun habe eine Laufbahn wenigstens als Mitarbeiter dieser Zeitschrift begonnen. Es stellte sich jedoch heraus, dass ein zweiter Beitrag formlos zurückgesandt wurde, und ferner, dass ich für den erschienenen nicht einmal Honorar bekam. Woran das lag, weiss ich nicht. Zu mahnen wagte ich nicht, in der kindischen Annahme, ich könnte mir damit die Gunst der Redaktion verscherzen.

Die Veröffentlichung im "Kunstwart" geschah unter dem Pseudonym Egon Distl, das ich mir aus den Buchstaben meines Familiennamens gebildet hatte. Denn Moritz Goldstein erschien mir als eine unmögliche Marke vor dem Publikum. Andrerseits war ich nicht bereit, auch im Leben als ein gewisser Egon Distl, oder wie immer, aufzutreten. Der Gedanke, ich könnte so vorgestellt und so angeredet werden, und irgendjemand könnte hinter meinem Rücken flüstern: "Eigentlich heisst er Moritz Goldstein" war mir völlig unerträglich. Tatsächlich, wie ich später beobachtete, genügt es nicht, nur gedruckt einen klangvollen Namen zu führen, wenn man bürgerlich fortfährt, so zu heissen wie ich. Man soll das Martyrium nicht unterschätzen, das derjenige leidet, der in der Schule oder beim Militär, unter dem Grinsen seiner Mitschüler und Kameraden, den Vornamen als Moritz angeben muss. Und dies zusammen mit Goldstein, ein häufiger, aber ein Witzblattname. Es gab und gibt übrigens Leute, die mir dieses Urteil bestreiten und Moritz Goldstein für tragbar halten. Manchmal sah ich ganz klar, dass ich mir einen nom de guerre zulegen müsse, und war entschlossen dazu. Dann wieder schrak ich zurück vor der heimlichen Beschämung, die ich würde zu dulden haben. Und im ganzen bin ich mit diesem Problem nicht fertig geworden. Im Grunde ist meine literarische Karriere durch diesen Namen an der Wurzel verdorben, in Anbetracht des Menschen, der ich nun einmal bin. Es gibt freilich eine Kraft der Selbstdurchsetzung, die jeden Namen überwindet. Wer hätte für möglich gehalten, ein lyrischer Dichter der Deutschen dürfe Dehmel heissen? Aber diese Kraft fehlt mir. Andrerseits habe ich viele Zeitgenossen ihren hässlichen oder komischen Namen unter einer prächtigen Decke verbergen sehen. Ich hätte ihnen das nicht nachgemacht. Ich will nicht behaupten, der Name sei an meinem Misserfolg überhaupt schuld. Das hiesse masslos übertreiben. Aber als einer, der in Bezug auf Namen feinhörig und scharfsichtig geworden ist, habe ich ungezählte Male, teils mit Ingrimm teils unter Schmunzeln, erlebt, wie einer durch seinen Namen und durch nichts sonst in die Höhe getragen worden ist. Wenn man von einem Menschen noch gar nichts weiss, so vermittelt der Name den ersten Eindruck. Ein klangvoller Name räumt eine Menge von Hindernissen hinweg, ein übelklingender schafft sie. Wenn es sich um die Entscheidung etwa über die Annahme eines Stückes handelt, so liegt der Fall selten so klar, dass alle Gründe dafür oder alle Gründe dagegen sprechen. Meist ist es so, dass einiges dafür spricht, einiges aber dagegen. Wenn so die Schalen der Wage gleich stehen, so gibt mein Name gewiss den Ausschlag gegen mich.

Und so ging das Münchener Semester hin, mit Vorlesungen und Seminarübungen, mit fleissigem Studium - muss ich reuevoll gestehen, aber auch mit Ausflügen ins Isartal und an den Starnberger See, mit Nachmittagen im Englischen Garten und mit Abenden beim Bier; jetzt immer in Gesellschaft. Am Ende des Semesters kam Erich aus Berlin mich abholen, und wir fuhren gemeinsam in die Berge, um dort zu wandern. Ich genoss die überwältigende und mir völlig neue Schönheit der Alpen und ihrer Städte und Dörfer, aber ich nahm mein Übelbefinden mit mir. Aerztlich gesprochen war es so falsch wie möglich, dass ich mich körperlich strapazierte. Von Erlebnissen dieser Tour ist mir nur eins haften geblieben: Wir assen zu Mittag im Hotel zum Greifen in Bozen, und zwar, versteht sich, im Freien. Beim Aufbrechen schlug ich stehend gedankenlos mit dem Spazierstock nach einer Biene und traf sie. Sie fiel zu Boden und zappelte hilflos. Ich war zu schwachherzig, um sie einfach totzutreten. Das Bild der abgestürzten schwerverletzten Fliegerin und die Reue über den knabenhaft fühllosen Mord ist in mir noch heute lebendig.

Meine Eltern erschraken über mein Aussehen. Sie fragten entsetzt, ob ich denn gehungert hätte. Ich hatte nicht gehungert, aber mich ohne Zweifel unzureichend ernährt.

In den folgenden Jahren wünschte ich mir immer wieder, noch einmal von der Brennerstrasse auf das nächtlich erleuchtete Innsbruck hinabzublicken, unter den Orangen von Meran zu Mittag zu essen oder einfach im Münchener Hofgarten meinen Nachmittagskaffee zu trinken.

Als ich wieder daheim war, kam mein lange schleichendes Leiden zum Ausbruch. Unser Hausarzt - damals hatte man noch einen Hausarzt - war völlig ratlos und wusste nichts anderes zu tun, als mich alle paar Tage zu schneiden und danach die Wunde zu tamponieren, beides ausserordentlich schmerzhaft. Schliesslich verschlimmerte sich mein Zustand so, dass ich für die Nacht in Watte gepackt werden musste. Bei alledem wurde ich aber nicht bettlägerig und fuhr fort, die Universität zu besuchen und überhaupt mich wie ein gesunder Mensch zu benehmen. Heute kann ich es gar nicht verstehen, warum nicht wenigstens meine Eltern, sonst so besorgt um das Wohl ihrer Kinder, auf ernsthafteren Massnahmen bestanden. Wahrscheinlich wussten auch sie keinen Rat und überliessen die Beschlüsse aus langjährigem Vertrauen unserem Hausarzt. Endlich aber wurde ich zu einem jungen Spezialisten geführt, der durch eine Art Pferdekur binnen 14 Tagen das Leiden wenigstens in seiner wildesten Form zum Stillstand brachte und mich im wesentlichen von Schmerzen befreite. Die Entstellung der Haut verschwand allmählich, die Neigung zu solchen Anfällen behielt ich viele Jahre lang, bis sie schliesslich aufhörten oder ich gelernt hatte, ihnen rechtzeitig zu begegnen. Jedenfalls bin ich heute im Alter unvergleichlich gesünder und fühle mich entsprechend besser als in jenen entscheidenden Jahren meiner Jugend und in noch vielen folgenden Jahren, wie ich am rechten Orte erzählen werde.

An der Berliner Universität hatte ich jetzt mein viertes Semester begonnen und damit das Recht erworben, in das Germanische Seminar einzutreten. Dort, an langen Tischen mit etwa hundert anderen Lernenden rings um den lehrenden Professor sitzend, kam ich zwar meiner Wissenschaft innerlich nicht näher, aber ich sah dort die, sozusagen, Honoratioren der Germanistik: denjenigen Kreis von älteren Studenten, etwa ein Dutzend, die unter uns den Ton angaben. Der Sohn meiner Tanzstundenmutter und Verfasser der tausend Worte Gotisch gehörte dazu, kümmerte sich aber nicht um mich. Diese stattlichen jungen Herren in meinem Alter oder ein wenig darüber flössten mir einen ungeheuren Respekt ein, auch Neid auf die sorgenlose selbstsichere Art, mit der sie sich in den Räumen der Wissenschaft bewegten, ohne dass es mir gelang, mich ihnen zuzugesellen. Ich hätte das auch nicht gewagt, im Gefühl der Kläglichkeit meines fachlichen Wissens. Ausserdem beunruhigte mich etwas an ihnen; dasselbe, dass ich schon früher einmal erlebt hatte: Ich merkte, sie hatten untereinander Zusammenhang ausserhalb des Seminars und der Universität, wusste aber weder, worauf er beruhte, noch machte irgendjemand Anstalten, mich dahineinzuziehen. Erst später wurde mir diese Tür geöffnet: Ich durfte teilnehmen an der Berliner Germanistenkneipe.

Diese lockere Vereinigung - die zwar einen Präses hatte, bei der es aber weder Statuten noch Formalitäten gab - tagte meist, das heisst während des Semesters, in der Form von schlichten Bierabenden in einem Berliner Restaurant, wo ein gutes Bräu ausgeschenkt wurde. Wenigstens ein Teil der Mitglieder legte Wert darauf; andere wären auch mit Kaffee oder Schokolade zufrieden gewesen oder hätten das unmännliche Getränk vorgezogen. Es sassen dann beieinander etwa ein Dutzend Germanisten oder auch ihrer zwanzig, bisweilen waren es bloss zwei oder drei. Sie gruppierten sich jedesmal um den ordentlichen Professor für neuere Literaturgeschichte, Erich Schmidt.

Dieser Mann, in der Wissenschaft hoch geehrt, stand in Berlin im Mittelpunkt einer ganzen Generation von Fachgenossen, die zum grösseren Teil nicht der Forschung dienten, sondern der Presse und dem Theater angehörten. Er wurde von ihnen allen wahrhaft verehrt, und als er 1913 viel zu früh starb, liess er diesen Kreis verwaist zurück. Ich lernte ihn zunächst, gleich in meinem ersten Semester, im Kolleg kennen: eine königliche Erscheinung, ein schon ergrauter Goethekopf, eine mächtige und zugleich wohllautende Stimme. Ich kannte seinen Ruf und ging mit grossen Erwartungen zu ihm in die Vorlesung, aber ich fühlte mich zunächst enttäuscht durch die grosse Nüchternheit dessen, was er darbot. Da liess sein späterer Kollege und Rivale Gustav Roethe ein anderes Temperament sprühen, das einen wohl hinreissen konnte. Das gelang Erich Schmidt weder im Kolleg noch im Seminar. Erst als ich später nach meinen Kollegheften mich auf das Doktorexamen vorbereitete, lernte ich die grosse Sachlichkeit und den Materialreichtum seines Vortrages schätzen. Ich verfluchte dann jede Stunde, die ich bei ihm geschwänzt hatte. Er war kein Mann von Geist und auch nicht von Tiefe der Gedanken. Und doch war er ein grosser Mensch und eine hinreissende Persönlichkeit. Sie erschloss sich ganz nur in der Wirkung auf andere Menschen. Grossartig wie kein anderer vermochte er zu repräsentieren. Wenn er etwa aus Anlass von Schillers hundertstem Todestag bei der grossen offiziellen Feier im Theatersaal des Berliner königlichen Opernhauses die Festrede hielt, vor einer glanzvollen Hörerschaft, in Anwesenheit des Kronprinzen, der Vertreter der Behörden, der Hochschulen, der Literatur und der Kunst und des gesamten kulturellen Lebens der Hauptstadt;

wenn er, den Riesenraum mühelos beherrschend, in langhinrollender zeremoniöser Anrede begann; wenn er die Gestalt des Nationaldichters in schwungvollen kühnen Linien aufbaute, mit seinem beziehungsreichen, nicht immer leicht fasslichen Stil, so entzog sich wohl niemand dem beglückenden Eindruck, zu Füssen eines der geistigen Führer Europas zu sitzen. Wie gesagt, er hatte nicht ganz den Rang, obwohl er seit seiner Jugend von Menschen, von Frauen, und daher auch vom Erfolg verwöhnt war. Sein Einfluss reichte weit, sein Wort öffnete viele Türen. Bezwingend aber war sein unbefangenes Gespräch, wie er es am Biertisch der Germanistenkneipe entfaltete.

Man musste von ihm persönlich aufgefordert sein, und als auch mir diese Ehre eines Tages zuteil wurde, durfte ich mich unter die Fachgenossen und Schüler mischen, die um ihn her Platz nahmen. Mein Nachbar nannte mir die Teilnehmer mit ihren Leistungen, von denen ich einige dem Namen nach, keinen persönlich kannte. Es war so etwas wie ein allgemeines Gespräch im Gange, aber in Wahrheit sprach Erich Schmidt. Er sprach fast allein oder immer wieder, stets lebendig, stets fesselnd, in einem unerschöpflichen Strom von Anekdoten, selbsterlebten und historisch überlieferten, jede einzelne anschaulich, aufschlussreich, spannend und sehr oft amüsant. Die Älteren, die sich ihrer akademischen Würde oder ihres literarischen Rufes bewusst waren, sprachen mit und suchten Schritt zu halten; aber die Jüngeren wurden durch sein königliches Geplauder stumm gemacht. Sie wussten zu dieser üppigen Tafelei nichts beizutragen, und sie wagten es auch nicht. Über diese mangelnde Anregung aus dem Kreise der jungen Kneipgenossen beklagte er sich oft bitter, ohne zu merken, dass er selbst es war, der hemmend wirkte. Glücklicherweise gab es neben ihm keine Stockung: ihm fiel immer wieder etwas Neues ein, und er begann immer wieder zu erzählen.

Zu denen, die von ihm völlig stumm gemacht wurden, gehörte ich selber. Ich wusste gar nicht mitzureden und fühlte mich höchst unbehaglich in diesem Kreise von Tagesberühmtheiten, in Gegenwart des unvergleichlichen Meisters. Hier, wo Erich Schmidt in seinem Element war, machte er einen überwältigenden Eindruck auf mich, gemischt aus Bewunderung und Scheu, sogar Angst. Merkwürdigerweise rieb er sich an irgendetwas in mir, und ich bin im Seminar einmal mit ihm zusammengestossen. Auf der anderen Seite erwies er mir viel Gunst, wie ich am gehörigen Ort zu berichten haben werde. Wenn ich mir klar machen wollte, wie Goethe in persönlichem Umgang gewirkt haben mochte, so sah ich ihn im Bilde und in der Redeweise Erich Schmidts. Wahrscheinlich ist der Vergleich falsch; aber er vollzog sich in mir jahrelang und unwillkürlich.

Allmählich, als ich mit Kommilitonen, Lehrern und Berufsgenossen vertrauter wurde, fühlte ich mich etwas sicherer auf der Germanistenkneipe, obwohl ich die Scheu inmitten der selbstbewussten und gewichtig redenden Herren nie völlig überwand. Aber das wäre mir an jeder anderen Tafelrunde zu jeder anderen Zeit meines Lebens ebenso gegangen. Immerhin, als das Doktorexamen heranrückte, wagte ich mich schliesslich sogar hervor. Es gab jährlich im Dezember eine grosse Weihnachtskneipe unter flimmernden Lichtern, die mit einem Weihnachtslied eingeleitet wurde, wobei jedoch, mit Rücksicht auf die vielen teilnehmenden Juden, nichts vom Christkindlein zu hören war, der offizielle Gesang vielmehr "O Tannebaum, o Tannebaum" ging. Dabei produzierten sich Studenten mit den üblichen selbstverfertigten Reimereien und Mimiken, und in zwei Wintern hintereinander war ich der Hauptbeiträger. Das erste Mal las ich eine Versfolge vor, betitelt:

"Aus dem Seelenleben eines Germanisten", gemeint als humorvolle Ironisierung unserer Wissenschaft. Stehend im überfüllten und verqualmten Saale gab ich den Scherz zum Besten, was etwa 10 Minuten in Anspruch nahm, und hatte einen sensationellen Erfolg. Der Literarhistoriker Professor Max Herrmann sprach mich hinterher neidvoll an als den begabten Beherrscher der leichten Muse. Er war sehr überrascht, als ich ihm gestand, dass mir solche Gelegenheitsreimereien unverhältnismässig schwer fallen. Im nächsten Jahr nahm ich einen grösseren Anlauf und schrieb ein Stück in drei Akten, betitelt: "Kyot oder ein Tagelied". Mit Tagelied bezeichnet man eine gewisse Form mittelhochdeutscher Lyrik, in der fingiert wird, der Turmwächter kündige mit seinem Ruf den Tag an und treibe dadurch die Liebespaare auseinander, um sie vor Entdeckung zu bewahren; es ist die Situation, die in Shakespeares "Romeo und Julia" wiederkehrt. Dass der Rufer nicht nur die Liebespaare wecken würde, sondern alle unerwünschten Zeugen mit, wird in dichterischer Freiheit übersehen. Jedenfalls sind uns sehr berühmte Tagelieder überliefert. Kyot ist der Name eines Dichters, den Wolfram von Eschenbach als Quelle für seinen "Parzival" angibt. Er ist sonst völlig unbekannt, während die bekannte Grundlage von Wolframs Epos in dem Werk des Franzosen Chrétien de Troyes vorliegt. Man muss also annehmen, entweder dass einer der grössten mittelfranzösischen Dichter spurlos verloren gegangen ist oder dass Wolfram mit dieser Angabe, aus welchen Motiven auch immer, die Unwahrheit sagt. Um diese Frage hat seinerzeit eine jahrelange literarische Fehde getobt, über der die germanistische Fachwelt sich in zwei Lager spaltete. Mein Stück erlaubte sich den Spass, zu zeigen, wer dieser Kyot wirklich war, nämlich der Stadtnachtwächter von Eschenbach, den Wolfram, wenn er eine Geliebte aufsuchen wollte, um ein Tagelied zu dichten, bestach, morgens im Gegensatz zur offiziellen Fiktion, gerade n i c h t zu wecken, damit er sein Abenteuer zu Ende erleben und dann unbemerkt entkommen konnte. Ich schrieb die Farce in Alexandrinern und dachte sie mir dargestellt als Kartoffeltheater; das ist eine Art Kasperletheater, bei dem der Kopf der Puppe aus einer Kartoffel geschnitten wird, während die menschliche Hand, in ein buntes Tuch gewickelt, aus dem zwei Finger ragen, den Oberkörper bildet. Wir Brüder hatten als Jungen manchmal Kartoffeltheater gezeigt, vor Gespielen oder auch vor Erwachsenen. Wir benutzten dazu ein gedrucktes, für diesen Zweck verfasstes Schauerdrama nach Grillparzers "Ahnfrau". Dieses Stück und diese Übung diente mir jetzt als Muster. Aber bei der ersten Probe überzeugte ich mich, dass für solche Art von primitivem Theater mein Text nicht naiv genug war. Ich schlug daher kurz entschlossen wor, dass die Mimik von uns selbst gespielt werden sollte. Jetzt brauchten wir Schauspieler. Unser ein paar waren schon beisammen, aber es gehörten mehr dazu. Ich sprang die wenigen Schritte hinüber ins Germanische Seminar, an dem ich als Doktorand nicht mehr teilnahm. Es fand gerade Sitzung statt. Ausserhalb ihrer traf ich, mit Lesen stehend beschäftigt, einen Studenten, den ich flüchtig kannte: Wolfgang Goetz, den späteren Dichter des Gneisenau-Dramas. Ich fragte ihn, ob er mittun wollte, und er ging mit Freuden darauf ein. Tatsächlich wurde er bei der Aufführung als ein schauspielerisches Talent erster Ordnung entdeckt. Später machte Max Reinhardt ihm das Anerbieten, ihn für die Bühne ausbilden zu lassen. Goetz lehnte ab: er wollte nicht Schauspieler werden, sondern Dichter. Aber in unserem Germanistenkreise hat er nach diesem ersten Auftreten wiederholt gespielt, zum Teil unter Reinhardts Regie, und Triumphe gefeiert. Vorläufig kam seine Begabung meiner Kyotmimik zugute, als sie auf der Weihnachtskneipe aufgeführt wurde. Mir selbst war, wie zu der Zeit, als wir mit Richard und Willi "König" spielten, die weibliche Rolle zugefallen. Das Stück amüsierte diesen Kreis von Fachleuten, die den Scherz ohne weiteres verstanden, und gefiel im ganzen. Aber es fehlten die Hauptlacher, die durch Krankheit ferngehalten wurden, vor allem Erich Schmidt selber, für den allein ich mich eigentlich bemüht hatte. In seiner Abwesenheit dominierte Gustav Roethe mit seinen Schülern, der zwar mit Beifall nicht kargte, aber auch jene gewisse Befangenheit nicht verbarg, die manche Leute befällt, wenn in ihrer Mitte ein Jude leistet, was ihrer Meinung nach ein Deutscher hätte leisten sollen.

Philologen brauchen gewöhnlich ein langes Studium, zumal an einer anspruchsvollen Universität wie Berlin. Als ich im Begriffe war, in mein achtes Semester zu gehen, wurde ich auf eine völlig unerwartete Weise unterbrochen: ich musste dienen.

Unerwartet; denn niemand hätte im entferntesten daran gedacht, dass ich genommen werden könnte. Ich galt als kränklich und schwächlich und war es in gewissem Masse ja auch. Ich hatte mich daher in keiner Weise darauf vorbereitet, hatte weder über die Garnison noch über die Waffe noch über den Zeitpunkt nachgedacht, sondern ging eines Tages, um eine Formalität zu erfüllen, in die nächstgelegene Kaserne und liess mich mustern. Zu meiner Ueberraschung wurde ich für tauglich befunden und den "Franzern" zugewiesen, dem Kaiser-Franz-Garde-Regiment Nr. 2 in der Blücherstrasse. Ich nahm mir ein Zimmer in der Nähe, und am Tage, bevor mein Dienst beginnen sollte, zog ich ein. Aber ich wurde von Ungeziefer förmlich überfallen, und um vor dem gefürchteten ersten Tage wenigstens ein paar Stunden Schlaf zu erhaschen, fuhr ich mitten in der Nacht in die elterliche Wohnung zurück und legte mich in mein eigenes Bett, nachdem ich den diensthabenden Portier der Passage gebeten hatte, mich zu wecken. In der Kaserne wurde eine Nachuntersuchung vorgenommen, und diesmal lautete das Ergebnis: untauglich. Jetzt war die Entscheidung einer militärärztlich höheren Instanz notwendig, und ich hatte zu warten, sehr ungeduldig, während die anderen schon mit dem Soldatsein begannen. Am dritten Tage wurde dieses Urteil gefällt und lautete in Salomonischer Weiheit: Wir wollen es versuchen. Ich durfte denn also in Reih und Glied treten.

Die anderen, das waren noch nicht die regulären Rekruten, die erst in ein bis zwei Wochen erwartet wurden; es waren vielmehr wie ich lauter Einjährig-Freiwillige, mehr als 50 bei diesem Regiment. Bei dem ersten Dienst, an dem ich teilnahm, fand ich sie alle in einer langen Reihe aufgestellt und warten. Ich wurde nach der Grösse eingereiht, ziemlich nahe am rechten Flügel, und wartete mit. Es erscholl das Kommando: "Stillgestanden. Augen rechts", und ich handelte danach, so gut ich konnte, obwohl ich ja ohne die geringste Ausbildung war. Aber die anderen hatten nur zwei Tage Vorsprung. Dazu meinte ich, es gäbe nichts leichteres als diesen Befehl auszuführen. Wie schwer es ist, im Sinne des preussischen Militärdrills stillzustehen und die Augen nach rechts zu wenden, und wie lange man es üben muss, erfuhr ich erst im Laufe unserer Rekrutenzeit.

Augen rechts - denn von dorther zeigte sich unser ausbildender Offizier, Oberleutnant von Wittenberg. Er kam daher geschritten wie - es gibt keinen anderen Vergleich - der grosse Napoleon, zugleich lässig und straff, zielbewusst ohne Hast, in vollkommener Selbstsicherheit, die sich mir in Gang, Haltung, Miene und Stimme ausdrückte. "Mich ansehen!" rief er auf 20 Meter Entfernung. "Alle mich ansehen. Herum die Köpfe. Sie da, der fünfte Mann, nehmen Sie Ihre Nase herum, sehen Sie mich an." Dass jemand so ungeniert sich selbst in die Mitte der allgemeinen Aufmerksamkeit zu setzen wagte, dass er ohne Verlegenheit die Augen von mehr als 50 erwachsenen Männern auf sich dirigierte, machte auf mich einen überwältigenden Eindruck. Inzwischen war er herangekommen und schritt unsere Reihe entlang, jeden von uns mit kalter Aufmerksamkeit musternd. Wir hatten ihm mit dem Blick bis zum dritten Mann zu folgen und dann den Kopf geradeaus zu wenden. Wir dachten, wir hätten es nun gelernt, und ahnten nicht, dass er mit uns nur Soldaten spielte, um die Zeit hinzubringen, bis die richtige Rekrutenausbildung im Verband der Kompanie begann. Und als es so weit war, nach etwa 14 Tagen, hörte der Spass auf und der nüchterne Ernst des Kasernenhofs begann.

Das Jahr meines einjährigen Dienstes hat mir unschätzbar wohlgetan. Zunächst stärkte es mein Gesundheitsgefühl oder besser meinen Gesundheitswillen. Es stellte sich zu meiner eigenen Ueberraschung und zur Verblüffung aller, die mich kannten, heraus, dass ich den gewiss nicht leichten Anforderungen des Dienstes körperlich gewachsen war. Ich leistete, was von mir verlangt wurde, freilich nicht ohne dass ich zu Zeiten ein ausserordentliches Mass von Willenskraft aufbieten musste. Gesundheitlich befand ich mich besser als vielleicht je in meinem bisherigen Leben. Ich lernte auch, mich nicht zu schonen, was den Rang einer Ketzerei hatte im Vergleich zu der Vorsicht, die mir anerzogen worden war. Von Kindheit an bekam ich heftiges Herzklopfen, wenn ich rannte. Ich hörte dann sofort auf zu rennen, nach mütterlichem und wahrscheinlich auch ärztlichem Rat. Jetzt beim Militär dachte ich nicht daran, "aufzufallen" und mich durch Pimplichkeit lächerlich zu machen. Daher, als wir das erste Mal ausser Atem gehetzt wurden, rannte ich einfach weiter trotz des Herzklopfens, mochte daraus folgen, was wollte. Es folgte gar nichts, ausser dass mir das Herz zum Halse herauszuspringen drohte. Ich wusste nun, und wusste es ein für alle Mal, dass ich auf mein Herz keine Rücksicht zu nehmen brauchte. Wie sehr ich diese Lehre im Exil nötig haben würde und wie wenig es mir in meinen alten Tagen gestattet sein würde, mich körperlich zu schonen, ahnte ich freilich nicht.

Eine andere segensreiche Folge meiner Dienstzeit war die ausserordentliche Erweiterung meines Gesichtskreises. Kleinbürgerliche jüdische Familien wie die, aus denen meine Eltern stammten, hatten, wenigstens in Preussen, gar keinen Zusammenhang mit dem Heere. Da gab es keinen Bruder oder Vetter oder Onkel, der Offizier war oder auch nur Unteroffizier, und von dem aus unsereiner die Armee von der persönlichen Seite her kennen lernen konnte. Ich wusste vom Militär im Grunde nur, was ich auf der Strasse sah, das heisst Aufzüge mit Musik und ohne Musik - in einer Grosstadt wie Berlin spielte sich auch das Exerzieren und die Felddienstübung nicht vor unseren Augen ab - und dazu, was ich in Witzblättern und gelegentlich, selten in Büchern las. Jetzt fand ich mich mit einem Male mitten hinein versetzt in diese Welt, und es war für mich eine Welt. Ich merkte zunächst zu meiner Verblüffung, dass diese adligen Herren Gardeoffiziere gar keine Beziehung hatten zu jener Art lebendiger und interessierter Geistigkeit, in der ich und meinesgleichen lebten. Ich erkannte das, obwohl, versteht sich, niemals irgendein

Gespräch, und noch dazu über ausserdienstliche Dinge, zwischen ihnen und mir vorfiel. Die Entdeckung verblüffte mich nicht nur, sie erschreckte mich auch. Denn das waren ja nicht Leute, die einfach übersehen werden durften. Zeichen eines mehr als bürgerlichen Lebensstiles, mindestens der höheren Offiziere, konnten immerhin auch von uns wahrgenommen werden. Sie waren auch, obwohl sie sich fern vom Geiste hielten, nicht blosse Nullen. Unser Oberleutnant von Wittenberg zum Beispiel, ein Mann, nach meiner Schätzung, von Ende Zwanzig, zeigte einen hohen Grad von Intelligenz. Unser Regimentskommandeur, Oberst von Quast, im Ersten Weltkriege Führer einer Armee, wirkte als Persönlichkeit derart bezwingend, dass jeder einzelne von uns, wie ich nicht zweifle, im Ernstfall lieber totgeschossen worden wäre, als dass er sich unter seinen Augen feige benommen hätte. Andere freilich stolzierten daher als blosse glitzernde Garderobenständer. Mein Kompanieführer war ein beschränkter Narr. Ich wohnte als Einjähriger nicht in der Kaserne, aber ich hörte von den Leuten, dass die Offiziere des Regiments an gewissen Abenden im Kasino ihre gemeinsamen Schmausereien hielten und danach, das heisst spät in der Nacht, wenn sie entsprechend gelaunt waren, im Kasernenhof zum Parademarsch antraten, wobei ihnen Billiardqueues als Gewehre dienten. Nichts wurde im Dienst ernster genommen und nichts war schwerer zu lernen als der Parademarsch. Daher fand ich diese Parodie, ausgeführt von den einübenden und beaufsichtigenden Offizieren selbst, witzig genug, als ich das erste Mal davon hörte. Vielleicht auch noch das zweite und dritte Mal. Da sich aber herausstellte, dass sie denselben Scherz immer und immer wieder trieben und dass ihnen gar nichts anderes einfiel, konnte ich schliesslich eine höhnische Verachtung dieses Ungeistes nicht unterdrücken. Ich sage: meine Beobachtung erschreckte mich. Denn schliesslich: wenn ich geistige Führer enthusiastisch bewunderte und wenn ich strebte, ihnen nachzueifern, für wen hatten jene Grossen geschaffen und für wen würde ich mit meinen bescheidenen Kräften einst wirken? Für diese Schicht, die der selbstbewussten, glänzenden gesellschaftlich verwöhnten Inhaber der Macht jedenfalls nicht.

Aber noch nach einer anderen Seite öffnete sich mein Blick, und dort gab es viel wertvolleres zu sehen. Ich stand plötzlich und unerwartet vor den Fundamenten der Macht und des Staates. Dies war das Werkzeug, mit dem die Regierenden ihren Willen durchsetzten, ich war ein Teil der Maschinerie, ich durfte sie mir von innen betrachten. Und ich tat es, mit Spannung und Wissbegier. Wie man befiehlt, so dass die andere Seite blindlings gehorcht, es wurde mir hier vorgemacht, von den besten Fachleuten, die es auf der Welt gab. Mich fesselte über die Massen diese Verbindung von uralt überliefertem, gezüchtetem Auftreten, das nicht erlernt werden kann, sondern angeboren sein muss, von erlernbarer äusserer Technik des Befehlens und von raffinierter Suggestion. Ich für mein Teil erkannte und würdigte mit verständnisvollem Lächeln die hypnotischen Tricks, die auch für mich bestimmt waren und auch auf mich ihre Wirkung übten: die getrommelte und gepfiffene Musik, unter der die müden Beine wie von selbst schritten, die maschinenartige Exaktheit der Gewehrgriffe, den dröhnenden Gleichschritt, die nervenaufpeitschende Inszenierung des Sturmangriffes (nach der damaligen Taktik der Schützenlinie), das ganze glanzvolle, nicht nur auf Zwecke, sondern auch auf Effekt berechnete Schauspiel. Ich bestaunte die Armee als einen riesigen, wundervoll funktionierenden Apparat, zusammengesetzt in jahrhundertelanger Erfahrung, mit viel klugen und nützlichen Einrichtungen und Vorkehrungen. Ich lernte die gedruckten Reglements kennen und schätzte die deutsche Felddienstordnung als ein beinahe weises Buch. Seit jenen Anregungen habe ich nicht mehr aufgehört, über das Phänomen der Macht, ihre menschliche und ihre mechanische Seite nachzudenken.

Im übrigen ging das Jahr unter beständiger Anspannung rasch dahin. Ich lernte langsamen Schritt, ich lernte den Geländemarsch, der die höchste Anforderung an körperliche Ausdauer stellt, ich lernte schiessen, ich lernte turnen und brachte es bis zur Flanke über das hohe Reck aus dem Stütz - was nur ein kleiner Teil der Mannschaft fertig brachte. Da ich vorher als kränklich und schwächlich gegolten hatte, so war ich nicht wenig stolz auf diese Leistung. Ich lernte auch den Umgang mit dem Mann aus dem Volke, für mich, der ich zur Isolierung neige und schwer Zugang zu Menschen finde, eine sehr wichtige Erfahrung.

Auf der anderen Seite fehlte es nicht an Kränkungen und Zurücksetzungen. Immerhin war es die preussische Garde, bei der ich, sozusagen aus Versehen, diente. Gleich in den ersten Tagen trat das Bataillon an, und der Major, hoch zu Ross, überblickte seine Rekruten. Aus etwa 600 Mann nannte er mich bei Namen - "Einjähriger Goldstein, setzen Sie sich den Helm grade." Ich war baff. Der Major kannte mich? Schon? Später wurde mir klar: er hatte sich den einzigen Juden des Bataillons zeigen lassen oder auch selbst herausgefunden. Die entsprechende Erfahrung blieb denn auch nicht aus. Die Einjährigen nahmen an einem sogenannten Regimentsunterricht teil, der sie auf den Reserveoffizier vorbereiten sollte. Was wir im Kompanieverband praktisch lernten, wurde hier theoretisch unterbaut. Ich war vermutlich kein schlechterer Schüler als meine Kameraden; aber eines Tages kam der Befehl, dass ich auszuscheiden hätte. Ohne Begründung. Es war gewiss nicht mein Ehrgeiz, Reserveoffizier zu werden; noch hatte ich im geringsten darauf gerechnet. Aber diese unverhohlene Zurücksetzung des Juden, nur weil er Jude war, kränkte und empörte mich. Keine Beförderung wurde mir zuteil, nicht einmal die zum Gefreiten, und ich beendete meine Dienstzeit, als ob ich mir hätte etwas zu Schulden kommen lassen, obwohl ich pünktlich, ordentlich und anstellig und im ganzen ein guter Soldat gewesen war. Dieser Ausgang bedrückte mich deshalb, weil die Folge war, dass ich bei Uebungen als gemeiner Mann, ohne die auszeichnende Qualität des Einjährigen, würde einzutreten haben. Die Vorgesetzten wussten natürlich, was sie mir antaten, als sie mich so entliessen, und es liegt schon ein gut Teil hämischer Niedertracht darin. Glücklicher Weise brauchte ich keine Uebungen abzulegen: Nach einer schweren Grippe wurde ich für dienstuntauglich erklärt und ausgemustert. "Es ist nicht viel an ihm verloren," sagte der Oberstabsarzt laut, so dass ich es hören musste, als wäre ich ein unvernünftiges Stück Vieh.

Als ich das Dienstjahr hinter mich gebracht hatte, nahm ich mein Studium wieder auf. Dabei erlebte ich einen sehr niederdrückenden Tag. Nach einer gewissen Zahl von Semestern nämlich läuft die Matrikel ab, und man muss sich aufs neue immatrikulieren lassen; eine blosse Formalität, gewiss. Aber da sass ich nun wieder an derselben Stelle und in derselben Lage wie bei Beginn meiner Studentenzeit und hatte dieselben Zeremonien über mich ergehen zu lassen. Es war mir zumute, als hätte ich mich all die Jahre nicht vom Flecke gerührt. Mein Studium war, wenigstens von aussen gesehen, nicht vorwärts gegangen, meine dramatischen und literarischen Bemühungen hatten zu nichts geführt, ich hatte keine Verbindungen, ich hatte keine Freunde, ich hatte kein Mädchen, ich kam mir wie verloren und völlig gescheitert vor.

Indessen in Wirklichkeit war ich auf das Doktorexamen hin fortgeschritten. In der Philosophischen Fakultät gibt es dafür kein äusseres Zeichen, es dauert eben seine Zeit. Aber es rückte nun heran. Ich musste mich an die Dissertation machen.

Bei einem Menschen, der mit seiner Wissenschaft innerlich verbunden ist, wird sich das Thema von selbst ergeben. Meine geistige Bewegung vollzog sich fast ausschliesslich in der Richtung auf Dramenpläne. Kein philologisches oder literarhistorisches Problem fesselte mich von sich aus. Ich hatte denn also Erich Schmidt aufzusuchen und ihn um eine Aufgabe zu bitten. Immerhin kam ich mit einem Vorschlag. In seinem Seminar war mir als Semesterarbeit einmal die Analyse der Technik von Kleists Erzählung "Das Erdbeben in Chili" zugefallen, und ich hatte damit sein hohes Lob gewonnen. Daran anknüpfend gedachte ich, die Technik der Novelle überhaupt zu untersuchen. Ich brachte ihm auch schon Proben mit. Erich Schmidt fand jedoch, dass mein Plan zu weitschichtig sei - womit er recht haben mochte - und ferner, dass er sich für eine Doktorarbeit nicht eigne, als welche, wie er sich ausdrückte, ein "specimen eruditionis" sein soll. Er suchte also das Thema zurechtzustutzen und einzuschränken. Zufälliger Weise, oder aus einem Grunde, der mir entfallen ist, untersuchten jene Proben Novellen von Wieland, die zu seiner Rahmenerzählung "Das Hexameron von Rosenhain" gehören, ein in jeder Hinsicht schwächliches Produkt. Jede andere kurze Erzählung hätte sich für eine Analyse der Technik besser geeignet, oder eigentlich, es gab vor Kleist in deutscher Sprache keine technisch ausgereiften Novellen. Erich Schmidt aber fand in diesem Zufall das Stichwort für seinen Rat, der ein Befehl war, ich sollte die Technik der deutschen Rahmenerzählung untersuchen, nicht der gesamten Entwicklung, sondern der Epoche von Wieland bis E.T.A. Hoffmann. Das hiess, ich sollte mich beschränken auf die vier deutschen Rahmenerzählungen "Unterhaltungen deutscher Ausgewanderten" von Goethe, das erwähnte "Hexameron" von Wieland, den "Phantasus" von Tieck und "Die Serapionsbrüder" von Hoffmann. Es ist ein schlechtes Thema. Über die Technik eines literarischen Werkes lässt sich nur handeln, wenn der Autor diese Technik wichtig genommen hat. Die mir aufgegebenen Rahmenerzählungen jedoch, namentlich die beiden sehr umfangreichen von Tieck und Hoffmann haben sich ihren Verfassern gerade durch ihren Mangel an technischer Strenge empfohlen, sie sind locker bis zur Willkür, Gefässe, in die irgendwelche Stoffe nach Belieben gefüllt werden konnten. Was sollte bei einer Untersuchung ihrer Technik herauskommen?

In der Tat ist nichts dabei herausgekommen, was mich irgendwie befriedigt oder gefördert hätte. Ich machte mich mit Eifer an die Arbeit, wie ich es nicht vermeiden konnte, wenn ich bei Erich Schmidt mein Examen bestehen wollte. Da ich ein Schwer- und Langsamleser bin, so hielt mich diese Aufgabe wieder unverhältnismässig lange auf, aber schliesslich brachte ich eine Doktorarbeit zustande, die als ausreichendes specimen eruditionis betrachtet wurde. Und endlich, nach ausserordentlich harter Vorbereitung, bestand ich auch das mündliche Examen. Ich bestand es gerade, ohne Auszeichnung. Die mündliche Prüfung bei

Erich Schmidt war eine grosse Peinlichkeit, weil der Faden immer wieder abriss und er immer von neuem anfangen musste; sehr seltsam bei diesem brillanten Causeur. Bei Roethe, Sprache und alte Literatur, wusste ich manches, anderes wusste ich nicht; aber es entstand keine Lücke und daher auch keine Verlegenheit. Ganz schlecht schnitt ich bei dem Anglisten Brandl ab. Ich hatte Englisch erst in den letzten Semestern dazugenommen, statt Kunstgeschichte, um mir den Weg zum Schulexamen offenzuhalten. Es war üblich, dass man dem Professor vorher ansagte, ob man sich auf Beowulf - Altsächsich - oder auf Chaucer - Mittelenglisch - vorbereitet hatte. Ich gab Beowulf an und hatte mich in der Tat darauf eingerichtet, das Epos an irgendeiner Stelle zur Uebersetzung vorgelegt zu bekommen. Statt dessen prüfte er mich nur Chaucer, auf den ich, leichtfertig genug, gar nicht gefasst war. Er wollte durchaus von mir wissen, wann Chaucer Zolleinnehmer am Londoner Hafen geworden war. Mir kam diese Frage zu dumm vor, und ich fühlte mich versucht zu sagen: "Wenn Sie mich durchfallen lassen wollen, brauchen Sie mich nicht erst zu prüfen." Glücklicher Weise sagte ich das nicht und auch nichts ähnliches. Erst hinterher erfuhr ich, dass die Frage keineswegs dumm war, denn das Jahr ist das einzige in Chaucers Leben, das urkundlich belegt werden kann. Er hätte mich nicht bestehen zu lassen brauchen, aber er begnügte sich damit, mir die Note zu verderben. Am besten ging es bei Stumpf in Philosophie. Er fragte mich nach Kant, und ich wusste nicht nur das Nötige, sondern verstand auch etwas davon.

An meiner Dissertation hatte ich, auf Schmidts Verlangen, noch allerlei herumzupusseln, ehe er sie für abgeschlossen erklärte. Sie wurde auf Kosten meines Vaters gedruckt, und als sie fertig vorlag, meinte Erich Schmidt, wenn er gewusst hätte, dass sie so umfangreich werden würde, so wäre sie in der "Palästra" erschienen. Das war der Name einer Sammlung von literarhistorischen Untersuchungen. Er hätte den Umfang ohne Mühe feststellen können. Diese Übergehung ohne böse Absicht - sehr bezeichnend für mich - hatte ihren Grund ohne Zweifel darin, dass es ihm widerstrebte, wenn auch nur im Unterbewusstsein, die edle Liste der Palästra-Veröffentlichungen durch den schnöden Namen Moritz Goldstein zu entstellen.

Ich habe zu meiner Dissertation niemals ein inneres Verhältnis gehabt und sie immer für völlig überflüssig gehalten. Indessen ist mir mehrere Male aus verschiedenen Universitätsstädten berichtet worden, Dozenten hätten sie im Kolleg mit Lob genannt.

Soweit war ich also nun. Und das war nicht wenig weit, nach meinen eigenen Maßstäben. Ich überschätze wahrhaftig nicht die Bedeutung des Doktortitels. Ungezählte Dummköpfe und Nichtwisser haben sich mit ihm schmücken dürfen, und wer sonst nichts zu seinen Gunsten aufweisen kann als ihn, hat sehr wenig aufzuweisen. Dennoch ist der Nutzen, den diese paar Buchstaben vor meinem Namen mir eingetragen haben, ausserordentlich gross, immer nach meinen eigenen Maßstäben. Sie haben mir in tausend Fällen geholfen, haben es mir erleichtert, haben mein Selbstgefühl erhöht. Ohne den Dr. phil. wäre ich noch mehr ein Niemand gewesen, oder hätte ich mich noch mehr als Null gefühlt, als es so schon der Fall war. Das bestandene Doktorexamen und der dadurch erworbene Titel sind schliesslich das einzige Merkmal geblieben, das mich auszeichnet, nachdem alle anderen äusseren Vorteile von mir abgefallen oder zunichte geworden sind. Ich schaudere, wenn ich mir vorstelle, dass ich durch Zufall oder Ungunst auch dieses Ziel hätte verfehlen können, und ich bin dem Schicksal überschwenglich dankbar, dass ich es erreicht habe.

Zunächst freilich war die Hauptfrage gänzlich unentschieden, nämlich wie ich zu einer selbständigen Existenz kommen sollte. Noch hing ich völlig von meinem Vater ab; dabei drängte ich aus dem Elternhaus, in dem wir vier Männer kein sehr harmonisches Kollegium darstellten. Die Monate nach dem Examen waren mit glücklicher Produktion ausgefüllt, worüber am gehörigen Ort zu reden sein wird, und ich setzte grosse Hoffnungen darauf. Aber für den Augenblick wusste ich nicht, wohin mit meinen Kräften. Mancherlei Pläne wurden gewälzt, manche vage Möglichkeit tauchte auf, aber ich sah nicht, wie ich in einen Beruf hineinfinden könnte. Es beriet mich niemand, ich hatte keine Verbindungen, und im ganzen war ich ratlos. Da fiel die Entscheidung unerwartet und binnen weniger Tage.

Ich hatte etwas Fachliches mit Erich Schmidt zu besprechen und ging am zeitigen Nachmittag zu ihm in die Wohnung, wie ich es zuweilen tat. Als wir unsere Angelegenheit erledigt hatten, erhob er sich und nahm von seinem Schreibtisch eine Visitenkarte. "Der Verleger Bong ist hier gewesen," sagte er. "Er hat die Hempelschen Klassiker erworben und will sie neu herausgeben. Dazu braucht er einen Germanisten. Sehen Sie doch mal, ob das etwas für Sie ist."

Ich begab mich geradenwegs dorthin, Potsdamer Strasse 88, ein banales Mietshaus, in dem das "Deutsche Verlagshaus Bong & Co." und der Schwesterverlag Richard Bong mehrere Stockwerke inne hatten. Das nüchterne Bureau, in dem ich warten musste, war, wie sich später herausstellte, die Redaktion zweier populärer illustrierter Zeitschriften, genannt "Moderne Kunst" und "Zur guten Stunde", verbreiteter, aber völlig niveauloser Familienblätter. Jemand, der letzte in dem Raum, machte sich gerade zum Weggehen fertig. Er warf mir noch eben hin: "Sie kommen zu einer ungelegenen Zeit. Es ist Schluss jetzt", und verschwand. Auch von ihm stellte sich mir erst später heraus, wer er war, auch in dem Sinne, dass er damals noch nicht war, was er später wurde: Bruno H. Bürgel, der es vom Arbeiter zum Astronomen, oder besser zum naturwissenschaftlichen Popularisator brachte und in gedrucktem und gesprochenem Wort eine ausserordentlich grosse deutsche Hörerschaft erreichte. Trotz dieser unfreundlichen Ankündigung empfingen mich die Verleger, das heisst: Richard Bong, damals noch nicht Kommerzienrat, ein kleiner beweglicher Herr um die Sechzig, und sein Kompagnon Rupprecht, jünger als er, äusserst ruhig und gehemmt; beides selfmademen ohne eigentliche Bildung. Sie hatten, wie sie mir darlegten, die altberühmten Hempelschen Klassiker nur zum Zweck der leichteren Einführung aufgekauft, wollten aber etwas ganz neues und selbständiges machen, die Texte nach dem heutigen Stand der Forschung neu drucken und Lebensbilder, Einleitungen und Anmerkungen hinzufügen.

Das war denn freilich für jemanden, der auf Germanistik gelernt hatte, eine grosse und lockende Aufgabe. Sie verstanden, wie ich gleich in dieser ersten Unterredung merkte, von der Sache selbst gar nichts ausser dem Geschäft; aber das hatte den Vorteil, dass ich selbständig handeln konnte und sie mir in das Fachliche nicht hineinzureden vermochten. Sie überliessen mir von vornherein im wesentlichen die Auswahl der Klassiker und der Herausgeber und die Aufstellung der Grundsätze der Herausgabe, behielten sich selbst aber die Ausstattung und, versteht sich, die Herstellung und den Vertrieb vor. Ihr Hauptanliegen war, dass es schnell, ungeheuer schnell gehen musste. Bis Weihnachten - wir hatten jetzt Ende Februar - sollte schon eine ganze Serie fertig vorliegen.

Ich wandte sofort ein: Wenn die Texte nach philologischer Methode revidiert werden und dazu noch von ausführlichen Kommentaren begleitet sein sollten, so brauche man Zeit. Wenn es aber schnell zu gehen habe, so müsse man sich damit begnügen, vorhandene Texte unkommentiert abzudrucken. Aber auf solche Spitzfindigkeiten liessen sich die Verleger nicht ein, wie ich denn auch später kaum jemals mit sachlichen Gründen bei ihnen durchgedrungen bin. Sie bestanden auf Geschwindigkeit. Nun legten sie mir die unvermeidliche Frage vor, wieviel Gehalt ich verlangte. Darauf verkündete ich feierlich meine Grundbedingung, nämlich, dass ich keineswegs den ganzen Tag zur Verfügung stehen würde. Heute, und schon längst, weiss ich, was für eine närrische Bedingung das war für einen jungen Menschen, der über seine erste Stellung verhandelt. Aber ich wollte nicht Verlagsredakteur werden, sondern deutscher Dichter, und ich hatte damals noch lange nicht genug erlebt, um auf diesen Anspruch zu verzichten. Wir einigten uns denn auf die Zeit von 9 bis 3 als ausgemachte Dienststunden. Auch das wusste ich damals noch nicht, dass solche Abmachungen sich nicht einhalten lassen: die Arbeitsstunden richten sich nach der Arbeit, ob man will oder nicht. Damit hielten wir wieder bei der Gehaltsfrage, und als die geschäftlich Ueberlegenen, die sie waren, verlangten sie von mir, dass ich eine Forderung stellte, statt dass sie mir ein Angebot machten. Hierauf war ich besonnen genug zu erwidern, ich würde es mir überlegen, und ging.

Das war nun eine schwierige Entscheidung. Für meinen Marktwert sprach, dass Erich Schmidt auf ihr Ansuchen hin mich geschickt hatte und dass sie mich nicht gut ablehnen konnten. Gegen meinen Wert sprach, dass ich mich nicht unbeschränkt binden wollte und dass ich keinerlei redaktionelle oder verlegerische Erfahrung mitbrachte. Mir war wichtig, dass ich auf eigene Füsse zu stehen kam, aber dazu gehörte nicht viel. Der Fall wurde, versteht sich, im Familienkreise besprochen, und ich forderte noch am selben Tage brieflich ein monatliches Gehalt von 300 Mark - eine Riesensumme für mich, der ich bisher nur über ein bescheidenes Taschengeld verfügt hatte, abgesehen von ein paar Stundenhonoraren, aber viel zu wenig für den Posten. 500 Mark Anfangsgehalt wäre angemessen gewesen, und der Verlag Bong hätte sich gewiss nicht gesträubt, so viel zu zahlen. Es rächte sich später, als ich heiraten wollte und genug verdienen musste, um eine Familie zu ernähren. Aber da hatte ich keinen Trumpf mehr in der Hand, und sie zögerten nicht, mich in sehr drückender Abhängigkeit zu halten.

Nach Absendung des Briefes verlebte ich drei sehr ruhelose Tage, in aufgeregter Erwartung des Bescheids. Immer wieder warf ich mir vor, viel zu hoch gefordert zu haben, immer wieder gab ich das Spiel verloren. Aber dann kam die Antwort: sie stimmten zu, und ich durfte meinen Dienst antreten.

Beinahe acht Jahre lang blieb ich in dieser Stellung, unter jedem Gesichtspunkt viel zu lange. Interessant, eine wirkliche Aufgabe, des Einsatzes meiner Kräfte wert, war es nur im Anfang, als das Unternehmen aufgebaut werden musste. Ich hatte ganz unten zu beginnen. Zuerst wurde mir nur ein Zimmer mit Tisch und

Stuhl angewiesen. Dann wurde ein Tischtelephon hinzugefügt, dann ein Türschild mit meinem Namen. Dann stellte ich, beraten von Erich Schmidt, die Liste der Klassiker und ihrer Herausgeber zusammen. Dann begannen meine Verhandlungen mit den Bearbeitern. Als die ersten Verträge geschlossen werden sollten, forderten die Verleger mich auf, einen Entwurf dafür niederzuschreiben. Ich bildete mir nicht ein, auch nur das Geringste davon zu verstehen. Aber vom Militär her steckte mir noch die Gewohnheit in den Gliedern, Anordnungen der Vorgesetzten ohne viel Fragen zu befolgen. Ich dachte, sie würden lachen und einen Juristen zu Rate ziehen. Statt dessen liessen sie meinen Entwurf hundert mal vervielfältigen. Er diente fortan als Grundlage zahlreicher Abmachungen, und es ergaben sich daraus zunächst auch keine Misshelligkeiten; denn die Literarhistoriker, Oberlehrer und Feuilletonredakteure waren nicht weniger geschäftsunkundig als ich - bis wir eines Tages an Dr. Ernst Consentius gerieten, Herausgeber von Bürgers Gedichten, den Leute, die ihn kannten, Dissentius zu nennen pflegten. Er hakte an den schwachen Punkten ein und hätte uns einen bösen Prozess aufgehalst, wäre nicht der Verlag klug genug gewesen, in allen Streitpunkten nachzugeben. Jetzt schickten sie mich zu ihrem Anwalt, der schüttelte den Kopf und verfasste endlich einen urheberrechtlich einwandfreien Vertrag, der dann allen folgenden Abmachungen zugrunde gelegt wurde.

Mehr in meinem Bereiche fühlte ich mich, als es sich darum handelte, die philologischen und literarhistorischen Grundsätze der Herausgabe aufzustellen. Auch hier begann ich mit einem tastenden Entwurf, der dann im Laufe der Jahre aus der Praxis auf Grund wachsender Erfahrung erweitert und verbessert wurde. Jeder neue Herausgeber bekam ihn, in gedruckter Form, als Teil seines Vertrages zugestellt. Ich besitze kein Exemplar mehr davon, mein Name stand nicht darauf, und vermutlich ist diese wertvolle Arbeit untergegangen. Aber ich bin der Meinung, dass diese Leitsätze schliesslich einen vorbildlichen Führer zur Herausgabe einer Klassiker-Bibliothek darstellten. Sie regelten einheitlich nicht nur die Textgestaltung und Kommentierung, sondern auch solche Äusserlichkeiten wie Zeilen- und Verszählung, Inhaltsverzeichnisse, Register, Seitenüberschriften usw., lauter Hilfsmittel, auf die sehr häufig gar kein Nachdenken verwendet wird, auf deren überlegter Anwendung aber die leichte Benutzbarkeit eines Buches zu einem grossen Teile beruht.

Für die Ausstattung wurde vom Verlage leider kein Fachmann, das heisst kein Künstler zu Rate gezogen, und sie blieb daher ein schwerer Mangel der Serie, der sie aus den Bücherschränken anspruchsvoller Sammler ein für alle Mal ausschloss. Das war schade, denn sie enthielt, neben unvermeidbaren schwachen Ausgaben, manche ausgezeichnete Leistung. Es gab schliesslich einen 20bändigen Goethe, der vielleicht nicht genügend anerkannt worden ist. Es gab, ebenfalls nach jahrelanger Arbeit, einen vollständigen Lessing, der jedem Hause zur Zierde gereichen dürfte. Den Herausgeber, Julius Petersen, verfolgte ich von meinem Redaktionssessel aus fast durch seine ganze Karriere, von der Vorbereitung zur Privatdozentur über mehrere Lehraufträge bis zur ordentlichen Professur für neuere Literaturgeschichte an der Berliner Universität als Nachfolger Erich Schmidts. Wahrscheinlich ist mein redaktioneller Briefwechsel mit ihm nicht mehr vorhanden. Könnte man ihn noch einsehen, so würde man sich vielleicht wundern über das Mass an Leitung, der dieser an Wissen und Ruf mir so weit überlegene Fachmann sich unterwarf. Es gab einen ausgezeichneten E.T.A. Hoffmann, den der Professor Ellinger mit höchster Gewissenhaftigkeit besorgte, er selber eine Hoffmannsche Figur. Er beging mit 80 Jahren Selbstmord, als die Nazis ihm die Benutzung der Berliner Staatsbibliothek untersagten und ihm damit die Vollendung seines Lebenswerkes, einer Geschichte der neulateinischen Literatur, unmöglich machten. Noch einer beging Selbstmord, lange vor Hitler und ohne sichtbaren Grund, Ludwig Krähe, der den Eichendorff betreut hatte. Nicht wenige fielen im ersten Weltkrieg: der junge Reinhold Gensel (Gutzkow), früh von tragischem Schicksal angerührt; der Schauspieler Bernhard von Jacobi (Wieland); der begabte Journalist Theodor Poppe (Hebbel); mein Freund Karl Freye (Sturm und Drang), den ich als lyrischen Dichter schätzte und der im Begriffe stand, eine gross angelegte Lenz-Biographie zu schreiben. Manch Gelehrter von Rang arbeitete mit: der Anglist Wolfgang Keller (Shakespeare), der Jean-Paul-Kenner und Herausgeber der offiziellen Jean-Paul-Ausgabe Eduard Berend. Viele Schicksale sah ich von meinem Bureau aus vorüber ziehen, viele Charaktere sich entfalten, erfreuliche und unerfreuliche. Dem Münchener Germanisten Artur Kutscher musste ich seine Einleitung zu Schillers Gedichten zurückschicken, mit der Belehrung, man könne einen Autor entweder herausgeben oder nicht herausgeben, aber man könne nicht ihn herausgeben und ihn dabei in Grund und Boden rezensieren. Indessen, ich hatte die Genugtuung, dass er sich im Laufe der Jahre unter meinen Augen, wie seine Ausgabe fortschritt, zu einem begeisterten Schiller-Verehrer entwickelte. Im ganzen erschienen in diesen acht Jahren etwa 150 Bände von je 600 bis 800 Seiten Umfang. Ich besass sie alle, sie bildeten einen Schatz meiner jetzt verlorenen Bibliothek, deren sie ein ganzes Regal füllten.

Verlegerisch war es eine ausserordentliche Leistung, zumal angesichts des wohlfeilen Preises. In der Tat haben diese Bände ihren Weg in ungezählte Häuser gefunden. Dass sie dennoch oberhalb eines gewissen geistigen Niveaus nicht in Betracht kamen, lag nicht nur an der unzulänglichen Ausstattung, sondern auch an ihrem Namen. Die Verleger nannten sie "Goldene Klassiker-Bibliothek". Ich kämpfte wie ein Löwe gegen diesen Kitschtitel, aber es half mir alles nichts. Sie waren in ihren Einfall verliebt und blieben dabei. Ich sehe noch den kleinen Richard Bong mit seiner appetitlichen Glatze und seiner schmockhaft eleganten Kleidung in seinem Bureau auf und ab tänzeln und mit gerührtem Pathos die Prägung deklamieren. Die Serie wurde so getauft und musste diesen Namen durchs Leben tragen. Erich Schmidt mokierte sich, indem er einen Mitarbeiter, der sich auf dem Wege zu mir befand, beauftragte: "Grüssen Sie das Gold."

Ich begann meinen Dienst im Bongschen Verlag mit fast 27 Jahren, also nicht mehr ganz jung, aber völlig weltfremd und unerfahren. Ich hielt mich selbst für ungeschickt und unpraktisch. Bis zu einem gewissen Grade mochte dies wohl zutreffen. Aber was ich jetzt an mir entdeckte oder hätte entdecken sollen, war eine ausgesprochene organisatorische und administrative Begabung. Nach einigen Monaten sass ich in meinem Bureau inmitten eines immerfort wachsenden Stabes von Gehilfen und ab und zu gehenden Mitarbeitern. Ich führte eine umfangreiche, teils wissenschaftliche, teils geschäftliche Korrespondenz, unterhielt die Verbindung mit vier Leipziger Druckereien - nicht ohne grobe Anfangsfehler: ich hatte das alles erst zu lernen, und niemand gab sich die Mühe, mich zu instruieren - aber ansonsten wurde mir die Bewältigung meiner Aufgabe leicht, die selbständige Leitung war mir natürlich; ich bewegte mich frei in all diesen neuen Beziehungen und Verpflichtungen. Dagegen will ich nicht behaupten, dass ich es mit den Menschen richtig machte. Zu den Verlegern kam ich nie in ein näheres Verhältnis, die Herausgeber ärgerte ich durch eine, mir gänzlich unbewusste, briefliche Grobheit, über die sie sich dann beklagten; ich sass auch viel zu einsam und viel zu sehr auf das Sachliche beschränkt in meinem Bureau. Aber das Unternehmen wuchs, die Bibliothek kam zustande, und wenn auch in Bezug auf Geschwindigkeit nicht das volle Ziel erreicht wurde, das die Verleger sich gesteckt hatten, zu Weihnachten waren wir mit dem Grundriss einer Klassiker-Bibliothek auf dem Markte.

Dabei leistete ich, was ich leistete, mit Widerwillen. Aus zwei Gründen. Die Stellung hinderte mich an dem, was mir das Wichtigste oder das einzig Wichtige war, an meiner dramatischen Produktion. Eine Zeitlang hoffte ich, der Erfolg der schon vorliegenden Werke würde mich aus der Berufsfron befreien. Aber als das nicht eintrat, sass ich fest und fühlte mich gefangen. Ich mühte mich, trotz meiner Verlagsarbeit zu produzieren, ich tat es auch, aber unter ungeheurer subjektiver Anstrengung und mit halben Kräften. Denn dies war der zweite Grund meines Widerwillens: die Bureauarbeit strengte mich über Gebühr an. Ich fühlte mich körperlich erschöpft, namentlich in den Monaten, da ich die Beschränkung der Arbeitsstunden nicht aufrecht erhalten konnte, ich schleppte mich nur so dahin und sass abends im Kreise der Meinen völlig apathisch und teilnahmlos. Ich wusste nicht, was mir eigentlich war, und niemand wusste es. Erst viel später stellte sich das wahre Leiden heraus: Ich muss gerade in jenen ersten Bong-Jahren an einer aktiven schweren Lungentuberkulose gelitten haben.

Kurz nachdem ich meine Stellung angetreten hatte, zog ich aus dem Elternhaus weg und nahm mir ein möbliertes Zimmer. Ich dachte, ich würde mir so den Weg zu einem freieren Leben öffnen; ich dachte, es würde sich von selbst aus meiner Tätigkeit ergeben. Meine Mutter nahm mir meinen Weggang sehr übel, sie litt bis zu bitteren Tränen unter meinem Entschluss. Nach ihrem Empfinden gehörte die Familie zusammen, solange sie nicht vom Schicksal auseinander gerissen wurde. Sie begriff nicht, wie einer von uns freiwillig seiner Wege gehen konnte. Erst als ich mich verheiratete, söhnte sie sich damit aus, dass ich nicht mehr im Elternhaus lebte. Meine Herzlosigkeit brachte nichts ein. Zwar verkehrte ich von meinem Zimmer aus in einem gewissen Kreise. Aber die Menschen, die ich suchte, fand ich nicht.

Es versteht sich, dass ich nach der Trennung von Hedwig gelegentlich Mädchen hatte; obwohl keineswegs in der zwanglosen Weise, wie es sonst der Jugend beschieden ist. Es vergingen ganze Jahre und Gruppen von Jahren in fast völliger Verlassenheit. Eigentlich kann ich es mir nicht erklären; denn es verhielt sich keineswegs so, dass ich ganz allgemein Frauen nicht gefiel. Vielleicht spannte ich meine Ansprüche zu hoch. Der Mädchen, mit denen ich, in langen Abständen und auf kurze Zeit, befreundet war, gedenke ich gern und in Dankbarkeit. Keine hat mir einen bitteren Nachgeschmack hinterlassen. Es waren alles schlichte Kinder des Volkes. Zu einer Frau von geistigem Rang oder auch nur zu einer Frau meiner sozialen Sphäre fand ich keinen Zugang. Ich war sehr unglücklich darüber; es bestimmte den ganzen Stil meines Lebens. Aber diese Not bildete nur einen Teil einer grösseren Not: Ich gelangte überhaupt nicht zu Menschen von geistigem Rang oder auch nur zu Menschen meiner Sphäre.

Ungefähr was ich suchte, kannte ich von der Germanistenkneipe her. Da waren Journalisten von Ruf, Theaterkritiker, Bühnenleute, Romanschriftsteller, Männer, die, wenn nicht das geistige Leben Berlins beherrschten, so doch an ihm teilnahmen. Nur dass ich mit ihnen nicht in Verkehr oder sonst in persönliche Verbindung zu treten vermochte. Ich wusste nicht, wie man das anstellt, und sie kümmerten sich nicht um mich. Sie übersahen mich, ohne Absicht; aber das verletzt das Selbstgefühl vielleicht um so schwerer. Jetzt als Redakteur der Goldenen Klassiker-Bibliothek trat ich an viele von ihnen heran mit dem Vorschlag, die Herausgabe dieses oder jenes Dichters zu übernehmen. Das Anerbieten wurde in den meisten Fällen willkommen geheissen, wegen der Publizität, die damit verbunden war, und wegen der, zwar schwer verdienten und nicht sehr hohen, aber doch auch nicht unbeträchtlichen Einnahme. Fast jeder, an den ich mich wandte, nahm an. Dann folgten die Besprechungen über den Vertrag und dann eine geistige Zusammenarbeit, die durch Monate, machmal auch durch Jahre ging und meist recht eng war. Denn fast all die vielseitigen Probleme der Herausgabe wurden mit mir erörtert, oft war mein Rat erwünscht, bisweilen musste ich von mir aus mit Vorschlägen eingreifen.

Ich hatte daher erwartet, dass ich mit denjenigen meiner Mitarbeiter, zu denen ich mich hingezogen fühlte, in persönlichen Verkehr kommen würde, und dass diejenigen von ihnen, die verheiratet waren und ein Haus führten, mich einladen würden. Aber nichts dergleichen geschah. Ausserhalb der sachlichen Berührung blieb ich so isoliert, wie ich war. Nicht ein einziger von denen, die eine Rolle spielten und mir an Ruf, an sozialer Stellung, an Einfluss und Verbindungen weit voraus waren, dachte daran, mich in seinen Kreis zu ziehen. Dies wie so vieles andere konnte und kann ich mir durchaus nicht erklären. Denn schliesslich habe ich später die Erfahrung gemacht, dass ich wohl imstande bin, mir Beliebtheit und Achtung zu erwerben. Der Bann wurde erst mit meiner Heirat gebrochen und auch dann nur zögernd und im Laufe vieler Jahre. Möglicher Weise vermittelt irgendetwas in mir meinen Mitmenschen den Eindruck, ich hielte mich zurück, ich wollte nicht - und möglicher Weise ist dieser Eindruck richtig.

Je mehr meine Tätigkeit sich in bequeme Routine verwandelte, desto schwerer lastete die Frohn auf mir und desto sehnsüchtiger verlangte ich danach, auszubrechen. Pläne wurden erwogen und unausführbar befunden, mit manchem Berufsgenossen, von dem ich dachte, er würde mir eine hilfreiche Hand reichen können, sprach ich meinen Fall durch, ohne auf Verständnis zu stossen. Immer wieder ergab sich als einzige Rettung der Erfolg eines meiner Werke, und also machte ich mich immer wieder an den Versuch, so ein Werk zu schaffen. Aber die Kräfte reichten nicht, oder das Glück war mir nicht günstig. Ich näherte mich den Dreissig, es waren die Jahre, in denen sich meine Zukunft entscheiden musste. Damals entwickelte ich bei mir die Lehre vom Keim. Die Natur schützt die Art vor dem Aussterben, indem sie Keime verschwenderisch streut, völlig gleichgültig dagegen, was mit dem einzelnen Keim geschieht. Er mag auf steinigen oder sandigen Grund fallen und nicht einmal angehen. Er mag schlechten Boden erreichen und sich zu einem kümmerlichen Exemplar entwickeln. Oder er mag, in seltenen Glücksfällen, Erdreich und Klima zu seinen Gunsten vorfinden und sich zu strotzender Pracht entfalten. Der Keim fragt nicht danach, denn er weiss nichts von sich. Wenn aber Keime verschwendet werden, die wissen, dass sie Keime sind? Die mit ansehen, wie sie verschwendet werden? Wäre das nicht das tragischste Schicksal, das sich ausdenken lässt? Die Tragödie aller Tragödien? Und ist nicht der Mensch ein solcher Keim, der weiss oder fühlt, was aus ihm werden könnte, und es doch nicht völlig in seiner Macht hat, es zu werden? Ich glaubte von mir, ein Keim zu sein, und ich fürchtete, ich könnte verschwendet werden, ich war im Begriff, dieses Schicksal zu erleiden, ich sah es bei vollem Bewusstsein mit an. Ich war der Verzweiflung nahe.

Wie die Jahre hingingen, und die Goldene Klassiker-Bibliothek wuchs, gaben die Verleger einen Katalog heraus, in Oktavformat, der zu jeder Anzeige eines Klassikers ein kurzes Bild seines Lebens zeichnete. Ich hatte dieses Büchlein zu verfassen. Es lag dann in den Buchhandlungen aus - damals, vor dem ersten Weltkrieg, kosteten die Dinge ja nichts, man konnte herstellen, was einem beliebte - jeder Kunde durfte sich bedienen. Überall hin in Deutschland und bis in das abgelegenste Städtchen drang dieser Katalog, und ich habe mehrfach Zeugnis dafür, dass er in Schulen benutzt worden ist als eine Art Leitfaden der Literaturgeschichte. Dieses Heftchen besitze ich noch, es ist mir ins Exil gefolgt, ich hege den unscheinbaren Schatz als den letzten Rest, der mir von der Goldenen Klassiker-Bibliothek übrig geblieben ist. Ich kam nicht frei, sondern, ganz im Gegenteil, auf die Stellung hin verlobte ich mich. Nun galt es, sie mit beiden Händen festzuhalten.

Einen Teil meines Lebens, und nun schon längst den grösseren, könnte ich erzählen als Geschichte meiner Ehe. Ich gedenke aber keineswegs so zu verfahren. Zwar wäre es töricht, in einer autobiographischen Niederschrift Dinge zu berichten, die nicht wahr sind. Aber ich fühle mich nicht verpflichtet, und sogar nicht berechtigt, alles, was wahr ist, auszusprechen. Dieser Bezirk gehört nicht mir allein, und so darf ich auch nicht allein darüber verfügen.

Im Hause von Bekannten lernte ich ein Mädchen kennen, von dem ich schon gehört hatte, Toni Schlesinger aus Breslau. Sie war ungewöhnlich schön, hochgewachsen und stattlich, von aufrechter Haltung, wohlgeraten an Leib und Seele. Sie hatte an der Kunstgewerbeschule in Breslau unter Poelzig studiert; denn ihr Grundgefühl war künstlerisch, und sie reagierte auf die meisten Eindrücke mit unmittelbarer ästhetischer Zustimmung oder Abweisung. Sie hatte ein starkes Empfinden, das sich leicht bis zur Leidenschaft steigerte. Wem sie wohlwollte, den umfing sie mit ihrer warmen strömenden Weiblichkeit. In der Tiefe unsicher und anlehnungsbedürftig, entfaltete sie nach aussen einen unbändigen Willen. Ihre Stimme klang stark und wohllautend, in Bewegungen zeigte sie höchste Grazie, ihre Kleidung und alles Gerät um sie her zeugte von erlesenem Geschmack.

Ich brauchte ihr meine Liebe nicht zu erklären und die Heirat nicht anzutragen; denn beinahe von der ersten Begegnung an wussten wir, dass wir zueinander gehörten. Es stand zwischen uns unausgesprochen fest.

Die Emigration und der furchtbar harte gemeinsame Kampf um die Existenz haben uns noch enger aneinander gebunden. Niemals vor ihr oder nach unserer Begegnung habe ich eine Frau getroffen, die ich mir statt ihrer als meine Gefährtin hätte denken können.

Aber leicht ist diese Ehe nicht gewesen, gewiss auch nicht für sie; eine immer neue grosse nervenanspannende Aufgabe an jedem neuen Tage; eine Aufgabe, zu der unsere Kräfte bisweilen nicht völlig ausgereicht haben.

So fand ich mich eines Tages verheiratet, in einer bescheidenen, durch Tonis kunstgewerbliche Begabung höchst apart eingerichteten Wohnung, mit einem Gehalt, das mir keine Bewegungsfreiheit erlaubte, unter einer Berufspflicht, die mich drückte. Das Schlimmste: Ich hatte eine Frau nach meinem Herzen errungen, aber meinem ehrgeizigen Ziele war ich nicht um einen Schritt näher gekommen.

Ich antwortete darauf, oder es antwortete darauf in mir, mit abgrundtiefer Depression.

Mehr als je sehnte ich mich danach, aus meiner Stellung auszubrechen, und suchte nach einem Weg. Aber ich fand keinen, mochte dies nun an zufälliger Ungunst der Umstände oder an meinem Ungeschick liegen. Durch meinen Bruch mit Erich war ich aus meinem Umgang gerissen, durch den Wegzug aus ihrem Heimatort hatte Toni ihren Freundeskreis verlassen. Neue Anknüpfung in einer grossen Stadt ist ausserordentlich schwierig. Mein Beruf gewährte mir so gut wie gar keinen Verkehr. Mehr als je litt ich unter der Isolierung, die nun meine junge, vom Leben bisher verwöhnte Frau mitzutragen hatte.

Wohl oder übel blieb ich Redakteur der Goldenen Klassiker-Bibliothek bis die Weltgeschichte eingriff: Als im Sommer 1914 der Friede Europas in die Luft ging, wollten meine Verleger nicht müssig bleiben. Sie hatten schon immer einen nationalistischen Hang, nun gedachten sie, dem bedrängten Vaterlande nach ihren Kräften zu Hilfe zu eilen: sie kündigten mir; grosszügigerweise erst zum 31. Dezember. An diesem Tage sass ich mit meiner Familie - denn inzwischen war unser Sohn Thomas zur Welt gekommen - auf der Strasse, zu einer Zeit, als es ausser im Heere keine Stellungen gab. Die Situation schien verzweifelt.

Dennoch hat mir dieser gewaltsame Stoss wohlgetan. Mein Lebensschifflein, das sich festgefahren hatte, wurde wieder flott. Es segelte nicht gleich auf glattem Kurs seinem Ziele entgegen, sondern wurde unsanft hin und her geworfen. Der ganze Krieg ging darüber hin. Aber schliesslich geriet es in das Wehen des rechten Windes und begann, mit vollen Segeln seine Bahn zu ziehen.
Ich wurde an die Vossische Zeitung engagiert.

IV. Kampf um die Bühne

Am Anfang auch meiner dramatischen Laufbahn steht das Puppentheater. In sehr jungen Jahren, noch als Kinder, bekamen wir eins geschenkt. Eines Abends stand es da, mit aufgezogenem Vorhang, im Glanz seiner eigenen Beleuchtung, und bot uns den Blick in einen Zaubergarten inmitten einer Wunderwelt. Keine wirkliche Bühne hat mir je eine so unbegrenzte Szenerie enthüllt wie dieses unser eigenes Puppentheater. Hinter dem Proszenium zeigte sich Schneewittchen mit den sieben Zwergen und allen dazu gehörigen Personen. Denn das war das Stück, das uns gleich mitgeschenkt wurde, samt dem gedruckten Text und allen Dekorationen. Später erweiterten wir unser Repertoir um Hänsel und Gretel und Wilhelm Tell.

Die Figuren waren aus Papier geschnitten und auf Holz geklebt; ein Klötzchen hinten machte sie stehen. Sie konnten sich nicht bewegen, und dass eine von ihnen der Sprecher war, musste dadurch angedeutet werden, dass man sie von oben mittels eines Drahtes hüpfen liess. Wenn sie aufhörte zu reden, so hörte sie auch auf zu springen; oder umgekehrt. Sie vermochten nur eine einzige Haltung auszudrücken und waren in ihr erstarrt. Hänsel trug den Finger, an dem die Hexe sein Fett prüfte, beständig vor sich her, lange bevor er in den Stall gesperrt wurde. Tells Walter balancierte den Apfel auf dem Haupte, auch als der Vater ihn längst heruntergeschossen hatte.

Dieser Stand der Dinge konnte uns wenig befriedigen. Wir warfen uns daher auf eine ganz andere Verwendung der Bühne, auf das Ausstattungsstück. Wir schafften uns immer neue Dekorationen an und besassen schliesslich einen umfangreichen Fundus. Wir veranstalteten Mondschein oder finstere Nacht mit erleuchteten Fenstern. Wir konstruierten Wandeldekorationen. Wir liessen ein Schiff vorüberfahren. Wir blitzten, donnerten und regneten. Nur mit dem Vorhang kamen wir bei allen technischen Tricks nie zu Rande; die Schnur, mit der man ihn aufzog, sprang immer und immer wieder aus ihrer Führung, und es blieb nichts übrig, als mit der Hand hinunterzugreifen und unter dem Gelächter der Zuschauer den Schaden in Ordnung zu bringen.

Für das Ausstattungsstück hatten wir ein Vorbild. In jenen Jahren, als mein Vater noch hart um die Existenz kämpfen musste, nahm er im Nebenberuf einen Posten in der kaufmännischen Verwaltung des Berliner Victoria-Theaters an. Es lag in der Münzstrasse, ein riesiger Bau mit vielen Rängen. Wenn ich recht unterrichtet bin, so hat Richard Wagner dort seine ersten Opern dirigiert. Der Direktor hiess Litaschy, ein, wie uns Kindern schien, überaus freundlicher und vornehmer Mann und genialer Schauspieler; denn er sowohl wie seine Frau spielten mit. Dort gab es Ausstattungsstücke; ihre Titel waren etwa: "Die sieben Raben" oder "Die Reise um die Welt in 80 Tagen". Auf Grund seiner Stellung bekam mein Vater Freikarten, und wir Brüder wurden gelegentlich mitgenommen. Welch eine überschwengliche Festlichkeit war das jedesmal! Da sassen wir in einem richtigen Theater und sogen den seltsam erregenden Duft, den schon der Vorhang ausströmte. Da öffnete sich der Blick auf die Bühne und enthüllte Wunder über Wunder. Erwachsene Schauspieler - keine Puppen - spielten. Und wie sie spielten! Und was sie darstellten! Ritter, oder Mönche, oder elegante Engländer in ihrem Klub, oder schwarzhäutige Diener. Die Frauen interessierten uns weniger, und gar für die Reize des Balletts hatten wir gar keinen Sinn. Dagegen überwältigte uns die Spezialität dieser Bühne, die Ausstattung. Da zog der erleuchtete Hafen von Lissabon an uns vorüber, so, als ob wir zu Schiffe einführen. Oder Touristen überquerten einen Abgrund über eine schmale Felsenbrücke, die unter ihnen zusammenbrach. Oder die See stürmte und ein Schiff ging vor unsern Augen unter. Wie sollte uns nicht der Ehrgeiz packen, auf dem Puppentheater so viel von diesen Glanzleistungen nachzuahmen, wie wir nach unseren schwachen Kräften konnten? Und es wäre seltsam, wenn nicht eine Spur dieser ersten theatralischen Eindrücke in meine eigene dramatische Produktion sich eingeschlichen hätte.

Dass die Stücke des Victoria-Theaters in einem höheren Sinne wertlos waren, merkte ich denn schliesslich selbst, als die Jahre hingingen, und ich sehnte mich danach, einmal ernsthaftes Theater zu sehen. Als unsere Freunde Richard und Willi in den "Wilhelm Tell" geführt wurden, hörte ich ihre Erzählung davon mit Tränen in den Augen an. Aber schliesslich wurde auch mir dieser Wunsch erfüllt. Die Aufführung fand im Berliner Theater statt, das unter Ludwig Barneys Leitung stand. Noch heute bewahre ich einen Teil der Besetzung im Gedächtnis. Den Tell gab Arthur Krausneck, Tells Gattin Nuscha Butze, der Darsteller des Landvogts hiess Suske. Der Eindruck auf mich war atemberaubend und überwältigend. Wie bitter weinte ich, als Melchtal seine rührende Klage um die Blendung seines Vaters erschallen liess. Wie krampfte sich mein Herz, als der Tyrann den Vater zwang, auf seinen eigenen Sohn anzulegen. Wie gönnte ich ihm sein Ende, als Tells Geschoss ihn niederstreckte. Noch sehe ich den Sterbenden am Boden liegen, spitzbärtig, der Hut fällt ihm hinten über und enthüllt einen kahlen Schädel, er bewegt die Lippen und schüttelt ungeduldig den Kopf im vergeblichen Bemühen, sich verständlich zu machen. Ich fühlte ganz die Grösse dieses Freiheitsdramas und hatte noch keine Einwendungen dagegen. Aber nicht der Schatten eines Wunsches tauchte in mir auf, damit etwa zu wetteifern. Damals werde ich zwölf Jahre alt gewesen sein.

Aber eines Tages zündete bei mir der Blitz, und ich kann genau angeben, wann und wo das geschah. Drei Jahre später sass ich in demselben Berliner Theater vor Wildenbruchs "König Heinrich". Die Ehren des Abends gehörten dem Schauspieler-Ehepaar Otto Sommersdorff und Theresina Gossner. Arthur Krausneck spielte wieder mit, er gab den Papst Gregor. Die theatralische Hohlheit des Stückes durchschaute ich nicht, sondern ergab mich rückhaltslos dem erfahrenen Beherrscher des Giganteninstruments Bühne, der ihre Wirkungen mit virtuoser Sicherheit vorzubereiten und zu steigern wusste, bis sie sich an den Aktschlüssen in fröhlich hallenden Explosionen entluden. Dem Autor kam bei mir zugute, dass der zugrundeliegende historische Vorgang, König Heinrichs Gang nach Canossa, mir aus der Schule völlig geläufig war und mit leuchtenden Farben in meiner Vorstellung lebte. Wer doch das auch könnte! dachte es in mir. Wer doch so klug, so begabt, so mächtig, so glücklich wäre, ein mit Menschen Kopf an Kopf besetztes Haus mit seinem gedichteten Wort zu bewegen, zu rühren und zu entzücken! Schmerzhafter Neid und sehnsuchtvolles Verlangen füllten mein Herz. Und zugleich, ganz schüchtern und leise, fühlte ich die Gewissheit: Ich werde es können. Seit jenem Abend hat der Wille, Dramen zu schreiben, das Zentrum meines bewussten Lebens eingenommen, wenn ich auch manches andere ausser Dramen geschrieben habe und manches andere ausser Schreiben habe tun müssen.

Noch eine andere Quelle meiner Dramatik muss ich zur Sprache bringen. In den oberen Klassen unterrichtete uns im Deutschen der Oberlehrer Dr. Streicher, später Professor, noch später Gymnasialdirektor. Er war ein ungewöhnlich gut aussehender Mann, schlank, hochgewachsen, von jugendlichen Bewegungen, blond, Reserveoffizier. Nicht nur wirkte er feiner als seine Standesgenossen, es umgab ihn auch etwas Geheimnisvolles: er trug am Handgelenk ein metallenes Armband, ich weiss nicht, ob von echtem Gold, und wir stellten Vermutungen darüber an, für welche Bruderschaft oder Loge es ein Zeichen sein möchte. Sein Charakter liess sich nicht ohne weiteres durchschauen; mindestens war er versteckt antisemitisch, wobei ich ihm die Verstecktheit mehr verarge als den Antisemitismus. Ich selber darf mich nicht beklagen: er hatte eine Vorliebe für mich und behandelte mich mit Auszeichnung. Aber mein Klassenkamerad Döblin, als er schon längst berühmt war, stiess brieflich mit ihm über diese Haltung heftig zusammen.

Seinen deutschen Unterricht nun fand ich damals ausgezeichnet. Ich meinte, dass er uns die Dichtwerke wirklich aufschloss und uns unendlich mehr darin erkennen liess, als wir von uns aus erkannt haben würden. Dieser Unterricht drehte sich im wesentlichen um das deutsche klassische Drama, wozu auch Shakespeare gezählt wurde. Ich glaubte in seinem Unterricht erfahren zu haben, was ein Drama wirklich sein soll und wie es gebaut ist, wenn man es von innen betrachtet.

Ohne Zweifel lernte ich viel bei ihm. Ohne Zweifel hatte er die Gabe, den Absichten des Dichters nachzuspüren und sie uns deutlich zu machen. Aber ich weiss heute, dass sein Blick nicht über die Klassiker hinausreichte. Und ich weiss ferner, dass er am Drama zu sehr das Konstruktive sah und hervorhob und zu wenig das Unberechenbare, das Unbewusste, das frei Strömende, das Spiel der Phantasie; kurz das, worauf Grillparzer zielte mit dem reizenden Wort: er plane seine Dramen nicht in zu vielen Einzelheiten voraus, denn er wolle sich doch auch überraschen lassen.

Ich muss bekennen, dass dieser Dr. Streicher einen ausserordentlich starken Einfluss auf meine eigene Produktion ausgeübt hat, aber nicht unbedingt einen heilsamen. Er verstärkte noch meine eigene Neigung zum Konstruktiven. Unter der Wirkung dessen, was ich bei ihm gelernt hatte, errichtete ich, wenn ich mich an ein Stück machte, zunächst ein stabiles eisernes Gerüst, das fest und unbeweglich stand, und vernachlässigte darüber vielleicht all zu oft die dekorative Füllung. Ferner begünstigte er meine, sozusagen, literarische Weltfremdheit. So wie ich den Weg zu meinen Mitmenschen nicht fand, so gelangte ich auch nicht zu der produktiven Leistung meiner Zeitgenossen. Andere Gymnasiasten meiner Geistesrichtung pflegen den Schulmeister mit seiner klassischen Bildung hohnvoll links liegen zu lassen und sich auf eigene Faust und heimlich auf die moderne Literatur zu werfen, je verbotener, desto besser. Ich dagegen gewann den Anschluss nicht, niemand führte mich, Oberlehrer Streicher, dem ich vertraute, zeigte mir nichts als das klassische Drama, und so blieb ich isoliert, auch im Literarischen; und wenn ich schon inzwischen an Lektüre nachgeholt habe, was ich damals versäumte: der Gefahr, an meiner eigenen Gegenwart vorbeizuleben, bin ich noch heute ausgesetzt. Sie liegt wohl in meiner Grundkonstitution, und ich kann ihr beim besten Willen nicht ausweichen.

Überblicke ich so meine geistigen Ahnen im Dramatischen, so ist das gewiss keine stolze Galerie, deren ich mich rühmen dürfte. Im Grund wollte ich Dramen schreiben so, als ob niemand sonst neben mir und um mich her Dramen schriebe; ich wollte das klassische Drama meiner eigenen Zeit schaffen, ganz aus mir heraus. Noch mehr: ich wollte mich selbst ausdrücken, mein Eigenstes und Persönlichstes, in der Form des Dramas, ich wollte subjektiv sein im Gewande der strengsten Objektivität. Niemand hat das gesehen, niemand hat mir geholfen und mich gefördert, niemand hat mich ermutigt. Eigentlich habe ich mit meinen Dramen zu mir selber gesprochen, in der Einsamkeit und im Dunkel. Das war gewiss nicht, was ich wollte. Aber ebenso wenig wollte ich, und konnte ich, zur Masse sprechen. Insofern, zugegeben, bin ich gar kein Dramatiker. Meine Stücke wenden sich, unbewusst und unwillkürlich, an den Einzelnen. Vielleicht setze ich ein Publikum voraus, das nur in meiner Phantasie existiert. Vielleicht überschätze ich das Parkett.

Seit jener Erweckung vor Wildenbruchs "König Heinrich" vergingen abermals drei Jahre, ehe ich mich daran machte, selber ein Stück zu schreiben. Ich war auch dann erst achtzehn, und ich brauchte es nicht eilig zu haben. Aber der wahre Grund für dieses lange Zögern lag darin, dass ich erst jetzt einen Stoff fand.

Über die Lehre vom Stoff habe ich in meinem Leben viel nachgedacht! Ich könnte ein Buch darüber schreiben. Der Stoff ist die Crux jedes neueren Künstlers, insofern er nämlich kein notwendiges Verhältnis zu irgend einem Stoffe hat. Die Alten dichteten aus ihr Mythologie. Die Christenheit im Mittelalter und in der Renaissance malte fast ausschliesslich aus ihrer Religion. Wir müssen einen Stoff finden, wie Theodor Fontane rät, oder erfinden, was bei vielen Kritikern Anstoss erregt und Misstrauen weckt. Das heisst, wir müssen aus der Unendlichkeit des Wirklichen und Möglichen ein winziges Stückchen für unsere produktiven Zwecke herausschneiden. Das Schwierigste bei diesem Akt ist, dass wir das Gefühl überwinden müssen, unsere Entscheidung zugunsten dieses Krümchens Welt sei Willkür und Zufall und entbehre jeder Notwendigkeit. Einen produktiven Einfall haben heisst geradezu, einen Stoff ergreifen oder von einem Stoff ergriffen werden mit dem Gefühl der Notwendigkeit. Darüber ist niemand Herr; man muss es abwarten. Bei manchen Schaffenden wird der Schein der Notwendigkeit erleichtert dadurch, dass sie aus ihrer nationalen oder sozialen Überzeugung heraus produzieren.

Am schwierigsten ist dieser Prozess beim Dramatiker; denn er braucht nicht irgendeinen Stoff, sondern einen mit ganz bestimmten Qualitäten. Der Epiker vermag fast jeden seiner Einfälle zu verwerten. Manche Erzähler, wenigstens nach ihren eigenen Angaben, verzichten auf die vorherige Ausarbeitung eines Planes und beginnen die Niederschrift mit irgendeiner Anfangssituation, die sie reizt. Dann lassen sie sich von ihrer Phantasie tragen und kommen denn schliesslich zu einem bunten und abgerundeten Ganzen, das so wirkt, als wäre es vorher sorgfältig ausgedacht worden. Ich kann mir nicht vorstellen, dass ein Dramatiker ebenso verfahren dürfte. Er hat den grössten Verbrauch an Stoff, indem er von dem, was er zur Prüfung aufgreift, das meiste als ungeeignet wegwerfen muss. Er gleicht dem Diamantenschleifer, der ein rohes Stück Stein in die Hand nimmt, das er so lange in blossen Abfall verwandelt, bis er einen winzigen Brillanten übrig behält. Über diese Weisheit verfügte ich begreiflicher Weise nicht von vornherein, aber ich erlebte sie zuerst in der Form einer überschwenglichen Freude, als ich eines Tages in einem unerwarteten Augenblick meinen ersten dramatischen Stoff fand.

Wir pflegten, auf Veranlassung meines Vaters und meist in seiner Gesellschaft, Vorträge des Vereins für jüdische Geschichte und Literatur zu besuchen. Die Anziehung kam von dem Vortragenden Gustav Karpeles. Es ist derselbe Literat, über den ich einmal Erich Schmidt habe in Zorn geraten sehen, als im Seminar ein Student seine Ausführungen über Heine begann mit den Worten: "Karpeles sagt ..." Darauf Erich Schmidt, sehr erregt: "Sie können anfangen: Goethe sagt, aber nicht: Karpeles sagt". Dennoch war dieser Karpeles ein ausgezeichneter Mann, der Gestalten und Ereignisse der jüdischen Vergangenheit ohne Aufhebens höchst lebendig zu machen verstand und die gespannte Aufmerksamkeit seiner Hörer mit seiner schlichten Rede von Anfang bis zu Ende wach hielt. An einem dieser Abende sprach er von der Zeit des Hellenismus und schilderte anschaulich, wie Alexander der Grosse, nach der Sage, bei seinem Übergang von Asien nach Ägypten Jerusalem, statt es mit dem Schwerte zu erobern und nach Kriegsrecht zu behandeln, auf unerwartete Weise schonte und begünstigte. Dies war der Strahl, der bei mir einschlug. Ich sah die beiden Welten, das irdisch-heldenhafte Griechentum und das geistig-sittliche Judentum, zusammentreffen und miteinander ringen. Ich warf mich auf das Studium jener Zeit, mit unzureichenden Kenntnissen und ungenügenden Hilfsmitteln, und suchte, mir die historische Wirklichkeit so anschaulich wie möglich zu vergegenwärtigen. Und ich machte dabei den König Alexander selbst zu einem Symbol meiner eigenen Nöte, nämlich zu einem Menschen, der an seiner inneren Vereinsamung leidet.

Mit Vorstudien, Erfindung und Ausarbeitung vergingen fast zwei Jahre über diesem Erstlingswerk. Ich nannte es "Alexander in Jerusalem". Es ist mein eigentliches Lernstück. Keinen Versuch, es spielen zu lassen, habe ich je unternommen, ja, ich fertigte nicht einmal eine Abschrift an. (Viele Jahre später ist der erste Akt, um die allzu redseligen Sätze gekürzt, im "Jahrbuch für Jüdische Geschichte und Literatur 1921-1922" abgedruckt worden.) Nicht nur die Einzelheiten, sondern auch die Handlung hatte ich fast völlig vergessen, und so musste ich jetzt, um mein Gedächtnis aufzufrischen, das alte Manuskript wenigstens durchblättern. Zwischen meinem damaligen Enthusiasmus und meinem heutigen Urteil liegen also immerhin nahezu 50 Jahre. Die Sprache, Prosa, die bisweilen in versteckte Jamben ausgleitet, ist noch völlig hilflos, bis auf wenige Formulierungen, die ich schlagkräftig finde. Die Figuren werden nicht ungeschickt gegeneinander gesetzt, obwohl auf Grund einer sehr unreifen Charakteristik. Gänzlich missraten, komischer Ausdruck eines fast völligen Mangels an Lebenserfahrung, sind die Liebesszenen. Die Idee in ihrer Polarität entfaltet sich in einer grossen Diskussion zwischen Alexander und dem Hohen Priester, mehr ein Platonischer Dialog als eine Theaterszene. Aber es fehlt in den fünf Akten auch nicht ganz an bühnenstarken Momenten.

Schliesslich handelt es sich um den ersten waghalsigen Versuch eines Jünglings, der mit Verspätung gerade von der Schule auf die Universität hinüberwechselt. Hier hätte ein Mentor von Reife, Urteilskraft und Bühnenerfahrung eingreifen müssen. Aber niemand der Art befand sich in meiner Nähe, und über meinen Kreis hinaus vorzustossen, vermochte ich nicht und hätte ich mich auch nicht getraut. Wenn ich mich recht erinnere, so ist das Werk überhaupt nur von drei Menschen gelesen worden: von meinem Vater, der die äusserste Gewissenhaftigkeit darauf verwendete; von Hedwig, die jeden Akt, so wie er fertig wurde, mit den Augen der Liebe ansah; und von Erich, der es ebenfalls aktweise kennenlernte und von dem ich noch die klügsten Äusserungen zu hören bekam.

Was ich nun brauchte, war ein neuer Dramenstoff. Diesmal fand ich ihn nicht, sondern erfand ihn mir - und tat damit zum ersten Mal, was ich immer zu vermeiden wünschte und dennoch immer wieder tat.

Es gibt Dramen, die man sich ruhig erfinden kann. So gut wie alle Lustspiele, auch die besten der Weltliteratur, sind erfunden worden. Aber ernste und tragische Stoffe, und gar solche, die im Gewande einer vergangenen Epoche erscheinen, soll man finden; denn sonst verfällt man leicht ins Gezwungene und Verstiegene, und ausserdem verbraucht man im voraus zu viel von der Energie, die auf die Ausgestaltung verwendet werden müsste. Übrigens ist die Grenze zwischen Finden und Erfinden durchaus fliessend. Völlig aus dem Nichts vermag niemand zu schaffen, irgendwoher nimmt auch der kühnste Phantast seine Materialien. Die präzise Frage müsste lauten: Ist ein literarisch vorgeformter Stoff benutzt worden? Das spart einem sehr viel Nachdenken. Lessing hat seine Dramen ohne Schaden erfunden, auch den so grossartig in historisch östlichem Kostüm daherschreitenden "Nathan". Andrerseits war Shakespeare auch im Finden gross. Fast könnte man behaupten, er habe einem die vorhandenen guten Stoffe sämtlich weggedichtet, und man fragt sich mit Staunen, wie er alle diese packenden Fabeln kennen konnte oder wie sie zu ihm gerieten.

Nach dem "Alexander" hatte ich zunächst genug von Ideendramatik und historischem Kostüm. Mich verlangte, das Menschliche unmittelbar zu packen, dort, wo es noch nicht zivilisatorisch gedämpft und entstellt ist. Ich wollte es darstellen in seinen ursprünglichen Beziehungen von Hass und Liebe, Begehren und Furcht. Der Naturalismus hatte eben seine grossen Schlachten gewonnen, und es lag für mich nahe, in das proletarische Milieu zu tauchen. Aber das zog mich in keiner Weise an, ja, es stiess mich ab und beengte mir den Atem.

So erfand ich mir eine primitive Urwelt, unterhalb der Geschichte, aber doch im Glanze des voll ausgebildeten Menschentums. Ich dachte mir die Familie als Zelle der sozialen Gliederung; die andere Familie als den Feind; die Gruppe von Familien als Beginn der Gemeinschaft. Und zwischen ihnen die Rivalität um das Jagdwild, um den Wasserlauf, um das Weib. Es entstanden mir aus diesen Elementen drei Akte, die Personennamen suchte ich mir in der Bibel, das Ganze nannte ich mit einem, wie mir scheint, guten Titel: "Menschen".

Bei der Ausarbeitung unternahm ich zwei, sozusagen technische, Experimente. Ich schrieb die Hauptszenen zuerst und stellte sodann die Verbindungen her. Dies Verfahren hat sich nicht bewährt, und ich habe es nie wieder angewandt, sondern meine Stücke hübsch brav von vorn nach hinten und eine Szene nach der anderen verfasst. Der zweite Versuch war sprachlicher Art: Ich wollte das Urwüchsig-Primitive dadurch ausdrücken, dass ich beim Verbum das persönliche Fürwort wegliess, nach dem Vorbild des Lateinischen und Griechischen. Erzielt habe ich damit keineswegs den Eindruck des Urwüchsigen oder Primitiven, wohl aber eine unfreiwillig komische Wirkung.

Die Tragödie "Menschen" brauchte ich für diese Niederschrift nicht wieder zu lesen, denn ich habe das vor einiger Zeit getan, immerhin auch mit einem Abstand von mehr als 40 Jahren. Dabei fand ich sie zwar studentisch unreif, wie es bei einem Zwanzigjährigen nicht anders sein konnte, aber in der Komposition, in der Szenenführung und in der Charakteristik ausserordentlich begabt. Ich spreche dieses Lob hier ungeniert aus und werde bei künftigen Werken in dieselbe Lage kommen. Aber wenn ich meine Dramen nicht in vieler Beziehung für wesentlich hielte, das heisst, bei aller Erkenntnis der Schwächen und Fehler für gut, so würde ich überhaupt nicht von ihnen reden. Dieses zweite Werk hat einen raschen, zielbewussten dramatischen Gang, es erweckt starke Spannung von Anfang bis zu Ende, es lässt die Kräfte wuchtig gegeneinander prallen, und es erhebt sich zum Schluss, nach einer reichlich kruden Brand- und Mordszene, zu wahrer Tragik, wenn die beiden Gegner über den Trümmern ihrer Existenz zu neuem Aufbau sich die Hände reichen.

Ich würde das Stück ohne alle Bedenken heute aufführen lassen, wenn sich eine Bühne bereit fände. Man müsste dann dem Publikum sagen, dass der Verfasser 20 Jahre zählte.Zur Zeit der Entstehung mag es unzeitgemäss gewesen sein; aber es ist dadurch zugleich zeitlos und möchte heute ebenso wirken, wie es damals gewirkt hätte. Die Marotte mit den Fürwörtern lässt sich leicht tilgen. Eine dramaturgische Schwierigkeit entsteht durch das Auftreten zu vieler Kinder. Es wimmelt von Kindern. Aber ihrer wird eine geschickte Regie Herr werden können.

Nach der Vollendung war ich nicht wenig stolz auf mein Werk. Ich glaubte, etwas zustande gebracht zu haben, das aufgeführt zu werden verdiente. Für meine Ohren schrie es nach der Bühne. Gerade damals gründete die Berliner Finkenschaft, rührig wie sie war, eine "Intendanz", mit dem Ziele, Stücke durch Studenten öffentlich aufführen zu lassen, nach dem Muster der Akademisch-Dramatischen Vereine. Dort reichte ich meine Arbeit ein, und wie mir berichtet wurde, hatte sie gute Aussichten. Aber jemand unterschlug die Kasse, und darüber ging das ganze Unternehmen in die Brüche. Als ich mein Manuskript zurückerhielt, befand ich mich schon in München. Zunächst verdiente sich mein Kommilitone und Stubennachbar, der katholische Lehrersohn aus Posen, einen Zuschuss zu seinem kargen Wechsel dadurch, dass er das Stück fein säuberlich abschrieb. Ich liess es dann binden, und in dieser Form bewahre ich das Werk noch heute. Auf dem Titelblatt steht als Verfasser Egon Distl, das Kunstwart-Pseudonym. Das saubere Heft in Folioformat reichte ich beim Münchener Schauspielhaus ein. Dorthin glaubte ich, eine Beziehung zu haben. Denn während meines Münchener Semesters trat ich auf dieser Bühne als Statist auf, mit anderen Studenten, ohne Bezahlung, nur des Spasses halber. Wir wirkten mit in Sudermanns "Johannes" und in Björnsons "Über unsere Kraft. Zweiter Teil". Übrigens brach ich meine Karriere als Statist ab, als ein Schauspieler, ohne jeden Anlass sich ungezogen gegen mich benahm. Ich hielt mich aber für verpflichtet, dem Direktor Stollberg brieflich Mitteilung zu machen, sowohl von meinem Entschluss als von dem Grund dafür. Von seiner Seite erfolgte keine Reaktion.

Das also war meine Beziehung zu dieser Bühne. Ich fragte, wieder brieflich, bescheiden an, ob ich mein Stück zur Prüfung vorlegen dürfte, und erhielt die freundliche Antwort, die Theaterleitung sei dazu da, Stücke zu prüfen, und ich möchte mein Werk ruhig einreichen. Dies tat ich sofort, und von diesem Augenblick an erwartete ich einen Umschwung in meinem Leben. Ich dachte, ich würde eines Tages auf meinem Tisch einen Brief vorfinden, der mir die Annahme der Tragödie "Menschen" ankündigte. Schon das würde in die Zeitung kommen. Dann würden die Proben stattfinden, dann die Aufführung. Es würde ein Erfolg sein mindestens in dem Sinne, dass ich bemerkt und als eine dramatische Hoffnung anerkannt werden würde, und im Licht solcher öffentlichen Billigung würde ich mich seelenheiter an mein nächstes Drama machen können.

Niemals in den folgenden Wochen betrat ich meine Münchener Studentenbude anders als in der Erwartung, der Brief würde endlich daliegen. Er kam nie, wohl aber lag eines Tages das Manuskript selber da. Das Begleitschreiben sagte, das Stück käme für das Schauspielhaus deswegen nicht in Betracht, weil es ein Kostümstück sei. Kostümstücke aber müsste man loyaler Weise dem Hoftheater überlassen (wo der gefeierte und allmächtige Intendant Possart regierte). Zutreffen konnte diese Ausflucht keineswegs; denn wenn irgendein Bühnenwerk die Bezeichnung Kostümstück verdient, so ist es Sudermanns "Johannes". Sie lehnten es ab, und vielleicht lehnten sie mit Recht ab.

Als ich aus München nach Berlin zurückkehrte, erfuhr ich, und sah es auch gelegentlich selbst, dass Hedwig inzwischen jenen anderen gefunden hatte. Nichts gab mir das Recht, mich darüber zu beklagen, aber es versetzte mir innerlich einen Stoss. Ich fand, es war reichlich rasch gegangen, verglichen mit dem schweren Kummer, den die Trennung über sie gebracht zu haben schien. Aber noch mehr erschütterte mich die Beobachtung, dass der neue Partner offenbar viel besser zu ihr passte als ich, und dass sie sich mit ihm unvergleichlich wohler, ungezwungener und einfach glücklicher fühlte als je mit mir. Nach ein paar Aussprachen mit ihr, die ich herbeiführte und die, wie es nicht anders sein konnte, höchst peinlich und völlig fruchtlos verliefen, durfte ich daran nicht zweifeln.

Ich versuchte, dieses Erlebnis dramatisch zu bewältigen, sowohl seinen persönlichen wie seinen allgemeinen Aspekt. Es war notwendig, nicht einfach die Wirklichkeit auf die Bühne zu stellen, sondern in irgendeiner leichten Verkleidung. Ich musste den Fall weit von mir abrücken in eine ferne Vergangenheit. Für mich bot sich dafür fast von selbst die italienische Renaissance an, die damals in den Mittelpunkt des allgemeinen Interesses gerückt, sozusagen Mode geworden war, die mir ausserdem im kunsthistorischen Kolleg nahegebracht wurde. Ich las, um mir die Zeit anschaulich zu machen, Jacob Burckhardts "Kultur der Renaissance", Benvenuto Cellinis Selbstbiographie in Goethes Übersetzung; tat mich auch in der Geschichte um. Und mit dem so zusammengerafften Material erfand ich mir meine Fabel.

Lieber hätte ich sie bei meinen Studien gefunden. Aber so viel Glück hatte ich nicht. Indessen ich erfand mir eine Fabel mit allen historischen Einzelheiten so, als hätte ich sie gefunden. Ich siedelte sie an einem bestimmten Ort zu einer bestimmten Zeit an, nämlich am Hofe des Herzogs von Orvieto um das Jahr 1500. Ich erfand mir den Herzog, seinen Namen, seinen Charakter, alle Personen seines Hofes, seine Ehe, seine politische Lage, seine Beziehungen zum Vatikan. Es ist ein dichtes Gewebe von Tatsachen wie aus Akten. Welch ein ungeheures Mass von geistiger Arbeit musste ich in dieses Erfinden stecken! Es konnte nicht fehlen, dass ich dabei ins Verstiegene geriet.

An sich wollte ich den ernsten, schwerblütigen, komplizierten Mann darstellen, der die Frau an den heiteren, leichtlebigen, unkomplizierten verliert. Dafür die Fabel zu ersinnen, hätte keine Mühe bereiten sollen. Warum ich mir so gewaltsame Voraussetzungen konstruierte, wie ich es tat,verstehe ich heute nicht mehr. Mein Herzog ist unfähig, Kinder zu zeugen, muss aber zum Besten des Landes einen legitimen Erben haben. Daher mutet er seiner Frau zu, ein anderer solle der Vater sein, nur zu diesem Zweck und nur für eine Nacht. Die Frau, nach heftigem Widerstand zur Einwilligung gebracht, geht ganz und gar zu dem Stellvertreter über, wie es nicht anders sein kann. Dieser Abfall ist für den Herzog die grosse Enttäuschung, an der er zugrunde geht.

Das fünfaktige Drama heisst "Der Herzog von Orvieto". Es wurde an die Reinhardt-Bühnen gesandt, nicht von mir, sondern von meinem Vater. Max Reinhardt hatte sich damals noch nicht bis zum Deutschen Theater emporgeschwungen, aber er feierte schon Triumphe im Neuen Theater, neben seiner Anfangsbühne, dem Kleinen Theater. Wieder wurde das Stück zurückgesandt, mit einem Begleitbrief, der noch existiert, datiert Berlin, den 17. XII. 1903. Wir bekamen ein vorgedrucktes Ablehnungsformular, aber der Dramaturg Arthur Kahane hatte mit der Hand dazu geschrieben: "Es ist ein ganz ungewöhnlich begabtes Stück, dessen Qualitäten nur leider auf der Bühne verpuffen würden. Jedenfalls freuen wir uns, die Bekanntschaft eines starken Talentes gemacht zu haben, auf dessen weiteres Schaffen wir neugierig wären und das wir nicht aus dem Auge verlieren möchten".

Nach dem Tode Max Reinhardts hat ein glücklicherer Autor, Fritz von Unruh, einen Erinnerungsartikel veröffentlicht, aus dem ich entnehme, dass er etwa in dem gleichen Alter die gleiche Erfahrung gemacht hat. Auch sein Stück wurde begabt, aber nicht aufführungsreif befunden. Wie ich wurde er ermutigt und auf künftige Leistungen vertröstet. Aber wie anders spielte sich das bei ihm ab! Zunächst bekam er den Bescheid und die Rückgabe nicht durch die Post, sondern er wurde zur Direktion bestellt und das Urteil ihm mündlich eröffnet. Gleichzeitig aber beschenkte man ihn mit dem Recht, allen Proben im Parkett beizuwohnen. Welch eine Schule für einen angehenden Dramatiker!

Drei Jahre lang, während meiner Militärzeit, während der Arbeit an der Doktordissertation und während der Vorbereitung zum mündlichen Examen, fand ich zum Dramenschreiben weder äusserlich noch innerlich die Musse. Gleich danach jedoch, in einem Sommer, der dem Produzieren besonders günstig war, wurde mir ein neues Stück beschert. Diesmal hatte ich das Glück, einen vorgeprägten Stoff zu finden. Er steht geschrieben in Boccaccios "Dekamerone", den ich für meine Dissertation aufmerksam gelesen und mehr als gelesen hatte. Rückblickend vermag ich nicht mehr klar zu unterscheiden, wie weit ich zu einer vorhandenen Idee die Fabel antraf, mit der ich sie ausdrücken konnte, und wie weit die Fabel mir die Idee eingab.

Die Idee, die mich auch später noch im Banne hielt, war einfach die Sehnsucht, aus der Berufsfron auszubrechen und zu einem freieren und höheren Leben zu gelangen. Damals in meiner Jugendlichkeit und Einsamkeit verband sich dieser Wunschtraum mit der Sehnsucht nach einem geliebten, das heisst überlegenen Weibe. Seltsam, dass ich schon unter der Fron des Berufes litt; denn ich gehörte noch zu keinem Beruf, ich hatte bisher nur auf einen möglichen Beruf gelernt. Boccaccios Novelle erzählt von dem jungen Florentiner Alessandro, der in London eine Bank hält, durch Krieg plötzlich verarmt und sich auf den Heimweg nach Italien zu seinen Florentiner Verwandten macht. Unterwegs, in einem deutschen Wirtshaus am Rhein, stösst er auf einen jungen reisenden Abt, der desselben Weges zieht. Er enthüllt sich als ein Mädchen, nämlich als die Tochter des Königs von England, die vor unerwünschter Heirat zum Papste flieht. Die beiden entbrennen in Liebe zueinander, begeben sich gemeinsam nach Rom, werden getraut und kehren glücklich nach England zurück, wo der Hof den unebenbürtigen Schwiegersohn aufnimmt.

Dieses Märchenschicksal, im Dekamerone ein flotter Schwank, konnte von mir leicht mit meinen Sehnsüchten getränkt werden und bot mir eine gedichtete Wunscherfüllung. Nicht nur den seelischen Gehalt, sondern mancherlei Figuren und Situationen erfand ich dazu. Vor allem konnte ich die Vereinigung nicht nach Rom verlegen, sondern musste den Kreis in England sich schliessen lassen. Daher hatte ich die Florentiner Verwandten von der Stelle zu bewegen und auf plausible Weise in Marsch nach London zu setzen. Diese Denkoperation bereitete mir die grösste Schwierigkeit. Doch es gelang mir schliesslich, alle Parteien in dem Wirtshaus am Rhein zu entscheidender Begegnung zusammen zu führen. Die Quelle bot mir nicht nur die gefällige Fabel, sondern eine farbige Fülle lebendigen Geschehens. Dieses Stück schrieb ich nicht in Prosa, sondern in Blankversen. Die Arbeit ging mir aufs glücklichste von der Hand, von keiner äusseren oder inneren Störung unterbrochen. Ich hätte es gern genannt "Das Glück am Wege", aber dieser Titel erinnerte zu stark an Sudermanns "Glück im Winkel", und ich begnügte mich daher mit dem Verlegenheitstitel "Alessandro und der Abt".

Als es fertig vorlag, hatte ich das Gefühl, etwas vollbracht zu haben, was nicht durch die Jugendlichkeit des Verfassers gerechtfertigt werden musste, sondern eine poetische und dramatische Leistung, die völlig auf ihren eigenen Qualitäten zu stehen vermochte. Ich las es zuerst im Kreise von Freunden und Bekannten vor, in meinem Elternhaus in der Passage, in dem zugleich stimmungsvollen und herrschaftlichen Zimmer, das ich dort mit meinem Bruder Paul inne hatte. Aber weder er noch meine Eltern durften zuhören, ihre Gegenwart hätte mich befangen gemacht: so lyrisch seine Gefühle zu äussern, wie ich es hier tat, war gegen den Stil der Familie. Zugegen war, versteht sich, Erich, dazu ein paar Schulfreunde und Studienkollegen und sonstige Bekannte aus der Studentenzeit, denen ich Verständnis und Urteil zutraute. Kein Vertreter der Literatur oder des Theaters oder der Presse nahm teil.

Die Vorlesung in diesem intimen Zirkel hatte einen sensationellen Erfolg - wenn man dieses Wort anwenden darf auf die Reaktion eines völlig einflusslosen Publikums. Nunmehr getraute ich mich, das Werk Erich Schmidt vorzulegen, als dem einzigen Menschen meiner Reichweite, dessen Stimme Gewicht hatte. Er rief mich nach kurzer Zeit zu sich und kargte nicht mit freundlichem Lob, jenem abgewogenen und begründeten Lob, dessen er Meister war und das einem so wohl tat. Als Bestätigung seines günstigen Urteils versprach er mir, das Manuskript sogleich mit seiner Empfehlung an Paul Schlenther zu schicken, damals Direktor des Wiener Burgtheaters. Auf diesen Posten war Schlenther, Jahre vorher, von seinem Amt als Theaterkritiker der Vossischen Zeitung berufen worden, und von jener Berliner Wirksamkeit her stand er in enger Verbindung mit Erich Schmidt.

Es vergingen nicht viele Wochen - während ich dabei war, die Goldene Klassiker-Bibliothek ihre ersten unsicheren Schritte tun zu lassen - da wurde ich durch Telegramm aufgefordert, am nächsten Vormittag zu festgesetzter Stunde den Hofrat Schlenther in seinem Berliner Hotel aufzusuchen. Ich zog mir meinen langen schwarzen Gehrock an - das war damals für formelle Besuche die vorgeschriebene Tracht - und fand mich höchst unsicher und schüchtern zur Audienz ein. Es empfing mich ein stämmiger Herr mit völlig kahlem Schädel und einem Mopsgesicht, liess mich Platz nehmen, und ohne mir die Selbstbehauptung im geringsten zu erleichtern, hob er an, sich ausführlich über das Stück zu äussern. Mit grösstem Respekt vernahm ich seine Einwendungen dagegen und liess mich von den Fehlern und Schwächen leicht überzeugen. Dann kam er auf den dritten Akt zu sprechen, und hier begann er ein hohes Lob, das mich aber noch mehr verwirrte; denn was ich ihn da preisen hörte als eine grossartige und kühne Neuerung, daran hatte meine Seele nicht gedacht. In diesem dritten Akt finden sich der Florentinische Wechsler Alessandro und die englische Königstochter Konstanze. Dazu muss erst offenbar werden, dass der junge reisende Abt ein Mädchen ist. Da er sie in männlicher Tracht vor sich sieht, und da er nicht einfach zu sagen wagt: "Herr Abt, Ihr seid ja ein Mädchen", so wählt er seine Liebesworte so, als wäre sie wirklich ein Mann. Darauf als auf ein Spiel eingehend, erwidert sie so, als wäre er das Mädchen. Es ist eine blosse Form des Liebesgeplauders und nicht etwa eine wechselseitige Unklarheit über das Geschlecht. Eben das aber hatte Schlenther herausgelesen, und eben dieser Verkehrung zollte er seinen begeisterten Beifall als einer unerhörten dichterischen Gewagtheit. Begreiflicher Weise traute ich mich nicht, ihn aufzuklären.

Ich hatte zugehört in der Furcht, er werde schliessen mit der Eröffnung, er finde zwar manches Gute an dem Opus, aber wegen der Mängel könne er es nicht spielen. Statt dessen liess er sich vernehmen: "Warum ich das Stück aufführen möchte, dafür ist der Grund der, dass die Rolle des Alessandro einem jungen begabten Schauspieler, den ich zu fördern wünsche, geradezu auf den Leib geschrieben ist." Diese Worte sprach er mit Wärme, sogar enthusiastisch. Und er setzte hinzu: "Wenn ich also eine gute Saison habe, werde ich Ihr Werk im März an der Burg spielen."

Damit war die Unterredung zu Ende. Ganz zuletzt, schon im Stehen, durfte ich noch ein paar Fragen nach meinen persönlichen Umständen beantworten. Aus meiner Gehemmtheit brachten auch sie mich nicht heraus. Schlenther muss zurückgeblieben sein mit dem Eindruck, einen farblosen jungen Mann gesprochen zu haben.

Ich indessen ging davon wie ein Sieger. An der Burg aufgeführt werden! Das Jahr würde hingehen, es würde März werden. Aufführung, Erfolg, Ruhm, Freiheit standen mir bevor. Eine Zeitlang lebte ich, als wäre immerfort Sonntag.

Um es vorwegzunehmen: Die Burg muss wohl die vorausgesetzte gute Saison nicht gehabt haben; denn die Aufführung fand nicht statt. Es wurde März, der März ging hin, es wurde die nächste Saison, auch sie ging hin, aber vom Burgtheater her erfolgte nichts. Arthur Eloesser, Schlenthers Nachfolger als Theaterkritiker der Vossischen Zeitung, der sich für den "Alessandro" freundlich einsetzte und ihn vielfach zu fördern suchte, sprach dem Hofrat gelegentlich von dem Stück und seiner bedingten Zusage und erhielt die lässige Antwort: "Nun ja, man sieht sich so etwas an..." Die Hoffnung schwand dahin. Inzwischen war ich nicht müssig, sondern suchte, im Vertrauen auf den Beifall, den das Manuskript so vielfach gefunden hatte, es bei Bühnen, bei Theateragenturen und bei Buchverlegern anzubringen: vergebens. Jedesmal erhielt ich einen Brief, in dem viel Lob zu lesen war, aber auch Einwendungen und Bedenken, und die sämtlich auf Ablehnung hinausliefen. Wenn ich diese Briefe zusammensetzte, so konnte ich aus ihnen sowohl enthusiastisches Lob als auch leidenschaftlichen Tadel für beinahe jeden Akt und jede Einzelheit belegen. In der ersten Zeit sammelte ich solche Antworten mit Schmunzeln; denn ich dachte, wenn das Stück nur erst aufgeführt worden wäre und Erfolg gehabt hätte, so würde ich all die widerspruchsvollen Äusserungen veröffentlichen als lustige Illustration der Arroganz und der Windigkeit der urteilenden Instanzen. Aber dieser Fall trat nicht ein.

Inzwischen erlebte ich mit dem "Alessandro", was ich schon beim "Herzog von Orvieto" erfahren hatte: Die Aufführung fand höchst glanzvoll in meiner Einbildung statt mit der Kraft von Halluzinationen. Jahrelang verfolgten sie mich. Ich litt schwer darunter, aber ich schwelgte auch in ihnen, so als könnte ich durch die Kraft der Phantasie das Stück auf eine wirkliche Bühne zwingen. Langsam verwandelte sich die Enttäuschung in tiefe Depression. Nun sass ich fest in meinem Brotberuf und sah nirgends einen Ausweg. Ich schämte mich vor Verwandten und Freunden, bei denen ich Erwartungen geweckt hatte, die unerfüllt blieben. Ich marterte mich auch im Namen meiner jungen Frau, die durch den Erfolg und nur durch ihn aus unserer kleinbürgerlichen Enge hätte gehoben werden sollen auf den Platz, der ihrem Format gebührte.

Es dauerte nach der Vollendung des "Alessandro" sieben volle Jahre, ehe er, in unzulänglicher Gestalt, auf eine Bühne gelangte. In diesen sieben Jahren ist etwas in mir zerbrochen - ich glaube nicht, dass ich mit dieser Feststellung mich ungehöriger Pathetik schuldig mache. Es zerbrach das naive Vertrauen in den Wert meiner dramatischen Inspiration. Es schwand das unverdorbene Gefühl, dass ein fertiges Werk, wenn ich selbst es billigte, gut war. Es verkümmerte die angeborene Überzeugung, wenn ich Anerkennenswertes leistete, würde es anerkannt werden. Dass dieses Stück nicht aufführungsreif sein sollte, und wenn angemessen aufgeführt, dass es nicht fröhliche Zustimmung finden würde, war für mich so, als sähe ich auf der anderen Strassenseite einen Menschen schreiten und meine Umgebung versicherte mir, da wäre niemand. Ich machte die Erfahrung, sie liess sich nicht wegleugnen, aber ich verstand sie nicht. Ich wurde ratlos.

Nach sieben Jahren, als ich meinen Sommerurlaub mit Toni in einem belgischen Seebad verbrachte, bekam ich eine Postkarte, die nichts enthielt als eine Zeitungsnotiz, die ein guter Onkel, Bruder meines Vaters, ausgeschnitten und aufgeklebt hatte, um mir eine Freude zu bereiten. Sie besagte, dass der bisherige Dramaturg des Prager Deutschen Landestheaters, Paul Eger, zum Direktor des Grossherzoglichen Hoftheaters in Darmstadt berufen worden sei, und zählte die Stücke auf, die er mitbrachte und spielen würde. Darunter befand sich auch "Alessandro und der Abt" von Egon Distl.

Diese Aufführung hat wirklich stattgefunden. Das Ereignis gab mir Gelegenheit, in meiner Eigenschaft als Schmied meines Glückes ein paar Meisterschläge zu führen. Ich setzte mich sofort hin und schrieb an die Theaterleitung, ich freute mich, aus der Presse zu entnehmen, dass ich gespielt werden sollte, aber ich würde das nur unter meinem richtigen Namen gestatten. Die Folge davon war, dass die Aufführung bis ganz an das Ende der Saison verschoben wurde. Man sagte mir nichts davon, man erhob auch keine Einwendungen, man verfuhr nur so.

Nach einiger Zeit übersandte mir Eger selbst Vorschläge und Wünsche für Änderungen. Sie betrafen nichts Wesentliches, und ich suchte, ihnen zu entsprechen. Nur eine einschneidende Umarbeitung war dabei. Im fünften Akt werden zwei neue Personen eingeführt, gewiss eine Schwäche der Komposition. Es sind der König von England und sein Sohn, die miteinander Krieg führen, eben den Krieg, durch den Alessandro verarmt ist. Sie treffen sich im Felde zu Unterhandlungen und dabei zwingt der Sohn den Vater ohne Schlacht zum Nachgeben. Dies ist wichtig in der Ökonomie des Stückes, weil damit zugleich die Einwilligung des Königs in Konstanzes Heirat mit dem Florentiner durchgesetzt wird. Eger verlangte, aus einem mir nicht ersichtlichen Grunde, die Streichung dieser Szene. Ich opferte sie ungern, aber ich tat es. Und da ich damals noch mit einem Blick auf die Ausgabe letzter Hand meiner sämtlichen Werke schrieb und lebte, und da ich nicht wollte, dass dafür zwei verschiedene Fassungen des Stückes zur Verfügung ständen, so tilgte ich die Szene in allen mir erreichbaren Exemplaren. Später habe ich das bitter bereut; denn ich glaubte, und glaube es noch heute, dass ich damit den besten Auftritt vernichtet habe, der mir je gelungen ist. Ich versuchte denn auch, die Tat ungeschehen zu machen, indem ich mir alle Mühe gab, ein Exemplar der ursprünglichen Fassung aufzutreiben, aber vergebens, die Szene ist untergegangen.

Viele Monate später wurde ich telegraphisch eingeladen, zur Aufführung nach Darmstadt zu kommen. Toni war hoch in anderen Umständen und durfte nicht mehr daran denken, mich zu begleiten. Und so fuhr ich, ungern genug, allein. Eger, inzwischen zum Intendanten befördert, empfing mich liebenswürdig und sagte kein Wort davon, dass am Tage vorher ein zweites Telegramm abgegangen war mit der Bitte, meine Abreise zu verschieben. Vielmehr wurde ich aufgefordert, an den Proben teilzunehmen. Ich bestaunte die Grösse dieses kleinstädtischen Theaters, dessen Dimensionen einer Weltstadt Ehre angetan hätten; was aber mein armes Stück betraf, so erschrak ich über die Unfertigkeit der Einstudierung und den Mangel an Verständnis auf Seiten der Schauspieler. Glücklicher Weise wussten sie das selbst - es war offenbar noch kaum geprobt worden -, und der Darsteller des Alessandro war klug genug, sich zu mir zu setzen und mich um Erläuterung zu bitten. Meine Ausführungen reduzierte er dann zu kurzen schlichten Stichworten, die er an den Rand seiner Rolle schrieb, wie: lebhaft, ängstlich, gespannt, stürmisch. Aber er machte dann bei der Aufführung seine Sache überraschend gut. Auch die Darstellerin der Konstanze suchte meinen Rat. Ferner kam der Mann, der die Ausstattung zu entwerfen hatte, herbei und rühmte sich voll Wichtigkeit, er habe aus dem König eine Märchenfigur gemacht und ihn mit Ketten und Bändern überladen. Ich erschrak. Der König - so viel ist nach der Umarbeitung von ihm noch übrig geblieben - zieht in der Schlusszene an der Spitze seines Heeres in London ein und bringt dabei den Liebeshandel seiner Tochter zu einem glücklichen Abschluss. Er kommt aus dem Felde und sollte in verstaubter Rüstung daherziehen, gefolgt von seinen ebenso verstaubten Kriegern. Statt dessen sah ich bei der Kostümprobe so gut wie gar keine Krieger, wohl aber endlose Reihen hoher kirchlicher Würdenträger mit Mitra und Krummstab. Offenbar hatte man für diesen Einzug den Krönungsmarsch aus der "Jungfrau von Orleans" übernommen. In ihrer Mitte aber schritt der König wie auf einem Provinzmaskenball, nicht nur mit Bändern und Ketten behängt, sondern auch die Krone auf dem watte-umrahmten Haupt und den Hermelin um die Schultern. Ich hätte protestieren sollen, aber es war der Tag der Aufführung. Wenn ich nicht alles gefährden wollte, musste ich den komischen Unsinn hinnehmen.

Zwischendurch wurde ich aufgefordert, ein paar Worte über das Stück für das offizielle Programm zu verfassen. Ich sehe mich noch im Theaterbureau auf und ab schreiten und im Gefühl der Wichtigkeit meiner Person einer Sekretärin diktieren. Ich tat dabei als Schmied meines Glückes den zweiten Meisterschlag. Ich diktierte ahnungslos daher, der Stoff stamme aus dem Dekamerone, die soundsovielte Erzählung des soundsovielten Tages, und so weiter. Davon war die Folge, dass ich in der Kritik las, es wäre die bekannte Novelle des Boccaccio, den Gehalt des Originals hätte ich in keiner Weise ausgeschöpft. Das ist platter Unsinn. Man mag die Meinung vertreten, Boccaccios anspruchloser Schwank sei der modernen Vertiefung bei weitem vorzuziehen. Aber von Gehalt der ausgeschöpft werden kann, lässt sich in Bezug auf die Vorlage nicht reden. Ich bin völlig davon überzeugt, dass der Herr Rezensent noch nie in seinem Leben von der Erzählung gehört hatte und dass er seine herablassende Besserwisserei nicht hätte anbringen können, wenn ich nicht so töricht gewesen wäre, ihm die Quelle zu verraten.

Nur zweimal vierundzwanzig Stunden nach meiner Ankunft fand die Uraufführung statt. Es war ein sommerlich warmer Abend Ende Mai, im Schlosspark duftete der Flieder und sangen die Nachtigallen. Wenn es sich nicht um mein eigenes Stück gehandelt hätte, so wäre ich nicht hineingegangen. Man sagte mir, wenn der Grossherzog anwesend wäre, so würde er mich nach der Vorstellung empfangen. Glücklicher Weise war er nicht anwesend, sondern hatte sich zur Hochzeit seiner Nichte, der Kaisertochter Victoria Luise, nach Berlin begeben. Da sass ich denn also in meiner Loge, die wohl die traditionelle Autorenloge war, vor dem geschlossenen Vorhang, sah aller Augen auf mich gerichtet und erlebte mit tiefer Beglückung, wie die Riesenspieluhr Bühne um mich als den Mittelpunkt klingend und leuchtend sich zu drehen anhub. Ich hatte es mir jahrelang in heisser Sehnsucht gewünscht; wie ich jetzt fühlte, mit Recht.

Was ich schon von den Proben her wusste, bestätigte sich: die Darstellung der beiden Hauptpersonen Alessandro und Konstanze war recht gut, zum Teil sogar sehr gut. Auch ein paar von den anderen Figuren entsprachen durchaus meinem Bilde; aber die Aufführung im ganzen war unzulänglich, auch infolge viel zu kurzer Einstudierung. Im dritten Akt, auf dem alles beruht, nahm Konstanze unerwartet den Ton so leise, dass nicht ein Wort zu verstehen war. Ich schwitzte Blut in meiner Ohnmacht und fühlte mich versucht, "lauter" zu rufen. Intendant Eger selbst stellte mir gegenüber fest, die Darstellerin hätte das Stück beinahe geworfen, "aber der dritte Akt ist ja unverwüstlich". Im fünften Akt blieb dann noch ein Schauspieler stecken, nur für einen Augenblick, und vielleicht wurde es im Publikum nicht bemerkt; aber mir stockte der Atem. Der Beifall, nach jedem Akt und am Schluss, klang warm und herzlich, ich wurde auf die Bühne geholt und musste mich verbeugen. Die Schauspieler hielten es für einen Erfolg und prophezeiten mir eine dramatische Zukunft. Ich erlebte eine selige Nacht mit sehr wenig Schlaf voll von goldenen Träumen.

Am nächsten Morgen erschienen die Kritiken. Zwei oder drei äusserten sich freundlich anerkennend, die anderen höhnisch abweisend. Ich war sehr betroffen über den Mangel an Sympathie und Zuspruch und die hämische Freude am Herunterreissen. Mir schien, sie äusserten sich nach dem Bild, das sie sich in ihrer Enge von einem gewissen Moritz Goldstein und seinem Stück gemacht hatten, nicht, als ob sie dabei gewesen wären.

Dann begab ich mich ins Theater. Es stellte sich heraus, dass keine weitere Aufführung auf dem Plane stand: Die Saison schloss, dies war der letzte Abend gewesen, das Ensemble ging in die Ferien. Ich konnte also von dieser Aufführung nicht einmal erzählen; denn ich hätte mich vor der Frage fürchten müssen: Wie oft ist es gespielt worden?

Als ich das Theater verliess, durch den Bühneneingang, versteht sich, da sass in der Portierloge hinter dem geöffneten Guckfenster Konstanze in vormittäglichem Zivil. Ich blieb stehen, plauderte ein paar belanglose Worte mit ihr und verabschiedete mich ziemlich abrupt. Ich wollte denselben Abend abreisen und hatte noch ein paar Besuche und Einkäufe zu erledigen. Einer dieser Einkäufe geschah in einem Blumenladen, wo ich einen Strauss roter Rosen bezahlte mit dem Auftrag, sie samt meiner Karte und meinem Dank für ihr hohe künstlerische Leistung in Konstanzes Wohnung abzuliefern. Erst viel, viel später kam ich auf den Gedanken, dass sie nicht zufällig da gesessen hatte, sondern dass sie mich hatte abfangen wollen. Ich kann nicht sagen, dass sie mir nicht gefiel, indessen ich war nicht gestimmt auf ein Abenteuer mit ihr. Gleich bei meiner ersten Aufführung mit der Hauptdarstellerin anzubandeln, wäre mir primanerhaft vorgekommen - nach meiner damaligen, reichlich primanerhafter Kenntnis der weiblichen Psyche. Ausserdem hätte ich es für schurkisch gehalten, ein fremdes Mädchen zu liebkosen, während meine eigene Frau mit unserem Kinde unter dem Herzen hatte daheim bleiben müssen. So hätte ich gedacht, wenn ich überhaupt an dergleichen gedacht hätte. Aber dann wäre ich auch so zartfühlend gewesen, meine Josephrolle wenigstens geschickt zu verkleiden. Ich hätte mich in ein ausführliches Gespräch mit ihr eingelassen, ich hätte mir ihre Geschichte angehört, ich hätte sie begleitet, vielleicht zum Essen in ein Restaurant geladen, kurz, ich hätte sie mir zur Freundin gemacht. Jetzt liess ich sie ohne Zweifel bitter enttäuscht und schwer gekränkt zurück. Ich schliesse das daraus, dass sie auf meine Blumenspende nicht mit einer Zeile reagierte. Das war mein dritter Meisterschlag in Darmstadt.

Die Enttäuschungen um den "Alessandro" machten mich als schaffenden Menschen seelisch krank - ich gebe das zu, und es ist kein Wunder. Damals, um mein dreissigstes Lebensjahr, hätte ich in die öffentliche Anerkennung durchbrechen müssen, aber ich sah mich scheitern, ich erlebte das Verfehlen meines Lebenszieles, die Nichterfüllung meines Herzenswunsches bei vollem Bewusstsein. Andrerseits gab ich den Kampf nicht einfach auf, vielmehr wollte ich das Schicksal zwingen. Das hiess, ein neues Stück und immer wieder ein neues Stück schreiben, in der Hoffnung, endlich werde eines davon erfolgreich sein und die anderen nach sich ziehen. Ich rang um diese Werke trotz meines Brotberufes, trotz meiner körperlichen, durch unerkannte Krankheit verursachten Erschöpfung, trotz der Entmutigungen. Ich war produktiv aus der Kraft des Willens - und das ist für jeden Künstler ein sehr gefährlicher Zustand. Vielleicht lässt sich etwas auf diese

Weise erzwingen, aber es ist kein Segen dabei. Ich werde denn also die Arbeiten jener Periode mit Stillschweigen übergehen.

Der erste Weltkrieg brach aus, alles strömte zu den Waffen, ich als gedienter aber ausgemusterter Mann blieb daheim. Mein Bruder Berthold, 12 Jahre jünger als ich, stellte sich freiwillig, ich mit meinen 34 Jahren ohne militärischen Rang hätte keine Aussicht gehabt, angenommen zu werden. Aber ich hatte noch einen anderen Grund, mich nicht zu melden. Ich war der Meinung, alles im Kriege könne man ertragen, aber dem Haupt einer unversorgten Familie müsse die Verantwortung vom Staate abgenommen werden. Wenn es sich nur um Leben und Sterben handelte! Aber blindgeschossen oder als Krüppel erwerbsunfähig zurückzukehren und sich sagen zu müssen, es wäre nicht nötig gewesen, ist mehr, als sich aushalten lässt. Ich fügte mich also, aber ich ertrug meine Rolle mit Bitterkeit.

Am 31. Dezember 1914 musste ich meinen Posten als Herausgeber der Goldenen Klassiker-Bibliothek verlassen. Mein Vater erklärte sich bereit, für das Notwendige aufzukommen, aber schon nach 14 Tagen hatte ich eine neue Stellung. Bekanntlich wurden auf Vorschlag Walter Rathenaus Kriegsgesellschaften gegründet, denen die Aufgabe zufiel, in dem blockierten Deutschland die notwendigen Rohstoffe im nationalen Interesse zu bewirtschaften. Ein guter Bekannter von mir wurde Direktor der Kriegs-Chemikalien-Gesellschaft und bot mir den Posten des Leiters des Sekretariates an. Ich wusste durchaus nicht, was ich da zu tun haben würde, aber ich trat ohne Bedenken mit einem Gefühl der Erleichterung sofort ein. Es stellte sich heraus, dass mich die sachliche Aufgabe der Gesellschaft, die Bewirtschaftung der Chemikalien, nichts anging, dass ich vielmehr den inneren Betrieb zu organisieren und in Gang zu halten hatte. Das war eine ganz neue und keineswegs leichte Aufgabe. Die anderen Angestellten arbeiteten im Dienste der Kriegswirtschaft; ich hatte dafür zu sorgen, dass sie arbeiten konnten. Der Betrieb wuchs von Tag zu Tag. Das vorhandene Personal wechselte unablässig durch Einberufungen und verdoppelte sich in den etwa acht Monaten meiner Zugehörigkeit. Ich hatte für den technischen Apparat zu sorgen, für das Mobiliar, für das Bureaumaterial. Ich hatte die tägliche Post zu verteilen, Geheimdokumente zu magazinieren und zu registrieren. Ich hatte über gewisse Fragen mit den Behörden zu verkehren, an Konferenzen teilzunehmen, eine umfangreiche Korrespondenz zu führen. Ich hatte Personal einzustellen, zu entlassen und zu beaufsichtigen. Wenn sich ein Unglücksfall ereignete; wenn eine Toilette verstopft war; wenn man einen Hausdieb abfasste, jedesmal wurde ich gerufen. Ich hatte die Gesellschaft vor dem Arbeitsgericht zu vertreten. Einmal hatte ich einen Umzug vorzunehmen derart, dass bis zum späten Nachmittag an der alten Stelle voll gearbeitet wurde und am nächsten Morgen der Betrieb im neuen Haus weiterging, wozu gehörte, dass jeder von den mehr als 100 Angestellten ohne Umstände sein Zimmer, seinen Platz, sein Material und seine Schreibmaschine fand. Die verschiedensten Forderungen stürmten gleichzeitig auf mich ein, aber wenn es mir zu viel zu werden drohte, so brauchte ich mir nur zu sagen: Es ist ja ganz leicht! Denn es war leicht, nämlich eine Arbeit, die zwar volle Aufmerksamkeit erforderte, aber verrichtet werden konnte fast ohne jene Art von geistiger Anstrengung, wie ich sie bisher gewöhnt war.

Im September fielen fast am selben Tage zwei für mich entscheidende Ereignisse vor: Mir wurde ein Posten im Verlag Ullstein angeboten; und es stand an den Anschlagsäulen, dass die Untauglichen sich zur Nachmusterung zu stellen hätten. Ich sah voraus, dass ich irgendwie tauglich befunden werden würde. Mein Verstand sagte mir: Schlage ich den Posten aus und bleibe bei der Kriegsgesellschaft, so besteht eine gewisse Wahrscheinlichkeit, vom Heeresdienst befreit zu werden, aber ich habe mir das Haus Ullstein ein für alle Male verscherzt. Nehme ich hingegen an, so werde ich wahrscheinlich binnen kurzem eingezogen; aber ich darf dann, nach Kriegsende, wenn ich überleben sollte, zu Ullstein zurückkehren. Ich nahm also an, und es vollzog sich alles genau so, wie ich es vorhergesehen hatte.

Am 1. Oktober 1915 trat ich bei Ullstein ein. Es war ein Posten im Redaktionsverband, aber ich hatte weder zu schreiben noch zu redigieren, sondern eine gewisse verwaltende, das heisst kontrollierende Tätigkeit auszuüben. Es war ein Auftrag, der mir in gar keiner Weise lag und an dem ich ohne Zweifel gescheitert wäre. Sehr bald wurde ich nachgemustert und für garnisondienstfähig erklärt. Kurz darauf erfolgte meine Einberufung, sodass ich diesen meinen ersten Ullstein-Posten nicht länger als sechs Wochen inne hatte, glücklicher Weise.

In diesen sechs Wochen jedoch, an einem Nachmittag, da ich ziemlich unbeschäftigt in meinem Bureau sass - denn die geplante Kontrolle kam nur sehr zögernd in Gang - fiel vom Himmel ein neues Drama auf mich oder in mich; wenigstens die Idee zu einem Drama; eigentlich nur zu eine Szene dieses Dramas, und auch von ihr nur die Dynamik. Aber es wurde schliesslich ein Stück daraus und dasjenige, das so etwas wie eine Bühnenlaufbahn hatte.

Das alte Thema vom verschwendeten Keim präsentierte sich mir seit langem in einer neuen Tragik: Die Erfüllung tritt endlich ein, aber nun ist es zu spät. An jenem Nachmittag erschien vor meinem inneren Auge ein alter Mann, sterbend in seinem Lehnstuhl, zu dem das Glück, nach dem er sich immer gesehnt hat, unerwartet kommt, jetzt, da er den Tod erwartet. Ich sah ihn über diese Tücke des Schicksals in eine derartige Wut geraten, dass er mit seinem Krückstock alles, was er erreichen kann, unter Verwünschungen zerschlägt. Aber nachdem es sich ausgetobt hat, sah und hörte ich ihn sich innerlich umstellen. Muss er denn sterben? Er beschliesst, nicht zu sterben, sondern das Glück zu geniessen. Und mit der Kraft des Willens erhebt er sich von seinem Sterbesessel und wandelt.

So ist die Szene später tatsächlich ausgeführt worden. Aber das hatte noch gute Weile; denn ich musste erst wissen: Wer ist das? Was geschieht ihm, und in welchem Milieu spielt es sich ab? Dabei stiess ich auf die Schwierigkeit, mit der ich zunächst nicht fertig wurde, dass der Glückswechsel zugleich einen Wechsel der sozialen Stellung bedeutete, und das konnte ich nicht brauchen. Und mit diesem Bruchstück eines Planes rückte ich ins Feld.

Ob einer im Kriege Taten der Tapferkeit vollbringt, sogar ob er den Heldentod stirbt, das hängt gewöhnlich nicht von seinen Entschlüssen ab, sondern davon, wohin er von der anonymen Macht der Heeresverwaltung gestellt wird. Ich kam zu einem Landsturmbattaillon in der Nähe von Laon, es bot mir keine Gelegenheit zu Heldentaten, und ich habe keine vollbracht. Ich dachte an Weib und Kind, ich dachte auch an meine Eltern, denen schon ein Sohn gefallen war, und fand mich ab mit der bescheidenen Rolle, die ich zu spielen hatte. Vom militärischen Standpunkt aus war es eine Verschwendung von Kräften, mich in den einfachen Verrichtungen der Patrouillen und des Schanzens zu verwenden. Aber ausser dass ich die Gefreitenknöpfe bekam, war von Beförderung des jüdischen Landsturmmannes nicht die Rede. Auch keine Ausbildung wurde mir zuteil, während ich selbst draussen wiederholt Vorträge vor Offizieren und Mannschaften hielt, bis es von oben her unterbunden wurde, zugunsten des "vaterländischen Unterrichts".

Wir wurden mit der Bahn von Brandenburg an der Havel nach Laon geschafft, was drei Tage und vier Nächte in Anspruch nahm, und hatten dann nach dem Dorfe Pancy zu marschieren. Ich befand mich dort durchaus nicht in einer "Garnison", sondern an der Front, wenn auch nicht im Schützengraben. Das heisst, wir konnten nicht auf die Franzosen schiessen, aber die Franzosen schossen auf uns. Wir hörten Gewehrkugeln pfeifen, und gelegentlich explodierten um uns her Granaten. Schon auf dem nächtlichen Marsch von Laon nach Pancy hatte uns der begleitende Unteroffizier schadenfroh über die Geräusche aufgeklärt, die zu hören waren: Das war eine Mine; das sind Feldgranaten; das ist schweres Geschütz. In Pancy wurde ich zu einer Dauerpatrouille kommandiert, die parallel zur Front die Starkstromleitung zu bewachen hatte; nach meiner schlichten Landsturmintelligenz ein völlig unnötiges Unternehmen. Wir hatten drei Stunden zu patrouillieren und sechs Stunden Ruhe. Nachts gingen wir zu zweit; ich monatelang in Gesellschaft eines Kellners aus dem Berliner Zoo. Er führte mich, und ich bestaunte seine Fähigkeit, in schwarzer Finsternis über Land zu gehen, meistens querfeldein, ohne den Weg zu verlieren; aber ich lernte diese Kunst bald selber bis zur Vollendung. Er deutete mir die Leuchtkugeln an der Front, die schweigend emporstiegen und lange schwebend ihren farbigen Glanz ausstrahlten. Und er wusste auch, dass dieses seltsam schleifende Geräusch, gleich in einer der ersten Nächte, von Granaten kam, die auf uns zu flogen. Und jetzt explodierten sie, und dieses langhingezogene Prasseln kam von dem niederfallenden Erdreich, das die Explosion hochgeschleudert hatte. Ich reagierte darauf in unerwarteter Weise: es jauchzte in mir, wenn ich das Gefühl auch nicht laut werden liess. Ich weiss keinen anderen Ausdruck für mein Erlebnis. Und hatte ich nicht Grund zu jauchzen? Dies war das Leben. Ich stand nicht mehr abseits, ich war dabei, ich selber, endlich! Am Tage sah ich dann die Granattrichter, einige von ungeheurem Umfang, wahre Abgründe, und ich lernte allmählich, das Geräusch der fliegenden Granaten und des prasselnden Steinhagels mit mehr Respekt anzuhören, wohl gelegentlich mich platt zu Boden zu werfen, wie wir es auf dem Exerzierplatz gelernt hatten.

Pancy war landschaftlich ein Paradies, im Tal der Aillette, nicht weit von dem berühmten Chemin des Dames, dessen sanften Höhenzug wir vor Augen hatten. Es ist die Welt der Gemälde Watteaus, eine Szenerie des süssesten Friedens. Als wir uns durch einen milden Winter bis in den Frühlung durchpatrouilliert hatten, wurden wir von Blütenduft und Vogelgesang fast berauscht. Des Nachts erschollen aus den Büschen rings um uns her ganze Chöre von Nachtigallen. Dazu liebte ich die französischen Dörfer, die dahinein gestreut waren, und sah mich nicht satt an den stattlichen Herrensitzen unter mächtigen Bäumen und an den "Fermes", die mehr sind als unsere Bauernhöfe, aber weniger als Rittergüter; jede einzelne von ihnen ein Juwel an origineller und geschmackvoller Architektur.

Auf die Zeit der überflüssigen Starkstrompatrouille folgte eine Zeit des Schanzdienstes weiter vorn. Er bot den Vorteil, dass wir nur bei Tage arbeiteten und unsere Nachtruhe hatten. Daher sassen wir abends beieinander in unserem Quartier, etwa 20 Mann um einen langen Tisch, die einen spielten Karten, die anderen flickten ihr Wäsche, noch andere schrieben Briefe. Ich aber, trotz des Lärms, begann eine Arbeit, deren Plan ich schon lange mit mir herumtrug und auf die hin ich vielerlei gelesen hatte. Sie bestand in dem Versuch, in einer, im Nietzscheschen Sinne, gottlos gewordenen Welt den Wert neu zu stabilieren. Ich sass da inmitten meiner Kameraden, von denen keiner ahnte oder verstanden hätte, was ich da trieb, und reihte einen abstrakten Satz an den anderen. Ich war ganz bei der Sache, trotz der garnicht dazu passenden Umgebung, und vermochte mich für die paar Abendstunden scharf auf meine Aufgabe zu konzentrieren; denn obwohl körperlich müde, war ich geistig völlig ausgeruht. Später wurde ich auf Bahnhofswache kommandiert, und zwar als Wachhabender. Nun brauchte ich nicht selbst Posten zu stehen, sondern hatte nur aufzupassen, dass der Dienst richtig funktionierte. Das heisst, ich hatte gar nichts zu tun, ausser anwesend zu sein und, abwechselnd mit einem anderen, in den Nächten aufzusitzen. Das war denn nun die beste Gelegenheit zu ungestörter Schreiberei, und ich machte so eifrigen Gebrauch davon, dass ich die Studie ebendort beendete. Das Manuskript schickte ich nach Hause für bessere Zeiten. Bald nach dem Kriege wurde das Essay im Sibyllen-Verlag, Dresden, veröffentlicht, unter dem Titel "Der Wert des Zwecklosen", ein Buch von etwa 150 Seiten. Es erhielt ein paar gute Kritiken und erntete auch sonst einiges Lob, aber ein buchhändlerischer Erfolg wurde es nicht. Heute erkenne ich die Arbeit als Ganzes und ihre These nicht mehr an; jedoch im einzelnen, scheint mir, steht viel Gutes und Lesenswertes darin, namentlich in den Partien kritischer Analyse.

Wir wurden vielfach umherkommandiert, immer in der Gegend von Laon, und so gelangte ich schliesslich nach dem Dorfe Magny als Dolmetsch und, sozusagen, Buchhalter der Ortskommandatur. Die Kompanie hatte dort Landwirtschaft zu betreiben, das heisst, die Landwirtschaft der ansässigen oder dorthin geschickten Franzosen zu dirigieren. Der Ortskommandant, ein Feldwebelleutnant von der üblen Sorte, einer von denen, die den deutschen Namen schon im Ersten Weltkrieg gehasst und verachtet gemacht haben, sprach kein Wort Französisch, und der gesamte Verkehr mit dem Dorfe ging durch mich. Dazu hatte ich das ausgedehnte und verwickelte Schreibewesen zu erledigen, das sich um die Verpflegung des Viehbestandes drehte. Es ergab sich die schnurrige Lage, dass ich als Soldat im Felde vor Bureauarbeit nicht aus den Augen sehen konnte. Es war jedenfalls ganz anders, als ich mir einen Krieg vorgestellt hatte.

Bei dieser Gelegenheit aber lernte ich etwas kennen, worauf ich garnicht gefasst war: den landwirtschaftlichen Betrieb. Ich sah ihn nicht nur mit an, sondern ich hatte dabei mitzuwirken; worin die tägliche Arbeit besteht; wie die Leute dazu eingeteilt werden; wie man über die Gespanne verfügt; wie die Bestellung der Felder geregelt wird; wie man die Regentage mit Hilfsarbeiten im Hause füllt; und vieles andere dergleichen. Wer auf dem Land aufwächst, für den versteht sich das alles von selbst. Ich aber kam aus der grossen Stadt und den sogenannten geistigen Berufen. Das neue Wissen wäre mir willkommen gewesen einfach als Erweiterung meines Gesichtskreises; aber mich freute es aus einem ganz besonderen Grunde.

Denn zusammen mit dieser Erfahrung hatte ich plötzlich den Stoff zu meinem Drameneinfall. Der Mann, dem das Glück lacht, da er schon auf dem Sterbebette liegt, muss ein Knecht auf dem Lande sein. Ihm geschieht, da es zu spät ist, dass er zum Herrn aufsteigt. Das Gut, auf dem er ein Leben lang gedient hatte, wird unerwartet sein Eigentum. Mit einem Mal ist er wohlhabend, darf befehlen, wird mit Hochachtung behandelt, und bleibt doch in seiner dörflichen Sphäre, in die er gehört. Das, was ich vor mir sah, die Ferme, jenes französische Mittelding zwischen Bauernhof und Rittergut, schien mir gerade das rechte Milieu für meinen Plan. Diese Menschen sind keine Bauern, sie sind aber auch keine feinen Leute. Sie reden nicht gebildet, aber sie können sich ausdrücken, und sie wissen sich zu benehmen. Ich benutzte also die Ferne als Modell; nicht eine bestimmte, sondern passende Züge aus mehreren Fermen. Ich verwandte Typen und Umstände aus dem Dorfe Magny. Und ich machte Gebrauch von den Personennamen. Binnen kurzem hatte ich meine drei Akte im Entwurf fertig und wusste zugleich, wie die Ferme und nach ihr das Stück heissen sollte: " Die Gabe Gottes".

Als das willenlose Werkzeug der gigantischen deutschen Kriegsmaschine, das ich war, fuhr ich fort umhergeschickt zu werden, und so wurde ich schliesslich nach einem Orte Clermont les Fermes kommandiert, wieder auf die Ortskommandantur. Ich hatte zu dolmetschen und die Quartiere zu überwachen. Aber es gab kaum noch Bewohner da, Einquartierung kam selten vor - der Ort bestand nur aus einer Reihe stattlicher Höfe, die fast völlig verlassen waren - und kurz, ich brauchte so gut wie gar nichts zu tun. Hier daher begann ich mit der Ausarbeitung. Ich richtete mir eins der leeren Quartiere als mein privates Arbeitszimmer ein, und gleich nach dem Frühstück, wenn keine Forderungen an mich gestellt wurden, zog ich mich dahin zurück und schrieb. Der erste Akt war rasch fertig, und ich hatte das Gefühl: er ist gelungen. Als ich mitten im zweiten Akt war, kam eine unerwartete Unterbrechung.

Ich wurde reklamiert und nach Berlin zurückgesandt. Es ging alles Hals über Kopf, ich hatte kaum Zeit, meine Frau zu benachrichtigen. Es war, wie sich herausstellte, mein Engagement bei Ullstein, das hier nachwirkte: Man hatte mich vorgeschlagen für eine Institution, genannt Ludendorffspende, die durch private Werbung Gelder sammelte für einen grossen Fundus, aus dem nach dem Kriege, gemeint war: nach dem deutschen Siege, die Kriegsbeschädigten und Kriegshinterbliebenen unterstützt werden sollten. Der Antrag, wie ich hinterher erfuhr, war monatelang gelaufen, als ich mich meldete, fand ich den Posten schon besetzt, aber man behielt mich und setzte meine Arbeitskraft voll ein.

Von nun an tat ich wieder einen ermüdenden Bureaudienst, und an der "Gabe Gottes" konnte ich nur in den Mussestunden arbeiten. Dies wird nicht ohne Einfluss auf die Vollendung des Werkes geblieben sein. Allein ich brachte es zustande, und nun prasselten neue Umstürze auf die Welt herab: Aus Sieg wurde Niederlage, das Kaiserreich stürzte zusammen - und ich kehrte zu Ullstein zurück, aber diesmal trat ich in die Redaktion der "Vossischen Zeitung" ein.

Dieser ausserordentliche Glücksfall mit seinen Folgen wird später in anderem Zusammenhang ausführlich erzählt werden. Zunächst brachte mir der politische Umschwung einen Vorteil, oder den Schein eines Vorteils, für meine Laufbahn als Dramatiker: Der Name Moritz Goldstein, sein unverkennbarer jüdischer Klang, hörte auf, in der jungen, von guten Vorsätzen strotzenden Republik ein Hindernis für die Annahme zu bilden. Nur wenige Jahre ruhte der Fluch, aber zunächst hatte ich den Gewinn davon.

Ich sandte das Manuskript meines Stückes an Siegfried Jacobsohn, den berühmten Theaterkritiker und Herausgeber der "Schaubühne", später "Weltbühne". Er war der genialste Redakteur, dem ich je begegnet bin, ein Ansporner und Ermutiger, der jeden seiner Mitarbeiter begabter machte. Woher meine Beziehung zu ihm stammte, weiss ich nicht mehr. Als ich mich noch um das Schicksal meines "Alessandro" sorgte, hatte ich vergebens gesucht, ihn dafür zu interessieren; ich drang einfach nicht bis zu ihm vor. Aber später, noch vor der Aufführung in Darmstadt, druckte er den dritten Akt in seiner Zeitschrift ab. (8.Jg. 2.Bd.1912, S. 53-62). Als ich im Felde lag, machte er mir den regelmässigen Bezug der späteren "Weltbühne" zum Geschenk, wofür ich ihm in meiner Isoliertheit und Unverwöhntheit überschwenglich Dank wusste. Ihm jetzt mein neues Stück zu senden, lag also nahe. Er las sogleich - ich vermute: nur den ersten Akt - und empfahl die "Gabe Gottes" ohne Verzug den Staatstheatern in Berlin und Dresden. Beide Bühnen nahmen sofort an - so viel Gewicht hatte sein Wort. Daraufhin bereitete es mir keine Schwierigkeiten, die Buchausgabe und den Bühnenvertrieb unterzubringen: Der Verlag Oesterheld & Co. schloss mit mir ab, das Stück wurde gedruckt und erschien.

Das sah ja nun so aus, als sollte es endlich mit mir so vergnügt losgehen, wie ich es bei so vielen anderen um mich her mit angesehen hatte. Aber das wäre ganz und gar gegen meinen persönlichen Stil gewesen. Um zunächst von dem Verlag zu sprechen: Oesterheld hiess der junge Teilhaber, der den brauchbaren Namen hergab und den Idealismus. Der Geldgeber und kühle Rechner hiess Cohn. Derjenige von den beiden, den ich eigentlich kannte und der mich an den Verlag brachte, war Oesterheld. Als er unerwartet jung starb, blieb nichts von Sympathie oder Interesse mehr für mich übrig. Kein anderes meiner Stücke oder sonstigen Schriften wurde dort verlegt. Dagegen wartete meiner noch eine schwere Kränkung. Als der Verlag sein 25jähriges Bestehen feierte, gab er eine Sammelschrift seiner sämtlichen Autoren heraus. Ich wurde einfach übergangen.

Als die Buchausgabe erschien - kläglich ausgestattet, nach dem Standard des damaligen notleidenden Deutschlands - in meinem 40. Jahr, die erste von allen meinen Schreibereien, die im Buchhandel zu haben war - da freute ich mich begreiflicher Weise; aber nicht annähernd so, wie mein Vater sich gefreut hätte, wenn er es in Händen hätte halten dürfen; noch war ich im geringsten so stolz darauf, wie er gewesen wäre. Aber er starb kurz vor dem Erscheinen des Stückes. Er und meine Mutter hatten meine schriftstellerischen Bemühungen von Anfang an mit Wünschen und Hoffnungen begleitet - wie sollten sie nicht? Das gedruckte Buch und die Vorstellung in Berlin hätten so etwas wie eine Erfüllung bedeutet. Nun blieb also für die Aufführung wenigstens noch meine Mutter.

Es war eine Interimsleitung, die mein Stück für das Berliner Schauspielhaus angenommen hatte. Als Leopold Jessner auf den Posten eines Intendanten berufen wurde, fand er eine Reihe solcher angenommener Stücke vor. Eins davon, das von Seiten der Presse heftige Ablehnung erfuhr, gefährdete seinen, noch durch keine Leistung gefestigten Ruf. Dann kam der grosse Erfolg seiner Tell-Inszenierung, der ihn in die Reihe der führenden Theaterleiter hob.

Kurz darauf liess er mich bitten, ihn im Schauspielhaus aufzusuchen. Ich sass damals in der politischen Redaktion der "Vossischen Zeitung", sehr bedrückt durch die mir nicht gemässe Aufgabe. Um der Einladung zu folgen, musste ich mich für eine Stunde von dem harten Abenddienst freimachen. Von der Redaktion zum Theater war kein weiter Weg, ich brauchte nur die Charlottenstrasse hinunter zu fahren. Jessner empfing mich in einem kleinen Gemach hinter seiner Loge. "Warum sind Sie nicht früher zu mir gekommen?" waren seine schmeichelhaften oder geschickten Begrüssungsworte. Dann führte er aus, er dächte nicht daran, seinen guten Namen aufs Spiel zu setzen, indem er unbegabte Stücke spielte. Er weigere sich daher, sich durch die Annahmen seiner Vorgänger für gebunden zu erachten. Aber die "Gabe Gottes" werde er spielen. Insofern bin ich also von Jessner selber angenommen worden.

Dann verriet er mir, die Hauptrolle des alten Knechts Périgault werde von keinem Geringeren als Albert Bassermann gespielt werden. Das war dann freilich eine hohe Ehre für mich. Nach ein paar weiteren Belehrungen sachlicher Art fragte er mich, ob ich nicht die Vorstellung sehen wollte. Damit öffnete er eine Tür, und ich trat in den dunklen Zuschauerraum. Musik traf mein Ohr, ich erkannte Beethoven. Auf der Bühne war eine Aufführung des "Egmont" im Gange. Ich sah und hörte vielleicht zehn Minuten lang zu, dann riss ich mich los. Die Pflicht rief, ich hastete zurück in die Redaktion. Mir war zu Mute, als hätte ich durch den Spalt der Himmelstür geblickt.

Einige Zeit später wurde mir das Datum, an dem die Proben beginnen sollten, offiziell mitgeteilt. Die Redaktion legte meine Dienststunden bereitwillig so, dass ich dabei sein konnte. Nach den Darmstädter Erfahrungen dachte ich, meine Gegenwart bei den Proben wäre notwendig; ausserdem freute ich mich darauf; und endlich las ich den Bescheid als Einladung. Aber es stellte sich heraus, dass es mindestens den Schauspielern durchaus unerwünscht war, den Autor im Parkett zu wissen, bevor die Aufführung "stand". Eine der Damen zeigte es mir in offener Unliebenswürdigkeit. Einer der Herren sagte es mir mit liebenswürdiger Entschuldigung. Indessen ich fand meinen Rat und meine Überwachung tatsächlich notwendig, und so hielt ich auf meinem Posten aus. Daheim erzählte ich, wie es nicht anders sein konnte, von meinen Eindrücken und Erlebnissen im Theater, und so gedachte ich eines Tages, meinem Sohn Thomas, damals siebenjährig, die Freude zu bereiten, ihn zu einer Probe mitzunehmen. Jedoch am Bühneneingang wurde mir ein Brief übergeben, darin stand zu lesen, die Proben seien abgebrochen und vertagt worden. Es blieb uns nichts übrig als umzukehren und nach Hause zu fahren. Ich tat es sehr niedergeschlagen, für mich, aber mehr noch für Thomas. Meine heimliche Besorgnis, damit sei das Stück endgültig abgesetzt worden, bewahrheitete sich indessen nicht: nach geraumer Zeit wurden die Proben fortgesetzt, und ich bezog wieder meinen Beobachtungsposten.

Die Regie führte Dr. Reinhard Bruck, ein nicht blendender, aber gewissenhafter und redlich dem Kunstwerk dienender Spielleiter. Er schenkte mir das ermutigendste Wort, das ich je über meine Dramatik gehört habe. Er sagte: "Je länger ich mich mit Ihrem Stücke beschäftige, desto besser gefällt es mir." Das ist, was ich voraussetze. Ich erwarte nicht, daß der Leser oder Zuschauer sofort merkt, was in meinen Akten steckt. Dazu sind sie zu voll gepackt mit Erlebnis, Enttäuschung und bitterer Menschenkenntnis, dazu auch bin ich zu wortkarg. Man muss sich damit befassen, sich ihnen öffnen und sich um sie bemühen. Ich wüsste niemanden, der das je getan hätte, ausser dem Dr. Bruck, der es im Zuge seiner Berufspflicht tat und freundlich genug war, mir seine Erfahrung mitzuteilen. Bruck nahm leider, Jahre später, ein tragisches Ende. Er liess sich auf ein eigenes Theaterunternehmen ein, es schlug fehl, er geriet in kolossale Schulden und nahm sich das Leben. Niemand von all denen, die es sich zur Pflicht machen, mit dabei zu sein, wenn ein Erfolgreicher zu Grabe getragen wird, hielt es der Mühe für wert, diesem armen Gescheiterten die letzte Ehre zu erweisen.

Unter den Schauspielern gab es manche mittelmässigen Kräfte. Zwar befanden sich einige früher wohl bekannte Darsteller darunter, aber sie waren jetzt alt, wenn auch noch Könner. Bassermann, persönlich gewinnend liebenswürdig, jedoch von der äussersten Zurückhaltung, übertraf sie alle an Virtuosität. Ich kann aber nicht verschweigen, dass er mir nicht zu Danke gespielt hat, trotz seiner Meisterschaft. Der Knecht Périgault liegt wirklich im Sterben, da die Glücksnachricht ihn erreicht, es ist kein blosser Lebensüberdruss und erst recht kein hysterisches Theater. Die Erbschaft reisst ihn hoch mit dem Entschluss: ich will nicht sterben, ich will das Glück geniessen. Und so steht er auf und wandelt. Es ist die Kraft des Willens, die ihn wandeln macht - für zweimal vierundzwanzig Stunden. Länger hält die Magie nicht vor, dann bricht er zusammen. Das gespentische Wandeln unter der Kraft des Willens muss gezeigt werden. Bassermanns Périgault dagegen strotzte von Kraft, man glaubte ihm das Krankenlager am Anfang nicht, und das Sterben am Schluss wirkte als blosser Unglücksfall. Ich dachte begreiflicher Weise nicht daran, den grossen erfolgverwöhnten Bassermann zurechtzuweisen. Im Gegensatz zu ihm sah ich ein Jahr später am Staatstheater zu Dresden Ponten, auch einen grossen Schauspieler, in das andere Extrem verfallen: sein Knecht Périgault war todgezeichnet, aber ihm glaubte man die Willenskraft nicht.

Und so näherte sich der Tag der Aufführung. Es war eine sturmgeschüttelte Zeit, die November-Revolution zitterte noch nach. Dazu hing in der Luft Frankreichs Begehr nach Auslieferung der Kriegsverbrecher. Infolgedessen hielt es die Theaterleitung für klug, die Tatsache, dass "Die Gabe Gottes" in Frankreich spielte, nicht offen einzugestehen. Sie suchte den Ort der Handlung zu verschleiern auf dem Theaterzettel, aber er liess sich nicht verschleiern auf der Bühne. Das Ergebnis war nichts als Unklarheit und Verwirrung. Eine andere Gefahr drohte von den Streiks her, die damals das Land Welle auf Welle überspülten. Ein Berliner Verkehrsstreik schien bevorzustehen. Wäre er ausgebrochen, so hätte ein grosser Teil des Publikums das Theater nicht erreichen können.

Zwei Wochen vor der Uraufführung legte sich meine Mutter zu Bett. Sie hatte sich angesteckt bei einer grippekranken Verwandten, die aufzusuchen sie sich nicht nehmen lassen wollte. Nach wenigen Tagen wussten wir, dass sie von doppelseitiger Lungenentzündung befallen war und dass Lebensgefahr bestand. Jedoch es zog sich hin, man durfte hoffen, sie würde es überwinden. Ich ging jeden Tag nach ihr sehen und so auch am Tage vor der Aufführung. Als ich nach Hause zurückgekehrt war und wir uns schon zur Ruhe begeben hatten, rief mein Bruder Paul mich telephonisch herbei: die Agonie war eingetreten. Ich sass an ihrem Bett und belauschte ihre Atemzüge, bis der Tag der Aufführung angebrochen war. Um ein Uhr nachts starb sie.

Die Freude war mir gründlich verdorben. Das hatte die gütigste und teilnehmendste aller Mütter nicht gewollt. Aber auch die Trauer war mir verdorben. Wenn ich ehrlich gegen mich selbst sein will, so muss ich gestehen, das Glück der Aufführung war grösser als das Unglück ihres Todes. Das wiederum hatte diese selbstlose, nie an sich denkende, nur um andere besorgte Frau nicht um mich verdient. Aber während ich, solange ihr Ableben nur drohte, es für selbstverständlich gehalten hatte, dass die Aufführung ohne mich würde stattfinden müssen, ging ich am Abend desselben Tages ins Schauspielhaus, sass in der Loge und verbeugte mich vor dem Publikum. So geschah es - obwohl ich mich heute nicht mehr verstehe.

Am nächsten Tage erschienen die Berliner Kritiken, etwa zwei Dutzend. Normaler Weise liest man Theaterkritiken in seinem eigenen Blatt und vielleicht noch in einem oder zwei anderen. Dass man sie allesamt miteinander vergleicht, dazu hat man selten die Musse. Aber man sollte das öfter tun, um sich einen recht deutlichen Begriff zu machen von der widerspruchsvollen Verschiedenheit der berufsmässig abgegebenen Urteile und folglich von der Hohlheit dieser wichtigtuerischen Profession. Die Urteile über die "Gabe Gottes" umfassten, wie die Skatspieler sagen, "die ganze Flöte"; sie reichten von höchst lobend (Paul Fechter, Friedrich Düsel) über freundlich anerkennend (Alfred Kerr) bis zu grob tadelnd und schonungslos herunterreissend. Die Note der politischen Gegnerschaft und des plumpen Antisemitismus fehlte nicht. Im ganzen war ich wieder betroffen über den Mangel an Sympathie, der mir entgegenschlug. Bei manchen hatte ich den Eindruck, sie möchten loben, aber sie trauten sich nicht, und ich fühlte mich versucht, ihnen zuzurufen: Loben Sie ruhig, Sie blamieren sich damit nicht. Es fehlte auch nicht der unverhohlene kollegiale Neid. Auch stiess ich auf dogmatische Verranntheit. Da las ich etwa (Herbert Ihering im roten "Tag" vom 19. Februar 1920), alles Gute komme auf das Konto des Schauspielers Albert Bassermann; von mir selbst habe das Drama und die Kunst nichts zu erwarten, aber vielleicht der Mime. Indessen in derselben Kritik steht: "... Dann aber, als das Temperament des Darstellers wild und elementar hinter jede Nuance trat, als rauhe Töne, stechende Augen, auffahrende Gebärden aus einem besessenen Körper brachen, da schloss sich die Figur zu einem dunkel leuchtenden, beizenden, brennenden Bilde zusammen, das nirgends beheimatet war als in der zerreissenden und aufbauenden Phantasie des Darstellers. Dieser Knecht schuf das Dorf aus sich selbst. Er schuf sich die Gegner und die Schmeichler, die Tragödie und die Komödie. Stilprinzipien verschwanden, Zeitforderungen verflogen, und greifbar war nur, erschütternd und aufwühlend, das Elementarereignis der mimischen Gestaltung ..." Und der arme Verfasser hat gar keinen Anteil daran? Ich würde den für einen dramatischen Dichter halten, der die Partitur einer solchen Leistung zu schaffen vermag.

Am schwersten enttäuschte mich Siegfried Jacobsohn, der mein Werk an zwei Bühnen zur Annahme gebracht hatte. Von ihm durfte ich voraussetzen, dass er das Stück loben, seine Vorzüge darlegen und es gegen den Tadel der anderen in Schutz nehmen würde. Seine Besprechung liess auf sich warten, ganz gegen die Gewohnheit der "Weltbühne", und als sie endlich erschien, las ich darin das verletzendste Urteil, das sich denken lässt. Er nannte "Die Gabe Gottes" ein blosses Theaterstück ohne dichterischen Rang. Nun durfte ein Mann von der kritischen

Geltung Siegfried Jacobsohns jede Art von Stücken empfehlen, ungekonnte, wenn sie den Funken hatten, moralisch anstössige, politisch gefährliche. Aber von einer Art musste er die Hände lassen wie von Teufelsdreck, von blossen Theaterstücken oder blossen Produkten einer bühnenschlauen Geschicklichkeit. Als er die "Gabe Gottes" an die Staatstheater von Berlin und Dresden empfahl, hatte er sie ohne Zweifel keineswegs für ein blosses Theaterstück gehalten, sondern für eine dramatische Dichtung. Warum änderte er jetzt seine Meinung? Er habe sein Urteil auf Grund der Lektüre gefällt und sei durch die Vorstellung aufgeklärt worden, diese Rechtfertigung würde nicht gelten. Denn ein Fachmann von seiner Erfahrung muss imstande sein, beim Lesen die Bühnengestalt sich vorzustellen. Ich hatte und habe für seinen Abfall nur eine Erklärung: Er gehörte zur Spitzengruppe der Berliner Kritik und war mit Recht stolz darauf. Als er jetzt in der Presse las, dass andere Angehörige dieser Gruppe, etwa Ihering und Bab, das Stück scharf ablehnten, fürchtete er für seinen Ruf und stimmte in die Verurteilung mit ein. Mich verblüffte die Unselbständigkeit seines kritischen Urteils, die sich dabei herausgestellt hatte. Wieder war ich zu stolz, um mich zu wehren; auch zu verwirrt. Ich zog mich nur einfach von ihm zurück. Später ergaben die Umstände, dass ich in gesellschaftlichen Verkehr mit seinem Hause geriet. Aber da war zu viel Wasser die brave Spree hinunter geflossen, als dass es sich gelohnt hätte, auf meine alte Enttäuschung zurückzukommen.

In zwei Wochen wurde "Die Gabe Gottes" sechsmal am Berliner Schauspielhaus gegeben, in der dritten Woche stand sie nicht mehr auf dem Programm. Auf meine Anfrage wurde mir eröffnet, der Kassenrapport sei katastrophal schlecht. Auf anderen Bühnen dagegen wurde sie gespielt, wenn auch bei weitem nicht in der ganzen Provinz, wie Jacobsohn ihr wegen ihres Charakters als pures Theaterstück prophezeit hatte, so doch immerhin in Dresden, Wien, Königsberg, Halle und ein paar anderen Orten. Ein Teil der Einnahmen schmolz durch die Inflation dahin, noch bevor sie in meine Tasche gelangten. Am Ende stand ich da, wo ich vorher gestanden hatte.

Damit war mein Kampf um die Bühne entschieden, und zwar gegen mich. Das heisst, ich hörte nicht auf, Stücke zu schreiben, und dasjenige, das ich als mein dramatisches Hauptwerk betrachte, kommt erst noch ("Melissas Schatten"). Aber ich war nun zu alt, um noch einen Umschwung meines Lebens zu erwarten. Andrerseits hatte ich als Journalist so etwas wie einen literarischen Erfolg. Und so bewegte sich der Schwerpunkt meiner Existenz vom dramatischen Ehrgeiz weg.

V. Presse

Als ich in Berlin zum Doktor promoviert wurde, war die alte längst zur leblosen Form vertrocknete Disputation gerade abgeschafft worden. Statt dessen hielt der Dekan der philosophischen Fakultät, ein Männchen, das ich nicht kannte und von dem ich nie gehört hatte, den Doktoranden eine Ansprache. In seiner Rede zu mir übergehend verblüffte er mich dadurch, dass er die Hoffnung und den Wunsch ausdrückte, ich möge nicht in die Journalistik "abgleiten".

Wie kam der Mann dazu, mich in Gegenwart eines Auditoriums fremder Menschen und meiner Angehörigen derart unverblümt zu ermahnen? Was wusste er von mir? Wenn ich die Absicht gehabt hätte, zur Presse zu gehen, so war kein Grund vorhanden, mich davor wie vor einem Fehltritt zu warnen. Aber in Wirklichkeit stand damals mein Entschluss fest, gerade nicht Journalist zu werden. Ich konnte ihn nicht aufklären, aber ich ärgerte mich schwer über seine Taktlosigkeit.

Dennoch hatte der Mann auf eine seltsame Weise recht. Denn wirklich bin ich ja schliesslich, wenn auch spät, zur Presse geraten und habe mich bei ihr wohlgefühlt. Und wirklich habe ich ja nach dem Abitur einen Entschluss in Bezug auf die Journalistik gefasst, wenn auch einen negativen. Ich wollte auch nicht Lokomotivführer werden, aber ich habe keinen derartigen Beschluss gefasst; offenbar weil keine Gefahr bestand, ich könnte es werden. Folglich zeigt meine ausdrückliche und bewusste Ablehnung der Journalistik an, dass es mich in jene Richtung trieb.

In der Tat hätte es für einen Menschen meiner Art und meiner Interessen nahe liegen sollen, zur Presse zu gehen. Allerdings hielt ich mich damals keineswegs für "begabt" dazu. Ich meinte, dass ich viel zu schwer produzierte. Aber für meinen Widerstand gibt es eine ganz andere Erklärung. Die Presse habe ich schon als Kind in meiner Familie kennengelernt, in zwei kümmerlichen Unternehmungen allerdings. Was ich da mit ansah und erlebte, konnte mich nicht locken.

Meine Grossmutter mütterlicherseits besass eine Zeitung, sie hiess "Berliner Fremdenführer". In den Gründerjahren nach dem deutsch-französischen Kriege wanderte die Familie von Schlesien nach Berlin, mitten hinein in die Wohnungsnot, die uns Kindern oft geschildert wurde. Aber das Familienhaupt, mein Grossvater, Moritz Knopf mit Namen, brachte eine geniale Idee mit und setzte sie in die Tat um: er begann, ein tägliches Blatt herauszugeben, das nur aus Anzeigen bestand. Der Anreiz zum Inserieren wurde dadurch geliefert, dass die Zeitung in die nach Berlin fahrenden Züge auf der letzten Station hineingereicht wurde, kostenlos. Der Reisende, schon gelangweilt und in ungeduldiger Erwartung der Ankunft, sollte sich das Blatt vornehmen und darin, ausser Theatern, Konzerten und sonstigen Vergnügungen, Quellen für alle seine Einkäufe und Erledigungen finden. Mein Grossvater erreichte von der Bahnverwaltung, dass ihm das Monopol dieser Art von Reklame eingeräumt wurde. Die Gründung erwies sich als ein grosser Erfolg. Wäre ihm vergönnt gewesen, dem Unternehmen weiter vorzustehen, wer weiss, ob er es nicht zu ebensolcher Blüte geführt hätte wie die anderen grossen Verlagshäuser Berlins, Mosse und Ullstein, die etwa zur selben Zeit anfingen. Text hätte sich wahrscheinlich von selbst hinzugefunden, und aus dem Anzeigenblatt wäre eine richtige Tageszeitung geworden. Aber er verfiel in Geisteskrankheit und starb jung. Ich habe ihn nicht mehr kennengelernt.

Nach seinem Ausscheiden ging, infolge einer verhängnisvollen Willensverfügung, die Leitung auf seinen Bruder Selig Knopf über, einen leichtsinnigen Menschen, der die Einnahmen für sich behielt und sie in einem lustigen Leben durchbrachte. Die Familie, das heisst meine Grossmutter mit vier unversorgten Kindern, musste sich ihren Lebensunterhalt irgendwie verdienen, bis durch einen schwierigen Prozess der unwürdige Treuhänder seines Postens enthoben werden konnte und Eigentum und Leitung zu meiner Grossmutter zurückkehrten. Über die Missetaten dieses Mannes, von uns Kindern Onkel Selig genannt, wurde nur selten, aber dann immer mit der äussersten, durch die Jahre nicht gemilderten Erbitterung gesprochen. Ich kannte ihn nur als früh gealterten kränkelnden hilflosen Junggesellen, der bei meinem Vater das Gnadenbrot ass. Er wohnte in einem freudlosen möblierten Zimmer, und wenn ich als Junge ihn besuchen ging, so traktierte er mich mit selbstgebrautem vorzüglichen Kaffee, und dann spielte er mir etwas auf seiner Violine vor, nach dem Gehör und sehr unbeholfen. Die Geige hielt er für eine echte Stradivarius und verfügte, dass nach seinem Tode ich sie erben sollte. Tatsächlich bekam ich sie und lernte auf ihr spielen. Aber in Bezug auf das Instrument hatte ihn seine alte Grossmannssucht übermannt: Es trug zwar den Namen Stradivarius eingestempelt, erwies sich aber als wertlose Markneukirchener Fabrikgeige.

Unter meiner Grossmutter fuhr der "Berliner Fremdenführer" fort, ein gutes Geschäft zu sein. Aber da der Unternehmungsgeist und die Erfindungskraft des Gründers fehlten, so entwickelte es sich nicht weiter, im Gegenteil, es ging zurück, wenn es auch Jahre dauerte, bis die Folgen sich ernsthaft fühlbar machten. Eine Konkurrenz tat sich auf und nahm dem Blatt den Wind aus den Segeln. Ob der Eindringling wirklich so gemein war, wie meine Grossmutter ihn darstellte, dessen bin ich nicht sicher. Vielleicht war er nur einfach tüchtiger. Jedenfalls gewann er gegen sie Schritt für Schritt eine Position nach der anderen. Erst durchbrach er das Monopol. Dann sicherte er sich das Recht auf die Schnellzüge und liess ihr nur die Personenzüge. Das, versteht sich, wirkte sich auf die Inserate aus, von denen das Unternehmen lebte; sie waren für den anderen mit dem grösseren Erfolge leichter zu haben als für sie. Durch meine ganze Kindheit und Jugend sah ich mit an, wie die alte Frau sich nicht nur in Sorge um ihre Existenz, sondern auch in masslosem ohnmächtigem Ärger über den Nebenbuhler verzehrte.

Eine andere, nie versiegende Quelle ihres Ärgers bildeten die Agenten. Das waren die Leute, die herumlaufen und Anzeigen werben sollten, ein überaus mühseliges und kümmerliches Gewerbe. Ich kann mir nicht denken, dass ein einziger von denen, die vom "Berliner Fremdenführer" ausstrahlten und zu ihm zurückkehrten, seiner Pflicht aus Liebe zur Sache oblag. Wahrscheinlich waren sie alle gescheiterte Existenzen, und wahrscheinlich trieb sie die nackte Not. Wenn sie Inserate brachten, so wollten sie von meiner Grossmutter Provisionen, und vermutlich möglichst hohe Provisionen. Wenn sie vergebens auszogen und mit leeren Händen zurückkehrten, so mussten sie dennoch leben und baten um Vorschuss. Wenn wieder Honorar fällig war, so wollten sie es nicht auf den Vorschuss verrechnen lassen; denn sie hatten ihn längst verbraucht und mussten immer weiter leben. Nach den Worten, die ich über sie aus dem Munde meiner Grossmutter vernahm, waren sie alle Schurken und Betrüger. Dass aber wirklich einer von ihnen jemals gefälschte Aufträge angebracht hätte, ist mir nicht bekannt. Die Wahrheit wird wohl sein, dass, so wie diese armen Schlucker für ihr bisschen Existenz auf den "Fremdenführer" angewiesen waren, meine Grosmutter ebenso von ihnen und ihren Inseraten abhing. Die Agenten fühlten sich ausgebeutet und versuchten, höhere Bezahlung durchzudrücken. Meine Grossmutter glaubte sich erpresst und setzte sich zur Wehr. Und so sahen sie sich in einen bitteren und aussichtslosen Kampf miteinander verstrickt.

Die Anzeigen, die ein Agent brachte, mussten von den Auftraggebern bezahlt werden, versteht sich. Aber der "Fremdenführer" veröffentlichte ausserdem von sich aus, ohne Bezahlung, eine Liste der Berliner Vergnügungen und so auch den täglichen Theaterzettel. Meine Grossmutter leitete daraus den Anspruch auf Freibillets her. Ich glaube, so lange ich sie kannte, hat sie niemals ein Theaterbillett gekauft, es wäre ihr gegen die Ehre ihres Blattes gegangen. In früheren Jahren war das Recht bereitwillig anerkannt worden, aber in dem Masse, wie die Zeitung zurückging, wurden die Bühnen harthörig und weigerten sich bisweilen gradezu, Freikarten zu gewähren. Meine Grossmutter, bis in ihr hohes Alter geistig ungemein frisch und aufnahmefähig, wollte auf ihre Theaterbesuche nicht verzichten und hielt ihre Forderung hartnäckig aufrecht. Sie drang oft genug durch, wenn auch vielleicht erst für eine spätere Vorstellung; aber ich frage mich, ob denn der Ärger, den sie sich bereitete, durch das Vergnügen aufgewogen wurde.

Damit das Unternehmen nicht ganz ohne männliche Leitung bliebe, hatte mein Vater eine Art regelmässiger Aufsicht übernommen. Gewöhnlich oblag er ihr am Sonntagmorgen als der einzigen Zeit, da er von anderen Pflichten frei war. Er tat dies, um seiner Schwiegermutter beizustehen, dann aber auch, weil er damit seine kärglichen Einnahmen um ein Geringes erhöhte. Gelegentlich gab er uns oder mir zu verstehen, wie schwer ihm sein Amt wurde. Denn diese Art von Abhängigkeit empfand er gewiss als demütigend, und es war vermutlich nicht leicht, mit der alten Frau zusammenzuarbeiten. Wenn sie auch rührend gut zu den Ihrigen war, so hatte sie doch ihren eigenen Kopf und einen starren Willen. Dass er diese Nebenstellung niederlegte, als er Direktor der "Passage" wurde, ergab sich von selbst.

Wenn wir Kinder an den Nachmittagen zu unserer Grossmutter mitgenommen wurden, was sehr häufig geschah, so fanden wir einen fröhlichen Betrieb vor. Die Zeitung wohnte mit ihr zusammen in einem alten Berliner Hause, Gertraudenstrasse 25. Der "Berliner Fremdenführer" hatte darin ein einziges Zimmer, dessen Fenster nicht nach der Strasse noch nach dem Hofe ging, sondern auf das Treppenhaus, das seinerseits durch ein Oberlicht spärlich erleuchtet wurde. Sehr häufig musste daher in der "Redaktion und Expedition", wie es auf den Schildern anspruchsvoll hiess, bei Tage Gas gebrannt werden. Das Zimmer gehörte zu der Wohnung, in die hinein der Betrieb sich insofern fortsetzte, als gleich nebenan, in der sehr weitläufigen "guten Stube" mit Plüschmöbeln und Klavier, sich der Geldschrank des Unternehmens befand, ein feierliches und geheimnisvolles Möbelstück. Geld freilich habe ich meine Grossmutter niemals daraus entnehmen sehen, und ich weiss nicht, wo sie es aufbewahrte; wohl aber Streichhölzer. Sie selbst hielt sich meist noch eine Tür weiter auf, in ihrem Wohnzimmer. Dort pflegte sie im Kreise ihrer Töchter und Enkel auf dem Sofa zu sitzen, vor einer Wand, die mit Familienbildern tapeziert war, und von weitem die Arbeit in der "Redaktion und Expedition" zu überwachen.

Nur Expedition, ehrlich gesprochen. Von Redaktion konnte kaum die Rede sein. Aber hier wurde das Blatt am Nachmittag versandfertig gemacht. Vier bis sechs Burschen, unter Aufsicht eines Oberburschen, waren dort lustig beschäftigt, die von der Druckerei gelieferten Bogen ineinander zu falzen und dabei auch die, inseratentechnisch gesprochen, so wertvollen Beilagen, bunte bedruckte Zettel, mit einzufügen. Wir Brüder, Paul und ich, durften dabei mithelfen, unter Verwendung eines knöchernen Falzbeines, und taten es mit freudigem Eifer. Die Spässe der Burchen, richtiger Berliner Jungen, bekamen wir noch obendrein geliefert.

So also sah Presse für mich aus, wie ich sie in früher Jugend und ganz aus der Nähe kennenlernte. Aber das war noch nicht alles. Denn auch mein Vater hatte eine Zeitung, sie hiess "Berliner Börse".

Dass er nicht hatte studieren dürfen, sondern im Kaufmännischen stecken bleiben musste, damit fand er bis über die Mitte seines Lebens sich durchaus nicht ab. Er wurde denn auch nicht müde in seinen Versuchen, die Mauer zu durchbrechen. Zunächst gelang es ihm, wenigstens dem puren Handel zu entfliehen und zur Bank hinüberzuwechseln. Ausser der Tätigkeit selbst, die ihm nicht so fern lag wie das Textilgeschäft, in dem er gelernt hatte, und ausser der Erweiterung seiner Kenntnisse brachte ihm die Veränderung noch einen Vorteil ein: Seine Chefs, Privatbankiers, wie sie damals das Bankwesen beherrschten, zwei Brüder von bekanntem Namen, die ein luxuriöses Leben führten, zogen meinen Vater in ihr Haus. Er war für sie nicht nur ein angenehmer Gesellschafter, sie schätzten an ihm auch sein literarisches Talent. Er betätigte es - ausser ernsthafteren Bemühungen, von denen sie aber wahrscheinlich nichts wussten - in Gelegenheitsdichtungen, die im privaten Kreis, wie das so üblich ist, hervortraten, die er aber mit Absicht darüber hinaus trieb. Vor die Aufgabe gestellt, seine Familie zu ernähren, bediente er sich ohne Ziererei einer angeborenen Leichtigkeit im Gebrauch der Sprache und eines unter Schlesiern häufigen Reimtalents und fertigte Hochzeits- und Jubiläumscarmina oder Spiele auf Bestellung. Oft, wenn wir anderen zu Bette gingen, habe ich ihn am Schreibtisch sich auf eine lange Nacht vorbereiten sehen, um einen Auftrag auszuführen. Er hatte gute Einfälle, und die Besteller waren gewöhnlich entzückt. Diese Gabe nun durfte er im Hause seiner Chefs entfalten und erntete dafür ihren überschwenglichen Dank und ihre Bewunderung. Später trennte er sich von der Firma, aber die persönliche Beziehung blieb. Die Brüder nahmen ein schlimmes Ende: die Bank geriet in Verfall, und sie erschossen sich in ihrem Chefbureau. Mein Vater, tief erschüttert durch das Ereignis, segnete sich zugleich, dass er nicht mehr zu ihnen gehörte und nicht mit in den Strudel gerissen wurde.

Ich nehme an, aus diesen drei Elementen: Streben nach oben, Kenntnis des Bankwesens und literarische Begabung, formte sich in meinem Vater der Entschluss, eine Zeitung als wirtschaftlichen Ratgeber für Bankiers und für das Börsen-Publikum zu gründen, Wie er es zuwege brachte, wo er das Geld oder den Kredit hernahm, welches seine Mitarbeiter waren und wie er Abonnenten fand, weiss ich nicht. Als ich zum Bewusstsein meiner selbst erwachte und um mich blickte, war mein Vater Herausgeber und Chefredakteur der 1883 gegründeten "Berliner Börse", die er später an seinen Schwager Hermann Friede abtrat.

Sie erschien einmal wöchentlich. Die Redaktion und Expedition befand sich, wie bei meiner Grossmutter, in unserer Wohnung, wo ein bureauartiges Zimmer dafür reserviert war. Das Personal bestand aus dem alten Onkel Selig, der die Aufgabe hatte, Briefe zu kopieren, Kreuzbänder zu adressieren, zur Post zu gehen und namentlich anwesend zu sein, wenn mein Vater unterwegs war. Als das Unternehmen eröffnet wurde und er seinen Dienst antreten sollte, verlangte er, es müsse zunächst ein Geldschrank angeschafft werden. Mein Vater wandte ein, er habe kein Geld, um es dahinein zu schliessen. Die Vorstellung aber, dass irgendetwas gegründet werden könnte ohne einen Geldschrank, löste bei Onkel Selig einen Lachanfall aus. Indessen, er fand sich wohl oder übel damit ab, und die "Berliner Börse" kam niemals in die Lage, einen Geldschrank anzuschaffen.

Gedruckt wurde die Zeitung von seinem Schwager, der eine kleine Uffizin in dem ältesten Teile Berlins betrieb. Einmal in der Woche hatte ich die Korrektur dahin zu tragen. Ich musste einen langen Hof durchschreiten, auf dem es von Hunden wimmelte, wie mir schien. Ich tat es unter der grössten Furcht und hasste daher diese wöchentlichen Gänge. Der Kampf mit den Druckfehlern bereitete meinem Vater viel Aerger. An einem anderen Tage wieder wurde die Zeitung expediert, die meisten Exemplare unter Kreuzband. Beim Verpacken und Frankieren mussten wir alle mithelfen, und wenn hinterher eine zerrissene Briefmarke auf dem Fussboden gefunden wurde, so gab es neuen Aerger, denn es wurde mit dem Pfennig gerechnet.

Was da nun eigentlich gedruckt und versandt wurde, darüber vermag ich gar nichts auszusagen. Damals verstand ich noch nichts davon. Als mein Vater die "Berliner Börse" aufgab, weil er Direktor einer Aktiengesellschaft wurde, schenkte er das Blatt seinem Schwager, dem Drucker, mit allen Rechten und mit den sorgfältig gesammelten und gebundenen Jahrgängen. Der Schwager konnte sie nicht lange weiterführen, und als er sie eingehen liess, gab er die alten Jahrgänge zum Einstampfen. Mein Vater fand, dass er dies nicht hätte tun dürfen, ohne ihn zu fragen, und gewiss hätte der Gründer das Exemplar sich zurückgeben lassen, um es aufzubewahren. Aber ungeschehen liess es sich nun nicht mehr machen. Ich weiss also nichts über den Inhalt und wer ihn verfasste; aber ich vermute, das meiste stammte von meinem Vater selbst, oder mindestens der Hauptartikel.

Eine gewisse Zeit lang sah es so aus, als ob das Blatt in Aufnahme käme. Aber davon mit seiner Familie zu leben, war unter allen Umständen schwer. Es versteht sich von selbst, dass es von den Abonnements nicht existieren konnte, die Einnahmen musste es vielmehr aus den Anzeigen ziehen. Es gab dafür nur einen beschränkten Kreis von Interessenten, und im Grunde drehte sich das ganze Anzeigengeschäft um die Bilanz. Wenn eine der grossen Gesellschaften ihre jährliche Abrechnung veröffentlichte, so galt es für die "Berliner Börse," den Auftrag zugebilligt zu bekommen. Es war eine Sache ihres Prestiges - denn wo sollte die Bilanz erscheinen, wenn nicht in einem Börsenblatt? - und zugleich brachte sie, und nur sie, einen Gewinn, der ins Gewicht fiel.

Die "Berliner Börse" beschäftigte also ebenso wie der "Berliner Fremdenführer" Agenten. Ob es ihrer viele waren und was sie leisteten, weiss ich nicht; offenbar fand mein Vater weniger Anlass, sich über sie zu kränken, als meine Grossmutter. Er ärgerte sich nur einmal schwer, als einer dieser Agenten, wie er selbst berichtete, von einer hochmögenden Persönlichkeit auf einen Artikel meines Vaters hin angesprochen und gefragt wurde, wer das geschrieben habe. Er kam sich furchtbar gescheit vor mit der Antwort, das dürfe er nicht verraten. Es lag gar kein Grund vor, das nicht zu verraten, im Gegenteil, mein Vater wartete darauf, dass jemand von Rang und Einfluss ihn bemerkte. Nur einer dieser Helfer ist mir im Gedächtnis geblieben, ein pensionierter Hauptmann mit adligem Namen, ein Hüne von Gestalt, das Antlitz geziert mit zweiseitigem Backenbart, wie ihn der alte Kaiser Wilhelm getragen hatte; nur war das Haar des Hauptmanns nicht weiss, sondern rotblond. Ich glaube, dass er all die Jahre hindurch für die "Berliner Börse" herumlief und meinem Vater treu ergeben war. Nur leider huldigte er quartalsweise dem Trunk. Alsdann blieb er weg, und es war nichts mit ihm anzufangen. Wenn er nach einer dieser "Semmelwochen" wieder auftauchte, so nahm ihn mein Vater ins Gebet und suchte ihn durch Strenge sowohl wie durch Güte von künftigen Exzessen abzuhalten. Der rotblonde Hüne sass dann gebrochen vor ihm und hörte sich die Predigt in tiefer Zerknirschung an. So habe ich selbst ihn sitzen sehen. Offenbar gaben weder er noch mein Vater jemals die Hoffnung auf, er könne endgültig für den Pfad der Tugend gewonnen werden.

Schliesslich lief es also darauf hinaus, dass mein Vater sich um die wichtigsten Anzeigen selber bemühen musste. Niemand in der Welt konnte weniger für diese Aufgabe geeignet sein. Denn er war ein adliger Mensch, dem Verehrung gebührte und der bei vielen, die ihn kannten, Verehrung fand. Aber die Eigenschaften, die ihm diese Gefühle sicherten, galten nichts vor den selbstbewussten, eine billige Überlegenheit auskostenden Funktionären der Geschäftswelt, von deren Laune Bewilligen und Versagen der Bilanz abhing. Indessen, seine Lage zwang ihn zu diesen Gängen der Demütigung, und so ging er sie unverdrossen immer wieder. Einmal, ein einziges Mal, nahm er mich dazu mit. Vielleicht wollte er das Schicksal bestechen, indem er sich vornahm, mir etwas Gutes anzutun, wenn er Erfolg hätte. Vielleicht auch sollte ihn meine Gegenwart vor einer Tat der Unbesonnenheit schützen. Ich musste im Vorzimmer warten. Als er wieder herauskam, schien mir sein Gesicht verändert. Auf der Strasse sagte er: "Es war vergebens". Dann schwieg er. Und dann nach langer Pause unvermittelt: "Ich bin ganz verzweifelt." Er sagte es zu mir, der ich ein Kind war, und ich wusste nichts zu erwidern. Wahrscheinlich aber tat es ihm wohl, dass er mich in diesem Augenblick bei sich hatte.

So ging sein täglicher Kampf um das Blatt, aber es blieb nicht dabei: es traf ihn ein schwerer, fast tödlicher Schlag.

Die "Berliner Börse", ausser dass sie das Publikum beriet, übernahm offenbar auch Maklergeschäfte im Auftrage ihrer Leser. Wenigstens in diesem einen Falle, von dem ich jetzt sprechen will, scheint es so gewesen zu sein. Ich muss mir den Zusammenhang rekonstruieren; denn damals, als es sich abspielte, verstand ich es nicht, und heute lebt niemand mehr, der mich belehren könnte.

Mein Vater also übernahm solche Vermittlung für einen Abonnenten auf dem Lande, den er für vollkommen vertrauenswürdig hielt. Wenn ich mich recht erinnere, war es ein pensionierter Pastor. Offenbar kaufte und verkaufte er für ihn bei der Börse, und zwar auf Kredit. Ergab sich ein Gewinn, so hatte mein Vater ihn an den Pastor abzuführen. Wurde es ein Verlust, so hatte der Abonnent dafür einzustehen.

Es muss sich nun zu einer gewissen Zeit, kurz nach Lenchens Tode, eine ansehnliche Schuld zu Lasten des Pastor aufgehäuft haben, und mein Vater wartete auf den Ausgleich. Statt dessen erhielt er die telegraphische Nachricht, der

Schuldner sei geflüchtet. Wir sahen meinen Vater die Depesche aufreissen, bleich werden und wanken. Er musste sich am Türpfosten festhalten. Mit einem Worte verständigte er meine Mutter und verschwand in sein Bureau. "Geldverlust ist kein Unglück", sagte meine Mutter, die noch bebte vom Tode ihres Kindes.

Das Geldgeschäft war über einen Bankier gegangen, einen nahen Bekannten meiner Eltern. Er gab den eigentlichen Gläubiger ab. Nachdem der Auftraggeber nun ausgerissen war, haftete mein Vater. Es war eine Summe, die abzuzahlen er kaum hoffen konnte, an der er folglich sein ganzes Leben würde zu tragen haben. Er verpfändete dem Bankier zunächst seine Lebensversicherung, für die er also fortan zu zahlen hatte, ohne je einen Nutzen davon zu erwarten. Den Rest suchte er in regelmässigen Raten zu tilgen. Wie ihm das hätte glücken können, angesichts seiner kärglichen Einnahmen, vermag ich mir nicht vorzustellen. Aber auch dafür brachte die Berufung in die Passage die Rettung.

Ob sich die "Berliner Börse" schliesslich zur Blüte hätte führen lassen, vermag ich nicht zu beurteilen. Als der Umschwung kam, und er sie aufgeben durfte, fühlten wir alle uns erlöst.

Aber auch in der Passage machte ich Erfahrungen mit der Presse, und auch sie lockten mich nicht.

Die Leitung der Gesellschaft, wie schon angedeutet, verwaltete auch das Panoptikum, und zu ihm gehörte ein Variété-Theater. Es spielte jeden Abend in dem grossen Saal, der nach den "Linden" zu lag, ausgestattet mit einer geräumigen Bühne und allen Vorrichtungen für gymnastische Künste und Beleuchtungseffekte. Wenn das Programm wechselte, so wurde dazu "die Presse" eingeladen, nach der Vorstellung traktierte man sie in den Restaurationsräumen des Panoptikums mit einem kalten Imbiss und Wein.

Seit ich selbst zur Presse gehört habe, weiss ich Bescheid über das, was sich da abspielte; aber damals wusste ich es nicht. Ernsthafte Journalisten legen im allgemeinen keinen Wert darauf, als "Presse" bemerkt und behandelt zu werden. Ihr Beruf verlangt von ihnen, dass sie unbefangen möglichst sorgfältig und genau beobachten. Sie wollen also gut sehen und gut hören und sind dankbar, wenn man ihnen das erleichtert. Sie wollen dann ihre Nachrichten und Berichte rasch und sicher an ihr Blatt weitergeben und brauchen dazu gewisse technische Vorkehrungen. Aber sonst wollen sie in Ruhe gelassen sein. Sie erwarten nicht, dass man sie informiert über das hinaus, wonach sie fragen, sie sind empfindlich gegen jeden Versuch, ihr Urteil zu beeinflussen. Ihre Gunst ist nicht zu gewinnen ausser durch die Leistung, und am wenigsten dadurch, dass man sie traktiert. Schon die Vermutung, sie könnten sich dadurch beeinflussen lassen, ist ihnen peinlich. So verhalten sich die verantwortlichen Pressevertreter; diejenigen von Rang, an die man denkt, wenn man allgemein von der Presse spricht.

Aber jedes grössere Blatt ist umgeben von einem Schwarm mehr oder weniger freier Mitarbeiter. Sie pflegen mit den Aufgaben betraut zu werden, für die der eigentliche Redaktionsstab keine Zeit hat. Es gibt eine Fülle solcher Aufgaben: Vorträge, Rezitationen, Schaustellungen, Umzüge und dergleichen mehr. Eigentlich gehört dazu eine gute Kraft. Denn sie muss imstande sein, einen langen Vortrag in wenigen Zeilen so wiederzugeben, dass das Wesentliche festgehalten wird und der Bericht sich interessant liest; sie muss Urteil haben auf sehr verschiedenen Gebieten; sie muss schreiben können, und zwar sofort. Um dem allen zu genügen, dazu gehört ein Mensch mit Geist und Wissen und journalistischer Begabung. Aber wenn unter den freien Mitarbeitern jemand gefunden wird, der diese Eigenschaften hat, so gilt er sehr bald als zu schade für solche Nebenfunktion, er wird in die Redaktion übernommen oder sonstwie fest verpflichtet und scheidet damit aus dem Gelegenheitsdienst. So bleibt für die kleinen Aufgaben ein Kreis von Leuten, die recht und schlecht vollbringen, was von ihnen verlangt wird, die aber im Grunde nichts sind und nichts können und in ihrer Redaktion keine Rolle spielen. Wenn sie mit Geschick und Fleiss sich täglich ihren Auftrag zu verschaffen wissen, oder auch mehrere an einem Tage, so brauchen sie sich gar nicht schlecht zu stehen; aber die meisten führen ein kärgliches Leben.

Gerade dieser Schwarm ist es, der in der Öffentlichkeit mit Nachdruck sich als "Presse" gebärdet, sich damit wichtig macht und Ansprüche stellt. Und es sind dieselben Leute, denen die Traktierungen höchst gelegen kommen, die davon den ungeniertesten Gebrauch machen und sich lärmend und schmatzend wohl dabei fühlen, Herren sowohl wie Damen und bisweilen die Herren mit ganz unkontrollierten Damen. Wenn Presse einen schlechten Eindruck macht, so stammt er gewöhnlich von dieser Art angeblicher oder sogenannter Pressevertreter.

Es versteht sich, dass kein vielbeschäftigter Journalist ausgesandt wurde, um ein neues Variété-Programm des Passage-Theaters kritisch zu beleuchten. Zu uns kam der Schwarm. Er sah sich mit Vergnügen an, was ihm auf der Bühne an Akrobatenkünsten, Spässen der Komiker und Fleisch der Soubretten vorgesetzt wurde, und liess sich nach der Vorstellung um die gedeckten Tische nieder, um sich an kalten Platten, Majonäsen und Champagner gütlich zu tun. Meine Eltern mussten die Honneurs machen und auf ein bis zwei Stunden mit dabei sitzen, und wir Brüder gingen dann auch von unserer Wohnung durch die geheime Tür, um einen Blick auf das Gelage zu werfen. Ich werde vermutlich gedacht haben, diese Menschen fühlen sich so ungeniert wohl, weil sie eben zur Presse gehören, das heisst, auf wichtigem, weithin sichtbarem Posten stehen und keine Sorgen haben. Wie hätte ich es damals besser wissen können? Aber ich fürchte, auch mein Vatrer und sein Direktionskollege blickten nicht tiefer. Auch sie hielten das vielleicht im Ernst für Presse. Aber ihr Respekt vor diesem Beruf kann durch das, was sie kennenlernten, unmöglich erhöht worden sein.

Auf der anderen Seite hegten wir die grösste Hochachtung für die Menschen, die unsere tägliche Zeitung verfassten. In unserem Hause las man - es verstand sich fast von selbst - das "Berliner Tageblatt", später die "Vossische Zeitung". Im allgemeinen hat die Leserschaft keine Vorstellung davon, wie so etwas zustande kommt. Ein Journalist von Rang ist für sie jemand, der Artikel für die Zeitung schreibt und sie mit seinem Namen zeichnet. Von dem eigentlichen Redaktionsbetrieb und dem Nachrichtenwesen hat sie keine Vorstellung. Wir zu Hause wussten es nicht besser. Im übrigen war jene Zeit weder politisch noch wirtschaftlich interessiert, und ich war es schon gar nicht. Das Leben, das sich mir lohnte, spielte sich im Feuilleton ab, und für die Männer, deren Namen ich dort regelmässig las, empfand ich so etwas wie Ehrfurcht. Keiner von ihnen war mir jemals in seiner leiblichen Gestalt begegnet, und das blieb noch auf lange hinaus so. Wohl träumte ich davon, auch ich könnte in unserem Blatte gedruckt erscheinen, aber ich hatte viele Jahre lang das Gefühl, als renne ich gegen verschlossene Türen. Wenn ich heute so zurückblicke, so finde ich, dass mir der Zugang wiederholt geöffnet worden ist und dass der Misserfolg durchaus an mir selber gelegen haben muss, vor allem wahrscheinlich daran, dass ich nicht bereit war zu produzieren, was gebraucht wird, sondern darauf bestand, es sollte veröffentlicht werden, was ich produziert hatte. Jedenfalls, mich quälte lange das bittere Gefühl, ich stünde draussen, und ehe ich so weit war, dass veröffentlich wurde, was ich geschrieben hatte, zählte ich 40 Jahre. In der Redaktion habe ich später erlebt, wie junge Leute frisch von der Schule bei der Zeitung eintraten und nach wenigen Monaten ihre grossen Artikel, zweispaltig aufgemacht, gedruckt bekamen; Burschen, die nichts besonderes gelernt hatten und keineswegs schriftstellerisch "begabt" waren über das hinaus, was jeder zu leisten vermag, der richtig deutsch spricht. Ich glaubte lange Zeit, um gedruckt zu werden, müsste ich besonders gut schreiben, und wenn ich nicht angenommen wurde, so bemühte ich mich, es das nächste Mal noch besser zu machen. Ich fand, im Vergleich mit anderen wurde es mir ungewöhnlich schwer gemacht, zur Presse zu kommen.

Über mein erstes Auftreten in der Studentenzeitung der Berliner Finkenschaft und im "Kunstwart" habe ich schon berichtet. Danach kam ich zunächst nicht weiter, und so blieb es jahrelang, bis ich mein Studium beendet hatte. Sehr eifrig werde ich mich damals nicht um die Presse bemüht haben; denn mein Ehrgeiz galt der Bühne. Auch bin ich meiner ursprünglichen Anlage nach keineswegs ein Journalist in dem Sinne, dass ich durchaus dabei sein müsste oder dass es mich drängte, zu den Ereignissen "Stellung zu nehmen". Der Fall, dass ich mich öffentlich äussern wollte, trat selten ein. Dann freilich war ich sehr niedergeschlagen, wenn ich es nicht durfte.

Der erste Redakteur, der mich zur Mitarbeit aufforderte, war Max Osborn, später Kunstkritiker der "Vossischen Zeitung" und bekannter Kunstschriftsteller; damals Feuilletonredakteur der Berliner "Nationalzeitung", eines liberalen Blattes ohne Verbreitung. Osborn war bis in sein hohes Alter, und das heisst bis in sein Exil, ungeheuer beliebt; es kannte ihn eigentlich jeder, und er kannte jeden, der einen Namen hatte. Solche Verbindungen herzustellen und festzuhalten, darin bestand vor allem sein Talent. Eine ebenso grosse zweite Begabung war mimischer Art; er glänzte als Schauspieler und hätte es mit seiner stämmigen kurzen Figur zum Ruhm eines grossen Komikers bringen können. Ich habe ihn zweimal im Germanistenkreise, unter Reinhardts Regie, Theater spielen sehen, in einem Molièreschen Stück und in einer Nestroyschen Parodie. Auch dieses Talent kam ihm im Leben zugute, wenn er aus seinem unerschöpflichen Anekdotenschatz erzählte und dabei die handelnden Personen mit schlagender Charakteristik nachahmte. Seinem Journalistenberuf gehörte er mit Leidenschaft und unermüdlicher Rührigkeit an, und was er für die Zeitung produzierte, sein ganzes erwachsenes Leben hindurch, obgleich niemals bedeutend oder originell, zeichnete sich durch Lebendigkeit und Flüssigkeit aus, sozusagen durch vorbildliche Brauchbarkeit. Mich forderte er auf aus der Not des Redakteurs, der helfen soll, ein dahinsiechendes Blatt wieder hochzubringen. Wahrscheinlich hatte er von dem Beifall vernommen, den mein romantisches Spiel "Alessandro und der Abt" bei Erich Schmidt fand. Und wahrscheinlich war er Zeuge des rauschenden Erfolges gewesen, den ich mit Gelegenheitsversen auf der Weihnachtskneipe der Germanisten erntete. Jedenfalls lud er mich zur Mitarbeit ein in der Erwartung, ich würde leichte Reimfeuilletons aktueller Art liefern. Das wäre denn also auf politische und soziale Satire hinausgelaufen. Damit verkannte er mein Wollen und Können.

Max Osborn gez. von B. F. Dolbin

Derlei passte nicht im Geringsten zu mir, auch flog mein Ehrgeiz damals noch viel zu hoch für die Rolle, die er mir da zugedacht hatte. Kurz: nichts von der Art, was Osborn von mir erwartete, fiel mir ein.

An Schreibern gibt es nach meiner Erfahrung zwei Arten: solche, denen etwas einfällt, und solche, denen nichts einfällt. Die, denen nichts einfällt, müssen, um zu schreiben, warten, bis anderen etwas eingefallen ist; das heisst, sie müssen Kritiker werden. Oder aber, wenn sie politisch oder wirtschaftlich interessiert sind, so müssen sie ihre literarische Existenz auf Glossierung der Politik oder der Wirtschaft gründen. Das kann man immer, wenn man es überhaupt kann, ohne Einfälle; denn auf beiden Gebieten geht immer etwas vor, wozu sich "Stellung nehmen" lässt. Aber etwa ein Feuilleton, gereimt oder ungereimt, lässt sich nicht schreiben, ohne dass man einen eigenen produktiven Einfall hat.

Nun glaube ich von mir, dass meine journalistische Leistung zu einem wesentlichen Teil auf Einfällen beruht. Aber dafür war ich damals noch nicht reif, es fehlte mir vermutlich an Fülle der Lebenserfahrung. Osborn kam mir zu Hilfe, indem er mir eine Aufgabe stellte: er schlug mir vor, im Anschluss an eine unbedeutende Neuerscheinung über die Tagebuchblätter der russischen Malerin Maria Bashkirtseff (1906) zu schreiben. Ich verschaffte mir das Werk und brachte einen umfangreichen Aufsatz darüber zustande, den ich "Aus der Jugend der Götter" überschrieb. Die Veröffentlichung liess auf sich warten, und die ganze Zeit über quälte ich mich mit der Frage, ob der Titel nicht zu anspruchsvoll-geschraubt klinge, und schämte mich bis in den Grund meiner Seele. Aber endlich erschienen sowohl der Aufsatz wie die Überschrift, und das war denn nun meine erste eigentliche journalistische Arbeit. Ein paar andere folgten, aber als ich meinen Herausgeberposten im Verlag Bong im Februar 1907 antrat, liess ich die Journalistik wieder fallen. Was mir an Zeit und Kraft blieb, sollte meinen Dramenplänen zugute kommen. Später habe ich eingesehen, dass ich damit in die Irre gegangen bin. Ich hätte die Verbindung aufrecht erhalten und meine Abende dieser oder irgendeiner anderen Redaktion zur Verfügung stellen sollen. Dann hätte ich vielleicht nicht so lange bei der Goldenen Klassiker-Bibliothek festgesessen und wäre früher und unter günstigeren Umständen zur Presse gelangt.

Einen neuen Anlauf nahm ich, als ich geheiratet hatte. Ich sandte aus eigener Initiative einen Aufsatz an das "Berliner Tageblatt", und er wurde angenommen. Von da an ist meine Verbindung mit der Presse, mit einem oder dem anderen Blatte, nicht mehr abgerissen bis zu meiner Auswanderung. Eine angenehme Verbindung entwickelte sich mit der uralten Zeitschrift "Die Grenzboten", die zu neuer Blüte zu bringen, Georg Cleinow, später Geheimrat Cleinow, sich rührend angelegen sein liess. Er nahm ein wirkliches Interesse an mir als Schriftsteller, und zwar an dem, was ich wirklich konnte, nämlich mich frei äussern auf Grund selbständigen Denkens und eigenen Einfalls. Ich erregte seine Aufmerksamkeit mit einer weitausgreifenden kulturpolitischen Betrachtung "Die Welt als Asien und Europa". Von da an fand ich in seinem Blatte Unterkunft für fast alles, was ich zu sagen wünschte. Er verfuhr wirklich grosszügig mit mir, auch darin, dass er gegen meinen Namen nichts einzuwenden hatte. Bei Ausbruch des Krieges entstand eine lose Verbindung mit dem "Berliner Börsen-Courir", dessen Feuilleton-Redakteur und Theaterkritiker, Jahre hindurch auch Chefredakteur Emil Faktor meine Beiträge schätzte. Faktor ein merkwürdig gehemmter und manchmal wie geistesabwesend wirkender Mensch, hatte später, in der Weimarer Republik, den Ehrgeiz, einen literarisch-politischen Salon zu unterhalten. Man traf sich im Winter an einem Abend jeden Monat bei ihm, um bei kaltem Büfett zu sehen und gesehen zu werden. Die Literatur, die Presse, die Bühne und die Politik drängten sich dann in seiner keineswegs geräumigen Wohnung, zu der man vier Treppen ohne Fahrstuhl hinaufklimmen musste. Nicht selten reichten die Sitzgelegenheiten nicht aus; aber daran nahm niemand Anstoss: man kam, stand herum, plauderte hier und da und ging wieder. Als die Nazis zur Macht gelangten, entwischte Faktor nach seiner Heimatstadt Prag, hielt sich dort kümmerlich innerhalb seines Berufes, wurde nach Einmarsch der Deutschen verschickt und starb elend. Während des Ersten Weltkrieges, als ich selbst im Felde stand, forderte mich "Die Weltbühne" zur Mitarbeit auf. Sie bekam nicht sehr viel, aber im Laufe der Jahre immerhin eine Reihe von Beiträgen. Auch die "Vossische Zeitung" stand mir in jener Zeit schon offen. Alle diese journalistischen Verbindungen beruhten auf einem Erfolg, den ich inzwischen errungen hatte; dem einzigen meines Lebens, wenn man unter Erfolg versteht, dass man die öffentliche Aufmerksamkeit erregt.

Im zweiten Jahre meiner Ehe verfasste ich eine grosse Abhandlung, die ich "Deutsch-jüdischer Parnass" nannte. Sie zu schreiben oder nicht zu schreiben, lag nicht in meiner Wahl: sie brach sozusagen aus mir hervor. Um ihre Entstehung zu erklären, muss ich mit ein paar Worten auf mein Verhältnis zum Judentum eingehen.

Mein Vater stammte aus einem Hause, das fest in der jüdischen Tradition wurzelte. Sein Vater, den äusseren Umständen nach ein kleiner Krämer in dem oberschlesischen Dorfe Chorzow bei Königshütte, muss dem inneren Format nach ein wahrer Patriarch gewesen sein. Er schickte seinen Ältesten aufs Gymnasium in der Hoffnung, ihn Rabbiner werden zu lassen, konnte die Mittel aber nur bis Tertia aufbringen und gab seinen Sohn, wie schon erwähnt, zu dessen nie verwundenem Kummer nach Berlin in den Textilhandel. In einer harten Lehrzeit und der folgenden kärglichen und einsamen Berufsexistenz als Angestellter der angesehenen Firma N. Israel löste mein Vater in schweren seelischen Kämpfen, wie er uns oft erzählte, sich von dem jüdischen Ritual los, ohne im übrigen in seiner Treue zum Judentum je wankend zu werden. Was sich in ihm abspielte, war einfach, dass der Rausch der Emanzipation, der mit Moses Mendelssohn anfing und den Dichter Heinrich Heine mit sich davon trug, unter den Anregungen und Eindrücken der nüchternen aber lebendigen Stadt Berlin nun auch ihn erreichte. Er wurde in Bezug auf das Judentum, was er seinem ganzen Wesen nach war, ein aus tiefer Überzeugung liberaler Mann. Er gab das strenge tägliche Ritual auf, während die hohen Feiertage, das Pessach- und das Chanukah-Fest wenigstens mit ihren gefälligen Bräuchen gehalten wurden, wie übrigens auch in der Familie meiner Mutter.

Die Folge davon war, dass die Sitten des jüdischen Lebens mir fremd blieben. Ich hörte zwar davon und ich las auch darüber; aber das schafft nicht jene absichtslose Vertrautheit, die man offenbar nur erwirbt, wenn man das Ritual in der Kindheit um sich her mit angesehen und daran teilgenommen hat. Der Religionsunterricht in der Schule war ungenügend und ohne jedes geistige Niveau und konnte in mir nur Abneigung wecken. Dabei wären ich und viele meiner Mitschüler zu packen gewesen, wenn man uns den rechten Händen anvertraut hätte. Aber wer wurde damals schon jüdischer Religionslehrer? Zur Ergänzung, um uns eine Grundlage zu geben, vor allem eine gewisse Kenntnis des Hebräischen, hielt mein Vater uns Brüdern, Paul und mir, jahrelang einen Privatlehrer. Dieser Mensch, Volksschullehrer von Beruf, noch jung, aber unansehnlich und ungepflegt, war eine vollkommene Null, auch ohne eine Spur von pädagogischem Geschick. In all den Jahren, bei wöchentlich einer zweistündigen Lektion, die vor meiner Barmizwah verdoppelt wurde, habe ich nichts gelernt, durchaus gar nichts, ausser einem bisschen stümperhaften Lesens des Hebräischen, das mir längst wieder abhanden gekommen ist. Die Stunden bei ihm waren rein verschwendete Zeit.

An den hohen Feiertagen wurden wir zum Gottesdienst mitgenommen und wohnten ihm viele Stunden, am Jom Kippur fast den ganzen Tag bei. Das war für mich nicht weniger als ein Martyrium. Ich verstand nicht, was vorging, und bei dem Versuch, im Gebetbuch den deutschen Text zu verfolgen, langweilte ich mich zu Tode. Möglich, dass es an der Qualität der Übersetzung lag. Aber das war noch nicht alles. Mein Vater konnte sich damals Plätze in einer Synagoge nicht leisten, sondern wir mussten uns mit einem Betsaal begnügen. Der Aufenthalt dort verletzte alle meine Instinkte: der Raum war überfüllt, die Luft wurde bis zur Unerträglichkeit verdorben, die Beter um mich her empörten mich durch unschickliches Benehmen, der Kantor sang misstönend, der Chor genügte nicht, auch die Predigt enttäuschte mich nur zu oft.

Nach alledem wäre es kein Wunder gewesen, wenn ich einen Abscheu vor der jüdischen Religion bekommen und ihr den Rücken gekehrt hätte. Aber was ich über meinen Vater ausgesagt habe, muss ich auch für mich in Anspruch nehmen: niemals bin ich in dem Gefühl meiner Zugehörigkeit zum Judentum oder besser zu den Juden wankend geworden. Aber freilich: ich lehne das Ritual ab. Es ist mir unmöglich, zu beten und gar in Gruppen oder nach einem Schema oder laut vor anderen zu beten. Wenn ich das mit ansehe, wie es sich bisweilen nicht vermeiden lässt, so bleiben mir die anderen völlig unverständlich; obwohl ich es wiederum als schweren Mangel meiner Bildung empfinde, dass ich nicht imstande bin mitzutun, auch wenn ich wollte. Ich widersetze mich auch der Zumutung, dass, weil ich als Jude geboren bin, gewisse Anschauungen und Lehren für mich gelten sollen. Wäre es dem jüdischen Volke vergönnt geblieben, sein natürliches Leben auf eigener Scholle wie andere Völker zu führen, so wäre der Streit um "das Gesetz" vielleicht noch immer nicht entschieden. Aber der Kampf zwischen Orthodoxie und geistiger Selbstbestimmung hätte sich unter freiem Himmel abgespielt wie überall sonst in der Welt; und dabei wäre ich ganz gewiss mit Leidenschaft auf der Seite der Selbstbestimmung zu finden gewesen. Vielleicht stammt all dies nicht aus meinen Kindheitserfahrungen, vielleicht gehört es zu meinem Wesen.

Man darf fragen, was bei solcher Haltung überhaupt noch vom Judentum übrigbleibt; und warum und in welchem Sinne ich Jude bin. Darauf kann ich nur antworten: Ich bin mir einer historischen Tatsache und eines Traditionszusammenhanges mit Stolz bewusst. Das ist mein Judentum. Aber das genügt noch nicht. Wenn ich ganz aufrichtig gegen mich selbst bin, so muss ich gestehen: Ich bin Jude, weil ich es nicht ertrage, einer minderwertigen Gruppe anzugehören. Wenn die Juden schon verachtet sind, so sollen sie doch nicht verächtlich sein. Darum letzten Endes stelle ich mich offen und unerschrocken auf die Seite der Juden.

Das jüdische Problem hat mich von je her in Atem gehalten. Nicht ohne Grund dreht sich mein erstes Drama um Jerusalem, und eine von mir selbst wieder vernichtete Tragödie "Die Jüdin von Passau" (1913-1914) sollte ganz persönliche Nöte eines Juden ausdrücken. Schon früh griff ich das Thema auch für die Presse auf; ein paar solcher Abhandlungen erschienen in einer jüdischen Zeitschrift, verfasst mit ganz ungenügendem Wissen, und ich würde mich nicht trauen, sie heute wiederzulesen. Obwohl in einer blamablen Weise unwissend über das jüdische Ritual und die hebräische Sprache, habe ich mich doch von je her bemüht, mir einiges Wissen über jüdische Dinge anzueignen, und was ich so erworben habe, wird schliesslich nicht ganz wenig sein, obwohl auf diesem Gebiet mir die Unsicherheit des Autodidakten anhaftet.

Andrerseits - dies kann nicht überraschen nach dem, was ich bisher erzählt habe - wurzelt mein gesamtes geistiges Leben in der deutschen Kultur. Hätte ich - vor Hitler - nicht gewusst, dass ich Jude bin und wäre ich nicht mit Willen Jude gewesen, so hätte ich mich mit völliger Unbefangenheit für deutsch gehalten, wie ja auch Deutsch meine Muttersprache ist und das einzige mir natürliche Mittel des künstlerischen und schriftstellerischen Ausdrucks. Es ging mir darin so, wie vielen meinesgleichen.

Aber im Gegensatz zu den meisten anderen deutschen Juden jener Zeit gab mir dieser Zwiespalt ein Denkproblem auf, mit dem ich nicht fertig wurde; nicht fertig trotz jahrelanger leidenschaftlicher Anstrengung, es zu bewältigen. Mein innerstes Bedürfnis verlangte nach Einheitlichkeit und Natürlichkeit des Volkstums - und ich sah mich in einer Doppelheit, die mich in zwei Hälften zu zerreissen drohte. Die logische Folgerung wäre gewesen, mich für eine der beiden Seiten zu entscheiden, ganz jüdisch oder ganz deutsch zu werden; aber dazu konnte ich mich nicht entschliessen. Ich glaube nicht, dass ich mich deswegen entschuldigen muss. Wenn ein Ehepaar in Scheidung lebt, und man fragte die Kinder, ob sie mit dem Vater oder mit der Mutter gehen wollen, wie könnten sie eine Wahl treffen? Gerade die besseren könnten es nicht, nur diejenigen, denen ihr Herz erlaubte, die beiden Entscheidungen nach ihrem Vorteil gegeneinander abzuwägen.

Immerhin lag mir der Versuch zu irgendeinem Entschluss durchaus nahe. Als daher während meiner Universitätszeit ein Freund aus meiner Kindheit - Walter Weigert, später in Israel, in national-jüdischen Kreisen wohl bekannt - mir die Theorie des Zionismus auseinandersetzte, war ich rasch gewonnen. Ich trat der Organisation bei und zahlte den Schekel, solange ich in Deutschland lebte. Durch meine Auswanderung und die wirtschaftliche Unsicherheit des Exils wurde diese Gewohnheit unterbrochen, und ich habe im Ausland nicht wieder einen persönlichen Zusammenhang mit Zionisten gefunden. Niemals jedoch habe ich an dem Organisations- und Vereinsleben teilgenommen, auch in Deutschland nicht. Dergleichen ist meiner Natur durchaus zuwider. Wenn die Umstände es gefügt hätten, dass mir in der zionistischen Bewegung eine praktische Aufgabe zugefallen wäre, so hätte ich mit Freuden mitgearbeitet. Aber Versammlungen besuchen, Reden anhören, selber Reden halten und an Abstimmungen teilnehmen, dafür fehlt mir das Organ. Ich bin noch heute Zionist (wenn man nach Schaffung des Staates Israel Wort und Begriff noch gelten lassen will), insofern ich dem jüdischen Volke eine Heimstätte wünsche und bereit bin, nach meinen schwachen Kräften dabei zu helfen. Dass diese Heimat gerade Palästina sein muss, wird von meinem Gefühl wenigstens nicht gefordert; aber hierin habe ich keine Stimme und nehme zur Kenntnis, dass es für die Masse der Juden nur Palästina sein darf. Dagegen bin ich ein Feind des Nationalismus als einer Gesinnung und eines fanatischen Glaubens und also auch des jüdischen Nationalismus. Ich sehe mit Trauer - was ich vorausgewusst habe - dass die schlimmen Züge des nationalen Fanatismus in Gestalt von Intoleranz und skrupelloser Gewaltanwendung auch bei der Jugend Israels hervortreten. Zionismus sollte nicht heissen: noch ein Nationalismus zu den viel zu vielen, an denen die Menschheit schon leidet. Aber offenbar ist keine Nation möglich, und noch dazu eine junge, um ihre blosse Existenz schwer kämpfende Nation, ohne dass ein Teil ihrer Angehörigen fanatisch national wird.

Mein Ringen mit dem jüdischen Problem fand einen Niederschlag, Jahre vor meiner Ehe, in einer Sammlung von Aphorismen zur Gegenwart und Zukunft der Juden. Leider hat sich keine Möglichkeit geboten, sie zu veröffentlichen, was ich bedauere, denn sie enthalten, neben ein paar übertriebenen und unreifen Ansichten, sehr scharfe Formulierungen.

Aus der gleichen Geistesverfassung, dem vergeblichen unermüdlichen Ringen mit dem Problem, ist mein "Kunstwart"-Aufsatz hervorgegangen. Er macht keinen Vorschlag zur Lösung und treibt überhaupt keine Politik, wie er vielfach missverstanden worden ist. Er stammt aus der seelischen Not des deutschen Juden, der schreibt, und bekennt diese Not. Wenn man will, mag man ihn lyrisch nennen.

Erst als die Arbeit fertig vorlag, fing ich an, darüber nachzudenken, was ich denn nun damit anstellen sollte, um sie an die Öffentlichkeit zu bringen; an eine möglichst grosse Öffentlichkeit. Im Grunde war ich ratlos. Schliesslich sandte ich den Aufsatz an das "Berliner Tageblatt", sehr törichter Weise. Für eine tägliche Zeitung war er viel zu lang, und zugleich widersprach er aufs äusserste der Haltung dieses Organs, das keine seelische Not eines deutschen Juden anerkannte und am liebsten das Bestehen einer Judenfrage geleugnet hätte. Ich bekam das Manuskript denn auch prompt zurück. Danach machte ich zwei weitere Versuche, mit demselben Misserfolg. Stark entmutigt und fast ohne Hoffnung verfiel ich auf den "Kunstwart", dessen gläubiger Leser ich jahrelang gewesen war. Wäre der Aufsatz wiederum zurückgekommen, so hätte ich jeden weiteren Versuch mit ihm aufgegeben und ihn in meinem Schreibtisch vergraben, und alle Folgen der Veröffentlichung wären nicht eingetreten, wie es mir mit so vielen anderen Arbeiten gegangen ist. So sehr hängt das Glück des Schaffenden am Zufall.

Indessen, diesmal wurde er angenommen. Ich erhielt einen schmeichelhaften Brief des Herausgebers Ferdinand Avenarius, der mir zugleich ankündige, die Veröffentlichung würde einige Zeit auf sich warten lassen. "Deutsch-jüdischer Parnass" erschien dann, unter meinem wahren Namen, im ersten Märzheft 1912, die Redaktion schützte sich vor unliebsamen Folgen durch eine Vorbemerkung.

Das Aufsehen war ungeheuer; in der Tat grösser als die Wirkung irgendeiner anderen Presseveröffentlichung, die ich erlebt habe oder von der ich weiss. Die erste Reaktion, die mir vor Augen kam, war eine kleine Notiz in einem antisemitischen Blatte. Dann erschienen ähnliche Hinweise in anderen Blättern, zustimmend, ablehnend, dann grössere Aufsätze, und schliesslich erscholl die ganze deutsche Presse vom Lärm des Streites um den "Deutsch-jüdischen Parnass". Auch das Ausland nahm teil. Die "deutschen Staatsbürger jüdischen Glaubens" protestierten in wilder Wut; die Zionisten spendeten jubelnd Beifall. Der "Kunstwart" selbst öffnete seine Spalten der Diskussion, die zum Teil in plumpester Form geführt wurde - dies war schliesslich das Organ eines verbohrten Veteranen des Judenhasses, des Kritikers und Literarhistorikers Adolf Bartels. Der "Verein jüdischer Studenten" erhob den Aufsatz zur Pflichtlektüre in seinem Unterricht - ich erfuhr das durch meinen Bruder Berthold, der damals dort aktiv war. Man forderte mich zu Vorträgen auf, ich nahm einmal an und sprach in überfülltem Saal über Heine. In Ausnutzung meines Erfolges hätte ich die Laufbahn eines jüdischen Politikers einschlagen können. Aber das lag mir in keiner Weise, weder nach meinen Fähigkeiten noch nach meinen Neigungen. Ich sah wohl, was man von mir erwartete und was man brauchte. Aber das beruhte auf einer Verkennung dessen, was ich geschrieben und gewollt hatte; und insofern ich dieses Missverständnis durchschaute, fühlte ich mich gar nicht behaglich in dem allgemeinen Aufsehen. Der Erfolg war mir eben auf einem ganz falschen Gebiete begegnet. Was an dem Kunstwartaufsatz literarische Leistung ist, erkannten nur wenige.

Die Bewegung, die ich aufgerührt hatte, zitterte lange nach; aber da an national-jüdischer Politik oder an Demagogie sich nichts aus mir pressen liess, so wurde es bald still um mich. Der Aufsatz ist auch nie wieder gedruckt worden und daher heute verschollen. Dennoch blieb das Andenken jahrelang lebendig und tauchte namentlich in der antisemitischen Literatur immer wieder auf. Als das Dritte Reich zur Beruhigung seines schlechten Gewissens ein Buch herausgab, betitelt "Die Juden in Deutschland", war dem "Kunstwart" - Aufsatz ein ganzes Kapitel gewidmet. Es ging deutlich daraus hervor, dass sie wohl wussten, wer dieser Moritz Goldstein eigentlich ist, und dass er zur Redaktion der "Vossischen Zeitung" gehört hatte, wenn auch nicht erwähnt wurde, dass ich als Inquit unzweideutig gegen die Nazis aufgetreten war. Ignoranz verriet dagegen eine Erwähnung meiner und des "Deutsch-jüdischen Parnasses" durch Julius Streicher in einer öffentlichen Rede, in der er mich neben Disraeli und Rathenau nannte. Wie wenig auch unter Juden meine Verfasserschaft noch bekannt war, dessen wurde mir ein tragikomisches Zeugnis geliefert, während ich nach unserer Emigration in Italien lebte. Ein Bekannter erzählte mir, er habe in Berlin vor seiner Abreise mit jemandem über den Aufsatz gesprochen und dabei bemerkt: "Der Verfasser ist der Inquit der Vossischen Zeitung. Er lebt jetzt in Florenz, ich fahre zu ihm". Darauf der Gesprächspartner: "Wenn Inquit behauptet, er sei der Verfasser des Kunstwartaufsatzes, so schmückt er sich mit fremden Federn. Der echte Moritz Goldstein ist gefallen". Offenbar verwechselte er mich mit meinem Bruder Berthold, der in der jüdischen Studentenbewegung ein lebendiges Andenken hinterlassen hat.

Ein anderer, sehr viel kürzerer Artikel hat die Öffentlichkeit nicht erreicht. Etwa zehn oder zwölf Tage vor dem Ausbruch des Ersten Weltkrieges, als die Katastrophe sich über unseren Köpfen zusammenzog, jedem spürbar, unheimlich durch ihre Ungreifbarkeit und Unvorstellbarkeit, setzte ich mich hin zu einer Niederschrift, mit der ich das Verhängnis aufhalten wollte. Eine Donquichoterie: wie konnte ein unbekannter Einzelner sich der Weltgeschichte entgegen werfen? Ich fühlte die Narrheit des Unternehmens auch damals, aber dennoch drängte es mich, mein Halt! in die Welt zu schreien. Ich schrieb mit fliegender Feder, malte grell die Gefahr, in die wir mit sehenden Augen rannten, und mahnte in beschwörenden Worten zur Vernunft. Darüber setzte ich das Wort "Weltkrieg", heute ein geläufiger und beinahe abgebrauchter Begriff. Aber damals hatte die Menschheit noch keinen Weltkrieg im schonungslosen modernen Sinne erlebt, man flüsterte nur davon, ohne daran zu glauben. Die Arbeit sandte ich an das "Berliner Tageblatt".

Eine Woche lang hörte ich nichts davon. Es war ohne Zweifel ungeschickt und weltfremd von mir, den Artikel per Post einzureichen, statt die Redaktion aufzusuchen und ihn persönlich anzubieten. Aber das traute ich mich nicht. Inzwischen rasten draussen die Regierungen blind oder zynisch dem Zusammenprall entgegen. Schliesslich bekam ich das Manuskript zurück mit der Bemerkung, die Ereignisse seien schon zu weit fortgeschritten. Das war richtig. Die Redaktion hatte offenbar nicht gleich gelesen, und nun war der Zeitpunkt verpasst. Mir blieb nichts übrig, als den Aufsatz zu dem übrigen zu legen.

Die Ludendorffspende hatte ihre Aufgabe erfüllt, sie bereitete sich darauf vor, ihre Tätigkeit einzustellen. Infolgedessen endete meine Anstellung dort am 31. Oktober 1918. Ich war darauf gefasst, wieder eingezogen zu werden und aufs Neue ins Feld zu rücken. Andererseits hatte sich die strategische Lage Deuschlands zum Schlechten gewandt. Ludendorff hatte verzweifelt nach sofortigem Abschluss eines Waffenstillstandes gerufen. Der militärische Zusammenbruch drohte, das Ende des Krieges schien bevorzustehen. Welch eine Katastrophe! Aber vielleicht brauchte ich nicht mehr einzurücken.

In dieser Ungewissheit wurde ich ins Ullsteinhaus gerufen, zum Chefredakteur der "Vossischen Zeitung". Die Unterredung fand am 6. November statt und währte nicht lange. Die Situation war einfach die, dass die Zeitung, deren Stab durch Einberufungen zusammengeschmolzen war, dringend Kräfte brauchte und dass ich zur unmittelbaren Verfügung stand. Ich wurde engagiert, widerruflich, nämlich nur für den Fall, dass ich nicht wieder eingezogen würde; engagiert diesmal als Redakteur der "Vossischen Zeitung", und zwar für Politik. Am 7. November 1918 trat ich meinen Dienst an.

Fast 15 Jahre blieb ich bei ihr, bis die Nazis mich vertrieben. Es war kein leichter Anfang, ich zählte immerhin schon 38 Jahre und hatte erst das Handwerk zu lernen. Es war überhaupt nicht leicht und ging keineswegs immer glatt, sondern bisweilen unter grossen Schwierigkeiten und harten Kämpfen. Aber von Anfang an fühlte ich mich wohl und zuhause bei der "Vossischen Zeitung". Hier fand ich den Kreis, in dem ich mich verstanden wusste, die Menschen, von denen gerade das geschätzt wurde, was ich konnte. Ich durfte schreiben, was mir einfiel, ich durfte mannigfaltig sein nach Inhalt wie nach Form, ich durfte mich entfalten und meine Anlagen wachsen lassen. Ich erlebte am eigenen Leibe - was mir theoretisch schon längst bekannt war - dass die Gunst der Umstände und die Gewissheit, mit seiner Produktion an die Oeffentlichkeit zu gelangen, befruchtend auf das Talent wirkt. Dass ich rasch und leicht produzieren konnte, wenn der Dienst es verlangte, entdeckte ich erst hier. Meine Phantasie schenkte mir vieles, was mir in der Isolierung niemals eingefallen wäre. Ich wusste auch, wie wir alle es wussten, zu welchem Kreis von Lesern ich sprach, und war stolz darauf, zu ihm sprechen zu dürfen. Wir alle, die wir uns um die "Vossische Zeitung" bemühten, zusammen mit ihren Lesern, bildeten einen Gesinnungsbund, wir fühlten uns im Dienste einer Idee und wirkten für sie mit dem Enthusiasmus, den nur die Idee auslöst. Es war mir völlig aus der Seele gesprochen, was mein armer junger Kollege Heinrich Mühsam, Halbjude, Krüppel, in Deutschland zurückgeblieben, wahrscheinlich von den Nazis umgebracht, mir nach Italien schrieb, als unser Blatt sein Erscheinen hatte einstellen müssen: "Jetzt erst sind wir heimatlos."

Ich war in die politische Redaktion engagiert worden, weil dort am dringendsten Kräfte gebraucht wurden. Sonst sprach nichts dafür: über keine politische Erfahrung verfügte ich, kein politisches Talent hatte ich bewährt. In der Tat fehlt mir die politische Ader, und es wurde mir überaus schwer, mich auf Politik einzustellen. Die Praxis des Redaktionsbetriebes kannte ich nicht.

Bei der "Vossischen Zeitung" war damals das politische Ressort zwiegeteilt, in eine Redaktion für äussere Politik und eine für innere. An der Spitze der Redaktion für innere Politik stand Julius Elbau. Ihm wurde ich zugewiesen und bekam meinen Platz in seinem Zimmer neben ihm. Er war keineswegs erbaut über den Zuwachs und verhehlte mir sein Missvergnügen in keiner Weise; denn er brauchte einen Mitarbeiter und bekam bestenfalls einen Lehrling. Nichts erklärte er mir, wie er denn überhaupt einer der unpädagogischten Menschen war, denen ich je begegnet bin.

Dennoch habe ich von niemandem so viel an Redaktionspraxis gelernt wie von Elbau, aber ich musste es ihm absehen. Ich beobachtete ihn, hörte seine sehr temperamentvollen Äusserungen über die Vorgänge sowohl wie über die Form, in der sie uns berichtet wurden, und fing sehr bald an, die Schnelligkeit und Sicherheit seines Urteils, seine Entschlussfähigkeit, seine Geistesgegenwart zu bewundern. In einer Sturmflut von widerspruchsvollen Sensationsmeldungen sah ich ihn seine Ruhe bewahren und aus einem Wust von Papieren in der vorgeschriebenen Zeit den Bericht, den das Blatt brauchte, hervorzaubern. Vielleicht durch nichts bewies er seine redaktionelle Meisterschaft so sehr wie durch seine Kunst des Streichens. Mit Staunen und Schaudern zugleich erlebte ich, wie er in dem ausgedehnten Bericht eines unserer Korrespondenten wenige Sätze nach dem Anfang den Bleistift ansetzte, ihn wie mit Wollust in gerader Linie quer durch die ganze Länge des Manuskripts führte und erst kurz vor dem Ende innehielt. Damit hatte er das blosse Geschwätz sicher ausgemerzt, die Meldung auf das Wesentliche zurückgeführt und nicht nur dem Leser gedient, sondern auch dem Rufe des Korrespondenten genützt.

Am dritten Tage meines Redaktionsdienstes ereignete sich jener verhängnisvolle 9. November, der als schwarzer Schicksalstag die deutsche Geschichte überschattete, bis vor dem Ausgang des Zweiten Weltkrieges sein düsterer Glanz erlosch. Die Meldungen überstürzten sich, dienstlich gelangten sie nicht zu mir, niemand nahm sich die Mühe, den Neuling einzuweihen, ich sah nur die Kollegen schreiend und aufgeregt durcheinanderlaufen, zu fragen getraute ich mich nicht. Bei der Nachricht, dass eine Nationalversammlung einberufen werden sollte, brach die Redaktion in Jubel aus; sie betrachtete diesen Entschluss als Erfüllung dessen, was sie selbst vorgeschlagen hatte. Erst als ich um die Mittagszeit, um essen zu gehen, die Strasse betrat, stiess ich auf die Revolution, die leibhaftig durch die Berliner Strassen fegte: ein Lastauto raste an mir vorbei, besetzt mit Soldaten, die eine grosse rote Fahne schwenkten, ihre Gewehre schussbereit hielten und ein Maschinengewehr mit sich führten. An den Museen in der Prinz-Albrecht-Strasse klebten rote Zettel mit der Aufschrift "Volkseigentum". So harmlos dies alles sich abspielte, verglichen mit den Schrecken, die eine spätere Zeit erleben musste, so hatte ich damals doch das Gefühl, der Boden wanke unter mir. Als ich am selben Tage abends nach Hause ging, stiess ich in dem vertrauten Friedenau noch einmal auf die Revolution: Nicht weit von unserer Wohnung begegnete mir ein Herr - nicht ein Mann, sondern unzweifelhaft ein

Julius Elbau gez. von B. F. Dolbin

Herr - der mitten auf dem Bürgersteig stehen blieb und ungeniert sein Wasser abschlug. So fasste er die neu gewonnene Freiheit auf.

Die politische Sturmzeit drückte sich in der Redaktion durch vermehrte Arbeit aus. Überreichlich einströmendes Material musste auf dem durch Papierknappheit unerträglich beschränkten Raum bewältigt werden. Ich hatte zu helfen und lernte, von freundlichen Kollegen beraten, das Redigieren von Nachrichten, die Geheimsprache der Satzanweisungen, die Rangordnung der Typen, das Kunststück der Überschriften. An den Abenden wurde ich in eine jener politischen Versammlungen geschickt, zu denen damals auch die bürgerlichen Kreise drängten. Man sagte mir nicht, was ich dort sollte; ich dachte, ich hätte über den Verlauf zu berichten. Ohne Zweifel war es unmöglich, über alle diese Versammlungen in der Zeitung Buch zu führen; andrerseits gebot die Vorsicht, sie überwachen zu lassen für den Fall, dass in einer von ihnen etwas Aussergewöhnliches sich ereignete. Hätte man mir meine Aufgabe so erklärt, so wäre ich belehrbar gewesen. Aber niemand gab sich die Mühe. Ich verfasste also nach jedem dieser Gänge treu und brav meinen Bericht. Elbau warf einen Blick auf das Blatt und tat es wortlos in den Papierkorb. Nicht einmal so viel Interesse nahm er daran, dass er es wütend weggeworfen hätte; er liess es nur gleichgültig fallen, und ich durfte mir mein Teil dabei denken. Mindestens vier Wochen lang fürchtete ich, es würde nicht gehen, und war täglich drauf und dran, meinen Posten aufzugeben.

Indessen es ging schliesslich doch, ich blieb und wurde allmählich in den normalen Betrieb eingefügt. So gut wie jeder andere hatte ich meinen täglichen oder nächtlichen Dienst zu tun, die schwierigen und höchst verantwortlichen Aufgaben einbegriffen, und auf Stunden musste ich unseren Teil der Redaktionsarbeit allein bewältigen.

Ich war auch allein am zweiten Tage des Kapp-Putsches nachmittags. Im Widerstand gegen den Versuch, die junge Republik durch Staatsstreich zu stürzen, waren die Setzer und Drucker, im Bunde mit der übrigen Arbeiterschaft, in Streik getreten. Infolgedessen feierte auch die Redaktion. Jedoch ein Bereitschaftsdienst wurde aufrecht erhalten und das Nachrichtenmaterial wenigstens so weit bearbeitet, dass man halbwegs auf dem Laufenden war, als die Zeitung wieder erscheinen durfte. An jenem Tage läutete mein Tischtelephon, und ich hörte eine männliche Stimme sagen: "Hier ist das stellvertretende Generalkommando des dritten Armeekorps. Ich wünsche den diensttuenden Redakteur zu sprechen." Da ich mich als solchen zu erkennen gab, liess die Stimme sich weiter vernehmen: "Der Verlag Ullstein zeigt in seinen Filialen Aushänge, auf denen eine angebliche Regierung Ebert-Scheidemann Nachrichten verbreitet. Es gibt keine solche Regierung mehr. Diese Art von Nachrichtenverbreitung hat sofort aufzuhören." Ich erwiderte, ich würde den Inhalt des Telephonates an den Chefredakteur weitergeben. Der Chefredakteur Georg Bernhard, ohne Mühe telephonisch in seiner Wohnung zu erreichen, nahm meinen Bericht mit Ruhe entgegen. Kurz darauf läutete das Telephon wieder, und ich hörte dieselbe Stimme: "Hier noch einmal das stellvertretende Generalkommando des dritten Armeekorps. Ich habe meinem ersten Bescheid folgendes hinzuzufügen: Sollte noch ein einziger solcher Aushang erscheinen, so werden die Inhaber des Verlages Ullstein und sämtliche verantwortlichen Redakteure verhaftet und erschossen." Das klang ja keineswegs ermutigend. Es tobte zwar noch keine losgelassene SA und SS durch die Strassen, aber niemand konnte wissen, wie weit die Regierung Kapp zu gehen entschlossen war, und bekanntlich sind standrechtliche Erschiessungen damals vorgekommen. Ich gab die Drohung wieder an Bernhard weiter, der seinerseits mit der Pressestelle der neuen Regierung in Verbindung trat. Er bekam eine höfliche und beruhigende Antwort, und es geschah weder ihm noch irgendeinem anderen Mitglied des Hauses etwas. So viel ich weiss, blieben die Aushänge in den Schaufenstern; nach drei Tagen Putsch verschwanden nicht sie, sondern die Kapp-Regierung.

Gegenüber diesem plumpen Angriff auf die Republik war die Haltung der "Vossischen Zeitung" entschieden und einheitlich; dagegen gab es schwere Kämpfe über ihre Aussenpolitik. Sie gingen um die Frage, wie man sich zu den siegreichen Mächten der Entente stellen sollte. Die "Vossische Zeitung" vertrat die sogenannte Verständigungspolitik, das heisst den Versuch, durch Verständigung mit Frankreich und weitgehende Erfüllung seiner Forderungen zu einer Art Interessengemeinschaft zu gelangen, die sich gegen England als den wahren Feind richten sollte. Diese Politik wurde, wie es sich von selbst versteht, durch den Chefredakteur bestimmt, aber er stand dabei unter dem Einfluss zweier Mitglieder der Redaktion, die in meinen ersten Voss-Jahren eine überragende Rolle spielten, Kaliski und Dr. Redlich.

Kaliski, vermutlich ostjüdischen Ursprungs, seiner politischen Richtung nach Sozialdemokrat, und zwar aus ehrlichster Überzeugung, schrieb nicht und redigierte nicht, sondern beriet den Chefredakteur, bei dem er eine Art von Adjutantenstellung inne hatte. Er suggerierte ihm seine eigenen Überzeugungen und verteidigte sie beredt in den Redaktionskonferenzen, in denen er sich über die Torheit und Kurzsichtigkeit aller anderen fast krank zu ärgern hatte. Über seinen Bildungsgang weiss ich nichts, ich weiss also auch nicht, wie viel er wusste, aber er war der geborene Besserwisser. Er erzählte mir, dass er in der ersten Zeit der Republik hätte Minister werden sollen, dass er es aber abgelehnt hätte. Ob es wirklich so war, kann ich nicht beurteilen, aber mindestens muss er geglaubt haben, es sei so gewesen; denn Kaliski log nicht und schnitt nicht auf. Ich habe ihn in der erregten Zeit der Revolution in grossen Versammlungen reden hören; wie mir schien, mit mehr Überzeugtheit als Überzeugungskraft. In der jüdischen Frage stand er auf Seiten der Zionisten. Sein Einfluss auf Georg Bernhard und infolgedessen auf die Redaktion war in jenen Jahren ausserordentlich gross.

Einen nicht minder breiten Schatten warf Alexander Redlich. Seine redaktionelle Stellung war die eines Leiters der gesamten Politik. Er stand also über Elbau und seinem aussenpolitischen Widerpart, aber unter Bernhard. In Bernhards Abwesenheit leitete er die Redaktionskonferenzen; sachlich, wie er von sich gedacht haben wird, aber in Wahrheit unpersönlich und ledern; gelegentlich, wenn er auf Widerstand stiess, unnötig gereizt. Er schrieb viel für die "Vossische Zeitung", umfangreiche und anspruchsvolle Leitartikel; für meinen Geschmack doktrinär und ohne jeden stilistischen oder intellektuellen Reiz. Er trat sehr anspruchsvoll auf, hatte selbstverständlich seinen Wagen samt Chauffeur auf Kosten des Verlages und begnügte sich nicht mit einer Sekretärin, sondern brauchte deren zwei. Er sprach fliessend französisch und pflegte jeden Morgen telephonisch mit dem französischen Botschafter in Verbindung zu treten. Ich halte es durchaus für möglich, dass der Stolz auf diese Sprachkenntnis und die Sucht, damit zu glänzen, die eigentliche Triebfeder seiner Verständigungspolitik abgab. In Redlich verehre ich ein Prachtexemplar meiner Kollektion von Menschen, die bloss eine Rolle spielen, weil sie Erfolg hatten, ohne eine Spur von innerer Berechtigung. Denn er war an sich gar nichts, eine Null, von nicht mehr als durchschnittlicher Intelligenz, ohne eine Spur von Originalität oder Produktivität. Wohl aber verstand er es, aufzutreten und sich aufzublasen. Dass die Menschen, auf die es ankam, ihm auf den Leim gingen und ihn auf seinen wichtigen Posten hoben, verstehe ich nicht. Es könnte einen lustig stimmen, wenn es nicht tragische Folgen gehabt hätte.

Zugunsten der Verständigungspolitik lässt sich gewiss einiges sagen. Aber so wie sie in der "Vossischen Zeitung" verfolgt wurde, namentlich durch Redlich, ohne die geringste Vorstellung von den Gefühlen der Menschen, die das lesen sollten, konnte sie nur Widerspruch wecken. In der Tat schrumpfte die Leserschaft so bedrohlich zusammen, dass eines Tages der Verlag die Geduld verlor und entschieden forderte, mit dieser Art von Verständigungspolitik müsse Schluss gemacht werden. Kaliski und Redlich schieden aus. Redlich wurde nicht einen Tag vermisst, es war, als hätte er nie zur Redaktion gehört. Er ging nach Wien und starb dort nach wenigen Jahren. Kaliski geriet durch die Entlassung in sehr bedrängte Lage, vielleicht sogar in Not. Was unter den Nazis aus ihm geworden ist, weiss ich nicht.

Beide hätten den Chefredakteur nicht so völlig zu ihren Ansichten bekehren können, wenn er nicht beeinflussbar gewesen wäre. Georg Bernhard ist vielfach bekämpft und angefeindet worden, und ohne Zweifel gab er immer wieder Anlass dazu. Indessen seine Mitarbeiter und Kollegen wussten, was sie an ihm hatten: eine Persönlichkeit und einen Mann des fortreissenden Schwunges. Über seine politische Einsicht will ich nicht urteilen. Wahrscheinlich hatte er keine eigenen Ideen, auch auf dem Gebiete der Politik nicht, sondern bildete das Gefäss für die Ideen anderer. Dabei half ihm seine Gabe, sich fremde Gedanken so völlig zu eigen zu machen, dass er sie nach einiger Zeit als eigene produzierte. Dennoch war er ein politischer Mensch insofern, als ihm die Fähigkeit angeboren war, dasjenige zu handhaben, was ich den Apparat zu nennen pflege. Zu welcher Körperschaft er auch gehören mochte, Verein, Vorstand, Komitee, Parlament, er wurde wie von selbst in die Leitung gehoben und lenkte die Prozedur binnen kurzem nach seinem Belieben. So habe ich ihn kurz vor der Nazizeit die widerspenstige Mitgliedschaft einer Berufsvereinigung mit ungeheurem Geschick zu seinen Gunsten umstimmen sehen. Er war ein Mensch des Erfolges, auch im äusserlichen Sinne des Wortes. Es quoll nicht aus ihm, er reagierte nur. Er allein in der Welt hätte völlig leer und tot bleiben müssen. Aber wenn er auch nichts schuf, so war er dennoch eine lebendige Kraft. Seine Reaktion auf die täglichen Vorgänge des Lebens geschah mit Enthusiasmus und stürmischem Temperament. Dazu beseelte ihn ein liebeswürdiges menschliches Wohlwollen, das ihn trieb zu helfen, wenn er konnte. Der Nutzen, den er seiner Kollegenschaft in den Berufsorganisationen geleistet hat, lässt sich gar nicht abschätzen. Sein behender Verstand ergriff rasch das Wesentliche, er beherrschte mühelos das Detail der Gehalts- und Pensionsfragen, um die sich diese trockenen Verhandlungen gewöhnlich drehten, und so vermochte er meist günstigere Bedingungen auszuhandeln, als es jedem anderen gelungen wäre. Denn in der Wirtschaft und im Finanzwesen fühlte er sich völlig zu Hause, ein wirklicher Fachmann. Als solcher lehrte er jahrelang an der Berliner Handelshochschule und trug den Titel Professor. So dominierte er auch im Vorläufigen Reichswirtschaftsrat. Ein politischer Mensch war er auch dadurch, dass ein grosser Teil seiner Leistung im persönlichen Kontakt

Georg Bernhard

mit den Trägern der Politik bestand. Er suchte und pflegte ihre Bekanntschaft und hatte innerlich einen ganz leichten Zugang zu ihnen. Der Kreis seiner Beziehungen war unübersehbar; wahrscheinlich gab es niemanden in der Regierung, in den hohen Ämtern, in den Parlamenten und in den Parteien, mit dem er nicht zusammengetroffen war oder nach seinem Belieben zusammentreffen konnte. Denn schon längst und auf viele Jahre gehörte er zu denen, deren Umgang gesucht wurde.

Der Erfolg in grossem Stile wurde ihm früh zuteil. Sein Name war dem Zeitungsleser geläufig, nicht nur in Deutschland, sondern fast überall in der Welt. Er ging bei den Grossen des gesellschaftlichen Lebens ein und aus, und sie verkehrten bei ihm. Ihn beseelte die Leidenschaft des echten Journalisten, dabei zu sein, und er war schliesslich überall dabei.

Es besteht kein Zweifel, dass er seinen Wert und seinen Rang kannte; aber das machte ihn nicht aufgeblasen. Er blieb schlicht und ungezwungen, völlig fern von jeder gespielten Wichtigkeit. Etwas Jungenhaft-Burschikoses haftete ihm Zeit seines Lebens an. Mit hohen Würdenträgern sprach er nicht anders als mit Arbeitern, und die jüngsten Kollegen in der Redaktion hörte er mit derselben Aufmerksamkeit an wie die Ressortchefs. Ja, wenn er einen Unterschied machte, so geschah es zugunsten der Jungen, die in Schutz zu nehmen und zu fördern es ihn immer drängte.

Gegen ihn darf seine Überbeschäftigung eingewandt werden. Man trug ihm Ämter und Posten an, und er konnte sich nicht überwinden, abzulehnen. Wie er das alles bewältigte, bleibt ein Rätsel. Aber er gehörte zu jenen Menschen, die immer und für alles Zeit finden. Wenn er arbeitete, so tat er es intensiv und in rasendem Tempo. Aber er konnte dazwischen viele Stunden plaudernd verbringen; und er widmete vielleicht noch mehr Stunden seinem Laster, dem Glücksspiel. Über alle dem musste die "Vossische Zeitung", die den vollen Arbeitstag eines hervorragenden Menschen beanspruchen durfte, denn doch schliesslich zu kurz kommen.

Er hatte es sich bei ihr, wie überall, so eingerichtet, dass er vertreten wurde, wenn er nicht da war. Davon machte er reichlich Gebrauch. Allzu viele Redaktionskonferenzen fanden ohne ihn statt. Diese Konferenzen wurden zweimal täglich gehalten. Sie mögen zu den witzigsten Zusammenkünften in Europa gehört haben. Unter ein paar ihrer Mitglieder fand dann ein wahres Turnier des schnellen, schlagfertigen, überraschenden und einfallsreichen Geistes statt, worunter übrigens der Ernst der Beratung in keiner Weise litt. Diese Wettkämpfe blühten vor allem, wenn Bernhard präsidierte. Obgleich selbst nicht witzig, liebte und schätzte er Witz und Geist und war ein vorzüglicher Lacher. Betrat er den Konferenzraum, so ging etwas wie ein elektrisches Fluidum von ihm aus. Sofort und unwillkürlich straffte, belebte und führte er den Austausch der Ansichten. Wie gern entsinne ich mich jener Sitzungen, in denen das Blatt für den Sonntag oder einen Feiertag disponiert wurde. Obgleich er selbst nichts dazu brachte - denn die Beiträge mussten von den Ressorts vorbereitet sein - so verfügte er sogleich mit souveräner Freiheit darüber, stimmte das Ganze mit genial sicherem Griff gegeneinander ab und gab jeder Einzelheit ihren rechten Platz. Er gehörte zu den guten Redakteuren auch in dem Sinne, dass er sich vor den Leistungen anderer nicht fürchtete und nicht neidisch auf sie war. Es freute ihn vielmehr, wenn seine Helfer sich auszeichneten. Nahm er selber das Wort zur Erörterung der Lage, so hörten wir ein politisches Kolleg von Rang. Aus solchen Konferenzen kamen wir mit dem Gefühl, Förderung und Klärung davon zu tragen, und mit der Überzeugung, ein gutes Blatt vorbereitet zu haben.

Ich lernte Georg Bernhard einige Zeit vor dem Ersten Weltkrieg kennen; bei einer zufälligen Gelegenheit wurde ich ihm vorgestellt. Damals war die Diskussion über meinen Kunstwart-Aufsatz im Gange. Er sprach mich sogleich daraufhin an. "Wenn es," sagte er, "Juden gibt, wie Sie einer sind, so lasse ich mich taufen." Er liess sich aber nicht taufen, sondern ganz im Gegenteil, er näherte sich, wie die Jahre hingingen, mehr und mehr seinem jüdischen Volke, zweifellos unter Kaliskis Einfluss, und wohnte auch gern dem Gottesdienst bei. Damit vollzog er zugleich einen Akt politischer Klugheit. Da der Antisemitismus in Deutschland zunahm, konnte er den Angriffen wegen seiner Abstammung doch nicht entgehen. Er spielte die bessere Rolle, wenn er sich öffentlich und freimütig dazu bekannte.

Keinem anderen als ihm verdanke ich mein zweimaliges Engagement bei Ullstein. In den vielen Jahren, da er mein Chefredakteur war, sind wir dann nicht immer leicht miteinander ausgekommen. Im Grunde waren wir zu verschiedene Charaktere und wussten nicht viel miteinander anzufangen. In allem Wesentlichen jedoch bewahrte er mir sein Wohlwollen. In Bezug auf meine literarische Leistung scheute er sich nicht, mir sein Missfallen auszusprechen, wenn er Grund dazu fand, was selten vorkam. Am schärfsten tadelte er mich wegen einer ausführlichen Besprechnung der zweibändigen Caesar-Biographie von Georg Brandes, die ich, bei allem Respekt vor dem Verfasser, mit Bedacht abgelehnt hatte. Aber er kargte auch nicht mit Lob, wie er denn überhaupt gern anerkannte. Über mein kleines philosophisches Buch "Der Wert des Zwecklosen" drückte er mir seine hohe Bewunderung aus, als über eine Arbeit, die jenseits seiner Kenntnisse und Fähigkeiten lag. Meine Erzählung "Der entfesselte Turbinendampfer" bewog ihn, mir so etwas wie eine öffentliche Ehrung zuteil werden zu lassen. Ich kam, aus dienstlicher Behinderung, zu spät in die Redaktionskonferenz. Bei meinem Eintritt erhob sich Bernhard von seinem Platz des Leiters, schritt mir entgegen und drückte mir glückwünschend die Hand.

Während der etwa anderthalb Jahre, die ich der politischen Redaktion angehörte, tat ich meinen Dienst, einen auch äusserlich anstrengenden Dienst, häufig bis tief in die Nacht. Meine Pflicht zu erfüllen, wurde mir unsagbar schwer. Ich fühlte tief die Verantwortung an dieser Stelle, aber das Politische lag mir nun einmal nicht. Es war, als ob man einen Unmusikalischen zwinge, ein Instrument zu spielen, oder von einem Menschen ohne technischen Sinn verlangte, einen Mechanismus zu reparieren. Ich lieferte schliesslich, was gebraucht wurde, aber ich brachte es mit ausserordentlicher subjektiver Anstrengung höchstens zu einer mittelmässigen Leistung. Dazu kam eine harte Belastung von der körperlichen Seite her: ich litt an einem Gefühl der Erschöpfung, das ich nicht erklären und nicht überwinden konnte. Mir war, als setzte jemand eine Saugpumpe an das Mark meines Lebens. Ruhe, Spaziergänge in freier Luft, und was ich sonst noch versuchte, nützten nicht das Geringste. Durch Jahre konsultierte ich immer wieder Ärzte deswegen, aber sie fanden keine organische Ursache und erklärten das Leiden für nervös.

Im Juni 1920 war Toni verreist und ich mit unserm Sohn Thomas, damals siebenjährig, und einem Dienstmädchen allein zu Hause. Ich hatte Spätdienst gehabt und sollte den nächsten Tag wieder Spätdienst haben; daher war ich am Vormittag frei. Ich benutzte ihn dazu, mit Thomas ins Grüne zu fahren. Indessen, das Erschöpfungsgefühl wich nicht von mir. Immerhin spielte ich mit dem Jungen herum in lebhafter körperlicher Bewegung.

Als ich am Nachmittag im Ullsteinhaus mich die Treppe hinaufschleppte, musste ich ganz leicht husten und spie hellrotes Blut. Dabei beobachtete ich mich: keinerlei Schwäche oder Schwindel oder Übelkeit war zu spüren, ich konnte mir den Vorgang nicht erklären. Ich suchte Elbau in seinem Zimmer auf - er hatte jetzt sein eigenes Bureau - und bat ihn, mich anzusehen; ob ihm etwas an mir auffiele. Aber ausser dass er mich blass fand, bemerkte er nichts Ungewöhnliches. Darauf erzählte ich ihm mein Erlebnis, und er riet mir, mich sofort nach Hause zu begeben. Aber das war leichter gesagt als getan. Ich hatte den Dienst jetzt, und es oblag mir, soviel Nachrichten wie möglich, fertig redigiert, in die Setzerei zu schicken. Wenn ich statt dessen den Einlauf liegen liess, so kam die Redaktion in Bedrängnis. Erst später wurde ein älterer Kollege erwartet, der mich ergänzen sollte, dem ich zur Not die Arbeit allein überlassen konnte.

Ich etablierte mich also auf meinem Platz, liess einen Spucknapf neben mich stellen, redigierte wie immer und spie dazwischen Blut. Um neun Uhr erschien die Ablösung, und ich durfte gehen. Aber nun dachte ich nicht daran, auf diesen unverhofft gewonnenen freien Abend zu verzichten. Ich zündete mir also eine Zigarre an und schlenderte vergnügt durch die Strassen und einen Teil des Tiergartens, ehe ich endlich nach Hause fuhr.

Am nächsten Morgen suchte ich den Arzt auf und konnte ihm das Phänomen ohne weiteres vorführen. Ich darf sagen, dass er erschrak. Seine Entscheidung lautete: Sofort zu Bett, alles abbrechen, mindestens ein Vierteljahr pausieren. Das Weitere werde sich finden.

Ich überliess denn also die Sorge für das Haus und den Jungen dem Dienstmädchen und legte mich zu Bett. Und wenn ich je geschmeckt habe, was Glück heisst, so war es an diesem ersten Vormittag. Erlöst! Der Bürde eines zu schweren Dienstes entronnen! Nun würde man für mich sorgen, nun würde man einen leichten Beruf für mich finden, vielleicht es mir ermöglichen, irgendwo in freier Natur zu leben und mich ganz meinen Werken zu widmen.

Es kamen die Ärzte, Toni kehrte zurück, und durch Röntgenaufnahmen und was sonst dazu gehört, wurde einwandfrei Lungentuberkulose festgestellt. Anzeichen wiesen darauf hin, dass ich schon früher solche Prozesse durchgemacht haben musste. Das Erschöpfungsgefühl konnten jetzt die Ärzte mit Sicherheit darauf zurückführen.

Ich durfte schliesslich aufstehen, ich lernte wieder, mich auf der Strasse bewegen, ich wurde zur Ausheilung nach Oberstdorf im Allgäu gesandt, für drei Monate. Meine Anstellung bei der "Vossischen Zeitung" geriet bei alledem niemals ins Wanken, gewiss eine Hochherzigkeit des Hauses Ullstein. Endlich kehrte ich heim, froh, meinen Dienst sogleich wieder antreten zu dürfen. Von der Politik blieb ich befreit.

Ich wurde dann noch zweimal, in Abständen von Jahren, mit Blutungen heimgesucht. Zuletzt bestand ein grosser Lungenspezialist, Professor Unverricht, darauf, dass der Pneumothorax angelegt wurde. Ich trug ihn anderthalb Jahre.

Als ich mich bei der "Vossischen Zeitung" vom Urlaub zurückmeldete, wurde ich der Feuilleton-Redaktion zugewiesen. Das passte denn nun schon viel besser zu mir. Ich begann, mit Lust zu arbeiten, aber ich merkte bald zu meiner Beschämung, wie fern von der lebendigen Literatur ich bisher gelebt hatte. Ich kannte nichts und niemanden, verglichen mit meinen Kollegen.

Das Feuilleton befand sich in einer Übergangszeit. Der bisherige Chef war ausgeschieden, die Leitung hatte kurz vor meinem Eintritt mein alter Gönner Max Osborn übernommen. Aber der Posten lag ihm nicht, er wollte frei sein zum Schreiben und legte sein Amt bald nieder. Die Leitung, ohne dass er ausdrücklich zum Chef bestellt wurde, fiel an A. H. Kober.

Das war ein sonderbarer Heiliger. Klein, schmächtig, mit langen glatten Haaren wie ein Dichter aus der Mitte des vorigen Jahrhunderts, veranstaltete er um sich her einen aufgeregten Betrieb. Die Besucher strömten aus und ein, das Telephon stand nicht still. Zuerst glaubte ich, diese Unruhe gehöre zur Feuilleton-Redaktion. Bald aber entdeckte ich die Ursache des Getümmels: Kober erledigte nichts, versprach jedem, was er zu hören wünschte, gab unbestimmte Auskünfte, traf Verabredungen, an die er sich nicht kehrte, und hielt die armen Beiträger und Mitarbeiter in beständiger Spannung und Bewegung. Andererseits machte er seine Sache nicht schlecht. Er schrieb viel, mehr als das Blatt unterbringen konnte, hatte eine souveräne Art, Leute zu behandeln, auch solche von Ruf und Namen, und literarische Ränge zu verteilen, und seine Geschicklichkeit, interessantes Material herbeizuschaffen, grenzte ans Geniale. Binnen weniger Wochen brachte er dem Blatte den Vorabdruck aus dem neuesten, noch unvollendeten Werke des grossen Theologen Harnack, die Erinnerungen eines ehemaligen Trappistenmönches und die Beichte von Menschen, denen ein Selbstmord misslungen war, lauter originelle und höchst wertvolle Veröffentlichungen. Die Manuskripte liefen nicht bei der Redaktion ein, wie das sonst geschieht, er brachte sie vielmehr selber an. Woher sie ihm zukamen und wie er die Verbindungen herstellte, um sie zu beschaffen, davon hatte ich keine Vorstellung. Ich merkte nur soviel, dass seine Beziehungen in alle möglichen Kreise reichten, in die hohe Wissenschaft so gut wie in das Theaterleben, in das Proletariat und in die Unterwelt. Indessen das Durcheinander seiner Redaktionsführung erregte beim Verlag Anstoss, und Kober musste gehen. Was tat er nun? Auf welche Leistungen konnte er sich für eine neue Tätigkeit stützen? Er hatte mehrere Schriften veröffentlicht, darunter ein Werk über religiöse Lyrik. Aber nicht davon machte er jetzt Gebrauch, er wurde vielmehr Propagandachef des Zirkus Sarasani und zog in den folgenden Jahren mit ihm durch die Welt. Auch darüber veröffentlichte er ein Buch oder deren mehrere. Etwas in ihm zog ihn zum Zirkus, und wahrscheinlich war es ein angeborener mimischer Trieb. Was immer er tat, es war nur eine Rolle, die er spielte. Eine Zeitlang spielte er Feuilleton-Redakteur der "Vossischen Zeitung": für den, der zusah, nicht einmal schlecht.

Nunmehr fiel die Leitung an mich. Auch ich wurde nicht zum Chef des Ressorts befördert, sondern ausdrücklich nur mit der "Geschäftsführung" beauftragt. Aber immerhin! Wenn ich früher davon geträumt hatte, ich könnte der Redaktion einer grossen Berliner Zeitung angehören, so war meine Vorstellung nicht höher gestiegen als bis zu einem kleinen Privatauftrag, den ich etwa in aller Bescheidenheit verwalten könnte. Und nun war ich, wenigstens für den Augenblick, Leiter des Feuilletons der "Vossischen Zeitung". Ich fühlte mich sehr glücklich in dieser Stellung, die Arbeit ging mir leicht von der Hand, ich empfand sie gar nicht als Arbeit, denn ich hatte nun von Berufs wegen zu tun, was ich bisher in meinen Mussestunden zu treiben pflegte oder zu treiben mich sehnte. Im übrigen hörte der Ansturm der Besucher und das Getobe des Telephons auf. Die Wogen glätteten sich, Ruhe trat ein, ich sass still und einsam in meinem Bureau und versah meinen Dienst.

Viel zu einsam für diesen Posten. Es gehört leichter und vielseitiger Kontakt mit der Welt dazu. Ich glaube nicht, dass ich nun hier mein Ziel erreicht hatte, und glaubte es auch damals nicht. Mein Ziel kann nur darin bestehen und hat immer darin bestanden, dass ich meine Werke schreiben darf und dass den diihnen leben kann. Aber solange ich das Feuilleton leitete, fühlte ich mich gehoben, und die vielseitige Tätigkeit, die hohe Verantwortung und die aufmerksame Behandlung durch andere, die einem an solch einer Stelle zuteil wird, machten mir Freude. Dass der Verlag mich schliesslich nicht an diesem Platze beliess, dafür gab es zwar keinen stichhaltigen Grund, aber ich kann es verstehen. Sie wünschten sich dort einen Menschen mit Namen, auch in dem Sinne, dass den dirigierenden Herren, oder einigen von ihnen, das Etiquette Moritz Goldstein an dieser sichtbaren Stelle nicht passte. Kurzum, sie bestellten einen anderen zum endgültigen Leiter des Feuilletons, Monty Jacobs, bis dahin nur Theaterkritiker, was er fortfuhr zu sein.

Bei diesem Wechsel ist unfair mit mir verfahren worden, von mehreren Seiten in höchst verletzender Weise. Ich will auf die Einzelheiten nicht eingehen, die Dinge liegen zu weit zurück, und die Hauptbeteiligten sind tot. Damals erschütterte mich das Erlebnis bis in den Grund meiner Existenz. Aber mag dieses Stück Vergangenheit ruhen.

Allein, ich muss berichten, dass ich empört meine Stellung aufs Spiel setzte. Ich hätte unter dem neuen Leiter im Feuilleton weiterarbeiten können, und so erwartete es der Verlag. Aber ich fand mich so unwürdig behandelt, dass ich meinen Sommerurlaub antrat und erklärte, ich würde auf diesen Posten nicht zurückkehren. Dabei war ich darauf gefasst, dass der Verlag antworten würde, alsdann hätte er keine Verwendung für mich. Aber nichts dergleichen geschah, mein Redaktionsvertrag blieb in Geltung.

Ich fing denn also an, als eine Art freiwilliger Mitarbeiter Besprechungen und Referate aller Art zu liefern, je nach dem Bedürfnis der Redaktionen. Ich wurde auch ein paarmal nach auswärts geschickt. All dies geschah in einer Art von schwebendem Zustand, ohne neue Verabredung. Meine Tätigkeit befriedigte mich keineswegs, unhaltbar jedoch wurde die Lage rasch von der wirtschaftlichen Seite her. Die Inflation begann sich fühlbar zu machen, die Gehälter stiegen, aber mir wurde nichts derartiges angeboten, und ich konnte nicht gut darum einkommen. Nach einem halben Jahr fasste ich daher einen neuen Entschluss, wieder auf jedes Risiko hin. Ich gedachte, bevor ich mich von neuem bände, einen dramatischen Plan auszuführen. Ich nahm also einen unbezahlten Urlaub von zweieinhalb Monaten, ein Freund stellte mir das Geld zur Verfügung, und so reiste ich im Winter nach Wolfshau im Riesengebirge, um dort die Tragödie "Melissas Schatten" zu schreiben, die ich schon einmal erwähnt habe. Ich hoffte, das Werk würde mir weiterhelfen. Es kam auch zustande, aber die Erwartung schlug fehl.

Wenn ich mit den Meinen existieren wollte, so musste ich denn also irgendwo bei der Redaktion wieder eintreten. Aus sachlichen Gründen wollte ich nicht in die Politik, aus persönlichen Gründen nicht ins Feuilleton zurückkehren. Handel und Sport verboten sich von selbst. Es blieb nur die Lokalredaktion. Ihr Leiter, Fritz Goetz, erklärte sich bereit, mich aufzunehmen; grossherziger Weise. Denn er konnte nicht mit irgendeinem Grad von Sicherheit erwarten, dass ich ihm nützlich sein würde. Was man von mir in der Redaktion wusste, war, dass ich dichterische Versuche, sogar unverkleidete Lyrik veröffentlich hatte. Manche nannten mich auch, halb zum Spass, aber auch halb im Ernst, einen Philosophen. Was konnte ich dem Chef des lokalen Teils praktisch leisten? Aber er wagte es mit mir, bestellte mich ausdrücklich zu seinem Vertreter, und ich glaube, dass er gefunden hat, was er suchte.

Die Lokalredaktion eines grossen Blattes ist nicht einfach die Stelle, an der Unglücksfälle, Verbrechen und Brände angezeigt werden. In ihren Bereich fällt vielmehr alles, was nicht in die anderen Abteilungen passt. Sie umfasst ein ausserordentlich grosses und vielseitiges Gebiet, was sie braucht, sind Menschen mit nüchternem Tatsachensinn und rascher Entschlusskraft. Für höhere Anforderungen ästhetischer Art ist dagegen hier kein Platz.

Goetz gab einen ausgezeichneten Leiter des lokalen Teils ab, er besass alle Eigenschaften, die dazu gehören, ausserdem half ihm seine unerschütterliche Ruhe. Er war auch ein angenehmer Chef, es gab niemanden unter den jüngeren und älteren Mitgliedern seines Ressorts, der nicht gern unter ihm arbeitete. Aber das wusste ich nicht von Anfang an, ich musste es erst ausprobieren. Jedenfalls trat ich sogleich bei ihm ein. In meinem Journal notierte ich: "Das Gefühl, mit dem ich das tue, ist Grausen; aber vielleicht handelt es sich nur um einen Übergangsposten".

Der Übergang dauerte mehr als sechs Jahre. Hier meine Pflicht zu erfüllen, verlangte von mir nicht weniger Selbstüberwindung als früher der Dienst in der Politik. Denn ich bin kein Mensch des nüchternen Tatsachensinnes. Geschriebenes nach einem anderen Maßstab als dem seines literarischen Wertes zu beurteilen, geht mir gegen die Natur. Ich war gezwungen, was mir an Eignung abging, durch Fleiss und Willenskraft zu ersetzen. Damit erreichte ich von mir, dass ich die Abteilung wirklich in Goetz' Vertretung leitete, immer wieder und auf lange Strecken, namentlich zu der Zeit, da eine besondere Form der "Vossischen Zeitung" für die Provinz erschien, die Reichsausgabe, die er mir im wesentlichen überliess.

In dieser Zeit konnte ich eine Fülle von kleineren Beiträgen veröffentlichen, die sich teils aus dem Dienst ergaben, teils mir einfielen; aber grössere Werke brachte ich nur unter äusserster Anspannung und nur mit halber Kraft zustande. Der schöpferische Mensch in mir wurde von meinem Amt gefressen, und darunter litt ich schwer. Es war auch - ich muss es gestehen - etwas von Beschämung in mir darüber, dass ich mit so viel Mühe und, wie ich mir einbildete, auch Leistung zu nichts anderem als dem Posten eines Lokalredakteurs gelangt war, das letzte, was ich mir ausgesucht hätte, wenn ich es mir hätte aussuchen dürfen.

Unerwartet änderte sich mein Verhältnis zur Redaktion in einer für mich höchst günstigen Weise. Ich werde darüber alsbald ausführlich zu berichten haben. Die Wendung wirkte sich auch dahin aus, dass ich mich wieder zu produktiver

Leistung aufgelegt fühlte. Ich machte mich an einen Roman und vollendete ihn binnen zwei Jahren. Er heist "Victoria-Palast". Ich rechne ihn unter meine tragisch verkannten Werke; denn er ist unveröffentlicht geblieben. Ich sandte das Manuskript der Reihe nach unermüdlich vielleicht an 30 Verleger und bekam ihn von allen zurück, von einigen mit Hohn. Nur die einst berühmte "I. G. Cottasche Buchhandlung" schrieb: "Ihr Roman würde unter günstigeren Verhältnissen zweifellos zu jenen gezählt haben, die für den Verlag ernsthaft in Betracht kommen". Aber die Verhältnisse waren keineswegs günstig.

Gegenüber so krassem Misserfolg könnte ich mich versucht fühlen, dieses epische Wagnis meinerseits zu verleugnen. Ich habe den Antrieb dazu denn auch jahrelang empfunden. Aber jetzt, durch Wiederlesen ermutigt, bin ich entschlossen, dem misshandelten Erzeugnis die Treue zu wahren. Es darf beanspruchen, von mir gegen Verkennung in Schutz genommen zu werden.

Ich glaube heute, dass die Arbeit von niemandem bisher verstanden worden ist - was ohne Zweifel an dem Roman liegt, aber auch an den Lesern. Vorläufig hoffe ich noch, er werde eines Tages die rechten Leser finden. Sie müssten erkennen, was ich gewollt habe, und es billigen.

Mit dem Abstand, der mich jetzt von der Entstehung des Werkes trennt, sehe ich klar, dass der Roman ganz und gar vom Üblichen abweicht. In ihm werden zwei Menschen zueinander geführt, aber ihr Finden vollzieht sich fern von jeder Erotik oder irgendeiner Möglichkeit der Erotik. Denn diesen Weg gehen ein Mann und eine Frau an der Schwelle des Alters. Die Körper dürfen da keine Rolle mehr spielen; und auch die Seelen sind beteiligt mit Schichten, die viel tiefer liegen als Zärtlichkeit und Begierde der Geschlechtsliebe.

Die Handlung wird in einem bestimmten Umkreis zu einer bestimmten Zeit angesiedelt; aber gewissermassen nur symbolisch. Es ist unwichtig, ob die Szenerie mit der Wirklichkeit übereinstimmt; es kommt nur darauf an, dass ein Bild entsteht. Ich zimmere mir also eine Bühne, und zwar benutze ich dazu das seltsame Bauwerk der "Passage", zu der Zeit, da mein Vater darin regierte. Mein Direktor Behrmann ist aber nicht mein Vater. Auch die "Passage", ihr Betrieb und die elterliche Wohnung darin, wird nur in Auswahl und mit Abänderungen, zum Teil tiefgreifenden, benutzt, und manche Einzelheit, die als treulich festgehaltene Erinnerung aufgefasst worden ist, habe ich mir frei zu erfinden gestattet. So ist auch Frau Kolberg, Inhaberin eines drittrangigen Hotels und Mieterin des "Victoria-Palastes", nur mit Hinzufügungen, Weglassungen und Steigerungen die wirkliche Franziska Mann aus der "Passage", die in der Zeit der Weimarer Republik durch warmherzige Sorge für einsame Menschen sich ein Verdienst erworben hat.

Diese beiden alternden Menschen nun werden in einer Doppelreihe von Schicksalsschlägen, nebeneinander her, aber jeder für sich, von einer Enttäuschung und Demütigung zur anderen geführt. Die Frau, anstatt der Verzweiflung anheimzufallen, entdeckt in sich die Kraft, den Mühseligen und Beladenen beizustehen; nicht durch praktische Hilfe, nicht einmal durch guten Rat, sondern durch umfangende Teilnahme und stärkenden Zuspruch. Sie hilft damit den Leidenden und findet selber darin ihr Glück. Zu ihr flüchtet sich Direktor Behrmann, da ihn die bittersten Erlebnisse um alle Haltung zu bringen drohen. Der Entschluss, sie um ihre Art von Hilfe anzugehen, bedeutet für ihn eine neue Demütigung; aber ihre seelische Kraft bewährt sich an ihm, und von da an bleiben sie in Freundschaft verbunden. Ich bezweifle, dass irgendein Leser bisher diese Doppelbewegung und dieses Ziel aufgefasst hat.

Noch eine andere Eigenart ist dem Verständnis des Romans zur Zeit seiner Vollendung hinderlich gewesen. Einen Teil meiner Personen dachte ich mir als jüdisch. Sie leben unter ihren Landsleuten, wie ich und mein Kreis vor den Nazis uns gewünscht haben, oder uns eingebildet haben zu leben: sie sind Juden, aber weder halten sie das Ritual noch bietet ihre Zugehörigkeit ihnen ein Denkproblem. Sie sowohl wie ihre nichtjüdischen Mitbürger werden von dem religiösen oder rassischen Zwiespalt nicht berührt. Gewiss ist dies eine Entstellung der Wirklichkeit; wenn man will, eine Idealisierung; völlig unzeitgemäss in jenen Jahren, da von den Nazis alle Harmlosigkeit aus den Beziehungen zwischen Juden und "Ariern" ausgetrieben wurde. Ich unterschätzte damals, bevor Hitler zur Macht kam, die Gefahr; aber zugleich passte mir das Judenproblem nicht in den Kram meiner Geschichte.

Denn darin kam es mir auf den Menschen an und auf gar nichts sonst. Ich zeigte die Kreatur in ihrer Hilflosigkeit, die sich offenbart in ihrer Hilflosigkeit, die sich offenbart auch bei verhältnismässig geschützten Umständen. Hier aber hatte ich nicht idealisiert; ich schilderte die Menschenwelt in ihrer erbarmungslosen Härte, Rohheit und Gemeinheit. Aber ich enthüllte auch den Adel des Herzens, wie er sich in dieser Umgebung zu behaupten weiss.

Im Mai 1928 befand ich mich im Auftrage meines Blattes und des Verlages auf einer Rundreise durch Holland, die vom Verein der Amsterdamer Presse aus Anlass der bevorstehenden Olympiade veranstaltet wurde. Auf der letzten Station, im Haag, als wir im Begriffe waren, uns zu einem der vielen Festmähler niederzulassen, begrüsste unser dortiger Korrespondent mich mit der Frage: "Was sagen Sie zu Slings Tode?" Ich erschrak tief: ich hatte einen Freund völlig unerwarteter Weise verloren. Was ich nicht ahnte, war, dass diese Trauerbotschaft für mich in einen Glücksfall umschlagen sollte.

Sling, mit seinem bürgerlichen Namen Paul Schlesinger, hatte in seinen jungen Jahren dem literarischen Kabarett "Die elf Scharfrichter" in München angehört, das durch die Teilnahme Frank Wedekinds seinen Rang und seine Weihe erhielt. Aus jener Zeit pflegte Sling zu erzählen, sie wären am Sylvesterabend trübselig im Hinterzimmer ihres Stammkaffees zusammengewesen. Dort hätte ein Gönner sie aufgestöbert und, die Situation durchschauend, sich vernehmen lassen: "Übrigens, meine Herren, da fällt mir ein, ich bin jedem von Ihnen noch zehn Mark schuldig". Worauf Sling eingewandt haben soll: "Entschuldigen Sie, Herr Baron, bei mir waren es zwanzig." Dies sei ihm nur angehängt worden, behauptete Sling, und so war es gewiss. Später ging er zur Presse, gehörte zur Redaktion eines Schweizer Blattes und hatte als ganz junger Eleve Dienst an jenem denkwürdigen Sonntag, als das Luftschiff des Grafen Zeppelin seine erste grosse Fahrt antrat. Er sah die Wichtigkeit der ersten Meldung, veranlasste die Herausgabe eines Extrablattes und verfolgte den Kurs des Lenkballons mit immer neuen Extrablättern bis zu der Katastrophe von Echterdingen. Die Grössen der Redaktion und des Verlages, die den Sommersonntag im Freien verbracht hatten, kamen am Abend herbeigeströmt, um sich ihr Teil an der Tüchtigkeit des Blattes zu sichern, und waren sehr verblüfft, als spiritus rector der ganzen Aktion den jungen Schlesinger vorzufinden. In späteren Jahren wurde er Ullstein-Korrespondent und sass als solcher viele Jahre in München, geschätzt, ohne hervorzuragen. Als die

Paul Schlesinger (Sling)

Inflation Einschränkungen erzwang, wurde er nach Berlin zurückberufen, und es fragte sich für ihn, was nun? Er kam mit dem Plan, wie er sich selbst später mir gegenüber ausdrückte, "Berlin zu schreiben". Er begann sofort mit kleinen Plaudereien, die er fast täglich zu liefern vermochte und in denen er das Berlin einer gewissen bürgerlichen Schicht aufzufangen wusste. Geistvolles Spiel und melancholischer Humor wurden in künstlerisch geschliffener Form vorgeführt. Für diese Veröffentlichungen erdachte er sich die Chiffre Sling. Sie fanden sofort heitere Resonanz, die Leser ergötzten sich schmunzelnd an den einfallsreichen und vielsagenden Anekdoten und genossen zugleich das literarisch anspruchsvolle Niveau. Binnen kurzem hatte sich das schlagkräftige Pseudonym Ansehen und Popularität erworben.

Sling besass jene geheimnisvolle Qualität, die den Erfolg macht. In den wenigen Jahren seiner journalistischen Berühmtheit, die ihm vergönnt waren, schrieb er mehrere Theaterstücke, einen Roman, Kinderbücher und vieles andere. Keine von diesen Arbeiten fand ich bedeutend, aber jede gelangte an die Öffentlichkeit und erntete Beifall. Er verfügte zugleich über das Talent, sich selbst zu lancieren. Man sagte von ihm, wenn er zum Verlag gerufen würde, weil ihm gekündigt werden sollte, so käme er mit einer Gehaltserhöhung wieder heraus. Eins seiner Rezepte, um sich beliebt zu machen, hat er mir eines Tages uneigennützig verraten. "Ich gehe niemals," so lautete es, "zu einem der Verleger oder Direktoren, ohne zu wissen, welchen Witz ich binnen fünf Minuten machen werde." Er machte sehr gute Witze, die besten unvorbereitet.

Aber auch ein fruchtbarer Schreiber kommt in Gefahr, sich zu erschöpfen, wenn er von sich täglich oder fast täglich Einfälle fordert. Dies erfuhr auch Sling, und so verfiel er auf den Ausweg, Kriminalprozessen beizuwohnen. Seine Absicht war dabei nur, sich Stoff zu holen, um weiter "Berlin zu schreiben".

Dieser Umweg erwies sich in seiner schriftstellerischen Karriere als ein neuer oder erst der eigentliche Treffer. Gerichtsberichterstattung war bis dahin ohne jeden literarischen Ehrgeiz abgemacht worden. Er zuerst gab ihr Niveau und sogleich das des höchsten Anspruches. Er zuerst zeigte den Angeklagten als einen Menschen nicht nur, sondern als deinen und meinen Mitmenschen. Er zuerst sah und enthüllte das Menschliche auch in den gerichtlichen Amtspersonen. So, während er fortfuhr, Berlin zu schreiben, wuchsen seine Anekdoten zu Enthüllungen der Kreatur, wie sie von einem unerforschlichen Schicksal bald in die Rolle des Gerichteten, bald in die des Richters gedrängt wird. Täglich breitete er seine Moabiter Fälle aus, gelegentlich auch Fälle der Provinz, die abwechselnd Fälle des Sünders oder des Richters oder des Anklägers oder des Verteidigers waren. Niemals bei aller Sachlichkeit begnügte er sich mit dem trockenen Bericht, sondern er durchleuchtete das Stückchen Leben mit Geist oder milderte seine Krassheit, durch Humor, und hielt jeder Schwachheit und Unzulänglichkeit ein menschenfreundliches Verständnis bereit.

Diese völlig neue Art, die Vorgänge der Kriminalgerichte zu betrachten, wurde mit Enthusiasmus aufgenommen, nicht nur von den Lesern, sondern auch in juristischen Kreisen. Allmählich, ohne dass er danach gestrebt hatte, entwickelte er sich zu einem fachmännischen Kritiker des forensischen Vorganges, dessen Rat gesucht, dessen Feder zugleich gefürchtet war. Er gewann Einfluss, und diese oder jene Begnadigung und diese oder jene Personalveränderung lassen sich auf sein gedrucktes Wort zurückführen. Sein Beispiel machte Schule: bald musste jede Berliner Zeitung ihren kleinen Sling haben, bisweilen höchst unzulängliche Nachahmungen des Originals.

Kurze Zeit, nachdem Paul Schlesinger von München nach Berlin übergesiedelt war, näherten wir uns einander. Ich rechne es zu den besten Errungenschaften meines Lebens, dass er es war, der meine Freundschaft suchte, und dass er es war, der das Du zwischen uns herbeiführte. Er vertraute mir manches an, was er anderen nicht offenbart haben dürfte, und so erfuhr ich von ihm auch nach Verlauf einiger Jahre, dass er fand, er habe nun genug Moabiter Slings geschrieben und sollte sein Gebiet wechseln. Dass dies leichter gesagt als getan sei, fügte er gleich hinzu. Indessen die Entscheidung wurde ihm abgenommen: kurz nach seinem 50. Geburtstag, den er fast übermütig gefeiert hatte, starb er, völlig unerwartet, selber in keiner Weise auf das Ende gefasst, mitten im Schaffen und im Erfolg. Er ist, wie mir scheint, unvergessen, nicht nur als Mensch bei denen, die ihn gekannt haben, sondern auch mit seiner Leistung. Der Sammelband der besten seiner Gerichtsberichte, die der Verlag Ullstein nach seinem Tode unter dem Slingschen Titel "Richter und Gerichtete" herausgab, leuchtet und sprüht heute, in dieser völlig veränderten Welt, so hell wie zu der Zeit, da die Beiträge aus der Lebendigkeit des Tages hervorgesprudelt sind.

Es entstand nun die Frage, ob diese Art von Gerichtskritik fortgesetzt werden sollte, und wer sie fortsetzen könnte. Der "Vossischen Zeitung" hatte die Chiffre Sling eine starke Anziehung verliehen, und es war gewiss, dass die Leser sie vermissen würden. Aber liess sich der Stil des Verstorbenen nachahmen? Oder würde etwas anderes, das man etwa an die Stelle setzte, den gleichen Beifall finden?

Von den Erwägungen, die darüber an der massgebenden Stelle stattfanden, kenne ich nur das Ergebnis: ich wurde aufgefordert, mit einer Respektspause von wenigen Wochen Slings Platz einzunehmen. Das hatte für mich zunächst die sehr erwünschte Folge, dass ich den Posten eines stellvertretenden Leiters der Lokalredaktion aufgeben durfte und von redaktionellem Bureaudienst befreit wurde. Fortan brauchte ich nur zu hören, zu sehen und zu schreiben. Über die Schwierigkeit der Aufgabe täuschte ich mich nicht: Meine Bemühungen würden mit einem sehr anspruchsvollen Masse und von manchen Beurteilern mit viel Missgunst und hämischer Besserwisserei gemessen werden. Julius Elbau setzte voraus, wie er mir ohne Schonung eröffnete, es würden erst drei oder vier Bewerber ausprobiert werden, ehe man sich mit einem endgültig zufrieden gäbe. Dr. Franz Ullstein hingegen, die oberste Instanz der Tageszeitungen und der eigentliche Chef des Hauses, ermutigte mich mit dem Zuspruch: "Lassen Sie sich ruhig Zeit, sich einzuarbeiten." Es waren die menschlichsten Worte, die ich je von ihm vernommen habe, eigentlich die einzig menschlichen.

Obwohl ich den Auftrag nicht erwartet hatte, so war ich doch, seltsamer Weise, kein unbeschriebenes Blatt auf diesem Gebiet. Zunächst hatte ich Sling gelegentlich vertreten. Ausserdem aber durfte ich auf so etwas wie eine spezielle Vorbereitung hinweisen: In den Anfängen meines Dienstes in der Lokalredaktion, als noch von keinem Sling die Rede war, hatte ich vorgeschlagen, ich würde eine Zeitlang als einfacher Zuschauer Gerichtsverhandlungen beiwohnen und dann über meine Beobachtungen und Erfahrungen schreiben. Das war der Redaktion recht, und ich tat so. Die Ergebnisse fasste ich für die "Vossische Zeitung" zusammen in einem Zyklus von drei grossen Aufsätzen unter dem gemeinsamen Titel: "Vom Tagewerk der Justiz". Ich finde, dass alle wesentlichen Erkenntnisse meiner jahrelangen Tätigkeit auf den Gerichten darin schon enthalten sind. Georg Bernhard suchte mich in meinem Redaktionszimmer auf und fragte mich, ob ich nicht fortfahren möchte, über Gerichte zu schreiben. Damals also hätte ich Sling werden können lange vor Sling. Aber ich hatte nicht die Vision, ich sah die Möglichkeiten nicht voraus, wie ja auch Sling selber ahnungslos diese Bahn betrat, und so lehnte ich ab.

Der Auftrag des Verlages enthielt die Bedingung, dass ich unter der Chiffre Inquit schreiben sollte. Dieses Pseudonym war nicht ihm eingefallen, sondern mir. Ich weiss nicht mehr, wie ich darauf verfiel, wohl aber, wann und wo es geschah. Während des Ersten Weltkrieges stand ich Posten vor einem französischen Dorfe, an einer Stelle, an der es nichts zu bewachen gab, durch Wochen täglich und nächtlich viele Stunden. Dabei konnte man sich allerlei durch den Kopf gehen lassen, namentlich ungestört Pläne für die Zukunft schmieden. Und in Verbindung mit ihnen begegnete mir dieses geläufige Wort aus der Lateinstunde als ein passender, nämlich origineller und doch leicht zu merkender Deckname. Bei der "Vossischen Zeitung" hatte ich das Pseudonym dann verwendet, nicht sehr häufig, für Beiträge, mit denen ich unwichtige Ereignisse glossierte. Darauf also griff der Verlag jetzt zurück, und vielleicht verfuhr er damit nicht ungeschickt. Am 25. Juni 1928 schrieb ich meinen ersten Gerichts-Inquit "Banderolen", der am nächsten Tag erschien.

Damit begannen die fünf besten Jahre meines Lebens. Ich schlug nicht gleich ein, wie das Sling seinerzeit gelungen war; ich musste mich erst zurechttasten und für diese Art von Schreiberei meinen Stil finden. Die Aufsichtsinstanzen des Verlages überwachten mich scharfen Auges und zu Tadel gern bereit. Indessen, ich setzte mich durch. Nach einer gewissen Zeit war nicht mehr die Rede davon, dass ich durch einen anderen abgelöst werden könnte. Dass ich mit Sling verglichen wurde, liess sich nicht vermeiden. Manche zogen ihn vor; andere fanden mich besser. Im übrigen versuchte ich in keiner Weise, ihn nachzuahmen; sondern, indem ich die überlieferte Art im ganzen beibehielt, machte ich meine Sache so, wie es meinem Wesen und meinem Talent entsprach. Allmählich wurde auch aus mir ein Erfolg, und ich glaube, er stieg mit den Jahren; wenn ich auch nie Slings Popularität erreichte. Denn er unterstützte sein literarisches Werk durch persönliche Verbindungen, während ich aus der Isolierung nie völlig herauskam. In mancher Beziehung machte ich dieselben Erfahrungen wie er. Auch bei mir wuchs die Hochachtung vor dem deutschen Strafrichter, je länger ich ihn beobachtete. Umso grösser freilich war dann die Enttäuschung, als er vor den Machthabern des Dritten Reiches überall völlig versagte. Auch ich empfand nach einer gewissen Zeit: jetzt ist es genug, ich sollte mich auf ein neues Gebiet werfen. Denn literarisch gesprochen waren schliesslich alle Möglichkeiten ausgeschöpft. Man sollte nicht glauben, dass etwa Totschläge aus Eifersucht einförmig werden können. Aber sie spielen sich ab wie über denselben Leisten geschlagen. Alle möglichen Fälle waren wiederholt und immer noch einmal vorgekommen, aus dem ganzen Strafgesetzbuch hatte ich schliesslich nur zwei Verbrechen nicht erlebt: Verursachung einer Ueberschwemmung und Sodomie. Das erste stand einmal zur Verhandlung an, aber es wurde nichts daraus. Das zweite kam nie in Sicht. Einen Ersatz für meine Gerichts-Inquits zu finden, wäre auch für mich nicht leicht gewesen; aber auch mir wurde die Entscheidung abgenommen.

Wenn ich gefragt würde, was ich über diese Art von Journalistik denke, so ist die Antwort nicht ganz einfach. Die Regel, dass Gerichte öffentlich verhandeln, in allen Kulturstaaten anerkannt, bedeutet keine blosse Formalität. Ihr Sinn ist vielmehr, dass die Richter in ihrer schicksalvollen Tätigkeit kontrolliert werden sollen. Aber das Publikum, das in beschränkter Zahl zugelassen wird und sich auf ein paar Bänken im Hintergrunde drängt, von denen aus es meist nicht deutlich sehen noch verstehen kann, hat gar keine kontrollierende Macht. Sollte es sich einfallen lassen, Zustimmung oder Widerspruch zu äussern, so droht der Vorsitzende mit Räumung, die er ohne weiteres durchführen kann. Sogar darf er Störenfriede kurzerhand vor die Schranken rufen und bestrafen. Eine wirksame Öffentlichkeit stellt nur die Presse dar, und eine wirksame Kontrolle kann nur von ihr ausgehen.

Wenn es jemals wichtig war, die deutschen Gerichte unter Kontrolle zu nehmen, so ist es heute der Fall, nämlich um nachzuprüfen, wie sie jetzt, nach dem Dritten Reich, arbeiten und ob sie zum Recht zurückgefunden haben. Aber jene unbeschränkte Kritik, die wir uns damals herausnehmen durften, weckt doch starke Bedenken. Es gehört nämlich nicht viel dazu, ein Urteil abfällig zu kritisieren. Der Journalist, der das tut, verfügt zunächst einmal nicht über den vollen Umfang der erreichbaren Information, selbst wenn er der Verhandlung von Anfang bis zu Ende beigewohnt hat und selbst wenn ihm kein Wort entgangen sein sollte. Denn ihm steht nicht das Recht des Fragens zu, das er hätte ausüben dürfen, wenn er selbst ein Mitglied der Urteilskammer gewesen wäre. Ferner aber: es ist kinderleicht, als Aussenstehender ohne richterliche Verantwortung milder zu sein als das Gericht, oder auch strenger. Wer weiss, wie der Spruch dieses selben Menschen ausgefallen wäre, wenn er mit von ihm abgehangen hätte, in seiner Eigenschaft als Richter unter seiner Berufspflicht oder als Geschworener oder Schöffe unter seinem Eid; ein Spruch, den er vor seinem Gewissen verantworten müsste. Kritik ist gewiss heilsam, nicht, weil Richter das Recht zu beugen pflegen, sondern weil das, was sie für göttliches Recht halten, abhängt von ihren sozialen Vorurteilen und ihren polischen Anschauungen. Dass ihre Welt nicht die ganze Welt bedeutet, und dass ihre Zeit nicht ewig dauert, das sollte ihnen immer wieder ins Bewusstsein gerufen werden. Aber um dieses Amt auszuüben, dazu gehört ein überlegener, unvoreingenommener und höchst gewissenhafter Mensch. Ich glaube, dass Sling mit seiner wohlwollenden Überwachung im wesentlichen Gutes gestiftet hat, und ich darf vielleicht dasselbe für mich in Anspruch nehmen. Indessen, dass ungeprüft jeder, den irgendeine Redaktion auf die Gerichte schickt, ohne Beschränkung kritisieren darf, sogar noch bevor ein Urteil gefällt worden ist - in angelsächsischen Ländern völlig undenkbar - , das heisst denn doch wohl, den Grundsatz übertreiben. Öffentlichkeit der Gerichte ist heilsam und notwendig, aber Schutz der Richter darf darunter nicht leiden.

Denn obwohl in einer Verhandlung manches sich abspielt wie auf der Bühne, so ist doch das Gericht kein Theater. Und gerade darin liegt die Hauptgefahr der unbeschränkten Kritik: sie kann den Richter dazu verleiten, für die Presse zu spielen. Es gibt Richter, denen es völlig gleichgültig ist, was die Zeitungen sagen. Aber es fehlt auch nicht an solchen, die erstens in der Zeitung überhaupt erwähnt und zweites gelobt sein wollen; namentlich wenn sie sich eine günstige Wirkung auf ihre Karriere versprechen davon, dass sie mit einem gewissen Strom der öffentlichen Meinung übereinstimmen oder übereinzustimmen scheinen. Ich war schliesslich im Moabiter Kriminalgericht bekannt, und man wusste im grossen und ganzen, wie ich über Dinge und Menschen dachte. Nicht ganz selten habe ich bemerkt, wie der Verhandlungsleiter, wenn ich den Saal betrat, seinen Ton gegenüber dem Angeklagten änderte.

Aber es bleibt für den Journalisten im Gerichtssaal noch eine andere Aufgabe, die ich für ausserordentlich wichtig halte und von deren geschickter und verständnisvoller Lösung ich eine höchst segensreiche Wirkung erwarte; nicht auf das Gericht, aber auf die Leser. Der Bürger im allgemeinen ist überzeugt, er sei unbestraft, weil er nie gegen die Gesetze verstossen habe; und er habe nie gegen sie verstossen, weil er ein anständiger Mensch sei. Er teilt infolgedessen seine Mitbürger in zwei Klassen: die Guten, die man daran erkennt, dass sie unbestraft sind; und die Bösen, das sind die Vorbestraften, mit denen man nichts zu tun haben darf. Ihm muss klar gemacht werden, dass er vielleicht nur deswegen nie gegen die Gesetze verstossen hat, weil er nie in Versuchung geführt worden ist; und man muss ihm einen Begriff geben von der Schwierigkeit und Härte des Lebens, das diejenigen zu führen gezwungen sind, denen es nicht so gut geht wie ihm, besonders das Proletariat oder auch die untere Beamtenschaft, die eine Familie zu ernähren und Kinder aufzuziehen haben mit einem monatlichen Einkommen von 150 oder 120 Mark (nach Masstäben vor dem Dritten Reich). Man muss diesen Bürger auch darüber aufklären, dass die Strafe nicht damit abgetan ist, dass der Verurteilte auf eine gewisse Zeit eingesperrt wird; dass vielmehr das Martyrium erst anfängt, wenn er wieder ins Leben tritt und die Gesellschaft in Feindseligkeit und Misstrauen verschlossen findet. Der ahnungslose Hochmut der Unbescholtenen drängt den Menschen, der einmal gestrauchelt ist, erbarmungslos ins Verbrechen zurück. Vor dem Dritten Reich bemühten sich in Deutschland warmherzige Menschen, hier helfend einzugreifen, indem sie Aufklärung zu verbreiten suchten und dem Strafentlassenen materiell und moralisch beistanden. Unter den Nazis, mehr unter ihrer Dummheit als unter ihrer Rohheit, sind alle diese Anfänge wahrscheinlich zerstört worden. Doch braucht nicht Deutschland allein solche öffentliche Schulung, auch anderswo weiss der Bürger zu wenig von den Zusammenhängen zwischen Not und Verbrechen. Die Gerichtsberichterstattung nach der soziologischen Seite hin zu erweitern, bleibt also eine dringende und lohnende Aufgabe. Aber auch hierfür müssten die Schreiber mit Sorgfalt ausgewählt werden. Denn es darf auch wieder nicht auf eine zu grosse Nachsicht oder gar auf eine Verherrlichung des Rechtsbrechers hinauslaufen, auf eine neue Art von Räuberromantik.

Es konnte nicht fehlen, dass, während ich das Kriminalgericht in seinem Tagewerke mit meiner Feder begleitete, die Zeitgeschichte sich spiegelte. Da war die grosse Arbeitslosigkeit, für ungezählte Tausende die Jugendzeit ohne Hoffnung und Freude. Da war der schwelende Bürgerkrieg zwischen den Angehörigen dieser Jugend, von denen die einen in den Radikalismus von rechts, die anderen in den Radikalismus von links gerieten, niemand wusste zu sagen, nach welchem Gesetz der Auswahl. Da waren die Prominenten der Nazis, zynisch und selbstgewiss auf den nahen Tag wartend, der sie an die Macht bringen würde. Nicht wenige von ihnen habe ich in Moabit auftreten sehen. Hitler selbst erschien einmal als Angeklagter, in einem belanglosen Prozess wegen eines Pressevergehens, einmal als Zeuge für eine Gruppe halbwüchsiger Anhänger, die einen Überfall auf eine Gruppe der Gegenseite verübt hatten. Dabei fanden die Anwälte Gelegenheit, dem nichtsahnenden und hilflosen Gericht auf der Nase herumzutanzen, zur höhnischen Freude der Parteigenossen im Zuschauerraum. Goebbels wurde vernommen, von Anhängern bei der Ankunft und bei der Abfahrt mit Jubel gefeiert, durfte reden, was ihm beliebte, während niemand ihn zu zwingen wagte, auf die Fragen zu antworten, die ihm vorgelegt wurden. Gregor Strasser musste sich verteidigen, auch wegen Pressevergehens, und ausser dass er sich nicht zu schade war, die jüdischen Anwälte der Gegenseite mit billigen antisemitischen Flegeleien zu ärgern, machte er den Eindruck eines Kumpanen, mit dem sich gut arbeiten und gut pokulieren lässt. Graf Helldorf, im Dritten Reich Polizeipräsident von Berlin, stand vor Gericht als Anführer eines Landfriedensbruches am Kurfürstendamm. Er setzte gegen seine Ankläger eine kalte Gleichgültigkeit, die ihm im Kugelregen wohl angestanden hätte; warum man sich so aufrege, fragte er verwundert, es wären "doch bloss ein paar alte Juden verprügelt worden". Frank, der spätere Reichsjuristenführer, wiegte sich selbstgefällig in wohlberechneter Urbanität der Umgangsformen und liess von Zeit zu Zeit in beliebig markierter Entrüstung seine orgelartige Stimme dröhnen. Auch der entsetzliche Freisler plädierte, damals nichts als ein unbedeutender Anwalt aus Kassel, später Präsident der berüchtigten Volksgerichte; ein aufgeregter Psychopath ohne Geist und Würde.

Die Zeitgeschichte spiegelte sich auch in solch beklagenswerten Prozessen wie dem Familienstreit zwischen dem preussischen Geheimrat Caro und dem tschechischen Kohlenmagnaten Petschek, wobei die beiden Gegner sich auf wohlerzogene Weise mit Dreck bewarfen. Geheimnisvoll kündigte sich hier das Verhängnis an, das sich über der europäischen Judenheit entladen sollte. Und eine Vorahnung der Zukunft lag auch über dem Bruderzwist im Hause Ullstein, bei dem Georg Bernhard, übel beraten, sich auf die falsche Seite stellte. Er bereitete sich eine Niederlage, die ihn seine Stellung kostete. Damit schied er nicht nur von der "Vossischen Zeitung" und dem Ullsteinhaus, sondern von der Presse überhaupt, wenn er auch mit Artikeln noch hier und da zu Worte kam. Vor den Nazis floh er nach Paris, dann gelang es ihm, ihnen ein zweites Mal nach New York zu entkommen. Dort starb er jämmerlich in einem Hospital des Negerviertels Harlem.

Übrigens beschränkte sich meine Tätigkeit nicht auf das Moabiter Kriminalgericht. Vergebens freilich bemühte ich mich, den Zivilprozess für unsere Art von Betrachtung zu erobern. Aber dabei stiess man gegen zu viele private Interessen, und der Versuch musste bis auf gelegentliche Spezialfälle aufgegeben werden. Indessen da waren die vortrefflichen, unparteiischen und weitsichtigen Arbeitsgerichte, aus deren Verhandlungen man meistens Belehrung und Genugtuung davontrug. Sie blieben unparteiisch und weitsichtig, auch, als sie schon über Entlassungen unerwünschter Personen durch die Nazis, zum Beispiel aus dem Rundfunk, zu entscheiden hatten. Vor dem Bühnenschiedsgericht durfte ich die vollkommenen, damals noch völlig unberühmten, aber schon grossherzig zur Schau gestellten Beine der jungen Marlene Dietrich bewundern, die sich zu verantworten hatte wegen eines Kontraktbruches, zu dem sie sich gezwungen glaubte, um ihr erstes Engagement in Hollywood anzutreten. Sie musste Konventionalstrafe zahlen, aber wenn sich je eine Ausgabe gelohnt hat, so war es diese. Gerichte der Behörden zog ich in meinen Kreis. Gelegentlich bot das Kammergericht einen geeigneten Fall. Dem wieder aufgenommenen Prozess gegen Bullerjahn, einen kleinen Angestellten, der wegen Landesverrates furchtbar hart verurteilt worden war, wohnte ich vor dem Reichsgericht in Leipzig bei und war Zeuge des Freispruchs. Wichtige Kriminalprozesse führten mich in die Provinz. Im Landgericht Essen, während eines aufsehenerregenden Mordprozesses, stand eine Gruppe von Presseleuten auf dem Flur in Bereitschaft für die Telephonverbindung mit ihren Redaktionen. Da trat ein älterer Herr ohne Hut und Mantel, also offenbar zum Hause gehörig, möglicherweise der Gerichtspräsident, auf uns zu, zeigte mit dem ausgestreckten Arm auf mich und redete mich in schroffsten Ton eines unzufriedenen Vorgesetzten an: "Sind Sie Inquit?" - Ich schreibe unter der Chiffre Inquit. - "Sind Sie Jurist?" - Nein, ich bin nicht Jurist. -"Was sind Sie denn?" - Von Studium bin ich Germanist. - "Treiben Sie diesen Beruf schon lange?" - Seit ein paar Jahren. - "Macht Ihnen das denn Spass?" - Ich habe viel Freude daran. - Und dann, immer mit der Stimme vorwurfsvoller Gereiztheit: "Lese Ihre Berichte stets mit dem grössten Vergnügen. Morjen!" Drehte sich um und liess mich verblüfft stehen.

Am 30. Januar 1933 war Adolf Hitler zum Reichskanzler ernannt worden. Ahnungslos über das, was bevorstand, fuhren wir alle in unserer täglichen Arbeit fort, und so schrieb ich auch weiter meine Gerichts-Inquits. Am 31. März, etwa einen Monat nach dem Reichstagsbrand, zog ein nationalsozialistischer Stosstrupp durch die Berliner Gerichte und trieb die Juden aus, jüdische Richter, jüdische Ankläger, jüdische Rechtsanwälte, jüdische Pressevertreter. Der Vorsitzende übt bekanntlich die Sitzungspolizei aus. Er hätte zum Schutze seiner Verhandlung bewaffnete Hilfe herbeirufen müssen, er hätte es wenigstens versuchen sollen. Nichts dergleichen geschah irgendwo. An manchen Stellen wurde der körperliche Hinauswurf vollzogen, anderwärts kam der Gerichtshof dem schändlichen Schauspiel zuvor, schloss die Sitzung und machte sich davon.

Eine Gunst des Himmels bewahrte mich davor, persönlich die Schmach zu erdulden: zufälliger Weise war ich an jenem Tage nicht in Moabit. Wie ich mich verhalten hätte, ob ich gegangen oder eigensinnig geblieben wäre, bis sie mich die Treppe hinunter schmissen, vermag ich hinterher nicht zu sagen. Von dieser Stunde an war das Betreten des Gerichts den jüdischen Pressevertretern untersagt.

Immer noch nicht im Bilde über den brutalen Ernst der Lage, schlug ich Goetz vor, ich würde wieder zum Dienst der Lokalredaktion antreten. Er stimmte zu, vorbehaltlich der Einwilligung des Verlages. Der Verlag liess mir sagen, er sei keineswegs einverstanden, ich könnte " sowieso nicht bleiben", ich möchte Vorschläge für mein Ausscheiden machen.

Das hiess Vernichtung meiner Existenz ohne die Möglichkeit, in Deutschland irgendeinen Unterschlupf zu finden. Meine Lebenshaltung war sofort aufs Äusserste zu reduzieren, aber die Wohnung und sonstige Verpflichtungen konnte ich nicht einfach loswerden. Meine Vorschläge stützten sich auf den Vertrag mit Ullstein, wonach Kündigung nur möglich war, zu einem bestimmten Termin mit einer Frist von sechs Monaten. Die daraus sich ergebende Summe hielt ich für den Mindestbetrag, den ich fordern musste, um mich abzuwickeln und den Übergang zu einem neuen Leben zu finden. Das Haus Ullstein, vertreten durch seinen völlig unsentimentalen Verlagsdirektor Richard A. Müller, ging keineswegs darauf ein, zeigte keinerlei Verständnis für meine Lage, leugnete mir ins Gesicht, dass diese Massnahme antisemitisch wäre, und bot mir schliesslich eine Pauschalabfindung von 6000 Mark, weniger, als mir rechtlich zustand. Es blieb mir nichts übrig, als zuzustimmen. Am 4. Mai 1933 packte ich in der Redaktion meinen Kram zusammen, eine Bureaujacke, ein bisschen Geschirr, einen Seifenbehälter, ein paar Skripturen, und ging. Mit merkwürdig wenig Erschütterung; aber die niedergehende politische Katastrophe und die persönliche Sorge um die Zukunft füllten das Bewusstsein und liessen keinen Raum für Gefühle der Wehmut.

Ich war einer der ersten oder vielleicht überhaupt der erste im Ullsteinhaus, die unter dem Druck der Nazis ausschieden. Mein letzter Gerichtsbericht trug die ominöse Ueberschrift "Wie schlecht ist ein Mensch?" Er handelte von einem kleinen Mädchen, das ein Bösewicht in seine Wohnung gelockt hatte, um einen Lustmord an ihm zu begehen. Das Kind besorgte ihm auf seinen Wunsch Zigaretten und ahnte nicht im Entferntesten, wie schlecht ein Mensch sein kann. Aber auch wir Erwachsenen ahnten es damals noch nicht.

Damit hörte ich auf, von Berufs wegen zur Presse zu gehören. Im Ausland, abgesehen von ein paar gelegentlichen Beiträgen, habe ich den Anschluss nicht wieder gefunden.

Blicke ich heute auf diesen so lange vergangenen und so tief versunkenen Abschnitt meines Lebens zurück, so geschieht es nicht ohne ein Gefühl freudigen Stolzes. Dabei denke ich nicht an meine Arbeit als Redakteur. In dieser Eigenschaft entledigte ich mich einer mir aufgetragenen Pflicht, ich tat es gewissenhaft und eifrig, aber doch ohne ausgesprochenes Talent und daher schliesslich nur schlecht und recht. Der Stolz und die Freude gelten meiner Schreibleistung.

Bei weitem das meiste davon erschien in der "Vossischen Zeitung". Aber der Verlag Ullstein bot seinen Angestellten den grossen Vorteil, dass sie an jedem beliebigen anderen Blatte des Verlages, darunter an den vielgelesenen Zeitschriften mitwirken konnten, wenn es den Redaktionen recht war. Während ich zum Hause gehörte, habe ich für fremde Blätter nicht geschrieben - mein Vertrag untersagte mir das; dafür wurde ich in einem nicht ganz geringen Masse in der Provinz und im deutsch-sprachigen Ausland nachgedruckt. Indessen bevor ich zu Ullstein kam, sind viele meiner Arbeiten anderswo veröffentlich worden. Alle zusammen gehen nicht in die Zehntausende, wie ich das von angelsächsischen Journalisten gelesen habe. Indessen auf weit über tausend schätze ich meine Beiträge zur Presse.

Vieles davon war einfach für den Tag bestimmt, wie es sich aus dem Dienst bei der Zeitung von selbst ergibt. Namentlich meine Tätigkeit bei der Lokalredaktion brachte es mit sich, dass ich berichtend oder glossierend manches Thema bearbeiten musste, hinter dem keine geistigen Durchblicke sich öffneten. Ich glaube, ich darf für mich in Anspruch nehmen, dass ich mich durch solche Stoffe nicht beengt fühlte, sondern was ich an Schreibtalent etwa besitze, auch an ihnen zu bewähren suchte. Ob ich mich über einen Unterhaltungsfilm zu äussern hatte oder über ein städtisches Hallenbad oder über das neue Planetarium, immer handhabte ich das Wort mit der grössten Gewissenhaftigkeit und verzichtete nicht auf den Ehrgeiz, die Sprache als künstlerisches Ausdrucksmittel zu benutzen.

Aber ich hatte auch reichlich Gelegenheit, Themen von geistigem Rang zu behandeln. Einige dieser Arbeiten, von allgemein politischem oder kulturpolitischem Interesse, erschienen in der "Vossischen Zeitung" an leitender Stelle, vieles im Feuilleton. Im Laufe der Jahre fand ich immer weniger Geschmack an theoretischer Diskussion und drängte immer mehr zu plastischer Gestaltung. In diesen Kurs gehören meine Novellen, von denen etwa zwei Dutzend zustande kamen. Zehn davon, die frühesten, erschienen gesammelt, nicht sehr geschickt dargeboten in zwei dünnen Bändchen; die späteren, die ich gern in Buchform vorgelegt hätte, konnte ich bei keinem Verleger mehr unterbringen. Die "Vossische Zeitung" öffnete mir ihre Spalten auch für Gedichte, von denen ich einige, die dafür geeigneten, dort erscheinen liess. Dass ich meine sparsame Lyrik nicht gesammelt herausgeben durfte, bedaure ich tief. Endlich erschienen mit einer gewissen Regelmässigkeit Aphorismen, für die ich schliesslich den Namen "Formulierungen" fand und die gelegentlich als mein Bestes bezeichnet wurden. Was davon in die Zeitung kam, bildet nur einen kleinen Teil eines umfangreichen Konvolutes handschriftlicher Aufzeichnungen, die ich von früher Jugend an zu buchen pflegte. Es sind nicht Aphorismen im üblichen Sinne, sondern teils Bekenntnisse teils Denkresultate, die gehaltvollsten nichts als das Ende einer langen Gedankenkette. Diese Prägungen tauchten in meinem Bewusstsein auf in allen möglichen Lagen und meist, wenn ich durchaus nicht darauf gefasst war. Ich musste sie sofort mit Stichworten festhalten, sonst gingen sie mir wieder verloren; aber ich hatte mich darauf eingerichtet. Sie begleiteten mich durch so viele Jahrzehnte, dass ich überzeugt war, sie würden mir bis ans Ende meiner Tage treu bleiben; aber in der Emigration haben sie mich nun doch schliesslich verlassen. Möglich, dass meine Jahre daran schuld sind. Wahrscheinlich aber ist einfach mein Leben zu schwierig geworden, als dass es sich mit blossen Formulierungen meistern liesse. Von diesem Konvolut hoffe ich sehr stark, dass es als Ganzes, so wie es da ist, noch einmal die Öffentlichkeit erreichen werde. Es steckt voll von Erkenntnissen, und manches davon möchte dieser Zeit, und jeder künftigen Zeit, zum Nutzen gereichen.

Nicht ganz selten ist mir gesagt worden, meine Beiträge waren "zu gut". Wenn damit gemeint war, sie eigneten sich nicht für die Zeitung, so enthielt das Urteil einen schweren Tadel. Sonst kann Gedrucktes nicht zu gut sein; das Beste ist gerade gut genug, auch in der Zeitung. Wenn jene Freunde aber sagen wollten, es wäre schade, wenn diese Arbeiten mit der Zeitungsnummer zu Makulatur würden und verlorengingen, so empfinden sie genau das, was ich selber darüber denke. Vieles von dem, was ich in der Presse veröffentlich habe, verdient gesammelt und aufbewahrt zu werden. In England ist es ganz üblich, dass Schriftsteller ihre Essays zu Büchern zusammenfassen. Sie erscheinen dann in einem angesehenen Verlag, werden besprochen, und man findet sie in den Public Libraries. Allerdings habe ich kein Anzeichen dafür, dass man sie auch liest. Gern spiele ich mit der Vorstellung, das Bleibende meiner journalistischen Leistung könnte aus dem Koffer, in dem die Belegexemplare wie in einer Gruft modern, gerettet und zu neuem Leben erweckt werden.

Es ist meine deutsche Muttersprache, in deren Dienst ich dies alles zustande gebracht habe, voll Ehrfurcht vor ihrer strengen Hoheit. Aus ihrem lebendigen und stärkenden Bereich verbannt zu sein, ist für den Schreibenden die schwerste aller Entbehrungen. Übersetzt zu werden, haben meine Arbeiten keine Aussicht; sie müssten, wenn sie erscheinen sollen, in ihre Heimat zurückkehren. Aber ich sehe wohl, wie gering die Möglichkeiten dafür sind. Schlachtenlärm und Kampfgeschrei ist nicht in ihnen, wohl aber entschiedene und - ich brauche das Selbstlob nicht zurückzuhalten - auch tapfere Parteinahme. Für was und für wen? Ganz einfach für den Menschen, seine Würde, seine Freiheit, seine Sitte, sein

Recht. Ich habe auch unentwegt die Partei der Wahrheit genommen. Und dazu mit Eifer die Partei der Schlichtheit. Ich hasse und verachte das Handwerk jener literarischen Wichtigtuer, die sich bemühen, das Leichte schwer verzwickt und umnebelt zu sagen. In feindseligem Gegensatz zu ihnen geht mein Streben dahin, auch das Schwere leicht auszusprechen, einfach, gradezu; und dies alles, ohne im plumpen Sinne populär zu werden, in vollem Bewusstsein der grenzenlosen Verpflichtung, die der Schriftsteller auf seine Schultern genommen hat.

Ich träume zurück und sehe wieder die langen Korridore des zweiten Stockwerks, die sich durch die ganze Länge und Tiefe des Ullsteinhauses in der Kochstrasse erstreckten: eine Avenue der zeitgenössischen Literatur. Denn auf ihnen traf man in endlosem Doppelstrom nicht nur die Mitglieder der Redaktionen, nicht nur die Beiträger aus aller Herren Länder, sondern auch Schriftsteller, Dichter, Theaterdirektoren, Schauspieler, deutsche und fremde, männlich und weibliche. Ich sehe den geräumigen Saal des Kasinos hoch im obersten Stock, mit dem Paternosterfahrstuhl erreichbar, in dem zur Mittagszeit der Geist sich behaglich niederliess, um dem Leibe sein Recht angedeihen zu lassen, wobei nicht nur, über alle politischen Gegensätze hinweg, die Redaktionen des Hauses sich mischten, nicht nur der wechselseitige Hochmut der Tageszeitungen, der Zeitschriften, des Buchverlages gegeneinander, und nicht nur ihrer aller Überlegenheit gegenüber den geschäftlichen Abteilungen für eine halbe Stunde beiseite gelegt wurde, sondern auch die Titelträger und Ressortchefs demokratisch sich zu den übrigen Mitarbeitern gesellten. Ich sehe auf der anderen Seite der Strasse, der Hauptfront gerade gegenüber, die anspruchslose Konditorei Jädicke, in die wir uns flüchteten, um nachmittags ein Weilchen zu pausieren, das Abendblatt mit pflichtgemässer Aufmerksamkeit zu lesen oder überm Kaffee mit Kollegen einfach simpelndes Geplauder zu führen.

Ich sehe mein ganz kleines Zimmer, in dem ich als Inquit hauste. Es lag nicht im Hauptgebäude, das für den immer weiter wachsenden Verlag längst zu eng geworden war. Die Nachbarhäuser waren schon aufgekauft, aber den geplanten Erweiterungsbau hatte man nicht in Angriff genommen. Inzwischen war man einfach durch die Mauer gebrochen. Durch eine eiserne Feuertür und über ein paar Stufen abwärts gelangte man in die Häuser der Markgrafenstrasse. Dass hier einst irgendwelche Mitbürger in ihren Wohnungen gesessen hatten, sah man den renovierten Räumen noch deutlich an. Die Kachelöfen standen noch da und dienten im Winter ihrem freundlichen Zweck. Im Türrahmen klafften noch die Löcher für die eisernen Haken, an denen einst für die Kinder des Hauses ein paar Schaukelringe oder ein Trapez gehangen hatten. Von meinem Zimmerchen, nur durch mehrere andere Zimmer erreichbar, blickte ich auf einen der inneren Höfe, keine Augenweide, aber imposant durch seine harte Geschäftigkeit. Dort stand der Riese von einem Schornstein mit breitem Fuss auf dem Boden, stieg weit über die Dächer hinaus kerzengrade in die Luft und schwenkte stolz seine Rauchfahne. Eben dort hinaus gingen die grossen Fenster der Druckerei, deren mächtige Rotationsmaschinen ich laufen sah, während zugleich ihr metallisches Surren zu mir drang. Und dort wurden von plumpen Lastwagen die fassförmigen Rollen Druckpapier abgeladen und unter einem wasserdichten Plan vom Umfang einer Provinz verstaut, unmessbare Mengen Papier, das schnell von den gefrässigen Maschinen verbraucht und ohne Stockung ersetzt wurde. Ich sah von meinem Schreibtisch aus mutige Männer die schweren Rollen, die ohne Mühe einen Menschen hätten totwalzen können, von den Wagen heben und an ihren Platz schieben. Ich dachte oft: Wieviel Arbeit, rüstige solide Arbeit, wieviel Vorbereitung von langer Hand, welch eine Zusammenarbeit zahlloser Kräfte gehört dazu, um den Betrieb in Gang zu halten. Aber auch: Wie vergeblich wären alle diese Veranstaltungen und wie nutzlos die Haufen Papiers, wenn nicht unsere unscheinbaren Federn sie mit Text füllten.

Das Ullsteinhaus in der Kochstrasse lag 1945 in Trümmern, der Verlag ist wieder erstanden, aber der alte Geist ist tot, wie die Freunde und Kollegen, die nach 1933 über die Welt verstreut wurden. Nur in meinem Gedächtnis bewegt und dreht sich das alles noch, unbeschädigt, unverändert, unverbraucht. Und solange ich lebe, kann diesem bunten Erinnerungsbild wenigstens nichts Böses angetan werden.

VI. Aufbruch

Als ich an jenem schicksalsvollen Tage, 7. April 1933, nach Hause kam und erzählte, der Verlag Ullstein habe mein Ausscheiden gefordert, schlug ich meiner Frau zugleich vor, sie möchte versuchen, die Erwerbung des Lebensunterhaltes zunächst und bis auf weiteres auf ihre Schultern zu nehmen.

Damit forderte ich nichts Ungebührliches von ihr. Toni war schon seit vielen Jahren, nämlich seit der Zeit, da ich als Soldat im Felde stand, berufstätig. Sie betrieb ein kunstgewerbliches Atelier, auf Grund ihrer Begabung sowohl wie ihrer Ausbildung. Während des Ersten Weltkrieges war sie darauf verfallen, Handtäschchen von Geschmack und Eigenart zu entwerfen und sie in Geschäften als Muster vorzulegen. Aufträge liess sie dann durch Heimarbeiterinnen ausführen. Indem sie diese geschäftliche Basis beibehielt, aber von einem Artikel zum anderen fortschritt, entwickelte sie sich zu einer Spezialistin für bemalte Stoffe. Durch Jahre wurden ihre Entwürfe von der grossen Berliner Konfektion angenommen. Sie beschäftigte einen Stab von etwa 20 Malerinnen, die nach Tonis Vorlagen bei sich zu Hause die halb künstlerische halb mechanische Arbeit verrichteten. Schon längst hatte sie daran gedacht, durch gewisse technische Anlagen ihre Leistung und damit ihren Gewinn zu vergrössern, und hatte die Verbindung mit einem geeigneten Partner erwogen. Darauf zielte ich mit meinem Vorschlag. Ich war der Meinung, jetzt sei die Zeit gekommen, diesen Plan zu verwirklichen.

Aber Toni wollte davon nichts wissen. Sie erklärte ohne Besinnen, dass sie in Deutschland nicht bleiben werde. Ihre Blicke richteten sich auf die Insel Capri, wohin zufällig eine Verbindung bestand. Ich wusste nichts besseres vorzuschlagen, ausser dass ich dazu neigte, noch keine Entschlüsse zu fassen, sondern die Entwicklung in Deutschland abzuwarten. Damals sah ja noch niemand den Umfang der Katastrophe voraus, vielmehr rechneten nicht wenige damit, der Spuk werde nicht lange dauern. Und so machte sich denn Toni allein auf den Weg.

Als sie wiederkam, brachte sie einen seltsamen Vertrag mit, auf Grund dessen sie eine Art von Konditoreibetrieb auf Capri eröffnen durfte. Dies war gewiss nicht ein wohlerwogener Schritt zur Gründung einer neuen Existenz, sondern eine Improvisation aus dem Gefühl. Aber ihr Instinkt leitete sie wohl im wesentlichen richtig. Ohne diesen Anstoss wären wir vielleicht im Dritten Reich hängen geblieben und untergegangen. Sofort begann sie, sich auf den neuen Beruf durch speziellen Unterricht vorzubereiten. Am 1. Juli 1933 reiste sie endgültig nach Capri ab. Wir bestanden darauf, dass Thomas sie begleitete. Die Trennung von der gepflegten Wohnung, der vertrauten Existenz und der Stadt, in der sie sich glücklich gefühlt hatte, war für sie wie der Abschied von einem geliebten Toten.

Ich blieb indessen in Berlin mit dem Willen, mich von Panik fernzuhalten und nach neuen Möglichkeiten auszuschauen. In der ersten Zeit nach meiner Entlassung bot mir der Feuilletonredakteur der "BZ am Mittag", Otto Ernst Hesse, Gelegenheit, an seinem Blatte mitzuarbeiten. Ich lieferte eine Reihe von Glossen in Versen, aber nach etwa vier Wochen hatten die Nazispione des Hauses mein Pseudonym gelüftet und verhinderten die weitere Mitarbeit des Juden. Mancherlei Pläne gingen mir durch den Kopf, ich dachte an eine jüdische Zeitschrift und dergleichen, hatte Unterredungen deswegen, suchte auch meine ausländischen

Beziehungen zu verwerten. In dieser Lage hätte sich mir irgendeine hilfreiche Hand von aussen entgegenstrecken müssen, aber nichts dergleichen geschah.

Inzwischen berichtete Toni, sie habe auf Capri die Bekanntschaft eines Ehepaares gemacht, mit dem wir gemeinsam eine neue Existenz in Italien aufbauen könnten. "Wir werden unsere Wohnung und unseren Lebensunterhalt haben und glücklich sein," schrieb sie. Ihre Hoffnungen erfüllten sich keineswegs, aber diese Anknüpfung leistete uns den Dienst, eine Brücke ins Ausland zu bilden. Wir korrespondierten hin und her, schliesslich wurde ich telegraphisch nach Capri berufen, damit ich die Partner kennenlernen und mit ihnen direkt verhandeln konnte. Mit Mühe erlangte ich meine Ausreiseerlaubnis und fuhr alsdann im August direkt nach Neapel. Dort erwartete mich Thomas, und gemeinsam setzten wir nach der Insel über. Ich fand Toni jünger als bei ihrem Aufbruch, voller Tatkraft und Unternehmungslust. Mit den Partnern, die ich im Begriff fand abzureisen, blieben mir nur 36 Stunden gemeinsamen Aufenthaltes. Mit ihnen wurde eine vorläufige Verabredung getroffen, des Inhaltes, dass wir gemeinsam eine Schule mit Internat in Florenz eröffnen wollten. Erst später, als wir schon zusammen arbeiteten, setzte ich einen Vertrag auf, ohne Kenntnis des italienischen Rechts und juristisch wahrscheinlich unzulänglich, der aber in unseren schwierigen und konfliktreichen Beziehungen sich aufs beste bewähren sollte. Alle näheren Verabredungen wurden brieflicher Verständigung überlassen. Ich blieb noch etwa 10 Tage auf Capri, um die Gunst dieser Reise in den Süden nicht völlig unausgekostet zu lassen. Dann reiste ich nach Berlin zurück, wo es galt, in wenigen Wochen unsere Auswanderung vorzubereiten.

Damals durfte man noch das Seinige mit sich nehmen. Geld hatte ich so gut wie gar keins, die 6000 Mark von Ullstein waren durch Miete, Lebensunterhalt, sonstige Verpflichtungen und die Reisen nach Capri verbraucht. Ganz zuletzt borgte oder eigentlich schenkte mir ein guter Freund und Verwandter 2000 Mark, damit ich dem Compagnon nicht mittellos gegenüberzutreten brauchte. Nach endlosen Scherereien mit den Behörden - obwohl nicht vergleichbar dem, was spätere Emigranten durchzumachen hatten - waren alle Formalitäten erfüllt, alle Dokumente ausgestellt, die Möbel gepackt und verladen. Schliesslich stand ich in der ausgeräumten Wohnung und löffelte einen Teller Suppe, den mir unser Mädchen als letzten Dienst bereitet hatte. Im Begriff, das Haus zu verlassen, sprach ich bei den Portierleuten vor, um Abschied von unserem Hunde Russ zu nehmen. Als ich mich zu ihm niederbückte, verlor ich, mir selber ganz unerwartet, die Fassung.

Die letzten paar Tage verbrachte ich im Hause von Freunden. Ich war mir wohl bewusst, was Trennung von der Heimat bedeutete. Indessen, ich empfand weder Furcht noch Niedergeschlagenheit. Was sich da vollzog, stellte sich mir als ein ungeheuer lockendes Abenteuer dar. Schliesslich fühlte ich mich, ehe Hitler kam, mit meinen 53 Jahren auf dem beruflichen Geleise fest eingefahren und hatte keine überraschenden Um- und Abwege mehr zu erwarten. Plötzlich war alles in Frage gestellt, ich durfte noch einmal von vorn beginnen. Mich beseelte die Stimmung, die ich als Sechsundzwanzigjähriger meinem Alessandro in den Mund gelegt hatte, als er im Begriff stand - seltsam genug - ebenfalls nach Florenz aufzubrechen:

"Das Leben, das ich einmal schon verspielt,
"Gemein verschachert, in den Kot geworfen.

"Ich halt's zum zweiten Mal in meinen Händen.
"Die Welt ist wieder mein, es lockt das Glück,
"Und diesmal wahrlich soll's mir nicht entwischen."

An einem sonnigen Herbstmorgen des Jahres 1933 bestieg ich am Anhalter Bahnhof den direkten Wagen nach Florenz. Meine Vaterstadt warf sich rauschend und dröhnend, wie ich sie immer gekannt hatte, in einen neuen emsigen Arbeitstag. Nichts war ihr davon anzumerken, dass der Teufel sie geholt hatte. Ich fuhr aus der Halle, über die Brücken, an den Häusern und Mauern vorbei ins freie Land mit dumpfem Herzen und mühte mich vergebens, mir der Tragik des Vorganges bewusst zu werden. In der Nacht zum 1. Oktober 1933, erwartungsvoll und schicksalbereit, überschritt ich die deutsche Grenze für immer.

Anhang: Dokumente

(VZ = Vossische Zeitung)

Moritz Goldstein. Büste von Kurt Harald Isenstein (um 1928)

Besuch bei mir

Von

Inquit

Der Bildhauer Kurt Harald Isenstein hat mich bildgehauen und auf eine Ausstellung geschickt. Da stehe ich nun; übrigens nur mein Kopf, nach einem alten Aberglauben, als wäre der Kopf das Wichtigste am Menschen.

Früher habe ich mir eingebildet: Leute, die auf Ausstellungen zu sehen sind, stünden im Mittelpunkt des öffentlichen Interesses; das Telephon klingelte unablässig, die Bekannten sprächen einen daraufhin an, und die Post brächte anonyme Briefe von Verehrerinnen, die sich in das Abbild verliebt hätten und das Original kennenzulernen begehrten. Nun stehe ich da schon eine Weile, aber die Tage gehen hin, als wäre nichts Besonderes los. Wenn es mir der Bildhauer nicht selbst erzählt hätte, wüßte ich gar nichts von meinem Glück. Aber das habe ich ja wohl um mich verdient, daß ich mich selbst einmal besuchen gehe.

Es kostet kein Entree, man geht einfach hinein, nur der Schirm muß abgegeben werden. Drinnen sind eine Menge Zeichnungen zu sehen, senkrecht oder wagerecht angeheftet, und Reihen von Porträtbüsten. Gleich am Eingang entdecke ich mich.

Grüß dich Gott, mein Lieber! Wie geht's? Was machst du? Offen gestanden, ich hatte dich mir besser aussehend vorgestellt; verführerischer, dämonischer. Aber seien wir nicht unbescheiden.

Auch das hatte ich mir früher eingebildet, daß die Leute sich um einen drängen, wenn man erst einmal auf einer Ausstellung zu sehen ist. Hier drängt sich niemand; die Ausstellung ist schwach besucht. Und von den paar Gästen kümmert sich keiner um mich. Wenn ich nicht nach mir sehen gekommen wäre, stünde ich da, ganz allein.

Ich könnte meiner Wege gehen; aber das möchte ich doch noch erleben, daß einer meine Büste besichtigt. Es dauert reichlich lange, aber dann kommen gleich zwei, Herr und Dame, ein Ehepaar, wie es scheint, und ich werde also mit anhören können, was sie zueinander über mich sprechen.

Weil ich gleich am Eingang zu sehen bin, bleiben sie zuerst vor mir stehen. Die Zeit, die sie auf meine Betrachtung verwenden, beträgt etwa eine halbe Minute. Sie gucken, sagen kein Wort zueinander, verraten nicht das geringste Interesse oder gar Wohlgefallen, freilich auch keine Mißbilligung, und wenden sich ab. Offenbar wissen sie gar nichts mit mir anzufangen.

Wenigstens aber will ich ihnen die Sensation bereiten, daß sie plötzlich vor dem Original des Porträts stehen, das sie soeben gesehen haben. Ich manövriere geschickt so, daß ich ihnen begegne. Der Mann sieht mich gar nicht, die Frau läßt einen raschen Blick über mich hingleiten. Offenbar hat sie in mir die Büste nicht wiedererkannt; geschweige denn, daß sie für das Original Interesse gefaßt hätte.

Es bleibt mir nichts übrig, als zu gehen und mich auf der Ausstellung allein zu lassen. Nicht einmal ich weiß etwas mit mir anzufangen. Es ist nicht annähernd so schön, wie ich es mir vorgestellt hatte.

VZ. Nr. 276 24.11.28

BESUCH BEI MIR

Der Bildhauer Kurt Harald Isenstein hat mich bildgehauen und auf eine Ausstellung geschickt. Da stehe ich nun: übrigens nur mein Kopf, nach einem alten Aberglauben, als wäre der Kopf das Wichtigste am Menschen.

Früher habe ich mir eingebildet: Leute, die auf Ausstellungen zu sehen sind, stünden im Mittelpunkt des öffentlichen Interesses; das Telephon klingelte unablässig, die Bekannten sprächen einen daraufhin an, und die Post brächte anonyme Briefe von Verehrerinnen, die sich in das Abbild verliebt hätten und das Original kennenzulernen begehrten. Nun stehe ich da schon eine Weile, aber die Tage gehen hin, als wäre nichts Besonderes los. Wenn es mir der Bildhauer nicht selbst erzählt hätte, wüßte ich gar nichts von meinem Glück. Aber das habe ich ja wohl um mich verdient, daß ich mich selbst einmal besuchen gehe.

Es kostet kein Entree, man geht einfach hinein, nur der Schirm muß abgegeben werden. Drinnen sind eine Menge Zeichnungen zu sehen, senkrecht oder wagerecht angeheftet, und Reihen von Porträtbüsten. Gleich am Eingang entdecke ich mich.

Grüß dich Gott, mein Lieber! Wie geht's? Was machst Du? Offen gestanden, ich hatte dich mir besser aussehend vorgestellt; verführerischer, dämonischer. Aber seien wir nicht unbescheiden.

Auch das hatte ich mir früher eingebildet, daß die Leute sich um einen drängen, wenn man erst einmal auf einer Ausstellung zu sehen ist. Hier drängt sich niemand: die Ausstellung ist schwach besucht. Und von den paar Gästen kümmert sich keiner um mich. Wenn ich nicht nach mir sehen gekommen wäre, stünde ich da, ganz allein.

Ich könnte meiner Wege gehen; aber das möchte ich doch noch erleben, daß einer meine Büste besichtigt. Es dauert reichlich lange, aber dann kommen gleich zwei, Herr und Dame, ein Ehepaar, wie es scheint, und ich werde also mit anhören können, was sie zueinander über mich sprechen.

Weil ich gleich am Eingang zu sehen bin, bleiben sie zuerst vor mir stehen. Die Zeit, die sie auf meine Betrachtung verwenden, beträgt etwa eine halbe Minute. Sie gucken, sagen kein Wort zueinander, verraten nicht das geringste Interesse oder gar Wohlgefallen, freilich auch keine Mißbilligung, und wenden sich ab. Offenbar wissen sie gar nichts mit mir anzufangen.

Wenigstens aber will ich ihnen die Sensation bereiten, daß sie plötzlich vor dem Original des Porträts stehen, das sie soeben gesehen haben. Ich manövriere geschickt so, daß ich ihnen begegne. Der Mann sieht mich gar nicht, die Frau läßt einen raschen Blick über mich hingleiten. Offenbar hat sie in mir die Büste nicht wiedererkannt; geschweige denn, daß sie für das Original Interesse gefaßt hätte.

Es bleibt mir nichts übrig, als zu gehen und mich auf der Ausstellung allein zu lassen. Nicht einmal ich weiß etwas mit mir anzufangen. Es ist nicht annähernd so schön, wie ich es mir vorgestellt hatte.

VZ, Nr. 276 v. 24. 11. 1928

I. Der Gerichtsberichter

BRAUCHEN WIR GERICHTSKRITIKER?

Was man werden soll, nämlich aus dem Gemüt der Jungfrau, die sich einen Romanhelden zusammenträumt, das ändert sich nach der Mode. Früher mußte man Ingenieur werden, dann Kunsthistoriker, dann Nationalökonom, dann Kampfflieger und heutzutage Psychoanalytiker. Nun lese ich, nicht ohne Wichtigkeit vorgetragen, man soll Gerichtskritiker werden. Meinethalben. Aber dann wollen wir über das Metier und seine Aufgaben doch einmal Betrachtungen anstellen.

Nach dem Gesetz finden Gerichtsverhandlungen in der Regel öffentlich statt. Für diese Vorschrift hatte der Gesetzgeber seinen guten Grund; vielmehr tausend gute Gründe, die jeder, der nachdenkt, leicht zu finden vermag. Indessen, die gesetzmäßige Oeffentlichkeit, bei der das Publikum, oft ein sehr fragwürdiges Publikum, über eine Hintertreppe in den hinteren Teil des Saales gelassen wird, und zwar genau soviel Personen, wie zufällig Plätze vorgesehen sind, ist in der Wirkung nicht mehr als die Erfüllung einer Form. Wer dort hinten sitzt, kann allenfalls sehen; hören meist nur die Gerichtspersonen. Was der Angeklagte sich abringt, der unter starkem seelischem Drucke spricht, und was die Zeugen aussagen, die dicht vor dem Richtertisch mit dem Rücken zum Saale, ungeübt und befangen, sich äußern, das bleibt den Zuhörern häufig unverständlich. Wehe aber, wenn sich einer von ihnen einfallen läßt, Zustimmung oder Mißfallen zu verraten, zu lachen oder zu rufen. Sofort droht der Vorsitzende mit Räumung des Saales und läßt sie bei Wiederholung ohne Zögern vollstrecken.

Wenn also der Gesetzgeber will, daß die Mitwirkenden einer Gerichtsverhandlung sich unter öffentlicher Kontrolle fühlen, so üben die paar rechtlosen und namenlosen Menschen da hinten dieses Amt nur sehr unzulänglich aus. Erst die Presse stellt eine kontrollierende Oeffentlichkeit dar. Nicht nur, indem sie zugegen ist, sondern schon, indem sie zugegen sein kann; und nicht nur, indem sie über Sensationsprozesse ausführlich berichtet, sondern auch und gerade, indem sie von jeder unscheinbaren Verhandlung des täglichen Betriebes Nachricht gibt.

Kritik? Freilich wird sie sich nicht scheuen, ihre Meinung zu sagen über die Vorgänge im Gerichtssaal und die Personen des Gerichts. Aber man soll nicht glauben, hier seien Rezensenten am Platze wie im Theater. Denn Gericht ist nicht Theater. Die Eignung des Schauspielers erschöpft sich mit seiner Wirkung auf jene, die ihm zusehen. Wie er wirkt, so ist er. Wirkt er nicht, so ist er auch nichts. Dagegen Rang und Wesen des Richters erschließen sich nicht ohne weiteres demjenigen, der ihm bloß zusieht. Wenn man Kritiker der Gerichte fordert, die sich mit Kritik wichtig machen und wichtig genommen werden, so läuft man Gefahr, Richter zu züchten, die für die Kritik agieren. Der Himmel behüte uns davor! "Dieses Urteil ist ungerecht": Die Presse wird sich für berechtigt halten, Urteile über Urteile zu fällen, wenn sie Grund dazu hat. Indessen, was heißt Unabhängigkeit und Unbestechlichkeit des Richters? Daß er richtet ohne Rücksicht auf mögliche Kritik. Vom Theaterdirektor erwarten wir, daß er am Morgen nach der Premiere ungeduldig forscht, was für eine Presse er gefunden hat. Vom Richter fordern wir, daß er sich nicht darum kümmert, daß er unempfänglich bleibt für Lob und Tadel. Denn wenn er sich heute über Lob freut und über Tadel kränkt, so könnte er morgen unbewußt ein Urteil fällen, nicht wie es seinem Gewissen entspricht, sondern wie er vermutet, daß es seine

Rezensenten von ihm erwarten. So steht es mit der heiklen Forderung nach einer Kritik des Gerichts.

Wir, die wir Tag für Tag nach Moabit wandern und von Saal zu Saal streifen, um den berichtenswerten Fall zu finden, kennen die ehrliche Grundlage unserer Tätigkeit viel besser: sie heißt Reportage. Denn hier werden nicht gedichtete Fabeln aufgeführt, die gut oder schlecht sind und deren Wert davon abhängt, ob sie besser oder schlechter befunden werden. Sondern hier vollzieht sich Schicksal, bitteres, unabänderliches Menschenschicksal, und es ist notwendig, daß die Welt, daß die Unangefochtenen und Ungefährdeten davon wissen. Künden, was geschieht, das ist die handwerkliche Ehre unseres Berufes. Die Wirklichkeit getreulich abschildern, ist nämlich schwer, kritisieren aber - den berufsmäßigen Kritikern und Kritikverehrern ins Stammbuch! - Kritisieren ist leicht; namentlich dieses allgemeine Absprechen und Herunterreißen ist leicht, wie es jetzt gegen unsere Justiz im Schwange ist: "diese Gerichte", "diese Landgerichtsdirektoren!" Wir Berichterstatter wissen auch, daß man nicht aus Skandalfällen wie Jakubowski oder Haas beurteilen kann, was unsere Gerichte eigentlich wert sind, sondern aus dem unscheinbaren Tagesbetrieb. Und wir wissen, daß es mehr gute als schlechte Richter, mehr kluge als dumme, mehr gerechte als ungerechte gibt.

Freilich hat Presse im Gerichtssaal Aufgaben, die über das Berichten hinausgehen. Der Richter nämlich hat das Gesetz und wendet es an. Wissen, Erziehung und Ehre verlangen es so von ihm. Aber das Gesetz ist starr, das Leben fließt. Die Gerechtigkeit von gestern ist heute Ungerechtigkeit. Die Sühne von heute ist morgen Barbarei. Das Gesetz zu messen an unserm Rechtsempfinden, das Gesetz vorwärtstreiben zu helfen in der Richtung unseres Rechtsempfindens: dazu sind wir da.

Der Richter sucht das Recht und findet das Urteil nach den Formen des Gesetzes. Damit hat er das getan, was er kann und muß. Aber er kann nur soviel, wie innerhalb der Schranken der Menschlichkeit liegt. Um gerecht zu richten, müßte er allwissend sein. Die Unzulänglichkeit alles Richtens und Strafens, die der Richter leicht vergißt, immer wieder ins Bewußtsein zu rufen, immer wieder denen vor die Augen zu halten, die von der Macht des Richteramtes allzuleicht geblendet werden: auch dazu sind wir da.

Noch tiefer läßt sich hinabsteigen bis zu den Fundamenten. Der Richter, gestützt auf das Gesetz, verhängt die Strafe mit unbeschwertem Gewissen. Aber woher stammt sein Recht, zu strafen? Was soll die Strafe? Sühnen? Bessern? Schützen?

Was wird da geschützt? Wer wird geschützt? Vor wem und wovor? Ist das, was geschützt wird, denn wert, geschützt zu werden? Dies zu fragen, immer wieder zu fragen, dröhnend zu fragen, nicht allgemein und theoretisch, sondern im einzelnen Falle des armen Sünders dazu sind wir erst recht da.

Noch nicht genug. Es ist leicht, die Fragwürdigkeit alles Richtens durch Menschen einzusehen, aber schwer zu begreifen, daß wir Menschen dennoch gezwungen sind, Gericht zu halten, zu urteilen und zu strafen. Daß wir dazu gezwungen sind gerade durch unsere menschliche Unzulänglichkeit. Für uns, die wir aufs Gericht gehen, um zu schreiben, kommt es darauf an, beides zu begreifen, die Unzulänglichkeit und die Notwendigkeit.

Mir scheint: Gerichtskritik ist ein sehr grobes Wort für das, was hier gebraucht wird. Kritiker sollen die Hände von diesem Handwerk lassen.

VZ, Nr. 217 v. 11. 9. 1928

DER GERICHTSBERICHTERSTATTER

Im Rahmen des juristischen Vortragszyklus der Lessing-Hochschule sprach am Dienstag Inquit über das Thema "Der Beobachter". Ausgehend von den zahlreichen Gerichts- und Paragraphenstücken, die augenblicklich über die deutschen Bühnen gehen, wies Inquit auf die Verwandtschaft zwischen dem Theater und dem Gericht hin. Er bezeichnete das Schauspielmäßige einer Gerichtsverhandlung als keinen Zufall. Nicht umsonst sage man, daß ein Staatsanwalt und ein Zeuge auftrete, d.h. er tritt damit in das Licht der Oeffentlichkeit, unter dem auch der deutsche Richter zu arbeiten hat. Im allgemeinen liegt dem deutschen Richter das öffentliche Auftreten nicht. Vielfach ist es ihm unangenehm, vor Zuschauern seines Amtes zu walten. Viele Richter führen daher die Verhandlung so, als ob sie sich in einem Geschäftsraum befinden.

In weitere Ausführung seines Vergleichs bezeichnete Inquit den Vorsitzenden als Regisseur der Verhandlung und wies darauf hin, wie wichtig es sei, daß ein Vorsitzender verstände, den Prozeßstoff zu gliedern und richtig aufzurollen und so allmählich ein Bild der Straftat, so wie sie wirklich war, zu geben. Eine solche Verhandlungsführung ist für die richtige Urteilsfindung von großer Bedeutung.

Sehr wesentlich sei es weiterhin, daß auch der Zeuge öffentlich gleichsam auf einer Bühne vor Gericht auftrete. Darin liege eine Gefahr. Viele Zeugen würden durch die Atmosphäre des Gerichts befangen, andere wiederum versuchten, dort eine Rolle zu spielen. Beides stelle Fehlerquellen dar, die der Richter sehr wohl beobachten müsse.

Inquit wies dann weiter darauf hin, daß die Oeffentlichkeit nicht durch das Publikum, das von der Straße in die Verhandlungssäle hineinkomme, repräsentiert werde, sondern von der Presse. Die Presse allein habe die Möglichkeit, Kritik an den Vorgängen im Gerichtssaal zu üben und über die Verhandlungen zu schreiben, während der alltägliche Zuhörer so, wie ihn der Zufall in den Gerichtssaal führt, völlig machtlos ist. Die Theorie der Gerichtsberichterstattung sei ein schwieriges Kapitel. Es sei noch nicht zu Ende durchgedacht. Die Grundlage jeder Gerichtsberichterstattung sei die Reportage, d.h. die Wiedergabe der tatsächlichen Vorgänge so, wie sie sich im Gerichtssaal abspielen. Da es aber völlig unmöglich sei für einen Gerichtsberichterstatter, den gesamten Verlauf eines Prozesses wiederzugeben, habe er Auswahl zu treffen und das Wichtige hervorzuheben, und zwar müsse er diese Auswahl während des Prozesses selbst treffen. Das sei eine um so schwierigere Aufgabe, als niemand wissen könne beim Beginn eines Prozesses, was wichtig oder unwichtig sei.

Inquit wandte sich dann dagegen, daß man heute häufig von Gerichtskritik spreche. Eine solche Kritik, wie sie z.B. dem Theater gegenüber geübt werde, sei dem Gericht gegenüber nicht am Platze. Die Gerichtskritik berge die Gefahr in sich, daß der Richter sich eine gute Presse wünsche und sich danach verhalte. Inquit erklärte, daß er damit nicht sagen wollte, daß etwas derartiges schon vorgekommen sei. Die Gefahr sei aber fraglos vorhanden. Wenn aber Kritik geübt werde, so müsse sich der Gerichtsberichterstatter darüber klar sein, daß er selbst nicht der Richter sei, und daß das Richten im Grunde eine Aufgabe ist, die überhaupt nicht in idealer Weise gelöst werden könne.

Die Aufgabe des Gerichtsfeuilletonisten sei einmal, nach dem Schluß eines Prozesses zusammenfassend das Wichtige herauszuarbeiten, dann aber - und das sei sein, des Referenten, Bestreben - den Leser darauf hinzuführen, daß die Angeklagten nicht Menschen zweiten Grades seien, vielmehr handle es sich bei ihnen meistens um Leute, die nicht in so geschützten und sicheren Verhältnissen leben, wie

die, die ein gesichertes Leben führten. Immer würden Menschen schuldig werden und ihre Strafe davontragen, verantwortlich aber wären wir alle. G. v. K.
VZ, Nr. 278 v. 21. 11. 1930

JAGD AUF STOFFE

"Entschuldigen Sie, können Sie mir nicht sagen, wo eine interessante Verhandlung ist?"

Mit dieser Frage tritt zu uns, die wir von Berufs wegen im Moabiter Kriminalgericht zu tun haben und fachplaudernd beisammen stehen, ein kleines unscheinbares Menschenkind: eine alte Frau, in graues Tuch gekleidet, auf dem zotteligen grauen Haar einen veralteten Hut voller Bänder und Schleifen, in der Hand einen Kneifer mit überscharfen Gläsern, dessen Bügel auf dem kräftigen Nasenrücken des männerhaften Gesichtes seine tiefe Spur eingegraben hat.

Der Kollege mit dem Kindergemüt gibt ihr menschenfreundlich Bescheid: "Hier wird ein Betrugsprozeß verhandelt, und dort dreht es sich um Unterschlagung. Beides kann interessant werden."

Die Alte lächelt geringschätzig. "Betrug - Unterschlagung - trockene Geschäfte - das ist nichts für mich. Gibt es nichts Menschliches?"

Während ich die törichte Fragerin mit Mißtrauen betrachte, sucht der Kollege von neuem ihr behilflich zu sein. "Gehen Sie in das 2. Stockwerk. Dort werden Bagatellsachen von dem Einzelrichter abgeurteilt, ein Dutzend in der Stunde. Wenn Sie Glück haben, finden Sie, was Sie brauchen."

Die Alte begeistert sich. "Darf man ohne weiteres hinein?"

Unverdrossen gibt der Kollege weiter Auskunft. "Ohne weiteres dürfen sie in den Zuschauerraum, wie jeder andere, so lange es nicht besetzt ist, und wenn das Gericht nicht die Oeffentlichkeit ausgeschlossen hat."

Sie versucht, ihre mißgewachsene Figur zu recken und einen hochmütigen Ausdruck zu zeigen. "In den Zuschauerraum? Ach nein, das paßt mir nicht."

"Für den Verhandlungsraum" belehrt der geduldige Kollege sie weiter, "brauchen Sie eine Pressekarte."

Sie läßt in ihrer Hand ein weißes Papier flattern. "Ich habe hier meinen Ausweis, daß ich Schriftstellerin bin. Ich suche Stoff für einen Roman."

Länger vermag ich die Gutmütigkeit des Kollegen nicht zu ertragen. Bevor er erwidert hat, fahre ich sie an: "Das werden Sie hier nicht finden."

Sie starrt erschrocken zu mir empor. Der Kollege, vielleicht aus Mitleid, schlägt sich auf ihre Seite. "Wieso soll sie keine Stoffe finden? Vor Gericht spielen sich genug Tragödien und Komödien ab. Man muß nur das Organ dafür haben und aus dem juristischen Gestein das Krümchen psychologischen Goldes herauswaschen können."

Ich antworte ihm und lasse die Alte zuhören: "Das begegnet mir jeden Augenblick, daß sich gute Freunde zutraulich erkundigen: Du mußt doch auf den Gerichten Ueberfluß an Stoffen finden, Romanstoffe, Novellenstoffe, Dramenstoffe, was du willst. Ich aber sage: Nur Dilettanten denken, es gebe Stoffe und man könne sie finden. Es gibt keine Stoffe. Es gibt seelische Spannungen, bei denen nämlich, die in sich die Kräfte haben. Und es gibt Entladungen, bei denen nämlich, denen auch noch das produktive Vermögen gegeben ist. Für die Spannung, die sich entladen will, wird alles zum Stoff, das Kleine und das Große, das Nahe und das Ferne, das Alltägliche und das Unerhörte. Wer aber keine Spannungen zu entladen hat, dem nützen auch die aufregendsten Prozesse nichts."

Mutlos blickt die Alte auf das Schriftsteller-Berechtigungszeugnis in ihrer Hand. Der Kollege, der es nicht übers Herz bringt, sie stehen zu lassen, macht der Peinlichkeit ein Ende. "Kommen Sie mal mit. Wollen mal sehen, ob wir nichts finden. Ich suche nämlich auch eine interessante Verhandlung."

Sie wandeln miteinander den Korridor hinab, und ich frage mich, indem ich ihnen nachblicke, wer von beiden der dankbarere Stoff ist.

VZ, Nr. 243 v. 11. 10. 1928

DAS VERBRECHERGESICHT

Ich muß auf der Anklagebank Platz nehmen.

Nicht etwa, daß ich angeklagt bin. Aber wie ich eintrete, finde ich den großen Saal von Neugierigen, Zeugen, Pressevertretern und Interessenten aller Art überfüllt. Es ist nirgends ein Plätzchen frei - außer hinter dem hölzernen Gitter, das die Bank der armen Sünder einschließt. Dieser Angeklagte braucht nicht dort zu sitzen. Es wird gegen ihn wegen Beleidigung verhandelt, die er im politischen Kampfe begangen hat. Selbst wenn er schuldig sein und verurteilt werden sollte, so wird seine bürgerliche Ehre deswegen keine Einbuße erleiden.

Ich bleibe hilflos an der Tür stehen. Auf den Gedanken, die Ueberflüssigkeit der Anklagebank auszunützen, käme ich von mir aus nicht. Aber da entdecke ich, daß ein Bekannter mit seiner Sekretärin schon dort sitzt, heiter und unangefochten, und da ihn niemand vertreibt und da noch etwa ein Dutzend Plätze neben ihm frei sind, so fasse ich mir ein Herz, gehe auf den Fußspitzen quer durch den Saal, öffne die Schranke, setze mich und ziehe die Tür hinter mir zu. Sie schnappt ein. Innen hat sie keinen Riegel. Zwar läßt sie sich ohne Mühe auch von innen her öffnen, indem man einfach über das Holzgatter hinüber greift; aber es ist von symbolischer Bedeutung, daß der innere Riegel fehlt.

Da sitze ich auf demselben Platze, auf den ich schon so manchen in seiner Schande habe sitzen sehen; nicht nur Menschen, die unschuldig in Verdacht geraten waren, was jedem passieren kann; nicht nur Menschen, die sich aus Leidenschaft oder um einer Idee willen verstrickt hatten; sondern Menschen, deren Ehre mit ihrer Tat dahin war; Menschen, die zitternd warteten, auf wieviel Jahre ihnen die Freiheit genommen werden sollte, die aber unabhängig von aller Strafe abgestürzt waren in jene Tiefe, aus der sie nie wieder auf die grüne Wiese der Unbescholtenheit emporklimmen werden. Ich entsinne mich ihrer, der Gestalten und der Gesichter, wie sie hier saßen, allein und in Gruppen, und ich entsinne mich der teilnehmenden Wißbegierde, mit der ich in ihren Mienen forschte, um dahinter zu kommen, wie es wohl in ihren Seelen aussehen mochte.

Es ist derselbe eingegitterte Platz; aber es muß doch wohl nicht derselbe sein. Unbeachtet sitze ich, keiner der dichtgedrängten Köpfe wendet sich mit lästiger Neugier zu mir hin, niemand beachtet mich.

Aber wenn nun jemand den Saal heimlich photographierte, und das Bild käme in die Hände von fremden Leuten? Für sie wäre ich der Angeklagte. Oder wenn jemand hereinträte, der zwar die Verteilung der Rollen im Strafprozeß genau kennte, aber nicht wüßte, vielleicht als Ausländer nicht verstünde, was hier vorgeht. Auch für ihn wäre ich der Angeklagte. Und er mäße mir die Wichtigkeit bei, die in dem Andrang sich auszudrücken schiene, und schlösse von da auf die Schwere meines Verbrechens. Und vielleicht nähme er mich aufs Korn, unterstützte die Augen durch ein Glas, und suchte zu entziffern, was auf meinen Mienen geschrieben steht. Und läse mir gewiss die Scham der Schande ab, die Angst vor der Strafe und die unverkennbar eingegrabenen Spuren der verbrecherischen Neigung.

Und wäre sehr verdutzt, wenn er erlebte, daß ich aufstehe, über das Geländer greife, den Riegel drehe und unbefangen und unbehelligt meiner Wege gehe.
VZ, Nr. 96 v. 21.4.1929

SLING IN MOABIT
"Richter und Gerichte"

"Ausgezeichnet - aber wann hören sie auf?" So fragte den Journalisten Paul Schlesinger, nachdem er ein paar Jahre hindurch täglich oder fast täglich seine Gerichtsberichte mit dem Zeichen "Sling" in der "Vossischen Zeitung" hatte erscheinen lassen, ein Leser und ein Bewunderer von Rang. Der Frager ahnte nicht, wie unerwartet rasch Sling aufhören würde, nicht nur mit seinen Gerichtsberichten, sondern mit allem, was zu treiben ihm Spaß und seinem Publikum Freude gemacht hatte. Allein mit jener Frage, die einen Vorschlag enthielt, wollte der kluge Berater andeuten: Diese Aufgabe ist gelöst, dieses Werk ist vollendet. Auf zu neuen Taten!

Sling hörte zu - und lächelte. Denn der andere fragte, was er selbst längst begonnen hatte sich zu fragen. Nur daß bei ihm das Problem nicht einfach lautete: Wann höre ich auf?, sondern schwieriger: Wie höre ich auf? Welches Gebiet erobere ich mir so, wie ich mir die Strafjustiz als kritischer Beobachter zu eigen gemacht habe? Es enthüllt die seelische Jugendlichkeit dieses vielseitigen Mannes, daß er schon wieder Lust hatte, sich zu wandeln, nachdem er sich eben erst gewandelt hatte. Denn wie lange war es her, daß er die Genießer seiner lächelnden oder neckenden oder schlagenden Plaudereien damit überrascht hatte, daß er seine Art, zu sehen und zu schreiben, auf Moabit anwandte? Wenn von allen Gestalten Paul Schlesingers der Gerichts-Sling am berühmtesten geworden ist: es sind nicht mehr als ein paar Jahre, in denen er sich uns so gezeigt hat.

Die Wandlung, die er sich erhoffte und erwartete, ist so gründlich eingetreten, daß er nicht mehr nötig hat, sich noch einmal auf menschliche Weise zu bewähren. Wahrscheinlich, wenn er fortgelebt hätte, wäre auch seine Gerichtskritik fortgeführt worden, in langsamem Abklingen oder bis zu plötzlichem Schluß. Sie hätte gewiß noch viel Wertvolles ans Licht gefördert und seinen persönlichen Einfluß noch weiter gesteigert. Das ändert nichts an der Tatsache, daß seine Aufgabe gelöst und sein Werk, dieses Werk vollendet war. Und eben darum hatte seine Leistung, auch ohne den Tod, die Reife, gesammelt zu werden, und eben darum wurde die Sammlung nicht ein loses Bündel von Tagesaufsätzen, sondern ein Buch.

Unter dem Slingschen Titel "Richter und Gerichtete" ist dieses Buch im Verlag Ullstein erschienen, ein Band von 380 Seiten, aus der Fülle des Materials durch Robert Kempner mit Umsicht und Takt gewählt und geordnet, von dem Heidelberger Rechtslehrer und früheren Reichsjustizminister Professor Dr. Gustav Radbruch in knappen Worten eingeleitet, mit einem frappant lebenswahren Bildnis nach der Photographie der Rieß geschmückt. Da haben wir unseren Gerichts-Sling, um ihn in den Bücherschrank zu stellen - und was haben wir?

Der Mensch wirkt zunächst auf uns, der ein bescheidener Journalist und Berichterstatter ohne Amt und Rang, ja ohne Fachkenntnis, sich aufschwingt zu einer Autorität der angewandten Strafjustiz, dessen Urteil Gewicht hat neben dem Urteil des erkennenden Gerichts, dessen Rat von den Leitern der Justizverwaltung erbeten und beachtet wird, dessen Lob und Tadel Einfluß übt auf die Personalpolitik des Justizdienstes. Wichtige Probleme, wie die Einschränkung des Eides, Geheimhaltung der Beratung, die Wiederherstellung des echten Schwurgerichts, werden von ihm aufgenommen, ihre Erörterung ins Rollen gebracht. Sein Anstoß wirkt noch fort und wird gewiß irgend welche Ziele erreichen helfen.

Die selbsterrungene Machtposition eines nicht Bestellten, sondern Berufenen, bei seinen Lebzeiten nicht nur anerkannt und gepriesen, sondem auch umstritten und bekämpft, auf vielen Seiten des Buches imposant sich offenbarend, verdient als historische Tatsache aufbewahrt und gekannt zu werden. Diese Kritiken sollen auch als Muster gelten, nicht nur den Ehrgeizigen seines Faches, sondern Kritikern und Publizisten überhaupt dafür, wie man unverzagt und rücksichtslos angreift und doch angefüllt bleibt mit Wohlwollen und Verständnis für den Menschen. Schwerer als das billige Geschimpfe, das sonst im Schwange ist, wiegt dieser Satz aus so besonnenem Munde: "Die dauernde Beschäftigung mit der Kriminaljustiz führt zu einer sich steigernden Hochachtung vor unseren Strafrichtern."

Indessen mit alledem wäre das Sling-Buch nur das Dokument einer kennenswerten Persönlichkeit und ihrer Stellung in der Zeit. Lebendig und ein Buch zum Lesen wird es durch seine künstlerischen Qualitäten. Menschen wandeln an uns vorüber in endlosem Zuge, skizziert mit fliegendem Stift, gesehen in ihrer komischen oder tragischen Menschlichkeit, Schuldige und Unschuldige, Helden, Narren und armselige Verlorene, Männer und Frauen. Am köstlichsten die Frauen. Nichts so unheimlich wie die Stimme der Krankenschwester Flessa, die aus Eifersucht getötet hat, nichts so delikat wie das gestrichelte Konterfei einer bildhübschen Person aus Galizien, nichts so übermütig humorvoll wie die Bajadere, an der sich die Jämmerlichkeit eines Kanditaten erweist.

Uebrigens würden diese Zeichnungen nicht gelungen sein und würden die Angriffe, Urteile und Vorschläge nicht gewirkt haben, wenn die langen und kurzen, meist kurzen Aufsätze nicht Beispiele meisterhafter deutscher Prosa wären. Etwa die drei Seiten Einleitung zu dem Abschnitt "Der Mensch, der schießt", stellen ein göttliches Stück bittersüßer Lebensphilosophie dar.

Gerichtsberichterstattung? Dieser Mensch, der sich Sling nannte, war ein Mensch der Fülle, des Genusses, der Tätigkeit, der Erfahrung, der Klugheit und Weisheit; ein Mensch des Ernstes und der Heiterkeit; und vor allem ein Mensch des künstlerischen Wollens und Könnens. Mit alledem ging er, auf einige Jahre, in Moabit aus und ein, auch in ein paar Justizpalästen des Reiches und des Auslandes. Den Extrakt halten wir in Händen: ein Meisterwerk der Menschenkenntnis.

VZ, Nr. 56 v. 7.3.1929

DER STREIT UM DEN EID

> "Die Meineidsseuche ist das Thema einer Aussprache, die von der Deutschen Liga für Menschenrechte im Plenarsaal des Reichswirtschaftsrater veranstaltet wurde".

Man betritt kaum ein Gebiet der Justizverbesserung, ohne auf Slings Namen zu stoßen. Auch im Kampf gegen den Meineid ist er es gewesen, der die Parole ausgegeben hat. Er bekämpfte die Gewohnheit, Eide weit über die Notwendigkeit hinaus abzunehmen und zu schwören, die wie eine Volkskrankheit wütet.

Ein Rechtsgelehrter, ein Richter, ein Staatsanwalt, zwei Rechtsanwälte und zwei Journalisten waren aufgeboten, um den Kampf fortzuführen, einig alle sieben mindestens in der Ueberzeugung, daß der Zustand unhaltbar ist. Vielleicht wird durch ein so aufgeteiltes Referat die Lösung nicht gefördert. Denn um Wiederholungen zu vermeiden, beleuchtet jeder Redner das Problem von einer Seite, keiner aber ist verpflichtet, das ganze zu durchdenken. Das bleibt nun dem Berichterstatter überlassen.

Der frühere Rechtslehrer an der Berliner Universität Professor Jastrow, unter den Referenten des Abends an Jahren der älteste, an Schwung und Lebendigkeit der Rede bei weitem der jüngste, stellte der Eidesseuche eine andere Seuche gegenüber, die Manie nämlich, Anzeigen wegen Meineids zu erstatten. Die Staatsanwaltschaften werden damit überschüttet, nur ein Prozent führt zur Erhebung der Anklage. Das "Meineidigmachen" ist eine höchst gefährliche Waffe und eine schmutzige dazu. Professor Jastrow zeigte, wie das Gesetz selbst sie jedem Schurken in die Hand spielt, indem es nämlich bestimmt, daß Meineidsanzeigen verfolgt werden müssen, und indem es gleichzeitig den Denunzianten, auch wenn er grundlos verdächtigt hat, straffrei läßt. Der Anzeiger trägt kein Risiko. Er müßte es aber, meint Professor Jastrow, tragen.

Dieser Vorschlag, an sich höchst beachtenswert, trifft doch nicht die Eidesseuche selbst. Was die Einschränkung des Schwures angeht, so scheint Einigkeit darüber zu bestehen, daß die Strafgerichte im wesentlichen ohne Zeugeneid auskommen könnten, daß der Zwang zur Eidesabnahme fortfallen muß und daß der Eid nur in gewissen seltenen Ausnahmefällen als letztes Hilfsmittel der Wahrheitsfindung zuzulassen ist.

Es scheint auch Einigkeit darüber zu herrschen, daß der Parteieneid vor dem Zivilgericht andere Schwierigkeiten bietet. Aber hier muß einmal Farbe bekannt werden. Die weitaus größte Zahl von Eiden, die später zu Meineidsprozessen führen, sind nämlich nicht vor dem Strafrichter, sondern vor dem Zivilrichter geschworen worden. Das Zivilgericht hat nicht wie das Strafgericht die Aufgabe, die Wahrheit zu finden. Die Beweislast liegt auf den Parteien. Wollte man den Zivilgerichten eine Erforschung der Wahrheit wie den Strafgerichten auferlegen, so würden sie bei der Fülle von Rechtsstreitigkeiten ihre Arbeit nicht mehr bewältigen können, und der Apparat geriete ins Stocken. Verminderung oder Abschaffung des Eides muß also beim Zivilgericht anfangen. Glaubt man im Zivilprozeß ohne Eid auszukommen, ja oder nein? Vielleicht ja, aber dann muß man die Wege zeigen.

Schließlich reicht der Streit um den Eid noch nicht bis auf den Grund. Die Frage, die entschieden werden muß, heißt vielmehr: Hat der Staat das Recht, wahre Aussagen zu erzwingen, oder hat er dieses Recht nicht? Wenn er das Recht hat, so gibt es ja wohl kein anderes Zwangsmittel als die Strafandrohung. Ob im übrigen die Wahrheit der Aussage allgemein verlangt wird, ob sie besonders versichert werden muß, ob es Stufen der Bekräftigung und als oberste Stufe den Eid geben soll, das sind alles Einzelheiten, die durch Ausführungsbestimmungen geregelt werden können.

Nun scheint wieder Einigkeit zu bestehen in der Beurteilung desjenigen, der mit Willen falsch aussagt, um den Nebenmenschen hineinzulegen oder um einen Uebeltäter der Verfolgung zu entziehen. Ein solcher Zeuge, so lautet das allgemeine Urteil, verdient keine Sympathie, und ihn soll Strafe treffen. Aber dann kommen die falschen Zeugnisse derer, die zwar wissen, daß sie falsches Zeugnis ablegen, die aber einen moralisch verständlichen Grund dazu haben, z. B. wenn ihr Schamgefühl verletzt zu werden droht. Und ihnen folgen die Aussagen, bei denen auch die schwerste Strafandrohung nichts nützt, weil nämlich die Menschen nicht wissen, daß sie falsch aussagen.

Unser Gerichtsverfahren stützt sich auf die Aussage; die Aussage entspringt aus Wahrnehmung und Gedächtnis; weder Wahrnehmung noch Gedächtnis bietet irgendein Maß von Sicherheit. Wir ringen noch, und mit Recht, um Einschränkung des Eides. Vielleicht erscheint einer künftigen Zeit eine Justiz, die von Aussagen abhängt, ebenso töricht wie uns die Beweisversuche des Mittelalters, das glühende Eisen und die Wasserprobe.
VZ, Nr. 90 v. 15.4.1931

DER DEUTSCHE LESER

Wie werden wir gelesen? Warum, von wem, mit welchem Erfolg werden wir gelesen? Wir Schreibersleute legen uns bisweilen diese Fragen vor, nicht frei von Sorgen, gestützt auf Erfahrungen. Wenn wir hoffen, das Wort der Stunde gefunden zu haben, und die jubelnde Zustimmung der Menge erwarten, so rührt sich keine Hand. Die Welt bleibt stumm. Wir scheinen nicht gehört worden zu sein. Wenn wir ein andermal ohne Lust und Anteil ein paar Zeilen zusammenstoppeln, so trifft uns unerwartet das laute Echo. Wir haben an das Herz der Zeit gerührt, ohne es zu wollen und zu wissen. So geht das mit dem Schreiben.

Ich bin sänftiglich mit den Männern ins Gericht gegangen, die versprechen und nicht halten. Ich bekannte, daß ich an den Unzuverlässigkeiten der anderen leide, und nannte die Empfänglichkeit für dieses Leiden eine Krankheit, Korrektitis. Ich dachte, die Männer, die versprochen und nicht gehalten hatten, würden in sich gehen, würden mich um Verzeihung bitten und sich beeilen, ihren Fehler gutzumachen. Ich dachte, Männer, die wie ich die Unverbrüchlichkeit des Manneswortes fordern, würden herbeieilen und mir die Hand drücken, würden einen Verein gründen und mich zum Präsidenten wählen.

Nichts dergleichen geschah. Von allen Männern schrieb ein einziger, ein Arzt: Die Krankheit dürfte nicht Korrektitis heissen. Korrektitis wäre eine entzündliche Krankheit; vergleiche Rachitis und Diphtheritis. Der richtige Name sei Korrektose. Die Redaktion der "Vossischen Zeitung" las, lächelte mit dem humorvollen Schreiber und brachte den Brief zur Kenntnis ihrer Leser, damit auch sie lächelten.

Jetzt erfolgte der Einschlag. Was mir nicht gelungen war, mein Kritiker hatte es erreicht. Es schrieben ein Professor, ein Generaldirektor, ein Generaloberstarzt, eine Aerztin, vier Aerzte. Zuviel für den Raum einer Zeitung! Sie muß sich begnügen, das Ergebnis zusammenzufassen. Das Ergebnis lautet: Erstens: der Kritiker hat recht, aber seine Beispiele sind falsch; zweitens: der Kritiker hat unrecht, abgesehen von den Beispielen; drittens: es heißt weder Korrektitis noch Korrektose, sondern Korrektopathie; viertens: der richtige Name ist Korrektomanie; fünftens: die Diagnose ergeht auf progressive Korrektolyse.

Als Goethe 1792 während der Kampagne in Frankreich im Gefolge des Herzogs von Weimar mit den verbündeten Armeen vor Verdun lag, beobachtete er mitten unter den Soldaten den farbigen Abglanz einer Steingutscherbe in einem wassergefüllten Erdtrichter. Und während das Bombardement der Festung in vollem Gange war, schritt er mit dem Fürsten Reuß auf und ab und erläuterte ihm, gegen die Kugeln der Belagerten durch eine Weinbergsmauer notdürftig gedeckt, die Grundsätze der Farbenlehre.

So war Goethe, und so sind Goethes Landsleute bis auf diesen Tag. Die Not geht unter uns um, Regierungen stürzen, die Völker geraten in Gärung, der Bau der Gesellschaft klafft von gefährlichen Rissen, die Welt wankt. Aber deutsche Leser zerbrechen sich den Kopf darüber, ob der Sinn eines Scherzes passender mit dem Wort Korrektitis oder mit dem Wort Korrektose bezeichnet wird.

Diese Gelassenheit im Strudel des Schicksals, diese Genauigkeit im Kleinen trotz der Wucht und Fülle des Großen ist rührend und bewundernswürdig zugleich. Dieses Volk braucht sich nicht zu fürchten. Es ist gefeit. Das Wetter wird vorüberbrausen, du aber wirst daraus hervorgehen, wohlbehalten und kaum verändert, mein deutscher Leser.

VZ, Nr. 476 v. 9.10.1931

GERECHTIGKEIT IM AUSLAND

Vier Bücher angewandter Justiz

Wir in Deutschland versuchen, unser Gerichtswesen unter aufmerksamer Kontrolle zu halten. Jenseits der Grenzen machen sie's mit ihrer Justiz ebenso.

Am wenigsten kritisch Egon Erwin Kisch aus Prag. Er schreibt einen "Prager Pitaval" (1931. Erich Reiß Verlag, Berlin). Ihn reizt der Fall, weniger die Aburteilung des Falles. Als Kriminalreporter durchstreift er seine Heimatstadt, besucht gevatterlich den letzten böhmischen Henker, erschüttert mit der Beschreibung des Sträflingsfriedhofs, stürzt sich mit Leidenschaft in die Aufdeckung von Verbrechen und übertrifft an Erfolgen bisweilen die Polizei. Ueber seiner Gabe des anschaulichen und fortreißenden Erzählens vergißt man zu fragen, wieviele Fäden der seltsamen Gespinste von der Wirklichkeit, wieviele von der Phantasie geschlungen sein mögen. Dann aber verläßt er die Gegenwart, gräbt sich in alte Scharteken, stöbert in Archiven, auf der Suche nach Kriminalaffären, die irgendwo in der Welt vorgefallen sind und mit einem Zipfel an seiner böhmischen Heimat hängen. Von Dantons Tod findet er die Beziehung zum Prager Ghetto. Friedrich der Große, Goethe, Metternich haben es nicht vermeiden können, mit der Unterwelt in Berührung zu geraten. Der Schriftsteller Gustav Meyrink leitet sich von einem bestraften Bankier Meyer ab. Der Prager "Polizeianzeiger" gibt einen Steckbrief gegen den letzten deutschen Kaiser her. Wo Egon Erwin Kisch hinblickt, da wuchert das bizarre Gestrüpp der Kriminalromantik.

Romantik gilt als verpönt im neuen Rußland. Matwej Liebermann, Gerichtsberichterstatter der "Prawda", nennt seine Sammlung aus Moskauer Gerichtsakten "Im Namen der Sowjets" (Malik-Verlag). Ein Sowjet-Sling? Nichts weniger als das. Zu wenig Beobachtung, zu viel Akten. Zu wenig Herz, zu viel Gesinnung. Die echte, aufrechte Sowjet-Gesinnung! "Gutherzig, lebhaft und fröhlich von Natur, wurde Riuta (eine Dirne) das Opfer der sozialen Verhältnisse und Lebensbedingungen des Zarismus". Was an das alte Regime und an die alte Bourgeoisie erinnert, ist schlecht; schlecht sogar schon, was zwar von den Sowjets, aber im toleranten Geiste der NEP angeordnet worden ist. Als gut dagegen, rechtschaffen und lobenswert gilt alles, was unter dem radikalen kommunistischen Kurse geschieht.

Seltsam, wie die Brille der Gesinnung das Auge behindert. Da gibt es einen Strafprozeß wegen eines Duells, das aus Eifersucht, unter der Wirkung des Alkohols, ausgefochten worden ist, und in dem ein Offizier der Roten Armee seinen Kameraden erschossen hat. Die Strafe, unter vernünftiger Würdigung aller Umstände, ziemlich milde. Die moralische Verurteilung trifft weniger den Schützen als den Unfug des Duells, wie es ein deutsches Gericht auch nicht anders formulieren würde. Nur sagt der Staatsanwalt nicht, das Duell sei eine Kulturschande; sondern er sagt: "Durch das Urteil müsse die Gesellschaft sich vor der Gefahr einer ideologischen

Reaktion schützen, vor der Gefahr des Eindringens bürgerlicher Kulturerscheinungen in das Sowjetleben; denn diese Gefahr sei nicht kleiner als die der militärischen Invasionen Denikins und Koltschaks." Stammt also der Totschläger aus dem Offizierkorps der alten Armee? Im Gegenteil, er stammt aus dem Proletariat, hat sich im revolutionären Kampf ausgezeichnet, versagt aber, sobald er in die Kriegsakademie übernommen wird. Was sich offenbart, ist nicht die ungleiche Qualität der Systeme, sondern der Menschen.

Fast auf jeder Seite sollen wir lernen: das gute neue System, das schlechte alte System. Aber was wir sehen, auch fast auf jeder Seite, ist nichts anderes als was wir bei uns sehen und seit jeher überall gesehen haben. Der Eigennutz ist stärker als die Idee: schwache Menschen erliegen der Versuchung, wenn sich die Gelegenheit bietet, und wenn etwa die Ansprüche einer Frau ihr Denken trüben. Eine neue Welt soll aufgebaut werden? Aber da schreibt eine verlassene junge Mutter: "Nadeshda (das Kind) leidet fortwährend an Magenschmerzen; infolge der Flaschenernährung stellt sich bei ihr ein Darmkatarrh ein, die Ruhr. Sie muß besonders gut genährt werden, und dazu brauche ich Mittel, nicht fünf Rubel, sondern mehr, und da ich keine habe, und keine herbeischaffen kann, werde ich eine Stellung suchen müssen. Die Frage ist einfach die: entweder setze ich das Studium fort und lasse das Kind sterben, oder ich rette das Kind und gebe das Studium auf." Das können wir bei uns auch. Man nimmt für das Töchterchen "eine Bonne" an, man fürchtet sich vor dem Personalabbau. Es gibt die Brutalität des pflichtvergessenen Mannes, es gibt den Unfall der Ehescheidungsprozesse und die papierne Unbezwingbarkeit der Instanzen, Kanzleien und Büros. "Meine letzte Bitte an Dich ... verschaffe mir eine andere Arbeit. Jetzt lebe ich so: 25 Rubel. Für meine Tochter monatlich 10 Rubel an die Hilfskasse, für ein erhaltenes Darlehen 10 Rubel, bleiben 5 Rubel: Sieh zu, wie Du lebst!" Wenn aber die unglückliche Frau und Mutter an der neuen Welt und an den Menschen der neuen Welt verzweifeln will, so antwortet der Vater ihres Kindes, der Student Sudak: "Was hat die Revolution gebracht, und was hat sie geschaffen? fragst Du. Ich antworte: Die Revolution hat die Diktatur des Proletariats errichtet, sie hat Voraussetzung dafür geschaffen, daß die Produktionsmittel im Interesse des Proletariats monopolisiert werden konnten ... Abgeschafft hat sie den ganzen Sumpf der alten Gesellschaft ... Das Gesunde und das Kräftige ist zurückgeblieben, um den Sozialismus aufzubauen." Schöne Worte eines gelehrigen Nachplapperers, dessen Handeln darin besteht, daß er, um sich von der Alimentierung zu befreien, die Frau ermordet. Urteil: Freiheitsentziehung von zehn Jahren bei strenger Isolierung und drei Jahre Ehrverlust.

Es heißt zwar: "Freiheitsentziehung", es heißt: "Genossin Richter", es heißt: "die höchste Maßnahme des sozialen Schutzes, die Erschießung". Indessen diese Welt, die so fremd tut, ist unsere Welt; und daher ist auch das Gericht trotz der roten Decke über den Tisch, unser Gericht. Wir erkennen uns in beidem wieder.

Ein Gericht aber völlig fremd unseren Gewohnheiten wird in den Vereinigten Staaten von Amerika geübt, als Zeichen dafür, daß die amerikanische Welt, die wir für nahe verwandt halten, uns völlig fremd sein muß. Ueber jene Welt, durch Darstellung ihres Gerichts, gibt uns überraschende Kunde der amerikanische Anwalt Arthur Gacfield Hays in seinem Buche "Laßt Freiheitsglocken läuten! Zeitbilder aus dem heutigen Amerika" (Grethlein u. Co., Leipzig-Zürich). Dieser Kämpfer für Freiheit und Gerechtigkeit hat an weltberühmten Prozessen der letzten Jahre tätig Anteil genommen, meist im Dienst einer Art Liga für Menschenrechte, der amerikanischen "Union für bürgerliche Freiheit". Welch eine geistige Unfreiheit in diesem Lande, an dessen Küste die Freiheitsstatue prunkvoll leuchtet! Man muß einen Prozeß führen um das Recht, die Abstammungslehre in der Schule vorzutragen, und verliert ihn. Man muß einen Prozeß führen um das Recht, Versammlungen abzuhalten, und bleibt machtlos gegen die Bergwerksgesellschaften und ihre besitzherrliche Willkür. Man muß einen Prozeß führen um das Recht des Farbigen, in seinem wohlerworbenen Eigentum unangefochten zu wohnen, gewinnt den Prozeß und kann doch nicht hindern, daß das Haus unbewohnbar bleibt. Man muß einen Prozeß führen, ein Dutzend Prozesse, Eingaben, Proteste, mit Unterstützung der zivilisierten Völker des Erdballs, um zwei ungerecht Verurteilte zu retten, und muß die Hinrichtung sich vollziehen lassen. U. S. A. in Technik und Organisation weit voran, an Wagemut der voraussetzungslosen Erkenntnis und der selbständigen Ueberzeugung um Jahrhunderte zurück, übt mit den Götzen einer falschen Frömmigkeit, Anständigkeit und guten Gesinnung eine Tyrannei aus wie nur eines der Diktaturländer. Man lese das Buch des amerikanischen Anwalts, um eine Vorstellung zu gewinnen von dem Heldenkampf, den ein Häuflein freier und furchtloser Menschen im Namen des Geistes auf sich genommen hat.

Wieder aus dem alten, sogar ältesten Europa, nämlich aus Oesterreich, hat Walther Rode, bekannt durch eine skeptisch-kritische Sammlung "Justiz", die Erkenntnisse gezogen, die er zu seinem neuen Buch "Knöpfe und Vögel" verarbeitet (Transmare-Verlag, Berlin). Der wenig glückliche, ohne Erklärung unverständliche Titel will sagen, daß "der lederne Quadratelmensch" zu Gericht sitzt über "den Phantasie-, den Saftmenschen". Ein alter Praktiker der österreichischen Advokatur schenkt der Welt dieses "Lesebuch für Angeklagte", nachdem er selbst sich von der Praxis zurückgezogen hat, angewidert durch den Doppelsinn des großen Betriebes, den der Staat im Namen der Gerechtigkeit laufen läßt.

Dieses zugleich kluge und unterhaltende Buch, aus warmem Herzen mit kaltem Hohn meisterlich geschrieben, ist freilich wert, gelesen zu werden, nicht nur von Angeklagten, sondern auch von Richtern und Anwälten, aber auch von jedem, der einmal Angeklagter sein kann; und wer möchte sich da ausnehmen? Es weiß und lehrt, daß Unbescholtenheit nicht Rechtschaffenheit verbürgt: und daß es nicht immer die Schlechtesten noch die Gefährlichsten sind, die das Strafgesetz fängt. Es stehen in diesem Buche sehr beherzigenswerte und sehr schonungslose Wahrheiten über den Beruf des Richters, über die Rolle des Angeklagten, über die Kunst, Mission und Routine des Verteidigers. Es wird das Verhältnis von Recht und Gerechtigkeit erwogen, der politische Prozeß enthüllt, der Grundsatz der freien Beweiswürdigung in Zweifel gezogen. Alles von einem Mann, der aus tiefer, durchlittener und durchdachter Erfahrung spricht.

Man lese also auch dieses "Lesebuch". Aber man vergesse nicht, daß es leicht ist, die Unvollkommenheiten der Justiz aufzudecken und an ihnen seinen Witz zu wetzen. Denn die Justiz bedeutet eine unendliche Aufgabe: der Mensch soll Gerechtigkeit üben, der Unvollkommene soll Vollkommenes leisten. Auch derjenige, der es mit bestem Wollen versucht, wird das Ziel nicht erreichen. Es ist segensreich, daß die Unzulänglichkeit immer wieder entlarvt wird. Aber die Menschen haben die Pflicht, es dennoch immer wieder von neuem zu versuchen.

VZ, Nr. 142 v. 21. 6. 1931

DER WEG DER MENSCHLICHKEIT
Rechts und links von der Strafvollzugsreform

Machen wir es mit unserer Strafjustiz richtig oder falsch? Geht es den Gefangenen gut oder schlecht oder gerade so, wie sie es verdienen?

Man kann darüber streiten. Der Streit ist sogar in vollem Gange. Noch mehr: Beherzte Männer haben sich vom Reden zum Handeln vorgewagt und versuchen, der Strafe neue Formen und einen neuen Sinn zu geben.

Auch darüber läßt sich streiten und wird gestritten. Jeder Einsichtige begreift, daß Verbesserungen, Erleichterungen, Abstufungen vorläufig nur den Wert von Experimenten haben; daß wir mit Bewußtsein und Absicht Erfahrungen sammeln, und daß erst eine ferne Zukunft verstehen wird, jedem sogenannten Verbrecher die richtige Diagnose zu stellen und die zuträgliche Behandlung zu verschreiben. Der ungeheure Fortschritt besteht darin, daß wir den Bann der Gewohnheit durchbrechen und uns nicht mehr gedankenlos damit begnügen, womit Jahrhunderte sich begnügt haben: nämlich den Rechtsbrecher zu verurteilen und gemäß dem Urteil einzusperren, ohne zu fragen, was er hinter Schloß und Riegel auszustehen hat, und wie er sich unterbringen soll, wenn er das Gefängnis verläßt. Auch das begreifen die Einsichtigen.

Während es gleichzeitig, nach der unvollkommenen Einrichtung dieser Welt, nicht an fröhlichen und nervenstarken Draufgängern fehlt, die der schlichten Meinung sind: Verbrecher ist Verbrecher, Gefängnis oder Zuchthaus sind gerade das richtige für ihn, und was der Verurteilte dabei empfindet und wie es ihm später etwa geht, darum braucht sich ein ehrlicher Kerl nicht zu kümmern. Die Aufgabe der Einsichtigen wäre denn also, ihre Versuche um die vernunftgemäße Reform der strafenden Justiz im Kampfe gegen die Roheit und Unbelehrbarkeit der Uneinsichtigen durchzuführen.

Schön. Aber wie kommt es, daß die Robusten und Unbelehrbaren alle rechts von einer gewissen politischen Markierung sitzen? Was hat das Gefühl für Strafgefangene oder die Gleichgültigkeit gegen Strafgefangene mit der Politik zu tun? Gar nichts. Und doch besteht die Tatsache: auf der politischen Rechten zeigt man keine Lust, sich mit diesen Fragen zu beschäftigen. Den Herren paßt die ganze Richtung nicht. Ihre Gegenwehr aber wird nicht mit Gründen geführt, sondern mit Verhöhnung und Verleumdung.

Aus dem rechtsradikalen Blatt eines rechtsradikalen Wortführers, zufällig auf den Tisch geflattert: "Für Einbrecher, Betrüger und Kokainverschacherer geben die Schöffen dauernd Bewährungsfrist. Ja, wenn die Angeklagten Republikbeleidiger oder deutsche Freiheitskämpfer wären, da würde gebrummt werden. Aber bei ehrlosen Handlungen hält sich die neuzeitliche Schöffenjudikatur für verpflichtet, durch Bewährungsfrist Freiheit des Handelns zu gewährleisten". Es werden dann Fälle aufgeführt, in denen das Gericht Strafaussetzung gewährt hat und die Täter doch rückfällig geworden sind. Was soll damit bewiesen werden? Bewährungsfrist ist eine Probe. Mißlingt sie, so muß der Verurteilte die Strafe abbüßen. Wie viele bewähren sich? Eben sind wir dabei, es auszuprobieren. Aber wenn unter hundert vorläufig Begnadigten einer auf den Weg des Rechts zurückfindet, hat sich dann die Bewährungsfrist nicht schon bewährt?

Noch ein Ausschnitt aus der "Rheinisch-Westfälischen Zeitung", einem Blatte der Rechten, nicht der radikalen Rechten, das ernst genommen sein will. Es zieht den Strafvollzug in Stufen des preußischen Justizministers Schmidt durch den Kakao. "Deutschland hat große Sorgen... Frankreich - das nach seiner eigenen Ansicht in der Kultur bei weitem an der Spitze der ganzen Welt steht - kümmert sich wenig um das Los derjenigen seiner Volksgenossen, die von dem normalen Wege abgewichen und in die Hände der strafenden Gerechtigkeit gefallen sind... In dieser Beziehung sind die Franzosen durchaus nicht zimperlich, trotz allem Kulturgeschrei. Sie kümmern sich in erster Linie um das Wohlergehen derer, die nicht in den Gefängnissen sitzen, und eine naive Denkungsart könnte zu dem Schluß kommen, daß das eigentlich das Richtige sei." Weiter: "Es wird tatsächlich vielfach dahin kommen, daß der ehrliche und fleißige Deutsche... bei weitem im Nachteil ist gegenüber dem Gefangenen, der das Gefängnis verläßt mit einem Schatz von Wissen und Erfahrungen, an die er sonst niemals zu kommen Gelegenheit gehabt hätte. Die Strafe wird also in das Gegenteil verkehrt. Sie ist keine Strafe mehr, sondern eine Belohnung, und der Herr Justizminister mag sich ausrechnen, wie lange es noch dauert, bis wir überwiegend ein Volk von Vorbestraften sind".

Die Einsichtigen möchten nicht gerne glauben, daß alle anständigen und alle klugen Menschen auf ihrer Seite stehen und daß sich bei den politischen Gegnern die Schurken und die Dummköpfe versammeln. Die Einsichtigen sind betrübt darüber, daß der Anschein, als sei es so, mit Fleiß gesteigert und verbreitet wird. Die Einsichtigen wünschen, daß die Klugen und Anständigen aller Parteien sich verbinden gegen die Schurken und Dummköpfe aller Parteien.

Warum also ist man gegen Bewährungsfrist und gegen Verbesserung des Strafvollzugs, wenn man rechts steht? Mögen die von Rechts über die Gründe nachdenken. Wir anderen aber wollen weder nach rechts noch nach links blicken, sondern geradeaus gehen, auf dem Wege der Menschlichkeit.

VZ, Nr. 97 v. 23.4.1930

DER MENSCH IN DER ROBE
MARTIN BERADT: "Der deutsche Richter"

Auch der Richter ist ein Mensch. Der Laie weiß es, aber er vergißt es leicht. Der Richter weiß es, aber er will es oft nicht mehr hören.

Den deutschen Richter als einen Menschen, mit den Grenzen und Schwächen jedes Menschen darzustellen, hat ein erfahrener Mann unternommen, der Schärfe des Verstandes mit Wärme des Herzens verbindet und dazu noch das Wort beherrscht: der Berliner Rechtsanwalt und Notar Dr. Martin Beradt (Rütten und Loening-Verlag, Frankfurt/Main). Er spricht ein paar Tatsachen freimütig aus, die sonst wohl entweder nicht erkannt oder nicht zugegeben, jedenfalls mit Schweigen bedeckt werden. Eine solche Tatsache: die Fülle der Gesetze, mehr noch die Fülle der Kommentare, mehr noch die unübersehbare Fülle der veröffentlichten Entscheidungen hoher Gerichte machen es dem Richter unmöglich, nach dem Gesetz zu richten. Eine andere Tatsache: gerade der gute Richter entscheidet nicht nach dem Gesetz, sondern nach seinem unverdorbenen Gefühl, und findet die gesetzliche Rechtfertigung hinterher dazu. Der Verfasser macht auch Vorschläge, z. B. daß die Beförderung der Richter auf Anregung der Anwaltschaft geschehen soll, da die Anwälte aus ihrer täglichen Berührung mit dem Richter genau wissen, "welcher Richter eine Goldwage hat, welcher eine Marktwage". Er verlangt, daß der Richter nicht gezwungen sein soll, nach dem Gesetz zu urteilen, wenn er dadurch ungerecht urteilen muß, und im ganzen, daß Gerechtigkeit über Gesetz gehen soll.

Das alles wird mit guten Gründen gestützt; aber es läßt sich auch mit guten Gründen angreifen. Und wenn der Verfasser die menschliche Existenz des Richters ins Licht rückt, die Abhängigkeit trotz der Unabsetzbarkeit, die wirtschaftliche Eingeschränktheit, die Weltfremdheit und Weltabgewandtheit, so trifft das ohne Zweifel für viele Richter zu, für viele aber auch nicht. Und so weit es zutrifft, möchte vieles sich daraus erklären, daß Richter Menschen sind, wie alle anderen Menschen, und möchte daher unabänderlich sein.

Wir kennen Martin Beradt als einen Romanschriftsteller von Rang. Hätte er die Enge und die Weite, die Größe und die Kleinheit des Richterberufes nicht lieber in einem Roman vorführen sollen? Ein paar lebenswahre Gestalten hätten die Schwierigkeiten und Widersprüche deutlich gemacht, ohne die Frage der Gültigkeit heraufzubeschwören. Oder aber, wenn es ein theoretisches Werk werden sollte, hätte nicht in die Tiefen der Rechtsphilosophie vorgedrungen werden müssen?

Dem Juristen und dem Laien hat die Arbeit viel Wertvolles zu sagen, und beide sollen es sich sagen lassen. Aber es ist schade, daß der Verfasser nicht die Lücke ausfüllt, die er selbst beklagt, daß nämlich "eine aufrüttelnde Streitschrift gegen die Justiz in Deutschland nicht geschrieben worden ist."
VZ, Nr. 149 v. 24.6.1930

DES KAISERS GERECHTIGKEIT

Die Moabiter Verhandlungsräume sind nicht nur nach den nüchternen Regeln der Zweckmäßigkeit eingerichtet worden, sondern ein bißchen auch nach den freundlichen Bedürfnissen des Schönheitssinnes. Wer die Ruhe hat, sich von den forensischen Vorgängen abzuwenden, der kann seine Blicke weiden an Ornamenten und Enblemen, an Blumen und Ranken, und wenn er Glück hat, so kann er sein Herz stärken und sein Gemüt erquicken an der Weisheit von Sprüchen, die ihre lautlosen Stimmen von den Wänden ertönen lassen. Im Schmuck der Schönheit und der Weisheit prangt auch der große Schwurgerichtssaal des alten Kriminalgerichts, die Stätte so vieler stiller oder lärmender Tragödien. Freilich haben die Jahrzehnte den Glanz der Farben in düsteres Braun gehüllt und den Klang der Inschriften gedämpft. Man muß schon gute Augen haben und genau hinsehen, um zu entziffern, was in kleinen Buchstaben dicht unter der Saaldecke verkündet wird. Aber unlesbar sind die Sprüche noch nicht geworden, und sie mögen noch immer dem einen oder anderen Teilnehmer eines hochnotpeinlichen Prozesses dazu taugen, um über eine schleppende Vernehmung oder ein endloses Plädoyer hinwegzukommen.

Da steht etwa zu lesen: "Untreue schlägt ihren eigenen Herrn." Nun, das wird ja allgemein behauptet. Es sollte gewiß so sein; aber ob es wirklich so ist, darüber fehlen exakte Untersuchungen.

Ferner liest man: "Bekannt ist halb gebüßt." Na na! Richter pflegen zwar mit dieser Begründung Angeklagte zu ermuntern, sie möchten doch ein Geständnis ablegen; aber im Gegensatz zu ihnen hängen die Stammgäste von Moabit der Lehre an: nichts bekennen, was einem nicht nachgewiesen wird.

Es steht auch geschrieben, und zwar gerade über den Sitzen des thronenden Gerichts: "Ein jeder Richter sitzt an des Kaisers Statt", und dann, etwas beiseite: "An dem starken Gericht erkennt man des Kaisers Gerechtigkeit".

Du liest, und du bist nicht länger imstande, der Verhandlung zu folgen, sondern versinkst in ernstes Nachdenken. An Kaisers Statt? Flunkerei! Nie hat in diesem Saale oder in irgendeinem Saale des Deutschen Reiches ein Richter an Stelle des Kaisers gesessen; vielmehr an Stelle von dreiundzwanzig großen und kleinen Souveränen, in deren Namen Recht oder Unrecht gesprochen wurde. Es gab zwar ein

Strafgesetz und eine Strafprozeß-Ordnung für das Deutsche Reich, aber keinen Raum für die Gerechtigkeit des Deutschen Kaisers, der vielmehr um die Handhabung des Gesetzes sich gar nicht kümmern durfte. Aber selbst wenn es so gewesen wäre, wie der Spruch vorauszusetzen scheint, und selbst wenn man für den deutschen Kaiser den König von Preußen oder den Herzog von Braunschweig oder den Fürsten von Waldeck einsetzt: wieso wird ihre Gerechtigkeit erkannt am starken Gericht? Was heißt: starkes Gericht? Ist damit gemeint das erbarmungslose Gericht, das hohe Strafen verhängt?

Die Zeiten haben sich geändert, die Sprüche gelten nicht mehr. Die deutsche Republik wird nicht darüber zugrunde gehen, daß im Schwurgerichtssaal des Landgerichts I Berlin in verstaubten Buchstaben Rechtssprüche in monarchistischer Form stehen geblieben sind. Aber man sollte dennoch den Saal auffrischen und die Inschriften erneuern. Und dann sollte man nicht klein und fast unslesbar, sondern in großen Buchstaben über die Breite der Wand schreiben:

Ein jeder Richter sitzt an Volkes Statt, und:
An dem gerechten Gericht erkennt man des Volkes Stärke.

VZ, Nr. 185 v. 5. 8. 1930

RUMÄNISCHES GOLD

Der Schutz der Verhandlung ruht in den Händen der Justizwachtmeister. Sie sitzen da, ihrer zwei, an dem kleinen Tisch neben der Tür, achten auf die Anweisungen des Vorsitzenden, rufen die Zeugen auf, überwachen den Zuhörerraum, führen herein, führen ab, bringen Stühle und Tische herbei, bedienen Tür und Fenster. Tag aus Tag ein, Jahr aus Jahr ein. Sie spinnen keine Seide. Sie haben ihr kärgliches Brot, aber ein redliches Brot. So wird es ein jeder von ihnen weiter treiben, solange er gesund bleibt, oder bis er die Altersgrenze erreicht. Dann läßt er sich pensionieren. Dann wird das Brot noch kärglicher.

Sie sitzen neben der Tür und folgen mit halber Aufmerksamkeit der Verhandlung. Das Schauspiel kennen sie schon. Sie kennen auch den endlosen Zug der Angeklagten, der an den Richtern vorübergeführt wird, kleine Schwindler, Opfer ihrer Leidenschaft, oder große Betrüger, durch deren Hände ungeheure Summen geflossen sind, Summen, von deren Zinsen sie sorglos und in Freuden hätten leben können, wenn sie nicht erwischt worden wären.

"Ja, ja", brummt ein Justizwachtmeister in der Pause, während das Gericht berät. "Wenn man nicht so ehrlich wäre ... Millionär hätte man jetzt sein können". Und von unserer Neugier bedrängt, erzählt er.

Als der Zusammenbruch kam, Ende 1918, befand er sich als Feldwebel mit seinem Truppenteil auf dem Rückmarsch von Rumänien. Mit sich führte er, seiner Bewachung und der eines Kameraden unterstellt, beschlagnahmtes Geld aus rumänischem Staatsbesitz, einen Riesenbetrag in geprägtem Gold. Sie kamen damit hier an, mitten in die Auflösung hinein. Niemand erwartete den Transport, niemand wußte etwas davon, niemandem waren die Begleiter Rechenschaft schuldig, außer ihrem Gewissen. Wenn sie mit dem Goldschatz auf und davon gegangen wären, kein Hahn hätte danach gekräht. "Mensch los" trieb der Kamerad. Aber der Feldwebel winkte ab. "Nichts zu machen. Was mir nicht gehört, behalt'ich nicht". Und lieferte die Millionensumme auf Heller und Pfennig ab. Heute ist er kein reicher Mann. Heute ist er ein armer Justizwachtmeister.

Die Verhandlung eben drehte sich um einen Betrüger, der Unterschlagungen im Amte begangen hat, indem er einen Mangel der Kontrolle gewissenlos ausnutzte. "Wer weiß, wo das abgelieferte Geld geblieben ist," überlegt der Justizwachtmeister mit einem Blick auf den ungetreuen Beamten, der sein Urteil erwartet. Und tröstet sich sogleich: "Dafür hat man seinen ehrlichen Namen".

Den hat er, und ein gutes Gewissen dazu. Wer weiß etwas von diesem Heldentum? Es strahlt in der Stille. Aber es strahlt.

VZ, Nr. 273 v. 15. 11. 1930

". . . WENN SIE MIT MIR REDEN"

Moabit - weitläufiges steinernes Doppelhaus der strafenden Gerechtigkeit. Aber nicht nur das. Außer den Menschen, die hierhergeführt werden, um die Entscheidung über Freiheit, Ehre und Leben zu empfangen, gehen ja auch harmlose Bürgersleute aus und ein, die hier ihren täglichen Beruf ausüben. Sie kommen und walten ihres Amtes mit gelassener Ruhe, so wie Aerzte in einem Krankenhaus mitten unter den Leidenden, den Genesenden und den Aufgegebenen ihre gewohnte Pflicht tun. Weil es so ist, weil sie alle mit verschiedenen Funktionen um dieselbe Aufgabe kreisen, darum sind sie mit einander durch eine leichte, nie ausgesprochene, aber stündlich bewährte Kollegialität verbunden. Wer wird die Unterschiede des Rangs außer acht lassen? Ein Landgerichtsdirektor ist etwas anderes als ein Justizwachtmeister, ein junger Referendar, der als Verteidiger auftreten darf, etwas anderes als der Generalstaatsanwalt. Aber sie sind aufeinander angewiesen, sie hängen voneinander ab, sie müssen sich untereinander vertragen und sie wollen daher einander helfen. Das ist der gute Geist von Moabit.

Und dann laufen dazwischen noch die Berichterstatter herum, die Leute von der Presse. Sie haben hier keine offizielle Funktion, aber doch eine offiziöse. Sie unterstehen der Sitzungspolizei des Verhandlungsleiters und sind hier nur zugelassen, aber mit ministerieller Billigung und auf Grund amtlicher Berechtigungskarten. Sie brauchen die Justizbeamten, aber sie werden auch gebraucht. Wenn selbst Justiz und Presse sich gegenseitig keine Dienste leisten, so leisten sie doch gemeinsam Dienst an der Oeffentlichkeit. Auch die Berichterstatter üben hier ihren täglichen Beruf aus, keinen leichten Beruf, und auch sie tun es, trotz der Hast, die ihnen die Zeitung vorschreibt, mit gelassener Ruhe. Und auf Grund so vieler Gemeinsamkeiten haben sie teil an dem guten Geist von Moabit, am Geist der leichten, unausgesprochenen, oft bewährten Kollegialität. Sie erheben den Anspruch, ihn zu empfangen, sie sind stolz darauf, daß es geschieht, und sie halten sich bereit, ihn ihrerseits zu bewähren.

Gelegentlich wird einer, Richter oder Staatsanwalt, neu nach Moabit versetzt, und der kennt sich dann noch nicht so aus. Er muß sich erst hineinfinden in den Moabiter Geist. Etwa ein Landgerichtsdirektor, der bisher im präsidialen Verwaltungsdienst beschäftigt worden ist und nun mit einem Male einer Strafkammer vorsitzen soll. Oh, er führt ihn nicht schlecht, seinen Vorsitz, ein bißchen kurz und knapp, es erinnert an den Kommandoton der Kaserne; aber gleichviel, wenn nur Gerechtigkeit und Menschlichkeit nicht zu kurz kommen.

Und irgendeines Tages geschieht es ihm, daß ein Berichterstatter ein Anliegen hat. Er läßt hinaussagen, er sei nicht zu sprechen, er müsse zur Sitzung. Aber gerade wegen dieser Sitzung braucht der Pressemann seine Auskunft. Er kann nicht warten, er fängt den Richter auf dem Flur ab und bringt seine Frage vor.

Der Landgerichtsdirektor wirft einen kurzen Seitenblick auf den Frager; dann findet er sich zu einer Antwort bereit. Er sagt: "Nehmen Sie die Hand aus der Tasche, wenn Sie mit mir sprechen".

Soll man die Hand in der Tasche halten, wenn man mit einem Landgerichtsdirektor spricht? Nein, man soll nicht. Dieser Berichterstatter wird es am wenigsten bestreiten. Er wird wahrscheinlich, auf den Fehler aufmerksam gemacht, rot geworden sein. Denn er weiß, was sich schickt, er hat seine Kinderstube gehabt und übrigens auch seine gründliche Ausbildung. Er ist nämlich selbst Jurist, hat als Jurist mit Erfolg amtiert und brauchte die Gefälligkeit des Landgerichtsdirektors nicht in Anspruch zu nehmen, wenn nicht der große Krieg die Welt ein bißchen durcheinandergerüttelt hätte.

". . . wenn Sie mit mir sprechen" - das kennen wir ja. Wir sind ja Soldaten gewesen und haben ja strammstehen gelernt. Bei den Soldaten mag der Brauch erhalten bleiben. Aber inzwischen sind wir keine Soldaten mehr und haben die Lust am Strammstehen ganz und gar verloren. Manch einer, scheint es, möchte die Sitte wieder einführen. Es scheint ja auch so, als ob es manchen Leuten Spaß machte, stramm zu stehen und, wenn sie schon nicht mehr Soldaten sein dürfen, wenigstens Soldaten zu spielen. Aber wir in Moabit, wir, die wir dort seit Jahr und Tag aus- und eingehen, wir stehen nicht gerne stramm, und wir lassen nicht gerne strammstehen. Wir - nämlich alle, die in Moabit ihren täglichen Beruf ausüben. Es paßt nicht zum Geist von Moabit.

Dabei wollen wir die guten Sitten nicht vernachlässigen. Man ehrt den Partner, wenn man ihm wohlerzogen begegnet und man ehrt sich selbst, wenn man sich wohlerzogen benimmt. Es ist nicht artig, mit der Hand in der Tasche zu bitten. Aber war es nötig, es dem bescheidenen Bittsteller zu sagen, und es auf so grobe Manier zu sagen? Es war nicht nötig. Und es scheint nicht unnötig zu sein, dies dem Landgerichtsdirektor zu sagen.

VZ, Nr. 597 v. 14. 12. 1932

II. Gerichtsberichte

BANDEROLEN

Das Leben ist schwer, und das Tabaksteuergesetz ist schwer. Sechs Männer sitzen auf der Anklagebank. Alle nicht mehr jung, alle vom Kampf ums Brot mitgenommen, dieser und jener auch schon ein bißchen vorbestraft. Keinem von ihnen, das sieht man ihnen an, geht es gut, keinem vermutlich ist es jemals gutgegangen. Da ist einer, der sich als einen Kaufmann bezeichnet, und das mit Recht, denn er hat Zigaretten verkauft. Aber er hat dies zu Unrecht getan, denn er besaß keine Erlaubnis zum Handeln mit Zigaretten. Ja, er hätte sie nicht einmal beziehen dürfen. Indessen, er ist lungenkrank und dadurch erwerbslos geworden. Was tun, um nicht zu verhungern? Also bezog er Zigaretten, nicht weniger als 900 Stück, wirft die Anklage ihm vor, und verkaufte sie weiter. Freilich ist da noch ein erschwerender Umstand. Die Zigaretten waren unverzollt, und auch der Tabak, aus dem man die Zigaretten hergestellt hatte, war unverzollt, und der Lungenkranke wußte das. Und damit seine Schachteln vor den Käufern einen Anschein hätten, löste er von gebrauchten Schachteln die Banderolen oder Fetzen von Banderolen ab und beklebte seine eigenen Schachteln damit.

Bezogen hatte er seine Zigaretten von einem Mann, der auch auf der Anklagebank sitzt und dem es auch nicht gut geht. Er stammt aus Philippopel, ist seit langem hier verheiratet und Vater eines Sohnes. Er betrieb früher eine reguläre Tabakfabrik, mit allen Erlaubnissen, die dazu gehören; aber er kam damit auf keinen grünen Zweig. Im Gegenteil, die Fabrik ging ein. Damals meldete er die Fabrikation von Zigaretten ab und schaffte die Reste des Betriebes in seine Wohnung. Und da auch er mit den Seinen nicht verhungern wollte, so warf er sich auf den Musikunterricht. Dazu muß einer aus Philippopel stammen und eine Tabakfabrik besessen haben, um in seiner Berliner Wohnung Musikstunden zu geben!

Aber so schlecht ging es ihm noch nicht, daß es ihm nicht eines Tages erheblich schlechter hätte gehen können. Sein Söhnchen wurde schwer krank, lag monatelang im Spital, es kostete viel Geld, die Hälfte brachte er selber auf, die Hälfte schoß das Wohlfahrtsamt vor. Als es die Schuld zurückforderte, mußte der Musiklehrer aus Philippopel auf Einnahmen sinnen und verfiel darauf, wieder Zigaretten zu fabrizieren. 21 500 Stück soll er hergestellt haben, ohne Erlaubnis und unverzollt. Den Tabak dazu besaß er zum Teil noch von früher her, zum Teil mußte er ihn kaufen. Er kaufte ihn von einem Mann aus Kiew, einem richtigen Tabakfabrikanten, wenn auch staatenlos. Dieser Mann lieferte ihm den Tabak und zwar 15 Kilogramm, unversteuert, trotzdem er ihm gar nichts hätte liefern dürfen, da der Musiklehrer ja keine Erlaubnis besaß und also in diesem Punkt nur ein Privatmann war. Uebrigens aber hatte der Mann aus Kiew gar nicht geliefert, sondern in seiner Abwesenheit sein Schwager aus Galizien, staatenlos, der wiederum die Branche nicht kannte und nicht wußte, wem man liefern darf und wem nicht und was versteuert werden muß und was nicht. Ferner ist er der Meinung, wenn man alle Steuern bezahlen wolle, könne man das Geschäft gleich zumachen.

Die beiden Schwägersleute jedenfalls sitzen auch auf der Anklagebank. Dann soll der Musiklehrer noch 5 Kilogramm Tabak von einem Fabrikanten aus Rustschuk bezogen haben. Der leugnet zwar, aber er steht nun auch hier. Und dann ist noch ein pensionierter Telegraphenassistent da, der Zigaretten, regulär versteuerte Zigaretten ein bißchen unter seinen Bekannten vertrieben hat und von dem niemand begreift, wie er in die Affäre der fünf anderen hineingeraten ist.

Schwer ist das Leben. Aber schwer ist auch das Tabaksteuergesetz. Zwei Delegierte der Steuerbehörde sind zugegen, um dem Gericht die schwierige Materie auseinanderzusetzen. Versteuert werden muß der Rohtabak; das ist die Tabaksteuer. Versteuert werden muß der Tabak, auch wenn er schon einmal versteuert worden ist, sobald er zu Zigaretten verarbeitet wird; das ist die Materialsteuer. Versteuert werden müssen die fertigen Zigaretten; das ist die Banderolensteuer. Die Steuerbehörde hat tapfer zugegriffen, als sie diese sechs Männer erwischte, hat sie unter schwere Anklage bis zur Urkundenfälschung gesetzt und ein paar von ihnen auf mehrere Monate in Untersuchungshaft nehmen lassen.

Aber während das Gericht an diesem praktischen Beispiel Tabaksteuergesetz lernt, nimmt es sich die Steuerbehörde selbst ein bißchen vor. Von den beiden Schwägersleuten ist der eine der Chef, der andere der Angestellte. Der Chef ist von der Steuerbehörde wegen eben jener an den Musiklehrer gelieferten 5 Kilogramm schon zur Verantwortung gezogen und bestraft worden. Warum hat die Steuerbehörde das nicht gemeldet? Soll denn derselbe Mensch wegen desselben Vergehens zweimal gerichtet werden?

Das Gericht ist noch nicht fertig mit der Steuerbehörde. Banderolenfälschung sagt das Steueramt. Aber was hat denn der lungenkranke Kaufmann mit den Banderolenschnipseln gemacht? Hat er denn die Kästen damit geschlossen? Nein, er hat sie nur auf die offenen Schachteln geklebt. Er hat sie also garnicht als Steuerbanderolen verwendet.

Zeugen werden kaum vernommen, indessen doch ein wohlachtbarer Tabakhändler, der seinerseits den Tabak an die Schwägersleute geliefert hat. Er weiß genau, wem er liefern darf und wem nicht, was versteuert werden muß und was nicht, und welche Formulare und Formalitäten dazu nötig sind. Denn offenbar, man sieht es ihm an, sein Geschäft geht gut. Und warum sollte er also nicht dem Tabaksteuergesetz Genüge tun?

Der Telegraphenassistent wird freigesprochen. Das Verfahren gegen den Lieferanten der fünf Kilogramm wird abgetrennt; denn es fehlt die Taxe der Steuerbehörde über den hinterzogenen Betrag. Der lungenkranke Kaufmann verfällt in Geldstrafe, die durch die Untersuchungshaft verbüßt ist. Der Musiklehrer wird ebenfalls zu Geldstrafe, und zwar zu einer recht hohen verurteilt, auf die aber auch zum größten Teil die Untersuchungshaft angerechnet wird. Nur 93 Mark müßen bezahlt werden und freilich auch ein Wertersatz von 130 Mark. Von den beiden Schwägersleuten bekommt der eine, der Angestellte, eine Geldstrafe, das Verfahren gegen den anderen, der schon einmal bestraft worden ist, wird niedergeschlagen. Aber es fragt sich, ob das gut für ihn ist. Denn jetzt wird er für die Geldstrafe seines Angestellten haftbar gemacht werden.

Nicht zu vergessen die Einziehung der beschlagnahmten Tabakvorräte, mit Einschluß von 10 000 Zigarettenhüllen, die der Musiklehrer unberechtigterweise von früher her in seinem Besitz gehabt hat.

Schwer ist das Gesetz. Schwer ist das Leben. Wer will entscheiden, welches von beiden das schwerste ist.

VZ, Nr. 151 v. 26. 6. 1928

EIN PECHVOGEL

In der Zeitung stand, daß in einem großen, neu zu eröffnenden Café der Friedrichstadt die Garderobe zu verpachten sei. Es meldete sich eine Kriegerwitwe und wurde durch ein Schreiben zu einem Vermittler bestellt, der sie seinerseits an einen Mann namens Esser verwies. Das war nun derjenige, dem das Café gehörte und der die Garderobe zu verpachten hatte. "Rosenhof" sollte die neue Vergnügungsstätte heißen, sie befand sich Friedrichstraße, Ecke Kronenstraße und wurde zunächst renoviert.

Die Kriegerwitwe ließ sich von Herrn Esser, der als Direktor auftrat, in dem Etablissement umherführen, und da sie einen guten Eindruck machte, so fand sich der Direktor bereit, ihr den Rang einer Garderobenpächterin zu verleihen. Sie war selbstverständlich bereit, für diese Ehre, die außerdem hohen Gewinn versprach, 2000 Mark Pacht im voraus zu zahlen, gab die Hälfte sofort hin, die andere Hälfte einige Zeit danach. Und nun wartete sie auf die Eröffnung. Sie verzögerte sich. Immer wieder kam die Kriegerwitwe aus ihrem Vorort hereingefahren und sah nach, wie weit die Renovierung fortgeschritten wäre. Und eines Tages fand sie das Café "Rosenhof" in vollem Betrieb, und als sie eintrat, schaltete an der Garderobe ein anderer. Sie drang bis zu dem Direktor vor, und dort hörte sie denn zu ihrer Beruhigung, daß heute noch nicht die offizielle Eröffnung wäre, und daß von morgen ab sie ungestört in ihrer gepachteten Garderobe würde schalten können. Am nächsten Tage war es noch immer nicht so weit, aber sie hörte wieder aus dem Munde des Direktors, daß sich alles arrangieren werde. Es arrangierte sich in der Weise, daß das ganze Café "Rosenhof" aufflog. Die Kriegerwitwe sah ihr Geld nie wieder.

Sie war nur eine von vielen, denen Direktor Esser die Garderobe verpachtete. Es drängten sich alle möglichen Leute zu dieser Einnahmequelle, sie mußten das Recht auf Verdienst mit einer baren Summe vorher bezahlen und wurden betrogen, wenigstens die meisten von ihnen; denn einen Monat lang war der "Rosenhof" ja in flottem Betrieb, und mindestens der eine Garderobenpächter, der die Garderobe wirklich abnehmen durfte, erlitt keinen Schaden.

Café "Rosenhof" wiederum war bloß ein Fall unter vielen ähnlichen Fällen. In gleicher Weise hatte Herr Esser das "Weiße Schloß" in Heringsdorf gepachtet und ausgebeutet, indem er die Bar, die Kaffeeküche, das Hauptbüfett und die Kellerei unterverpachtete. Als die Leute hinreisten, um für ihr gutes Geld mit der Arbeit, aber auch mit dem Verdienen anzufangen, stellte sich heraus, daß an Eröffnung des "Weißen Schlosses" nicht zu denken war und daß es auch mit der Konzession haperte. Hier wäre Herr Esser um ein Haar verprügelt worden, und er zog es vor, sich in Sicherheit zu bringen. Auch als Direktor des Berliner Apollo-Theaters gab er sich einmal aus und vollführte das gleiche Manöver.

Wegen dieser Betrügereien hatte die erste Instanz ihn zu drei Jahren Zuchthaus verurteilt. Die Berufungsinstanz unter Leitung des Landgerichtsdirektors Weigert verfuhr glimpflicher mit ihm, indem sie von sieben Betrugsfällen nur fünf als erwiesen ansah und ihn dafür mit 3 Jahren Gefängnis und 5 Jahren Ehrverlust bestrafte. Esser war aus der Strafhaft vorgeführt worden, die er für ein anderes Vergehen abbüßt, in Krankenhaustracht, ein kahlköpfiger alter Mann, verbraucht, wie ihn der medizinische Sachverständige nannte, in sich zusammengesunken und weinerlich: ein Betrüger, der mit seinem Schicksal hadert. Es geht ihm wie dem Helden in Gogols berühmtem Roman "Die toten Seelen": er hat betrügen wollen, nicht aus Phantastik oder aus Freude am Betrug, sondern um zu Gelde zu kommen; und er ist nicht zu Gelde gekommen. Alles ist schief gegangen.

Da hat sein Komplice mehr Glück gehabt, der als Agent ihm die Kunden zuführte und sich bei Bedarf an den sogenannten Pachtungen und scheinbaren Gründungen beteiligte. Groß, breit und stattlich stand er als Zeuge vor dem Richtertisch, mit treuherziger Miene und biederem Tonfall setzte er seine harmlosen Geschäfte auseinander. Erst zum Schluß wurde er dahin gebracht, sieben Vorstrafen einzugestehen, von denen er eine zusammen mit Esser erlitten hat. Aber weder wegen des "Rosenhofes" noch wegen des "Weißen Schlosses" erstreckte die Strafverfolgung sich bis auf ihn. Zwar behauptete er, daß der Zusammenbruch ihn ein Vermögen von 20 000 Mark gekostet habe. Aber er ist keineswegs verbraucht und wird vielleicht noch eines Tages den großen Fang machen.
VZ, Nr. 183, v. 2. 8. 1928

GRAF HELLDORFS ZUSAMMENSTOSS

Wir wollen nicht kleinlich sein. Wolf Heinrich Graf von Helldorf, Rittergutsbesitzer, ist auch nicht kleinlich. Er, der dem vorigen preußischen Landtag als eines der 11 Mitglieder der deutsch-völkischen Fraktion angehört hat, ist beim Kauf seines Autos keineswegs nach deutsch-völkischen Grundsätzen verfahren; es war vielmehr ein großer Buickwagen, also ein Amerikaner, 18/80, mit viersitziger offener amerikanischer Karosserie. Und als er sich gestern vor dem Schöffengericht Berlin-Mitte wegen fahrlässiger Körperverletzung zu verantworten hatte, verfuhr er bei der Auswahl seines Verteidigers wiederum nicht nach deutsch-völkischen Grundsätzen ...

Wir wollen also nicht kleinlich sein und die Sache so darstellen, als ob er bloß deshalb, weil er deutschvölkischer Graf und Rittergutsbesitzer ist, die Gewohnheit habe, die Leute totzurasen. Zwar ist ihm schon einmal das Mißgeschick begegnet, daß er einen so unglücklich überfahren hat, daß der an den Folgen der Verletzungen gestorben ist. Indessen damals wurde die Sache gegen ihn eingestellt.

Diesmal hat es sich so zugetragen: Der Graf befand sich auf einer Autoreise von seiner mitteldeutschen Heimat nach Mecklenburg. In Berlin machte er Rast. Am Abend des 18. März besuchte er in der City ein Weinlokal, in Gesellschaft zweier Freunde, eines Rittmeisters a. D. und eines dritten Adligen, der den seltenen Beruf eines Privatgelehrten ausübt. Man saß bei Essen und Trinken ziemlich lange zusammen und bestieg dann das gräfliche Auto, um nach dem Westen zu fahren. Graf Helldorf steuerte, seine Begleiter nahmen auf den Rücksitzen Platz.

Auf der nächtlichen Tiergartenstraße widerstand Graf Helldorf nicht der Verlokkung, mit derjenigen Geschwindigkeit loszusausen, die er von der Landstraße her gewöhnt war. Er ahnte auch nichts von der gefährlichen Einmündung der Hofjägerallee und fuhr in einem Tempo, von dem er selbst vor Gericht 50 Kilometer zugab, über die Kreuzung. Er hatte noch Zeit, eine Autodroschke zu bemerken, die von rechts her den Schnittpunkt der Bahnen schon beinahe erreicht hatte, aber keine Zeit mehr auszuweichen oder zu bremsen. Infolgedessen beschleunigte er noch sein Tempo, in der Hoffnung, vor der Droschke hinüberzugelangen. Der Droschkenschoffför seinerseits, der mit vorgeschriebener Verlangsamung die Kreuzung passierte, erschrak, als er plötzlich einen Privatwagen auf sich zubrausen sah, warf das Steuer nach rechts herum, konnte aber nicht verhindern, daß die Droschke den Buick rechts hinten rammte, so daß der Wagen des Grafen sich um sich selbst drehte und entgegengesetzt zu seiner Fahrtrichtung zu stehen kam.

Bei dieser Gelegenheit flog der eine Passagier des Buik, der frühere Rittmeister, durch das Verdeck auf die Straße und blieb verletzt, zwar nicht liegen, aber sitzen. Inzwischen hat er Schadenersatzansprüche gegen den Grafen gestellt, und es schwebt zwischen beiden ein Prozeß; was nicht hindert, daß der Rittmeister sich noch immer als Freund des Grafen bezeichnet und ihn vor Gericht nach Möglichkeit entlastete.

Der Graf hob seinen hinausgefallenen Passagier in den Wagen und fuhr mit ihm davon. Der Droschkenschofför hatte bei dem Zusammenstoß das Bewußtsein verloren. Berufskollegen fanden ihn auf dem Asphalt liegen, hoben ihn auf und brachten ihn zur Unfallstation. Er trug eine Gehirnerschütterung, einen Bluterguß und eine Gehörstörung davon. Vor Gericht trat er als Nebenkläger auf, so weit geheilt, daß er wieder einen Beruf ausüben kann. Aber es ist der Kaufmannsberuf; das Schoffieren hat er infolge des Unfalls aufgeben müssen. Wohl betrieb er sein Gewerbe erst wenige Wochen. Er ist es nämlich eigentlich anders gewöhnt, war vor dem Kriege aktiver Offizier und im Kriege Flugzeugführer.

Die Droschkenschofföre, die Zeugen des Zusammenstoßes waren, hatten den Eindruck, der Graf auf seinem Buick-Wagen wollte sich der Feststellung entziehen. Sie fuhren hinterdrein und stellten ihn auf der Herkulesbrücke. Der Graf seinerseits behauptete, er habe keineswegs fliehen wollen und sei auch zum Halten nicht gezwungen worden, sondern habe dies getan auf Bitten seines verletzten Insassen, der die Erschütterungen der Fahrt in dem ramponierten Wagen nicht länger aushielt.

Das Urteil lautete, gemäß dem Antrag des Staatsanwalts, auf 500 Mark Geldstrafe. Auch der deutsch-völkische Graf wird das für ein mildes Urteil halten und wird finden, daß der sanftmütige Staat, den er bisher bekämpft hat, ganz im Gegenteil seine Sympathie verdient.
VZ, Nr. 201 v. 23. 8. 1928

DER VERRÄTER

Der frühere Oberleutnant Nicolai Konstantinowitsch Reim, der wegen des Fememordes an dem Feldwebel Legner unter Anklage steht, sagt aus, daß er im Jahre 1922 zur Schwarzen Reichswehr gegangen sei, um dem Vaterlande zu dienen. Dem Vaterlande? Aber dieser bleiche und schwächlich aussehende Mensch mit dem gepflegten Vollbart war bei seiner Geburt russischer Staatsangehöriger, besuchte in Riga zwar die deutsche Schule, trat aber, 13jährig, in das russische Kadettenkorps und diente bis zur Revolution in der russischen Marine. Nach der Revolution erst wurde er auf seinen Wunsch in die deutsche Marine übernommen, kam 1918 in die Baltische Landeswehr, von da in die Eiserne Division, von da in das Freikorps Lützow, von da, nach einem kaufmännischen Zwischenspiel, zum Oberschlesischen Selbstschutz und von da, nach einem zweiten Zwischenspiel bei der Hamburger Schutzpolizei, zu jener Geheimformation, in der er dem Vaterlande zu dienen gedachte. Offenbar gehört er zu jenen Europäern, die als ihr Vaterland nicht Rußland oder Deutschland oder sonst ein Land betrachten, sondern in jedem Land die antirepublikanischen Kreise und die antirepublikanische Wirksamkeit.

Nach seiner Darstellung tat er, der in Oberschlesien eine Kompagnie geführt hatte, in Döberitz Unteroffiziersdienste und war als solcher in der Osternacht 1922 zusammen mit dem Feldwebel Legner zum Patrouillegehen abkommandiert worden; sie richtete sich gegen Holzdiebe auf dem Döberitzer Gelände. Erst kurz vor Aufbruch hätte eine Persönlichkeit, die er geheim hält, ihn davon in Kenntnis gesetzt, daß der Feldwebel Büsching sich zu ihnen gesellen würde, und daß es sich darum handelte, den Legner als einen Verräter "umzulegen". Er selbst hätte nur den Auftrag gehabt, die vorschriftsmässige Patrouille zu laufen und sich um nichts zu kümmern. Erst nach geschehener Tat sollte er helfen, den Toten in einem zu Uebungszwecken ausgehobenen Schützengraben zu beerdigen; wie es dann auch geschehen sei.

Die Eröffnung von dem, was sich während der Patrouille ereignen würde, hätte ihn, so sagt er, mit Entsetzen erfüllt. Niemals wäre er selbst imstande gewesen, Hand an einen wehrlosen Menschen zu legen. Während des Krieges hätte er zweimal den Befehl erhalten, eine Erschießung auszuführen, und beide Male auf seine Bitten erreicht, daß die Kommandierung zurückgenommen wurde. Andererseits freilich wäre er überzeugt gewesen, Legner stünde mit der Entente in Verbindung. Warum war er überzeugt? Weil die geheime Persönlichkeit es ihm so gesagt hätte. Und wenn Legner einmal ein Verräter war, so bestand nach Meinung des Angeklagten keine andere Möglichkeit, als ihn zu beseitigen. Warum gab es keine andere Möglichkeit? Nun, die Schwarze Reichswehr mußte um jeden Preis verheimlicht werden, die Hilfe der Gerichte in Anspruch zu nehmen, hätte dem Ziele der Geheimhaltung nicht gedient, und überhaupt, sagt der Angeklagte, ohne Zweifel hätten die vorgesetzten militärischen Stellen alles sorgfältig erwogen, und wenn ihnen kein anderes Mittel als die Tötung des Verräters eingefallen wäre, so hätte er sich nicht für berechtigt gehalten, der Vollstreckung des Urteils entgegenzutreten.

Der Vorsitzende wundert sich über den Widerspruch, daß der Angeklagte eine Tötung für gerechtfertigt hält und zugleich über die Rolle, die er dabei spielen soll, entsetzt ist. Aber gibt es nicht viele brave Bürger, die mit Eifer die Todesstrafe verfechten und dennoch nicht imstande sind, auch nur ein Huhn zu schlachten, geschweige denn einen Menschen zu köpfen. Die Robustheit zur Tat mit eigenen Händen fehlte ihm, und es fehlte ihm erst recht der Mut, sich der Ermordung auf nächtlichem Patrouillengang geradezu und auf jede Gefahr hin zu widersetzen. Es reichte nur zum stummen Gehorsam und zum blinden Vertrauen in die Weisheit der Vorgesetzten - eine Gemütsanlage, die auch außerhalb der Kreise der Fememörder nicht selten vorkommen soll.

Was nun aber die Selbstjustiz an Verrätern betrifft, so sagt hierüber der Angeklagte nichts anderes aus, als was die von der Reichswehr und dem Reichswehrministerium entsandten Zeugen und Sachverständigen bestätigen und was sie selbst oder ihre Kameraden in früheren Prozessen so oder ähnlich auch schon dargelegt haben. Es gab eine Geheimorganisation, offiziell als Arbeits- oder Erfassungskommandos, die für den Fall der Notwehr als Stammformationen "in Aussicht genommen" waren. Die Notwehr wird begründet mit einem drohenden Bandeneinfall aus Polen. Die Mannschaften sind gekleidet wie Soldaten, wohnen wie Soldaten, haben die Ausweise der Soldaten und sehen sich selbst für Soldaten an. Geheimhaltung wird ihnen zur strengsten Pflicht gemacht. Wie man sich in Fällen schweren Verrates benehmen solle, darüber wollen die mittleren Kommandostellen sich den Kopf zerbrochen haben, ohne zu einem Ergebnis gelangt zu sein. Die Mannschaften jedenfalls, sogar die Sachverständigen, hätten sich für berechtigt gehalten, in solchen Fällen Selbstjustiz zu üben, und die hohen Offiziere verhehlen nicht ihre Meinung, daß sie den Mannschaften den Glauben an dieses Recht nicht bestreiten.

Und wie steht es also mit dem Verrat des toten Legner, dessentwegen er ermordet worden ist? Eines guten Leumundes erfreut er sich nicht. Zeugen wissen auszusagen, daß er dem Kantinenwirt Kognak, Zigaretten und Schokolade gestohlen habe. Es seien auch junge Soldaten zu Diebereien von ihm angestiftet worden. Bei einer

Revision wurden in seinem Schrank Ausrüstungsgegenstände gefunden, und daher schrieb man ihm auch den Diebstahl von sechs Pistolen zu, die aus der Kammer fehlten.

Das ist ein Verräter? So sehen die Leute aus, die Deutschland an die Entente ausliefern? So sehen die Leute aus, mit denen die Entente sich in Verbindung setzt? Heute wirkt die Vorstellung komisch. Damals hat man bei der Schwarzen Reichswehr so gefolgert und auf solche Folgerungen hin Menschen umgebracht. Es war dieselbe Stimmung wie bei Ausbruch des Krieges, als an einem der ersten Mobilmachungstage vor einem Hause am Kaiserplatz in Wilmersdorf sich eine Menschenmasse zusammenrottete, weil auf dem Dache dem Feinde Lichtsignale gegeben wurden. Lichtsignale für den Feind am hellen Tage von einem Hause am Kaiserplatz! Damals lachte kein Mensch, sondern man holte Polizei und Feuerwehr zu Hilfe. Es regierte die Suggestion.

Auch bei den Unterführern und Mannschaften der Schwarzen Reichswehr regierte die Suggestion. Bleibt noch aufzuklären, wer sie erzeugt hat und zu welchem Zwecke sie erzeugt worden ist.

VZ, Nr. 229 v. 25. 9. 1928

NACH DER FALSCHEN SEITE

Der Angeklagte, ein gründlich vorgebildeter Taschendieb, kam vom Osten her auf Bahnhof Friedrichstraße an und bestieg den Omnibus Nr. 5. Er muß aber ein schlechter Taschendieb sein; denn ein Fahrgast, neben den er sich stellte, merkte sofort, mit wem er es zu tun hatte. Er steckte seine Brieftasche tiefer in seinen Rock, knöpfte den Mantel bis zum Halse zu und sprach streng zu dem Angeklagten: "Nehmen Sie sich in acht; ich weiß, was Sie wollen." Der Angeklagte rührte sich nicht, erst am Primus-Palast verließ er den Omnibus. Gleich darauf vermißte der Herr seine Brieftasche. Der Angeklagte muß also doch wohl ein guter Taschendieb sein.

Der Bestohlene sprang sofort ab und lief hinter dem Taschendieb her in den Primus-Palast hinein. An der Jagd beteiligte sich noch ein anderer Herr, der auch auf dem Omnibus gestanden hatte. Dieser andere Herr bekannte sich jetzt vor Gericht als Privatdetektiv, der aus purer Leidenschaft in Berlin umherfährt und auf Taschendiebe Jagd macht. Auch er hatte im Omnibus den Angeklagten sofort erkannt. Er muß also doch wohl ein schlechter Taschendieb sein. Und woran hatte der Detektiv ihn erkannt? Daran, daß er nach der falschen Seite fiel. Wenn der Omnibus bremste und alle Fahrgäste nach vorn schwankten, so schwankte er rückwärts; wenn der Omnibus anruckte und alle Fahrgäste rückwärts taumelten, so taumelte er vorwärts. Hiermit ist das Geheimnis der Taschendiebe verraten. Jedermann kann sie von nun an erkennen, und sie werden sich entschließen müssen, einen neuen Trick einzuüben.

Der Detektiv plauderte vor Gericht auch aus seiner eigenen Schule. Er bekannte nämlich, daß es ganz gegen seine Gepflogenheit sei, einen Taschendieb zu verfolgen. Warum? Auch hierfür ist der Grund kennenswert. Nach seiner Erfahrung ergreift das Publikum immer gegen ihn Partei.

Nachdem er nun in diesem Falle seiner Gewohnheit untreu geworden war und zusammen mit dem Bestohlenen dem Taschendieb nachgesetzt hatte, konnte er sich sofort von der Richtigkeit seiner Erfahrung überzeugen. Das Publikum nahm unzweideutig gegen ihn Partei, er bekam ein paar in die Zähne, der Taschendieb riß sich los und rannte davon. Man fing ihn zwar schließlich doch noch, aber die Brieftasche hatte er inzwischen weggeworfen. Auch die Tasche wurde später gefunden, aber das Geld war nicht mehr darin.

Den Dieb immerhin hatte man. Und da es sich um einen vorbestraften internationalen Schädling handelt, so verurteilte das Schöffengericht Berlin - Mitte ihn zu anderthalb Jahren Zuchthaus.

Wenn er aber wirklich ein guter Taschendieb ist, so wird er sich durch diese kleine Ungeschicklichkeit nicht entmutigen lassen und nach verbüßter Strafe seiner Kunst mit neuem Eifer dienen.

VZ, Nr. 19 v. 9.12.1928

EIN LEBEN OHNE GLÜCK

Acht Fälle von Untreue und Unterschlagung, begangen durch den Rechtsanwalt und Notar Julius Meyer II, an Geldern, die ihm seine Klienten im Vertrauen auf seinen Titel und seinen Stand überlassen haben. Also ein Schurke?

Lebenslauf der Vorkriegsgeneration aus geschützten Häusern. Geboren 1876. Gymnasium und Universität in Berlin. Sowohl vor dem Referendarexamen, wie vor dem Assessorexamen macht er die schriftliche Arbeit zweimal, ohne Grund, nur aus innerer Unsicherheit, zögert, sich zur mündlichen Prüfung zu stellen, und besteht sie schließlich beide Male auf den ersten Versuch: sehr bezeichnend für einen Menschen voller Minderwertigkeitsgefühl und für den Angehörigen einer verzärtelten Jugend.

Dann Anwaltspraxis bis Kriegsausbruch. In Sibirien gefangen bis lange nach Friedensschluß. Denn schon auf dem Heimweg von den Ufern des Amur wird er durch den Vormarsch der weißen Armee abgeschnitten und aufs neue kriegsgefangen gesetzt, später bei neuen Heimkehrversuchen zweimal von den Sowjetbehörden aus dem Zuge geholt und auf Monate zur Arbeit gezwungen. Ende 1920 schließlich Heimkehr.

1921 wieder Anwalt, dazu Notar, in einem Behelfsbüro. 1922 Heirat mit einer berufstätigen Frau. Später Uebersiedlung zum Vater und Haushalt zu Dritt. Dieser Vater tut Anfang 1923 einen Schritt, den zu dieser Zeit so manch ein Vater getan hat: er scheidet aus seiner Firma, einer großen Fabrik mit Hunderten von Arbeitern, und läßt sich seinen Anteil auszahlen. Kurz darauf ist er ein armer Mann, der von Sohn und Schwiegertochter miterhalten werden muß. Nach der Darstellung des Angeklagten ist es als Entgelt für diesen Unterhalt aufzufassen, daß der Vater ihm seine Papiere übergab, für die der Sohn später etwa 3000 M löste.

Im Jahre 1925 bezieht er ein eigenes Büro und erhöht damit seine Spesen. Der Vater erkrankt und stirbt. Der Sohn nimmt die Kosten für Krankenhaus und die Beerdigung auf sich. Die Geschwister verlangen Herausgabe der Papiere, und er, trotz der geleisteten Aufwendungen, erklärt sich bereit. Als es zum Zahlen kommt und er das Geld nicht flüssig hat, vergreift er sich zum erstenmal an dem Depot einer Klientin. Er hofft, das Fehlende aus der Praxis zu ersetzen, aber statt dessen geht es ihm immer schlechter, dazu verliert die Frau ihre Stellung.

Da kommt er auf den Einfall, durch Spiel die Verluste einzuholen. Er beginnt Wettrennen zu besuchen und bei Buchmachern zu setzen. Selbstverständlich mit dem Ergebnis, daß das Loch immer größer wird. Und so gelangt er dazu, immer mehr Konten anzugreifen.

Im März dieses Jahres belaufen sich seine Passiva auf etwa 64 000 Mark. Um den Zusammenbruch zu vermeiden, versucht er ein Arrangement mit der Hauptgläubigerin über den Betrag von einigen 50 000 Mark. Den Rest will er bar abzahlen und versucht mit Hilfe seiner verwandtschaftlichen und sonstigen Verbindungen, die Summe aufzubringen. Gleichzeitig schränkt er seinen Verbrauch ein, vermietet die Hälfte seiner Wohnung, beschließt, das Büro aufzugeben, den Vorsteher zu entlassen, und verabredet mit seiner Frau, daß sie versuchen werden, von ihrem Gehalt zu leben.

Da wird die Frau schwer krank, muß operiert werden, schwebt wochenlang in Lebensgefahr. Darüber vernachlässigt er alle seine Bemühungen; schließlich fordert eine Gläubigerin ihr Geld, er zahlt mit einem ungedeckten Scheck, es erfolgt Anzeige. Er verläßt sein Haus, läßt einige Zeit verstreichen, um sich innerlich zu raffen, und stellt sich schließlich dem Gericht. Seit dem September sitzt er in Haft.

Vor dem Schöffengericht Charlottenburg erzählt er seinen Auf- und Abstieg und die Einzelheiten seiner Veruntreuungen klar und nüchtern, mit der Gewandtheit und Sachkenntnis, die ihm von Berufs wegen eigen sind, zusammenhängend und lückenlos. Kaum daß der Vorsitzende ein Frage zu stellen braucht. Wie das mit den Selbstmordgedanken gewesen sei, will das Gericht noch wissen. Mit dem Entschluß zum Selbstmord, sagt der Angeklagte, habe er natürlich gerungen. Er sei schließlich davon abgekommen, als die Frau ihm gedroht habe, ihm in den Tod zu folgen. Seine Frau habe ihm auch klar gemacht, daß es ihrer beider Pflicht sei, durch gemeinsame Arbeit wieder gutzumachen. Es ist das einzige Mal, daß ihm die Stimme versagt.

Ein Schurke? Oder ein Pechvogel, dem zum Leben, wenn es ohne Glück geführt werden muß, die Kräfte nicht ausreichen?

VZ, Nr. 301 v. 18. 12. 1928

DER EINBRECHER ALS ERZIEHER

"Ich wünschte, wir würden bei den Beratungen über den Strafprozeß hinzugezogen." Wir? Die Schwerverbrecher von Beruf sind gemeint.

Der Satz steht in der Niederschrift eines vielfach vorbetraften Einbrechers, der heute 85 Jahre zählt. Eines literarischen Einbrechers: denn er berichtet, daß er schon einmal über sich und sein Leben Aufzeichnungen gemacht habe, die ihm aber während einer Strafhaft abhanden gekommen seien. Diese neue Aeußerung geht auf die Anregung eines Kollegen zurück. Kollegen im Fach der Schriftstellerei, nicht des Einbruchs, nämlich des Erzählers und Journalisten Artur Landsberger. Die Verbindung auf dem Gebiete des Verbrechens ist dadurch hergestellt worden, daß Franz - deutlicher erfahren wir seinen Namen nicht - bei Dr. Landsberger eingebrochen ist und dafür vier Jahre Zuchthaus abgesessen hat: gewiß eine solide Basis für eine Männerfreundschaft, die den einen wie den anderen ehrt. Was der Berufseinbrecher verfaßt hat, gibt der Berufsschriftsteller heraus (Artur Landsberger: Die Unterwelt von Berlin, Berlin, Paul Steegemann Verlag) "Nach den Aufzeichnungen eines ehemaligen Zuchthäuslers" steht auf dem Titelblatt. Dieses "Nach" könnte Zweifel an der Echtheit erwecken; aber kein Geringerer als Rechtsanwalt Max Alsberg hat das Buch eines Nachwortes gewürdigt, das sich mit Franzens Gedanken ernsthaft auseinandersetzt. Diese beiden dürfen wir denn wohl als Zeugen dafür gelten lassen, daß wir, wenn auch vielleicht nicht überall die Worte, so doch die Gedanken des Zuchthäuslers zu lesen bekamen.

Und diese Gedanken sind in der Tat kennenswert. Wenn man wissen will, warum so häufig die Festgenommenen vor der Polizei Aussagen machen, die sie vor Gericht widerrufen, hier wird der Grund verraten, oder mindestens ein Grund: nämlich der Wunsch, aus dem Arrest am Alexanderplatz erlöst zu werden. Ueber den humanen Strafvollzug, zu dem die Anstaltsdirektoren sich bekennen, der aber an den veralteten Beamten scheitert, wird allerlei Aufklärendes beigebracht. Und wie das Beschwerderecht vom Papier, wo es steht, in die Praxis, wo es versagt, überführt werden kann, darüber wird Rat erteilt, der erwogen werden sollte. Nicht nur darüber. Es wimmelt von Vorschlägen, bis in die Pläne zur Reform des Strafgesetzbuches hinein, und wenn Franz beansprucht, bei den Beratungen gehört zu werden - vielleicht wäre es klug, ihn irgendwo zu hören.

Nur muß man sich klar sein, wer und was denn dieser Franz ist. Einbruchsdieb und Zuchthäusler - und also Verbrechen? Er selbst klassifiziert die Menschen anders. Wer seinen Genossen verrät, gilt ihm als Verbrecher. Wer Kinder oder Tiere mißhandelt, desgleichen. Was er treibt - "Einbrüche, wie es sich gehört" nennt er es - ist ein verwegener Beruf, und er selbst ein Unternehmer.

Unterwelt? Wenn es dergleichen gibt, so bezeichnet es den Kreis jener soliden Verbrecher, die von Natur alles haben, was den tüchtigen Bürger ziert. Energie, Können, Wissen, hohe Intelligenz und brennenden Ehrgeiz. Sie hätten die Gaben, in der Gesellschaft aufzusteigen, und nur weil sie diesen Weg versperrt finden, suchen sie den Aufstieg außerhalb der Gesellschaft, in Feindschaft zu ihr. Was unser Franz über den mißleiteten Ehrgeiz zu berichten hat, das enthüllt diese Art Menschen mehr als das meiste, was an dilettantischer Psychologie in der Oeffentlichkeit über sie verzapft wird.

Sie auch sind das würdige Objekt für alle Bestrebungen, den Verbrecher in die bürgerliche Ordnung zurückzuführen. Dem Psychopathen ist nicht zu helfen, die Zufallsverbrecher aus Leidenschaft werden sich meist selbst zu helfen wissen. Aber die Verirrten, die den rechten Weg gehen möchten und auch gehen könnten, aber ihn verfehlt haben, oft schon in der Kindheit, verdienen es, daß die Gesellschaft sich den Kopf darüber zerbricht, wie Feinde in Freunde und Helfer verwandelt werden.

Wir wissen zu wenig von dem Zwischenreich. Franz weiß Bescheid. Vielleicht stellt er sich besser dar, als er ist, vielleicht würde er den regelmäßigen Fleiß und die schlichte Pflichterfüllung, die uns auferlegt ist, nicht leisten. Vielleicht überschätzt er sich und zeichnet ein Wunschbild seiner selbst. Aber versuchen sollte man es mit ihm.

Und außerdem sollte man aus diesem Buch lernen, welche Zufälle gespielt haben, daß dieser und jener auf dieser Seite lebt und nicht auf jener, und sollte mit Schrecken erkennen, welchen Preis die Menschheit dafür zahlen muß, daß es so etwas wie eine bürgerliche Gesellschaft gibt.

VZ, Nr. 37 v. 12. 1. 1929

SCHORFHEIDE

Beleidiger des Preußischen Ministerpräsidenten

Drei Förster im grünen Rock erfüllen das nüchterne Verhandlungszimmer des Schöffengerichts Berlin - Mitte mit ihrer frischen Menschlichkeit. Der Duft des Waldes weht um sie, wie sie aufrecht und breitschultrig dastehen und ihr Zeugnis ablegen, einer schon bei Jahren, mit grauem Rauschebart, die anderen in der Blüte ihrer Männlichkeit. Es ist der Duft der Schorfheide, der von ihnen weht, jenes ausgedehnten Jagdreviers im Norden der Mark Brandenburg, dessen Schloß Hubertusstock schon zuzeiten der Hohenzollern immer wieder genannt worden ist und in dem von Kaiser Wilhelm II. bis zum Reichspräsidenten Hindenburg die ersten Männer des Staates und des Reiches gerne Wohnung genommen haben, um der Jagd obzuliegen.

Die drei Förster aus der Schorfheide stehen hier, um auszusagen, was für eine Art von Jäger der Preußische Ministerpräsident Braun ist. In dem rechtseingestellten "Tag" hatte gestanden, daß der Ministerpräsident zwar mit den Allüren eines Grandseigneurs auftrete, daß er aber ein Nimrod sei, dem der Finger locker am Abzug sitze, und der niederknalle, was ihm in den Weg komme. Im ganzen wurde er dargestellt als ein Jäger, wie er nicht sein soll, im Gegensatz zu dem früheren Kaiser und zu den Hohenzollernprinzen, übrigens auch im Gegensatz zu dem ersten Reichspräsidenten Ebert, der als Waidmann anerkannt wird. Geschrieben hatte diesen Artikel ursprünglich ein Jagdschriftsteller namens Schultze-Pfaelzer, es hatte eine Vernehmung des Chefredakteurs und des verantwortlichen Redakteurs stattgefunden, bei der beide unter dem Eindruck standen, es werde gegen sie auf Grund des Gesetzes zum Schutze der Republik vorgegangen. Zu einer Verhandlung war es nicht gekommen, weil die Angelegenheit als durch die Amnestie erledigt angesehen wurde. Der Chefredakteur von Medem indessen setzte sich hin und schrieb als Protest gegen jenes vermeintliche Vorgehen einen neuen Artikel, darin er die Aeußerungen des Jagdschriftstellers über den Jäger Braun wiederholte. Und wegen dieses zweiten Artikels stehen der Chefredakteur und der verantwortliche Redakteur unter der Anklage der Beleidigung.

Wahrheitsbeweis? Herr von Medem weiß gar nichts, als was ihm der Schultze-Pfaelzer erzählt hat. Herr Schultze-Pfaelzer behauptet, allerlei zu wissen, was ihm auf einer Informationsfahrt in die Schorfheide von allerlei Leuten erzählt worden sei; aber beide weigern sich, das Material vorzulegen und die Gewährsmänner zu nennen. Nur einen Fall führen sie als Bestätigung an: Ministerpräsident Braun habe einmal im Jahre 1924 in der Schorfheide einen Rehbock während der Schonzeit geschossen.

Die Förster hingegen, von denen der Alte mit dem Barte schon in der Kaiserzeit um Schloß Hubertusstock Dienst getan hat, und die den Ministerpräsidenten auf seinen Jagdgängen zu begleiten pflegen, sagen um so deutlicher aus, was sie wissen. Vor dem Kriege gab es in der Schorfheide keine Spur von waidgerechter Behandlung des Wildes. Während des Krieges war die Schorfheide mehr ein Schlachthof als eine Jagd. Erst in den letzten Jahren unter der Aufsicht des Landesforstmeisters Borggräber hat sich das Revier in ein Tiergehege verwandelt, an dem der Waidmann seine Freude haben kann.

Dazu sagt der Landforstmeister selbst aus, daß er den Ministerpräsidenten Braun als einen Mann kenne, der an dem obersten Grundsatz des guten Waidmannes festhalte, daß es nicht auf das Schießen ankomme, sondern auf das Hegen. Freilich habe er dem Ministerpräsidenten Anweisungen erteilt und ihm auf seinen Wunsch Fachbücher über das Waidwerk verschaffen müssen. Er habe ihm auch vorgetragen, daß der große Reichtum an Hirschen in der Schorfheide nicht zu einem übermäßigen Schießen verführen dürfe. Aber genau denselben Vortrag habe er auch dem Reichspräsidenten Hindenburg gehalten, der beim Anblick der vielen Hirsche gemeint habe, er dürfe hier nach Herzenslust schießen.

Was nun den Rehbock betrifft, so hat ihn der Ministerpräsident in der Tat während der Schonzeit geschossen. Aber die Schorfheide ist mit Gattern umgeben, ein Tiergarten, und in Tiergärten gestattet das Jagdgesetz, auch während der Schonzeit zu schießen. Vom Standpunkt des Waidmannes ist auch dann nichts dagegen einzuwenden, wenn der Kopfschmuck des Wildes völlig ausgebildet ist, und bei diesem Rehbock war es so. In der Kaiserzeit, sagen die Förster aus, wurde in der Schorfheide auch während der Schonzeit unbedenklich geschossen, sobald nur eine Hofdame ein Stück Wild verlangte.

Das Urteil lautet auf 600 Mark Geldstrafe oder sechs Tage Gefängnis für den Chefredakteur Freiherr von Medem und auf 300 Mark Geldstrafe oder drei Tage Gefängnis für den verantwortlichen Redakteur Flemming. Die Herren hatten sich alle erdenkliche Mühe gegeben, um nachzuweisen, daß die Schorfheide kein Tiergarten sei. Sie wurden durch die Gutachten widerlegt. Sie und ihre Verteidiger bemühten sich ferner, den Aufsatz des Herrn von Medem als einen Teil des Kampfes für die Freiheit der Presse hinzustellen, um nämlich auszuprobieren, ob man in der Republik "so etwas" noch sagen dürfe. Das Gericht war der Meinung, man dürfe so etwas nicht sagen. Und wenn der "Tag" die Freiheit für sich in Anspruch nimmt, den preußischen Ministerpräsidenten auf Grund von unwahren Behauptungen zu beleidigen, so werden seine Redakteure auch nichts einwenden dürfen gegen die Freiheit, sich dafür bestrafen zu lassen.
VZ, Nr. 64 v. 15. 3. 1929

GEORGE GROSZ FREIGESPROCHEN

In der Berufungsverhandlung gegen den Maler und Zeichner George Grosz, der zusammen mit dem Verleger Wieland Herzfelde wegen Beschimpfung von Einrichtungen der christlichen Kirche vom Schöffengericht Charlottenburg zu 1000 Geldstrafe an Stelle einer verwirkten Gefängnisstrafe von zwei Monaten verurteilt worden war, erkannte die II. Strafkammer des Landgerichts III auf Freisprechung.

"Millionen von Menschen sind heute Kriegsverneiner. In ihren Dienst hat sich George Grosz gestellt und hat als der Meister der Graphik, der er ist, ihren Empfindungen Ausdruck verliehen. Wenn man diese Millionen an seinen Blättern vorüberführte, so würden sie sich wohl begeistern. Die Kunst muß frei sein, sie darf nicht in eine Zwangsjacke gesteckt werden. Was ihr offen steht und was ihr verboten ist, darf vor allen Dingen nicht nach der Meinung derjenigen beurteilt werden, die sie nicht verstehen. Alle Interessen können nicht geschützt werden, es müssen vielmehr die verschiedenen Interessen nach ihrem kulturellen Wert abgeschätzt werden. Dabei überwiegt das Interesse der Kunst."

Wo wird diese Sprache gesprochen? Der das sagte, als Begründung seines Urteils, ist der Landgerichtsdirektor Siegert, der Vorsitzende der Berufungskammer, die den Spruch nachprüfen soll, durch den einige Blätter einer Zeichnungsfolge, die sich an den Roman vom braven Soldaten Schwejk anlehnt, wegen Beschimpfungen von Einrichtungen der Kirche beschlagnahmt und Künstler und Verleger bestraft worden sind. Unter der Leitung dieses überlegenen und kultivierten Mannes wurde die neue Verhandlung zu einer kunstphilosophischen Disputation, tiefschürfend und aufschlußreich.

Zuerst zwischen dem Vorsitzen und George Grosz selbst. Der Künstler, der sich mit dem Worte nur unbeholfen, gewissermaßen tastend auszudrücken vermag, wurde durch die zielbewußten Fragen dahin geleitet, daß er mit seinen mißverstandenen Blättern sich auf die Seite des beleidigten Menschenrechtes gestellt habe.

Reichskunstwart Dr. Redslob hat den Fall für wichtig genug angesehen, um seinen Urlaub zu unterbrechen und als Sachverständiger zur Stelle zu sein. Er durfte ausführlich den Gegensatz entwickeln zwischen der Welt, die sich eine bequeme Gewohnheit schafft, und dem Künstler, der die ideale Forderung stellt und damit die Gewohnheit stört. In den Augen dieses Sachverständigen ist gerade Georg Grosz derjenige, der das lebendige religiöse Gefühl wieder aufweckt und es zur Geltung bringt gegenüber denjenigen, die über einer friedlichen Auslegung zum Beispiel der Christusgestalt eingeschlafen sind. Er stellte den konventionellen Christus Thorwaldsens, in dem das große Leiden längst getilgt ist, dem Christus Grünewalds gegenüber, der das Leiden mit aller Furchtbarkeit nacherlebt und darum gestaltet hat. Dr. Redslob hat auch das Vertrauen, daß die Blätter des Zeichners Grosz nur vorläufig mißverstanden worden sind, daß aber etwa in zwanzig Jahren niemand mehr begreifen wird, wieso denn sein Christus am Kreuz mit Gasmaske und Soldatenstiefeln einmal als Beschimpfung der Kirche hat gedeutet werden können.

Wenn der Staatsanwalt an seinem wenig beneidenswerten Platze glaubte, an einer Bestrafung auf Grund des § 166 festhalten zu müssen, und wenn er sich dafür auf Zuschriften solcher, die Anstoß genommen haben, berief, so hatte es der Verteidiger, Rechtsanwalt Dr. Apfel, leicht, zu fragen, wer denn eigentlich Anstoß genommen habe, und die Auffassung des Künstlers noch einmal scharf dahin zu interpretieren, daß die Diener der Kirche, die im Weltkriege statt der Menschenliebe den blutigsten Menschenhaß predigten, diejenigen gewesen seien, die Christus geschändet haben.

Ein reiner und wahrhaftiger Mensch hat gegen Dumpfheit und Gedankenlosigkeit recht bekommen. Der Tag soll dem Moabiter Kriminalgericht nicht vergessen werden.
VZ, Nr. 87 v. 11. 4. 1929

DER RENNFAHRER MUSS

Einen Sportsmann als Sportsmann in Gänsefüßchen zu bezeichnen, ist eine Ehrenkränkung, ebenso wie wenn jemand eine Dame, statt sie eine Dame zu nennen, zu einer "Dame" macht. Dieses Vergehens halber wurde der Journalist RYSCHKA vom Schöffengericht Berlin - Mitte zu 30 Mark Geldstrafe verurteilt. Er hatte es begangen in einem Aufsatz, den er in einer Rigaer Zeitung erscheinen ließ, und in dem er seine Erlebnisse auf der Internationalen Sternfahrt nach Monte Carlo im Januar dieses Jahres schilderte. Mit dem "Sportsmann" meinte er den berühmten Auto-Rennfahrer Caracciola, der ihn denn auch wegen Beleidigung verklagte. Was aber dessen weitere Klage wegen übler Nachrede betrifft, so wurde der Journalist freigesprochen, da das Gericht durch die Beweisaufnahme als erwiesen ansah, daß der berühmte Caracciola sich nicht so benommen hatte, wie er sich hätte benehmen sollen.

Auf jener Wettfahrt nämlich, die von Riga über Berlin, Brüssel, Paris nach Monte Carlo führte, steuerte Caracciola einen Wanderer-Wagen. Neben ihm saß, um sich in der Führung mit ihm abzuwechseln, der ebenfalls berühmte Rennfahrer BURGgaller, außerdem fuhren mit ein Monteur und der Journalist Ryschka. Als man durch Belgien raste, sah der Wagen plötzlich den Weg versperrt. Caracciola bremste meisterhaft. Aber dicht hinter ihm folgte ein R. A. G. -Wagen, gesteuert von den Brüdern Birnholz und begleitet von einem Journalisten Faerber, und der erkannte die Situation nicht rechtzeitig und fuhr mit aller Wucht in den Wanderer hinein. Den Zustand der beiden Wagen kann man sich vorstellen. Was den Zustand der Menschen betrifft, so hatte Caracciola immerhin seine Glieder so weit beisammen, daß er den Führer des R. A. G. anschreien konnte, ob er verrückt geworden sei. Ryschka stand blutüberströmt und machte den Eindruck eines Schwerverletzten. Faerber konnte den Arm nicht heben und hatte sich die Schulter gebrochen. In den Tumult kam ein dritter Wagen, gesteuert von dem Studenten Bernett, der die Trümmer liegen sah, Herrn Caracciola herumschimpfen hörte und ihn und Burggaller in seinen Wagen setzte, um sie auf ihren Wunsch nach Brüssel zu transportieren. Wer weiß, wie sich die Verletzten geholfen hätten, wenn nicht ein am Rennen unbeteiligtes belgisches Auto vorbeigekommen wäre, in dem sich die Frau eines belgischen Offiziers befand. Sie war es, die Herrn Ryschka und Herrn Faerber ins Krankenhaus nach Tirlemont überführte.

Die beiden Rennfahrer quartierten sich inzwischen in Brüssel im Hotel ein, und legten sich zu Bett. Als der Arzt kam, fand er Caracciola in tiefem Schlaf und wußte nichts weiter zu verordnen als ein heißes Bad. Am nächsten Tage fuhren die beiden weiter nach Paris und von da nach Monte Carlo. Inzwischen entrüsteten sich die Journalisten im Krankenhaus von Tirlemont, daß Caracciola sich nicht um sie und namentlich nicht um seinen Gefährten Ryschka bekümmerte.

Als der Rennfahrer und der Journalist sich vor dem Gericht als Kläger und Angeklagter gegenüberstanden, nannte Ryschkas Verteidiger, Rechtsanwalt Pindar, das Verhalten Caracciolas ungehörig als Sportsmann, als Deutscher und als Mensch. Demgegenüber behauptete Caracciola, erstens, er hätte sich um die Verletzten gekümmert, indem er zu telephonieren versuchte und seinen Monteur hinschickte; zweitens, er hätte es nicht für nötig gehalten, sich zu kümmern, weil er von den Verletzten nichts hörte; drittens, er wäre nicht imstande gewesen, sich zu kümmern, weil er so schnell als möglich nach Monte Carlo weiterfahren mußte. Und warum mußte er? Weil er einen Vertrag abzuschließen hatte.

Autorennfahrer sind Menschen ohne Nerven. Sie setzen ihr Leben aus Spiel und machen von ein paar Knochenbrüchen nicht viel Wesens. Für sie versteht es sich von selbst, daß ein Vertragsabschluß wichtiger ist als ein Besuch im Krankenhaus. "Kein Mensch muß müssen," sagt Lessing im "Nathan". Er wußte eben noch nicht, was ein Autorennfahrer und was ein Vertragsabschluss ist.
VZ, Nr. 123 v. 24. 5. 1929

DIE AUFBAUMAPPE

Auf den Gedanken, mit Radiogeräten zu handeln, sind in den letzten Jahren viele gekommen. Aber: nur wenige dürften damit so viel Erfolg gehabt haben, daß sie schon ein zweites Geschäft aufmachen konnten. So ging es zwei jungen Leuten, die sich miteinander zur Eröffnung eines Radioladens zusammentaten und die dafür auf die Anklagebank kamen, zusammen mit einem dritten, nicht mehr jungen Mann, der ihr Geschäft nach außen vertrat. Um es vorweg zu nehmen; alle drei wurden freigesprochen.

Die jungen Leute stellten folgende Bedingung: Was nützt uns der Laden, wenn keine Kunden kommen? Wie sollen wir aber Kunden bekommen, wenn wir auf sie warten? Wir müssen sie holen. Indessen wir sind bloß zwei. Wären wir unser hundert, so könnten wir hundertmal so viel Kunden werben. Und sonach begannen sie mit ihrer Propaganda. Sie suchten durch Zeitungsinserat Leute, die durch Heimarbeit Geld zu verdienen wünschten. Wer sich daraufhin meldete, bekam die Anweisung, Listen von Radio-Interessenten aufzustellen. Für hundert Namen versprachen sie eine Vergütung von 5 M. Außerdem wurden die Werber in die Lage versetzt, ihre Adressen zu "bearbeiten". Wenn sie damit Erfolg hatten, das heißt, wenn sie Bestellungen übermittelten, so sollten sie an dem Verdienst beteiligt sein. Die jungen Leute behaupteten vor Gericht; daß ihre Propaganda eingeschlagen habe. Und der zweite Laden, den sie aufmachen konnten, scheint ihnen ja recht zu geben.

Indessen damit hatten sie erst das Gerüst aufgestellt. Jetzt gingen sie an den eigentlichen Bau. Nämlich sie fanden zu der Kundenwerbung durch Heimarbeit einen übergeordneten Begriff: Linderung der wirtschaftlichen Not. Und sie entschlossen sich, unter diesen Begriff noch ein paar andere Aktionen zu ordnen. Von der Ueberzeugung ausgehend, daß das Geld auf der Straße liege, stellten sie einen Haufen von Vorschlägen zusammen, unter denen der Vorschlag der Radio-Kundenwerbung nur eine bescheidene Rolle spielt. Diese Vorschläge boten sie unter dem Namen "Aufbaumappe" allen denjenigen, die sich auf ihre Inserate meldeten, zum Preise von 2,50 M an, gaben aber das Geld zurück, wenn jemand aus ihren Vorschlägen keinen Nutzen zu ziehen vermochte.

Damit also die Leute, denen es schlecht ging, ihre Not lindern und sich eine Existenz gründen könnten, schlugen sie vor, Agentur für Versicherungen, Vertrieb von Büchern, Einrichtung von Versandgeschäften. Immer sollten die Werber nur die Bestellungen einsenden und bekamen ihre Provision, während die Ausführung von den Sozien besorgt wurde. Aber das waren alles nur banale Vorschläge. Poetischer klingt schon der Gedanke, sich auf die Kräutersammelei zu legen; die Liste der Abnehmer war von der Firma zu erfahren. Man konnte auch sein Brot verdienen, indem man an Kaufleute, die ihrerseits Vertreter suchten, eine Vertreterliste verkaufte, die wieder von der Firma geliefert wurde. Die jungen Leute behaupteten, auch dieses Geschäft ginge gut. Am meisten zu verübeln ist ihnen eine Anleitung zur Schriftstellerei, die ebenfalls der Mappe beilag. Die beste Idee aber dürfte diese sein: Man stelle sich, so wird geraten, während einer Trauung oder einer Beerdigungsfeier in der Kirche hinter einen Pfeiler auf und stenografiere die Rede des Geistlichen mit. Sie läßt sich dann an die Beteiligten zu hohen Preisen absetzen. Wer nicht stenografieren kann, dem liefert die Firma ein Lehrbuch. System Scholze-Schrey. Dieser Vorschlag ist für 30 Mark von einem erworben worden, der davon lebt.

Es hat sich nicht vermeiden lassen, im Anschluß an die Gerichtsverhandlung sowohl das ganze System als auch die einzelnen Vorschläge der Oeffentlichkeit zu verraten. Den Aufbau, den die Mappe für 2,50 M verspricht, kann nun also jeder umsonst versuchen. Den findigen jungen Leuten aber, denen diesmal keine Schädigung nachgewiesen werden konnte, wird gewiß noch einmal der Coup glücken, der sie zu ehrenwerten Großverdienern macht - oder ins Gefängnis bringt.

VZ, Nr.216 v.10.9.1929

DAS BLATT DES ADELS

Neuer Streit um den Sergeanten Grischa

In dem Prozeß gegen den verantwortlichen Schriftleiter des Adelsblattes Walter von Bogen, der beschuldigt wurde, den Schriftsteller Arnold Zweig öffentlich beleidigt zu haben, verurteilte das Schöffengericht Berlin-Schöneberg den Angeklagten zu einer Geldstrafe von 600 Mark, im Nichtbeitreibungsfall für je 50 Mark zu einem Tage Gefängnis. Dem Nebenkläger Arnold Zweig wurde das Recht der Veröffentlichung des Urteils in der "Vossischen Zeitung" zugesprochen.

Im Februar dieses Jahres hatte es sich bereits bis zu dem "Deutschen Adelsblatt", dem Organ der vielgenannten Deutschen Adelsgenossenschaft, herumgesprochen, daß ein Schriftsteller namens Arnold Zweig einen Kriegsroman unter dem Titel "Der Streit um den Sergeanten Grischa" hatte erscheinen lassen. Zwei Jahre waren darüber vergangen. Das Buch hatte bei den deutschen Lesern einen ungewöhnlichen Erfolg davongetragen, es war in viele Sprachen übersetzt worden und hatte seinen Weg um die Erde genommen, die Presse der ganzen Welt hatte sich zustimmend mit ihm beschäftigt. Jetzt endlich hörte auch das "Deutsche Adelsblatt" davon läuten. Das heißt, es hörte eigentlich noch immer nicht, aber es bekam ein Manuskript eingesandt, das sich kritisch damit beschäftigte. Der Kritiker lobt darin das Können Arnold Zweigs, aber von dem Buche selbst stellt er fest, daß seine Leitidee der Haß gegen alles Deutsche sei. Er findet die Erklärung in Zweigs Zugehörigkeit zum jüdischen Volke, dem "Volke der meisterlichen Zersetzer". Er versteigt sich so weit, den Verfasser einen "asiatischen Schmutzfinken" zu nennen, und schließt mit einer nicht ausdrücklichen, aber verständlichen Aufforderung zum Pogrom.

Diese Kritik las der Chefredakteur und druckte sie im "Deutschen Adelsblatt" ab. Jemand schickte die Nummer dem Kritisierten zu. Der besann sich, ob er die Sache nicht von der humoristischen Seite nehmen sollte. Indessen in seiner Eigenschaft als Vorsitzender des Schutzverbandes Deutscher Schriftsteller unterbreitete er die Angelegenheit der Organisation, die dahin entschied, daß hier der Richter zu sprechen habe. Es wurde Anzeige erstattet, der Staatsanwalt erhob Anklage, und zwar, da der Verfasser unbekannt ist, gegen den Chefredakteur, Herrn von Bogen. Und der stand denn gestern als Angeklagter vor dem Schöffengericht Berlin-Schöneberg, ihm zur Seite als Verteidiger der deutschnationale Reichstagsabgeordnete, Rechtsanwalt Epperling, ihm gegenüber als Nebenkläger der Dichter Arnold Zweig, untersützt durch den Syndikus des Schutzverbandes, Rechtsanwalt Dr. Klee.

Man kennt aus vielen Prozessen das Auftreten der Vertreter des echten Deutschtums. Rechtsanwalt Everling, voll jener gereizten Spannung, die nicht auf innere Sicherheit schließen läßt, klammert sich zunächst an die Möglichkeit, daß die Anzeige vielleicht um einen Tag zu spät erfolgt sein könnte, wodurch sein Mandant der Strafverfolgung entschlüpft wäre. Vergeblich; die Anzeige ist rechtzeitig erfolgt. Er enthüllt dann weiter voll Empörung einen Geheimerlaß des preußischen Justitzministers aus dem Jahre 1922, durch den der Minister die Gerichte angewiesen haben soll, die Strafverfolgung einzuleiten, wenn ein Christ einen Juden beleidigt hat, nicht aber, wenn ein Christ von einem Juden beleidigt worden ist. Rechtsanwalt Klee übernimmt es, den preußischen Justizminister - getroffen wäre der Zentrumsmann Am Zehnhoff - gegen diese unglaubliche Verleumdung in Schutz zu nehmen. Schließlich liest der Abgeordnete Everling diesen angeblichen Geheimerlaß vor, und siehe da, es steht etwas ganz anderes darin; es wird nämlich auf Grund von Beschwerden verlangt, bei antisemitischen Exzessen schärfer durchzugreifen, als es bisher geschehen sei. Und was den Roman betrifft, so hat ihn der Rechtsbeistand nicht besser verstanden als sein Mandant.

Der Mandant, Herr von Bogen, hatte, als er die beleidigende Kritik aufnahm, das Werk keineswegs gelesen. Ihm genügte das Urteil des Kritikers. Immerhin gibt er zu, daß die Wendung "asiatischer Schmutzfink" zu weit ginge, und erklärt weitläufig, wieso er sie, seinen Gewohnheiten zum Trotz, nicht herausgestrichen habe. Uebrigens würde er nur den Ausdruck gemildert haben, den Sinn aber bestehen lassen; das heißt, er hätte einen angesehenen Schriftsteller den gleichen Schimpf angetan, nur in einer Form, in der er dafür nicht hätte gefaßt werden können. Der gegnerische Anwalt muß ihn darauf hinweisen, daß er damit die Sache nur verschlimmert habe, und daß es ritterlicher gewesen wäre, sich bei dem Beleidigten zu entschuldigen.

Den Roman aber, dessen Lektüre inzwischen, nämlich nach Erhebung der Anklage, von Herrn von Bogen nachgeholt worden ist, hat er so gelesen, wie er offenbar alle ernsthaften Versuche liest, sich mit der großen Katastrophe auseinanderzusetzen, und wie offenbar alle seine Gesinnungsgenossen dergleichen Bücher lesen: nämlich mit dem Vorsatz, die Wirklichkeit nicht zu sehen, die Schreie der Not und der Anklage nicht zu hören und den eigenen Anteil an der gemeinsamen Schuld nicht zu wissen.

Vergebens bemüht sich Arnold Zweig, vor so ungeübten Hörern Entstehung und Absicht des Romans darzulegen, indem er mit den Worten und Begriffen seiner geistigen Sphäre das einzelne Werk zu dem künstlerischen Schaffen überhaupt in Beziehung setzt. Während er so doziert, sitzt der Reichstagsabgeordnete Everling mit geschlossenen Augen, entweder, weil er über den feinsinnigen Ausführungen wirklich eingeschlafen ist, oder weil er den Eindruck erwecken möchte, als ob soviel Aufwand an Geist ihn einschläfere. Er schlägt die Augen wieder auf, um den Antrag zu stellen, der Verfasser möge unter seinem Eide darüber vernommen werden, ob er mit dem General Schieffenzahn den wirklichen General Ludendorff und mit einer anderen Gestalt den wirklichen Stinnes gemeint habe. Das Gericht, in Fragen der Aesthetik besser bewandert, lehnt diese unmögliche Beweiserhebung selbstverständlich ab.

Herr von Bogen, der das Wort Deutsch nicht anders als mit erhobener Stimme auszusprechen vermag, lebt in der Ueberzeugung, so wie er denke der deutsche Adel, und so wie der deutsche Adel denke das deutsche Volk. Der Weltkrieg war nicht stark genug, um Zweifel an seiner Führerrolle in ihm zu wecken; die Geldstrafe wird es auch nicht vermögen.

VZ, Nr. 229 v. 19. 9. 1929

DAS SCHLECHTE LEBEN

Raubmord im Pferdestall

Er spricht das treuherzige Schlesisch Hauptmannscher Gestalten. Er sagt, von den unbarmherzigen Fragen des Vorsitzenden in die Enge getrieben, nahe am Weinen: "Es gät m'r schlecht". Er sieht dabei proper aus, mit grauem Scheitel, genauem Schnurrbart, geknotetem Halstuch, braunem Anzug und gewichsten Schaftstiefeln, in denen die Hosen stecken.

Es geht ihm wirklich schlecht, aus dieser Sache wird er sich nicht herauswickeln. Er hat die Uhr verkauft für 3 Mark, die dem Toten gehört hatte. Er ist dessen Schulkamerad gewesen, im Pferdestall des Gastwirts, auf der Strohschütte zwischen Futterkiste und Fohlenstand, mit ihm unter derselben Decke, die der Wirt über sie beide gebreitet hatte, in einer Februarnacht dieses bitterkalten Winters. Das Portemonnaie des Toten fand man geöffnet und leer, die Brieftasche lehnte neben der Futterkiste. Alles spricht dafür, daß der alte schlesische Kuhfütterer seinen Schulkameraden umgebracht und beraubt hat.

Es geht ihm gottsjämmerlich schlecht, dem angeklagten August Jung, jetzt vor den Geschworenen, und es ist ihm schon lange und eigentlich immer schlecht gegangen. Seit 1920 lebt er von seiner Frau getrennt, die es mit den Kerlen hält. Seitdem zieht er über Landstraßen, hat hier und da einmal Arbeit bei den Bauern, für fünf oder sechs Mark wöchentlich. Dazwischen bettelt er, dazwischen gewähren ihm Wohlfahrtsstellen kleine Unterstützungen. Um sich zu erhalten, zieht er umher. Berlin, Brandenburg, Magdeburg. Eine Tochter ist in Schöningen verheiratet, für zwei Tage gibt es dort Unterschlupf. Dazwischen Asyl für Obdachlose. Wenn er es sich leisten kann, Heilsarmee; kostet die Nacht 1,50 M. Oder Pferdestall; kostet die Nacht 20 Pf. Wenn es gelänge, ins Krankenhaus zu kommen. Der Arzt hat schon den Schein geschrieben, wegen eines Beinschadens. Aber es gelingt nicht.

Ist es möglich, so zu leben? Jahrelang, bis man alt und grau geworden ist? Durch erträgliche Sommer, aber auch durch grausame Winter? Es muß doch möglich sein. Man trifft Leute, denen es ebenso schlecht geht. Man schließt rasch und ohne Förmlichkeiten Bekanntschafen. Man gibt, wenn man kann, aus gutem Herzen. Man nimmt, wenn man bekommt, ohne lange zu fragen. Man verflucht das Leben, hat es satt und berauscht sich mit großen Worten an der Vorstellung, es von sich zu werfen.

Aber so einfach ist das nicht mit dem Selbstmord. Die Kreatur hängt am Leben. Die Kreatur will essen und wohnen und sich kleiden. Die Kreatur ist neidisch auf einen, der auch nur ein alter Kuhfütterer ist und der über Geld verfügt und sich mausig macht mit Fressen und Saufen und Freihalten. Der neben einem auf dem Stroh schläft, unter derselben Decke, im Stall, zwischen den Pferden und Fohlen, die in der Finsternis scharren und schnaufen.

Schlecht geht es dem alten August Jung. Niemand wird ihn vor dem Zuchthaus bewahren. Und am Ende ist es noch nicht einmal das schlechteste, seine Tat abzubüßen und sich vor Hunger und Wetter nicht fürchten zu müssen.

VZ, Nr. 232, v. 28.9.1929

DIE REINE UEBERLIEFERUNG

Hans Pfitzner gegen Alfred Einstein

Wie lieblich ist es doch, wenn bedeutende Geister in Eintracht miteinander leben. Dieses schöne Schauspiel bot sich den Teilnehmern einer Verhandlung vor dem Einzelrichter des Amtsgerichts Schöneberg. Selten sind zwei Menschen so einig gewesen, wie die beiden Gegner, von denen der eine, nämlich Hans Pfitzner, den anderen, nämlich Alfred Einstein, wegen Beleidigung verklagt hat. Wer Hans Pfitzner ist, weiß die Welt und wird vielleicht auch die Nachwelt wissen. Jeder, der mit Musik verflochten ist, weiß außerdem, wer Alfred Einstein ist, nämlich Musikkritiker am "Berliner Tageblatt". Der Richter begann mit der Frage, ob keine Aussicht auf einen Vergleich bestehe. Beide Parteien säumten nicht, zu versichern, unter gewissen Umständen bestehe diese Aussicht. Auch darin waren sie einig. Und dann konnten sie sich mehr als zwei Stunden lang nicht einig werden.

Die Einigkeit beginnt schon bei den Grundlagen. Hans Pfitzner hat ein Buch veröffentlicht, betitelt, "Werk und Wiedergabe". Der einzige Gedanke dieses Buches ist, nach der authentischen Erklärung des Verfassers, die Ueberzeugung, daß derjenige, der ein Kunstwerk wiedergibt, als Darsteller, als Regisseur oder als Dirigent, sich an die Aufzeichnung halten muß, an die Worte oder an die Noten, und daß jede Wiedergabe, die sich willkürliche Abweichungen erlaubt, eine Entstellung und Verhunzung des Kunstwerks bedeutet. Und genau dieser Meinung ist, nach seiner authentischen Erklärung, der Musikkritiker Einstein. Er hat ihr oft Ausdruck gegeben, u.a. in der Besprechung einer "Lohengrin"-Aufführung, die 1927 in der "Münchener Post" erschien. Weil Pfitzner in dieser Besprechung einen Gesinnungsgenossen fand, insbesondere einen Bestätiger seiner Prophezeiung, man werde sich bald auch an Wagners Musik vergreifen, darum zitierte er die Kritik oder Sätze daraus auf Seite 300 seines Buches und nannte den Verkünder dieser Wahrheit außerdem auf Seite 316 ein schelmisches Enfant terrible.

Und also schüttelten sich die beiden Vorkämpfer für die Erhaltung einer reinen Kunstüberlieferung freundschaftlich die Hände? Nein; sondern der Kritiker Einstein warf dem Komponisten, Dirigenten und Schriftsteller Pfitzner im "Berliner Tageblatt" Fälschung und ein paar verwandte Unerlaubtheiten vor. Er hatte nämlich das Zitat so verstanden, als ob Pfitzner ihn als ein Beispiel für die willkürliche Veränderung von Kunstwerken zitierte. Pfitzner erwiderte, ebenfalls im "Berliner Tageblatt": Du irrst dich, ich habe dich nicht als Gegner, sondern als Bundesgenossen angeführt. Aber Herr Einstein glaubte ihm nicht und erklärte die Antwort für ein Rückzugs-Manöver; worin wiederum Pfitzner den Vorwurf der Feigheit sah. Und so mußte man sich vor Gericht Auge in Auge gegenübertreten.

Der Kampf um den Vergleich begann mit Höflichkeiten. Professor Pfitzner hatte nichts gegen den Kritiker Einstein, seine Wirksamkeit im allgemeinen und seine Behandlung der Pfitznerschen Werke im besonderen. Der Kritiker Einstein andererseits bezeugte seine Hochachtung vor Hans Pfitzner im allgemeinen und diesem Buche im besonderen. Man schritt zur Formulierung des Vergleiches. Der Rahmen wurde rasch gefunden: Pfitzner erklärte, daß er es nicht so gemeint hätte; Einstein erklärte darauf, daß er die Beleidigungen zurücknähme; worauf denn schließlich noch Pfitzner erklärte, er würde in einer künftigen Auflage die mißverstandenen Stellen seines Buches ändern.

Alle waren sich einig, und jedermann war bereit. Aber nun begannen die Schwierigkeiten. Pfitzner sah nicht ein, warum er sich zwingen lassen sollte, sein Buch zu ändern. Man schlug dafür das Wort "aufklären" vor. Pfitzner sah nicht ein, warum er zugeben sollte, daß er sich unklar ausgedrückt hätte. Einstein war bereit, das Mißverständnis zu bedauern und die Beleidigungen zurückzunehmen. Pfitzner glaubte, darauf bestehen zu müssen, daß der andere die Beleidigungen mit Bedauern zurücknähme. Zwei Stunden lang war der Vergleich in Gefahr, zu explodieren. Pfitzner: "Der gegnerische Anwalt ist bemüht, Herrn Einstein in die Mitte zu rücken. Herr Einstein war mir bei meinem Zitat ganz egal." Einstein: "Ich schätze das Buch des Herrn Professors Pfitzner sehr. Es ist ein Buch des heiligen Zornes, aber auch der Rachsucht an allen Kritikern."

Der Einzelrichter im Bunde mit den beiden Rechtsbeiständen brachte den Vergleich dennoch zustande. Jemand formulierte das Ergebnis: "Die beiden Gegner haben sich hoffentlich nicht nur geeinigt, sondern auch versöhnt".

Diese Hoffnung teilen alle Redlichen, und den Nutzen möge die reine Ueberlieferung des Kunstwerks haben.

VZ, Nr. 269 v. 10. 11. 1929

NATIONALES EINHEITSGESCHÄFT

Wenn die Leute wüßten, wie leicht Geld zu verdienen ist mit der Phrase, die sich patriotisch gebärdet, sie würden die Konjunktur noch ganz anders ausnützen. Da hätte Herr Wagner die Gunst der Zeiten besser verstanden. Er begann das Geschäft schon 1919. Damals schrieb er auf sein Aushängeschild: "Kampf gegen den Bolschewismus." Seither hat er sich mit der Seelenverfassung eines gewissen Teiles des deutschen Bürgertums fortentwickelt und kämpft nun gegen den Versailler Vertrag und die Kriegsschuldlüge. Das Ganze ist ein E. V. und heißt "Nationale Einheitsfront". Während der Inflation ging die Sache nicht, aber seit 1924 hat sie einen neuen Schwung bekommen, derart, daß die Eingänge an Beiträgen und Spenden von 14 000 Mark im ersten Jahre bis auf fast 70 000 M in jedem der letzten Jahre stiegen.

Von diesem gewinnreichen Unternehmen war Herr Wagner Vorsitzender und Geschäftsführer. Als solcher hatte er zunächst die Aufgabe, die großen Eingänge im Dienste der nationalen Einheitsfront zu verwenden. Eine seiner Bürodamen äußerte sich über diesen Punkt dahin, daß er so gut wie gar nichts tat. Von einer Kollegin erfuhr man jedoch, daß sie ihn hatte Briefe schreiben und Zeitungen lesen sehen. Es kann also im Ernst niemand behaupten, daß er nichts tat. Im übrigen läßt sich von seiner Propaganda-Tätigkeit nichts anderes nachweisen als die Zeitschrift "Des Deutschen Vaterland", auf glänzendem Papier in Riesenformat gedruckt und mit Bildern untermischt. Jede solche Nummer kostete, nach Angabe des Herrn Wagner, bare 3000 Mark. Die Mitglieder erwarteten sie monatlich. Aber die hohen Kosten bewirkten, daß die wertvolle Zeitschrift keineswegs monatlich, sondern zum Beispiel im Jahre 1926 nur ein einziges Mal erschien. Begreiflicherweise ärgerten sich die Mitglieder darüber; denn wenn das Blatt kam, so fanden sie darin, was sie brauchten: ein bißchen Kolonialsentimentalität, ein bißchen Entrüstung über die Fremdenlegion, ein bißchen Oberschlesien, ein bißchen deutsche Heimat und ein bißchen Schandfrieden.

Bleibt die Frage, was Herr Wagner mit dem vielen Geld, das Jahr für Jahr einging, eigentlich unternahm. Weil das nicht ganz klar ist, deswegen hat er sich vor dem Schöffengericht des Amtsgerichts Berlin-Schöneberg zu verantworten. Es wird nicht bestritten, daß der Vorsitz und die Geschäftsführung der nationalen Einheitsfront seinen Beruf ausgemacht haben und daß er sich Gehalt, Wohnungsmiete, Reisespesen und was er sonst brauchte, aus der Vereinskasse nehmen durfte. Es gab zwar Vorstandsmitglieder, aber die waren so voll von Vertrauen für den Vorsitzenden, daß es ihnen nie einfiel, zu kontrollieren,und daß sie erst 1927 auf den Gedanken kamen, daß über Einnahmen und Ausgaben Buch geführt werden müßte. Da war ein Kunstmaler, der den Rang eines Kassenwartes bekleidete; jedoch, da die "Nationale Einheitsfront" zu seinen Kunden gehörte und ihm Zeichnungen abnahm zum Preise von 5 bis 100 Mark das Stück, auf Vorrat für "Des Deutschen Vaterland", so kontrollierte er nicht. Ein zweites Vorstandsmitglied, Rittmeister a.D., kontrollierte auch nicht, sondern beschränkte sich auf das politische Ressort. Und ein drittes Vorstandsmitglied war Landwirt und kümmerte sich erst recht nicht.

Wie zeitgemäß das Unternehmen war, das erfährt das Gericht aus dem Munde einer Werberin, die den Ruf großer Tüchtigkeit genießt und die für eine gewisse Zeit die Propagierung der Zeitschrift übernommen hatte. "Wir waren ja sehr froh, als wir solch ein Organ in die Hände bekamen". Die Werberin hatte den Blick: annähernd 70 000 M Jahreseingänge beweisen, wieviel Deutsche im In- und Auslande ihr Geld unbesehen für ein Unternehmen hergeben, wenn es nur "Nationale Einheitsfront" heißt. Es ist immer wieder dasselbe Geschäft.

VZ, Nr. 272 v. 14. 11. 1929

DER HEISSE BREI

Beleidigungsprozeß gegen die "Rote Fahne"

Der Polizeipräsident Zörgiebel hat gegen die "Rote Fahne" Anklage wegen öffentlicher Beleidigung erheben lassen, weil sie in ihrer Ausgabe vom 1. November 1929 unter der Ueberschrift "Zörgiebel, der Massenmörder, auf der Anklagebank" die blutigen Vorgänge des 1. Mai 1929 als ein "Gemetzel" bezeichnet, das durch die "Soldateska von Zörgiebel" herbeigeführt worden sei, weil sie ihn selbst als einen "mit kühlem Vorbedacht handelnden sozialdemokratischen Arbeiterschlächter" hinstellt, und weil sie die Begriffe "sozialdemokratischer Polizeipräsidenten" und "Mörder" gleichsetzt. Die Anklage vertrat Oberstaatsanwalt Köhler, die Verteidigung führte Rechtsanwalt Dr. Apfel.

Den Teilnehmern der Verhandlung vor dem Erweiterten Schöffengericht des Amtsgerichts Berlin-Mitte bot sich das fesselnde Schauspiel eines Zweikampfes zwischen zwei Fechtern, die nicht nur an Eleganz und Sicherheit in der Führung ihrer Waffe, sondern auch an Ritterlichkeit einander ebenbürtig sind. Sie schüttelten einander, bildlich gesprochen, die Hände vor Beginn und nach dem Ende des Kampfes und grüßten sich, bildlich gesprochen, mit dem Degen vor und nach jedem Gang. Sie kämpften um des Kampfes willen, mit sportlichem Ernst. Rechtsanwalt Apfel, der nach seiner Beteuerung kein Kommunist ist und zu dem die Redakteure der "Roten Fahne" immer erst gelaufen kommen, wenn ihre Artikel schon erschienen sind, hatte dennoch mit großem Fleiß zur Entlastung des angeklagten verantwortlichen Redakteurs so viel Anträge zusammengestellt, daß ihre Niederschrift 53 Schreibmaschinenseiten in Anspruch nehmen. Und Oberstaatsanwalt Köhler, der nach seiner Erklärung nichts dagegen hätte, es vielmehr begrßen würde, wenn die Maivorgänge durch eine amtliche Untersuchung erforscht und aufgehellt würden, widersetzte sich dennoch fast allen Beweisanträgen. Er stützte sich dabei auf das Strafgesetzbuch, das für Beleidigungen, die durch eine beschimpfende und herabsetzende Form begangen worden sind, den Wahrheitsbeweis nicht zuläßt, während andererseits Rechtsanwalt Apfel das Recht auf den Wahrheitsbeweis aus demselben Strafgesetzbuch herleitete.

Im Grunde ist es nicht eine juristische Frage, die entschieden werden sollte. Der Kampf ging vielmehr um ein Ziel, dessen Erreichung schon oft und an vielen Stellen, vor Gerichten und außerhalb der Gerichte angestrebt worden ist; um den Versuch nämlich, durch eine großangelegte und unbeschränkte Vernehmung aller erreichbaren Zeugen und Sachverständigen die Wahrheit über die blutigen Maitage des vorigen Jahres zu finden. Für diesmal lehnte das Gericht alle Anträge ab, mit denen die wirklichen Vorgänge jener beklagenswerten Tage festgestellt werden sollten, und verurteilte den verantwortlichen Redakteur der "Roten Fahne" zu einer Geldstrafe von 600 Mark wegen Beleidigung gemäß § 185 des Strafgesetzbuches.

An Stelle des nur formell angeklagten verantwortlichen Redakteurs führte das Wort der eigentlich Schuldige, der Verfasser des Artikels, Redakteur Hirsch. Es wurde ihm gar zu leicht gemacht, sich und seine Kollegen als die mutigen Wahrheitssucher hinzustellen, die mit Absicht immer neue öffentliche Beleidigungen verüben, um auf dem Wege einer Anklage gegen sich eine gerichtliche Aufrollung der Schuldfrage zu erreichen, und die trotz aller Mühe das Einschreiten des Staates gegen sich nicht durchzusetzen vermögen. Man mag darüber streiten, ob gerade das Gericht die geeignete Stätte für die Durchführung eines Verfahrens ist, das zuletzt auf die Feststellung eines historischen Sachverhalts hinausläuft. Manches spricht dafür, manches dagegen. Dafür spricht, daß die politischen Leidenschaften an dieser Stelle bis zu einem gewissen Grade ausgeschaltet werden können; dagegen, daß sie erfahrungsgemäß nicht einmal hier ausgeschaltet werden, wie denn auch diese Verhandlung wieder von Demonstranten und Propagandakundgebungen nicht freigehalten worden ist. Das aber unterliegt keinem Zweifel, daß die Behauptungen und Gegenbehauptungen über die Mai-Demonstration unter der Oberfläche schwären, wie ein eiternder Abszeß. der aufzubrechen droht. Ob es einem paßt oder nicht paßt, ob es politisch klug oder unklug ist; die Katze kann nicht immer nur um den heißen Brei herumschleichen. Einmal wird sie ihn fressen müssen.

VZ, Nr. 23 v. 26. 1. 1930

BRUNO SCHERL

> Vor dem Schöffengericht Berlin-Mitte verkündete Amtsgerichtsrat Meusel das Urteil in dem Betrugsprozeß gegen Bruno Scherl und Genossen. Bruno Scherl wurde freigesprochen, da er für seine Handlungen nicht verantwortlich sei.

Das Haus steht, es ist pompös gewachsen und wächst noch immer weiter. Vom Geiste des genialen Gründers weht kein Hauch mehr darin. August Scherl ruht lange unter der Erde, noch länger hat er seine einfallsreiche und pläneschmiedende Unruhe dem mechanisch funktionierden Betriebe entzogen.

Als schwerreicher Mann setzte er sich zur Ruhe. Er durfte hoffen, das große Vermögen an seine Erben weiterzugeben, und traf Verfügungen derart, daß von seinen Kindern keines dadurch bevorzugt oder geschädigt werden sollte, daß es aus der ersten oder zweiten Ehe des Vaters stammte. Daß er seine Begabungen nicht mitvererben konnte, wird er gewußt haben. Es blieb der weitbekannte, vielgenannte Name. Ob sein Besitz Segen oder Fluch bringen würde, mußte sich erst erweisen.

Dem Sohne Bruno Scherl, aus erster Ehe, hat er Fluch gebracht. Er ist heute schon in den Jahren, das schmale durchfurchte Gesicht mit der kraß hervorspringenden Nase deutet auf Intelligenz, es verrät zugleich den Psychopathen, der sich in das vielgliedrige anspruchsvolle Gefüge der menschlichen Gesellschaft nicht einzuordnen vermag. Seine Familie ist ihm ganz entfremdet, den Vater hat er seit 1910 nicht mehr gesehen. Nichts blieb ihm als das Bewußtsein, der Sohn August Scherls zu sein, und die Hoffnung, einmal der Miterbe des väterlichen Vermögens zu werden. Den elterlichen Haushalt, den er nicht mehr mit Augen sehen durfte, füllte seine Phantasie hemmungslos mit glanzvollen Schätzen. Kunstwerke, Mobiliar, Juwelen dachte er sich als Millionenwerte. Als er, nach dem Tode der Mutter und nach der Inflation, die Hinterlassenschaft zusammenrechnete, kam er zu einer Summe von 50 Millionen Reichsmark.

Um dieser Erbschaft willen, an der er zu einem Sechstel beteilig wäre, hängten sich zwei fragwürdige Existenzen an ihn, ein früherer Offizier und ein betrügerischer Rechtsanwalt. War die Erbschaft nicht wirklich vorhanden, so konnte doch der Glaube an sie ausgenutzt werden. Es fiel nicht schwer, auch vorsichtigen Kaufleuten einzureden, daß Bruno Scherl, der Sohn August Scherls, erben würde, sobald er die Prozesse um den Nachlaß durchgefochten hätte.

Das Gericht, das die Geschäfte Bruno Scherls und seiner Helfer in wochenlanger Verhandlung untersucht und den wirren Knäuel mit unermüdlicher Geduld abgewikkelt hat, setzt der phantastischen Summe den wirklichen Wert des Nachlasses mit nüchternen Zahlen entgegen. Es berechnet den Bestand bei August Scherls Tode im April 1921. Aktiva und Passiva gegeneinander aufgewogen und auf beiden Seiten die Geldentwertung einkalkuliert, auf 6 Millionen Papiermark. Inzwischen hat die Inflation auch dieses Vermögen angegriffen, mit dem Verkauf der Besitzung im Grunewald ist ihm der Boden entzogen worden. Zwar sind die Effekten in dem üblichen Maße aufgewertet, aber dafür hat Bruno Scherl so viel voraus empfangen, daß er beim Ausgleich mit den Geschwistern bares Geld überhaupt nicht mehr erwarten darf. Ein Konkurs liegt hinter ihm, durch Eid hat er offenbart, daß er nichts besitze.

Alles, was er über seine Erbschaft behauptet, um Geschäftsleute vertrauensselig zu machen und dadurch zu Gelde zu kommen, wäre also Betrug - wenn er sich im Besitze seiner Geisteskräfte befände. Die Aerzte bezeugen ihm, daß er in bezug auf die Erbschaft von einer fixen Idee besessen sei. Die traurige Wohltat des § 51 wird dem Sohne August Scherls zuteil und bewahrt ihn, im Gegensatz zu seinen Helfern, vor Strafe.
VZ, Nr. 65 v. 16. 3. 1930

DER BESTE ANWALT

"Ich stehe hier ohne Anwalt", schließt kläglich der Angeklagte seine Verteidigungsrede. Und der Vorsitzende erwidert mit leisem Lächeln: "Es gibt keinen besseren Anwalt für den Angeklagten als einen preußischen Richter, der Recht spricht!"

Gut, gut. Dieser Vorsitzende ist selbst ein preußischer Richter; es steht ihm wohl an, wenn er das Vorbild eines Richters meint, vom preußischen Richter zu sprechen. So soll der Richter denken, preußisch oder nicht preußisch. Er soll denken, daß er nicht gegen den Angeklagten da ist, sondern für ihn. Nicht nur die Beweise der Schuld soll er suchen, sondern auch die Möglichkeiten der Unschuld. Er soll nicht vergessen, daß es nicht immer die Schlechtesten sind, die straucheln, und nicht immer die besten, die aufrecht wandeln. Und wenn er aus dem Gesetz das Urteil schöpft, so soll er nicht rächen wollen, sondern helfen. Er soll sich nicht nur als Anwalt des Rechtes, der Gerechtigkeit und der Gerechten fühlen, sondern auch als Anwalt des Sünders.

Wir anderen aber behalten uns vor, zu fragen, ob er das auch kann. Ob nicht die Aufgabe, ein Urteil zu finden und zu begründen, ihn in Gefahr bringt, Belastungen zu sehen und Entlastungen zu übersehen. Ob nicht Herkunft, Bildungsgang, Gesellschaftsschicht und Berufsgenossen den Maßstab bilden, das Menschliche überdecken und den Zusammenhang mit der Masse zerschneiden. Und ob also nicht einer, dessen Beruf es ist, sich zwischen den Menschen und das Gesetz zu stellen, im allgemeinen doch einen besseren Anwalt abgibt, als selbst der beste Richter.

Und was denkt der Rechtsanwalt? Er denkt, es ist seine Pflicht zu denken, daß es ohne ihn nicht geht; daß ohne ihn, ohne seine Leidenschaft, ohne seinen Verstand, ohne seine Rechtskunde und ohne seine Ueberzeugungsgabe der Angeklagte verloren ist und dem Irrtum der Richter und der Härte des Gesetzes ausgeliefert bleibt.

Der gute Richter und der gute Verteidiger, sie beide dienen dem Recht. Aber daraus folgt nicht, daß der Rechtsanwalt, im Vertrauen darauf, daß der Richter ja selbst der beste Anwalt des Angeklagten ist, seinen Klienten am Tage der Hauptverhandlung im Stiche lassen darf.
VZ, Nr. 81 v. 4. 4. 1930

DIE AUSSAGE

Vorsitzender: Herr Zeuge, als Schwager der Angeklagten dürfen Sie Ihre Aussage verweigern.

Zeuge (im reinstem Sächsisch): Ich weeß je garnischt.

Vorsitzender: Abgesehen davon, ob Sie etwas zur Sache wissen oder nicht, Sie müßen sich entscheiden, ob Sie aussagen wollen oder nicht.

Zeuge: Ich weeß je nich, woß'ch aussochen soll.

Vorsitzender: Das wird sich finden. Antworten Sie mir zunächst auf die Frage, ob Sie aussagen wollen oder nicht.

Zeuge: Ich weeß je von gornischt.

Vorsitzender: Wir brauchen uns darüber nicht zu streiten. Als Verwandter der Angeklagten haben Sie das Recht, hier zu erklären: Ich will nicht aussagen. Fertig.

Zeuge: Was soll'ch denn aussagen? Ich war ja nich derbei.

Vorsitzender: Aber verstehen Sie doch. Sie haben es doch so leicht. Sie sind der Schwager der Angeklagten, und brauchen nicht auszusagen, wenn Sie nicht wollen.

Zeuge: Ich wees garnich, wie 'ch daderzu komme.

Vorsitzender: Lassen Sie das auf sich beruhen, Herr Zeuge. Die Strafprozeßordnung verlangt von keinem Menschen, daß er gegen seinen Verwandten aussagt. Sie erklären einfach, Sie wollen nicht aussagen, und die Sache ist erledigt.

Zeuge: Aber ich wees ja von dr ganzen Sache nischt.

Vorsitzender: Es ist schwer, sich mit Ihnen zu verständigen. Sie sollen sich ja noch nicht äußern, Herr Zeuge, ob Sie etwas wissen und was Sie wissen. Sie sollen sich zunächst nur äußern, ob Sie überhaupt eine Aussage machen wollen.

Zeuge: Ich kann je gar keene Aussache machen.

Vorsitzender: Das mag sein. Sagen Sie doch einfach: Ich will nicht.

Zeuge: Ich kann ja nich. Ich denke, mich riehrt der Schlach, wie'ch heere, ich soll hier Zeuche sein.

Vorsitzender: Wollen Sie aussagen oder wollen Sie nicht aussagen?

Zeuge: Ich hab garnischt gesähen.

Verteidiger: Ich verstehe den Zeugen so, daß er aussagen will, und daß er dann sachlich aussagen wird, er wisse nichts.

Vorsitzender: Ich nehme also an, Herr Zeuge, Sie wollen aussagen. Erheben Sie die rechte Hand und sprechen Sie mir die Worte des Eides nach. Ich schwöre ...

Der Zeuge leistet den Eid.

Vorsitzender: Was wissen Sie von der Sache?

Zeuge: Ich wees nischt.

Vorsitzender: Ich habe keine Frage mehr. Wünscht sonst jemand eine Frage an den Zeugen zu richten? Nein? Bitte nehmen Sie Platz, Herr Zeuge.

VZ, Nr. 105 v. 3. 5. 1930

JACKE WIE HOSE

Der Redakteur einer kommunistischen Zeitung hat sich zu verantworten wegen Aufreizung zum Klassenhaß, § 130 des Strafgesetzbuches. Es ist nämlich unter seiner Verantwortung ein Aufsatz erschienen mit der Ueberschrift "Schlagt die Faschisten, wo ihr sie trefft". Den gleichen Wortlaut hat auch der Schlußsatz. Was dazwischen steht, klingt nicht weiter gefährlich. Aber den Anfang und das Ende hält die Anklage für eine Erfüllung des Tatbestandes, auf Grund dessen mit Gefängnis bis zu zwei Jahren bestraft wird, wer in einer den öffentlichen Frieden gefährdenden Weise verschiedene Klassen der Bevölkerung zu Gewalttätigkeiten gegeneinander öffentlich anreizt.

Der angeklagte Redakteur verteidigt sich damit, daß er den Tatbestand leugnet. Die Wendung "Schlagt die Faschisten, wo ihr sie trefft", bedeute keineswegs, daß seine Leser die Faschisten dort, wo sie sie treffen, schlagen sollen. Sie bedeute vielmehr im Gegenteil, entsprechend der Haltung seines Blattes, daß die Kommunisten die Faschisten nicht schlagen, sondern sich zurückhalten sollen. Er beruft sich auf die dem Richter geläufige deutsche Sprache dafür, daß er, wenn er seine Gesinnungsgenossen hätte auffordern wollen, die Faschisten an jedem beliebigen Ort zu schlagen, er sich anders ausgedrückt und in seinem Blatte nicht veröffentlicht hätte: "Schlagt die Faschisten, wo ihr sie trefft". Er behauptet, das sei einleuchtend.

Der Verteidiger wählt eine etwas andere Begründung; nämlich: wenn in einer radikalen Zeitung zu lesen steht: "Schlagt!" so schlagen die Radikalen noch lange nicht. Im übrigen wendet er sich gegen die Anwendung des § 130. Denn nach seiner Meinung werden in jener Wendung nicht Menschen einer Klasse gegen Menschen einer anderen Klasse aufgehetzt. Kommunisten hüben und Faschisten oder Nationalsozialisten drüben bezögen ihre Anhänger aus derselben Schicht, arbeiteten mit denselben Mitteln, sprächen von Schlagen, wenn sie gar nicht "schlagen" meinen, und schlügen aufeinander los, wenn niemand von Schlagen gesprochen hätte. Kommunisten und Faschisten seien zwar zwei politische Parteien, aber abgesehen von den entgegengesetzten politischen Zielen ein und dasselbe, Jacke wie Hose. Es komme daher eine Verurteilung höchstens aus § 111, Aufforderung zur Begehung einer strafbaren Handlung, in Frage.

Das Gericht schließt sich dem Staatsanwalt an und erklärt Anfang und Schluß des Aufsatzes für eine gefährliche und strafwürdige Aufhetzung. Es schließt sich aber gleichzeitig dem Verteidiger an und betrachtet das Vergehen nicht als Aufforderung zum Klassenhaß, sondern als Anstiftung zu einer strafbaren Handlung. Das Urteil lautet demnach auf 1000 Mark Geldstrafe oder 20 Tage Gefängnis. Der Angeklagte hat die Genugtuung, nicht aus § 130, sondern aus § 111 bestraft worden zu sein. Wenn er aber die 1000 Mark zahlt oder die 20 Tage absitzt, so wird er finden, es sei Jacke wie Hose.

VZ, Nr. 126 v. 28. 5. 1930

TÄGLICHER BEDARF

Acht junge Leute, Nationalsozialisten, oder "in der nationalen Bewegung stehend", oder auch "ganz unpolitisch", unter der Anklage des Hausfriedensbruches, weil sie versucht haben sollen, eine demokratische Versammlung zu sprengen. Wenn man sie hört, einen nach dem anderen, so ist jeder für sich hingegangen, von dem Plakat gelockt, hat dem Vortragenden zugehört, und als es Krach gab, hat er nichts weiter getan, als zugesehen, allenfalls gelacht, und hat der Aufforderung, den Saal zu verlassen, ohne weiteres Folge geleistet. Trotzdem sind sie festgenommen worden, einer nach dem anderen, drinnen oder draußen, aus eigenem Entschluß der Beamten oder weil irgend jemand gesagt hat: "Den da auch". Wenn man sie hört, so ist die Polizei mit bewundernswerter Umsicht so verfahren, daß alle Ruhestörer entwischt sind, und daß nur die harmlosen Unbeteiligten vor Gericht stehen.

Es herrscht Ulk-Stimmung unter den acht Angeklagten und ihrem Anhang im Zuhörerraum. Sie lachen, sie sind zu Scherzen aufgelegt, sie benutzen eine kurze Unterbrechung, um zu frühstücken und mit dem Justizwachtmeister anzubinden. Wenn es der Einzelrichter nicht zu verhindern wüßte, würden sie aus der Verhandlung eine Komödie machen.

Bei einem von den harmlosen Unbeteiligten ist ein Gummiknüppel gefunden worden. Wozu er ihn bei sich hatte, will der Richter wissen. "Wozu? Ich bin schon öfter überfallen worden. Ich trage immer einen Gummiknüppel bei mir, aus Gewohnheit, zum täglichen Bedarf".

Vielleicht meint er nicht, was er sagt. Aber die Psychoanalytiker haben uns gelehrt, daß man am deutlichsten spricht, wenn man sich verspricht. Wahrscheinlich macht er nicht jeden Tag von seinem Gummiknüppel Gebrauch. Aber was zum täglichen Bedarf dieser politisch verwilderten Jugend gehört, das ist die Selbsttäuschung einer täglichen leiblichen Gefahr, gegen die man sich mit dem Gummiknüppel verteidigen muß, und das ist die Uebertreibung der Meinungsverschiedenheiten zu einer leiblichen Bedrohung, die man auch nur mit dem Gummiknüppel abwehren kann.

Die Republik sollte den Bedarf etwas einschränken.

VZ Nr. 135 v. 7. 6. 1930

DAS GEHEIMNIS DES STEUERAUSSCHUSSES

Der Angeklagte, Mitglied der Sozialdemokratischen Partei, als solcher Abgeordneter des Niederbarnimer Kreistages, seinem Beruf nach Reichsbahnsekretär, nach seiner Aussage von den Genossen eingesetzt, um Mißstände aufzudecken, wird zu seinen übrigen Ehren auch noch in den Steuer-Ausschuß seiner märkischen Heimatsgemeinde entsandt. Dort erfährt er in den Sitzungen, wie die lieben Zeitgenossen ihr Einkommen schätzen, und hat die Pflicht, zusammen mit den Kollegen diese Schätzungen zu begutachten und, wenn er es für erforderlich hält, richtigzustellen. Er wird dabei - dies darf man ihm glauben, auch ohne daß die Geheimnisse der Ausschuß-Sitzungen verraten worden wären - die Beobachtung gemacht haben, daß gerade Leute mit hohem Einkommen, verglichen mit seinem Einkommen, die Neigung haben, ihre wirtschaftlichen Verhältnisse zu unterschätzen, daß sie es unter Umständen verstehen, statt eines Gewinnes einen Verlust herauszurechnen, und daß die Steuerbehörde, die gegen bescheidene Existenzen so streng sein kann, vor Leuten von gehobener Lebensführung bisweilen die Wahrheit nur schwer durchzusetzen vermag.

Der Angeklagte empört sich über diese Ungerechtigkeit im Leben des Staates, und da er aus Ueberzeugung und Auftrag den Schutz der Armen und die Bekämpfung der Reichen auf sich genommen hat, und da außerdem Kommunalwahlen im Gange sind, so zögert er nicht, in sozialdemokratischen Versammlungen als geübter Redner gegen den Steuerbetrug zu wettern und dabei auf seine Erfahrungen im Steuer-Ausschuß anzuspielen. Das Dorf, ein Klatschnest, wie der Angeklagte behauptet, hört die Vorwürfe, gibt sie von Mund zu Mund weiter, überlegt, wer gemeint sein könnte, vermutet, fügt hinzu, und bezeichnet schließlich zwei seiner Gemeindemitglieder als Steuerhinterzieher, einen Arzt und einen Druckereibesitzer.

Es dauert nicht lange, bis das Gerücht den beiden zu Ohren kommt. Sie gehen dem Ursprung nach, und es erfolgt eine dreifache Anzeige gegen den Reichsbahnsekretär: von Seiten des Arztes und des Druckereibesitzers wegen Beleidigung, von seiten des Landesfinanzamtes wegen Verletzung des Steuergeheimnisses. In erster Instanz beantragt der Staatsanwalt selbst Freisprechung, das Gericht folgt ihm in bezug auf die Verletzung des Steuergeheimnisses und verurteilt ihn nur wegen Beleidigung zu vierzig Mark Geldstrafe. In der Berufungsinstanz hat der Staatsanwalt seine Meinung dahin geändert, daß der Angeklagte auch des Bruches des Dienstgeheimnisses überführt sei: das Urteil lautet wegen beider Vergehen auf 70 Mark Geldstrafe.

Die Beleidigung wird sowohl vom Gericht wie von den Beleidigten darin erblickt, daß er über ihre Selbsteinschätzung etwas ausgesagt haben soll, was gar nicht zutrifft. Wenn es aber nicht zutrifft, so kann er damit nicht ein Geheimnis des Steuer-Ausschusses preisgegeben haben. Preisgegeben hat er dann nur, daß gewisse Leute ihr Einkommen zu niedrig angeben; was wiederum eine Erfahrung ist, die man auch gewinnen kann, ohne an Sitzungen des Steuer-Ausschusses teilzunehmen.
VZ, Nr. 193 v. 14. 8. 1930

GOEBBELS - THEATER VOR GERICHT

Daß Goebbels, der Herausgeber und Leitartikler seines Blattes "Der Angriff", zu schreiben versteht, wird er selbst nicht gut behaupten können. Denn sonst hätte er nicht nötig, vor Gericht umständlich zu erklären, was er mit seinen Aufsätzen gemeint hat. Zu lesen stand nach Annahme des Young-Planes, daß die Reichsminister "Verräter am Volk", "bezahlte Büttel der Weltfinanz" und "Ueberläufer nach Frankreich" seien. Man sollte glauben, dies sei, wenn auch nicht wahr und auch nicht höflich, so doch wenigstens deutlich. Die Staatsanwaltschaft faßte die Wendungen denn auch so auf, wie jeder Leser sie auffassen muß, nämlich als unerhörte Verleumdungen und Beschimpfungen der höchsten Vertreter des deutschen Volkes, und erhob Anklage. Dieser Fall wird vor dem Schöffengericht Charlottenburg in erster Instanz verhandelt.

Zu ihrer Ueberraschung erfuhren die Richter, daß Goebbels etwas ganz anderes hatte zum Ausdruck bringen wollen, als er zum Ausdruck gebracht hatte. Er hatte nämlich nicht die Reichsregierung in ihrer Gesamtheit beschimpfen wollen, sondern nur einzelne Mitglieder, nämlich die sozialdemokratischen Minister. Er hatte auch nicht sagen wollen, was man sonst sagen will, wenn man jemanden Verräter, bezahlten Büttel und Ueberläufer schilt, sondern es war nur darauf abgesehen, bei dieser Gelegenheit das Programm der Nationalsozialistischen Deutschen Arbeiterpartei leicht anzudeuten. Die naheliegende Frage, warum er das nicht gesagt hat, was er hat sagen wollen, wurde ihm nicht gestellt.

Was er aber kann, ist reden. Reden nicht in dem Sinne, daß er einen schwierigen Sachverhalt durch scharfe und abgewogene Gedankengänge aufhellt, sondern mit dem Ziele, das Einfache durch unkontrollierbare Worte zu verwirren. Er benutzt die Virtuosität, die er in Versammlungen gewonnen hat, und verläßt sich darauf, daß ein preußischer Amtsrichter seine demagogischen Kniffe und Finten nicht parieren kann. Und so darf er denn in jeder Gerichtsverhandlung aufs neue, ohne zurechtgewiesen, unterbrochen oder auf das Wesentliche beschränkt zu werden, seine Propaganda-Reden für den Zuschauerraum halten, in denen es auch, wenigstens der Wirkung nach, an neuen großen Beschimpfungen und Verleumdungen nicht fehlt.

Auf die Unterhaltung des Parterres berechnet war denn auch ein umfangreicher Beweisantrag, der unter Benennung zahlreicher Zeugen darauf hinauslief, das Gericht solle über Sinn und Wert der deutschen und europäischen Geschichte der letzten fünfzig Jahre urteilen. Niemand wird sich wundern, daß dieser angebliche Beweisantrag vom Gericht abgewiesen wurde. Wundern wird man sich nur, daß ein Teil davon zugelassen werden sollte: durch Vernehmung von drei Zeugen festzustellen, ob Hermann Müller kurz vor Kriegsausbruch in Paris erklärt habe, deutsche Sozialdemokraten würden nicht auf Franzosen schießen.

Man fragt sich, was damit bewiesen werden kann, selbst für den Fall, daß der behauptete Vorgang sich abgespielt hätte. Oder sah das Gericht voraus, die von

Goebbels und seinem Verteidiger genannten Zeugen würden bekunden müssen, sie wären damals nicht in Paris gewesen und wüßten also darüber nichts auszusagen? Goebbels Verteidiger jedenfalls sah es voraus, verzichtete auf diese drei Zeugen und verlangte statt dessen, daß Hermann Müller selbst vernommen werde, und fügte neue Beweisanträge mit einer neuen Liste von Zeugen hinzu. Als das Gericht, wie es sich von selbst verstand, auch dieses Manöver durch Ablehnung parierte, bot der Verteidiger den Zuschauern einen effektvollen Abschluß: er legte die Verteidigung nieder.

Erst als der Staatsanwalt zu Wort kam, wurde das, was Goebbels in seiner Zeitung begangen und was sich hier im Saal abgespielt hatte, nach Gebühr gekennzeichnet. Der Strafantrag lautete auf sechs Monate Gefängnis und Publikationsbefugnis des Reichskanzlers für die gesamte Reichsregierung. Das Gericht hielt es für angemessen, die Beratung über das Urteil auszusetzen bis nach Verhandlung eines zweiten Falls, der vor derselben Strafkammer anstand. Aber nun inszenierten Goebbels und sein Verteidiger einen neuen Effekt: sie lehnten das Gericht als befangen ab. Die Spruchkammer, die darüber entscheiden muß, war nicht gleich zu erreichen; der Beschluß über diesen Antrag zusammen mit dem Urteil über die erste Beleidigungsklage wird also erst am Sonnabend verkündet werden.

Der Zuschauer hat den Eindruck: Goebbels spielt mir dem Gericht unter dem Beifall der Anhänger im Lande und unter dem handgreiflichen Schutz der Parteigänger im Saal und auf der Straße. Hoffentlich fühlen sich die Richter ebenso umgeben und ebenso geschützt, und hoffentlich haben sie die volle Freiheit zu entscheiden, wie es das Recht verlangt.

VZ, Nr. 195 v. 16.8.1930

EIN FÜNFZEHNTEL RICHTER
Der Schutz des Angeklagten

Diese unbegreifliche Freisprechung eines Beleidigers des Ministers Grzesinski hat den Vorsitzenden des Berufungsgerichts veranlaßt, darauf hinzuweisen, daß die Strafkammer mit drei Berufsrichtern und zwei Laienrichtern besetzt war und daß von diesen fünf Richtern vier auf schuldig hätten erkennen müssen, damit eine Verurteilung erfolgte. Der Bürgersmann wird über das Verhältnis von vier zu fünf den Kopf schütteln und wird meinen, daß eine Mehrheit von Dreien unter Fünfen zur Verurteilung ausreichen sollte. Was sagt das Gesetz?

Das Gesetz, § 263 der Strafprozeßordnung, sagt nichts von der Zahl der Richter, die in verschiedenen Kollegien verschieden ist, sondern es bestimmt die Mehrheit, die zur Verurteilung erfordert wird, mit einer Formel auf zwei Drittel. Wohlverstanden: zur Verurteilung. Geben weniger als zwei Drittel der Mitglieder eines erkennenden Gerichts ihre Stimme auf schuldig ab, so muß Freisprechung erfolgen. Es ist eine Vorschrift durchaus zu Gunsten und zum Schutze des Angeklagten.

Drei von fünf Richtern sind um eine Kleinigkeit weniger als zwei Drittel. Nämlich: zwei Drittel sind zehn Fünfzehntel, drei Fünftel aber bloß neun Fünfzehntel. Ein Fünfzehntel fehlt.

Ein Fünfzehntel Richter, laienhaft oder gelehrt, ist nirgends in der Welt aufzutreiben; es gibt nur ganze Richter. Man hat also keine andere Wahl, als entweder sich mit dreien von fünfen zu begnügen und mit einem fünfzehntel Richter hinter der Gesetzesvorschrift zurückzubleiben, oder, um der Vorschrift zu genügen, vierzehn fünfzehntel Richter Ueberschuß in Kauf zu nehmen.

Unverbrüchlichkeit und Würde des Gesetzes verlangen, daß der zweite Weg gewählt wird, und nicht der erste. Besteht die Kammer aus drei Richtern, so genügen zwei, sind es neun Richter (Schwurgericht), so genügen sechs, sind es aber fünf Richter, so müssen vier auf Schuld oder Strafe erkennen, ehe der Angeklagte verurteilt werden darf. Denn das eine fünfzehntel Richter, das vielleicht zu seinen Gunsten stimmen könnte, soll ihm nicht vorenthalten werden.

So geschieht es zum Schutze des Angeklagten. Man hat diesen humanen Sinn und Willen des Gesetzes zu verstehen und zu achten, auch wenn mit seiner Hilfe ein Spruch zustandekommt, der das Rechtsbewußtsein verletzt. Die Unzulänglichkeit liegt dann nicht beim Gesetz, sondern bei den Menschen, die das Recht auf schuldig oder unschuldig zu erkennen, falsch gebraucht haben.

VZ, Nr. 211 v. 4. 9. 1930

WER IST SCHULD AN WESSELS TOD?

Der richtige und der falsche Arzt

Die Nationalsozialisten und die Kommunisten, die haben genau dasselbe Programm. Nur daß die Kommunisten es mit den Juden machen und die Nationalsozialisten das Judenvolk vertreiben wollen.

So malt sich die innere Politik Deutschlands im Kopfe der angeklagten Frau Salm, der Wirtin des erschossenen Studenten Wessel, die sich selbst als unpolitisch bezeichnet. Aber am Ende ist diese Formulierung politischer, als sie ahnt. Freilich gibt Frau Salm sie nicht als ihre Weisheit wieder, sondern als Aeußerung des Mieters Wessel oder seiner Braut. Es mag sein, daß die Worte in ihrem Geiste durcheinander geraten sind; denn logische Klarheit ist ihre Sache nicht. Dem Vorsitzenden wird es bei aller Geduld und Bestimmtheit des Fragens nicht immer leicht, festzustellen, was sie jetzt meint und was sie früher gemeint hat. Sie will sich selbst entlasten und sie will oder darf die Mitangeklagten und die Partei nicht belasten; allzu schwere Aufgabe für eine kleine Frau aus dem Rheinland, die den Mann verloren hat und Zimmer vermietet.

Mit dem Mieter Wessel aneinanderzugeraten, hatte sie zweierlei Anlaß: die Verschiedenheit der politischen Ansichten, wenn nicht zwischen ihm und ihr, so zwischen ihm und ihrem verstorbenen Mann; und die Reibereien des Zusammenhausens. Es scheint, daß sie ihm die Wohnung verkauft hatte, für 200 M, die sie benutzte, um ins Rheinland zu fahren; daß sie aber gegen die Abrede zurückkehrte und ihre Rechte als Inhaberin der Wohnung geltend zu machen suchte. Ob sie nach Empfang der 200 M noch Anspruch auf Monatsmiete hatte, erscheint zweifelhaft. Vorwände, ihn hinauszusetzen, hingegen fand sie genug. Er empfing seine Parteigenossen und hielt geheime Konventikel ab. Bei ihm lagerten faschistische Druckschriften. Er besaß Waffen. Und schließlich: er ließ seine Braut bei sich wohnen. Auf bloße Kündigung zu ziehen, fiel ihm nicht ein; die Ablehnung geschah vermutlich mit wenig Höflichkeit. Daß er dabei mit seinen Waffen gedroht habe, behauptet die Wirtin selber nicht, scheint sie aber vor den "Genossen" behauptet zu haben.

Zunächst wandte sie sich an die Polizei. Die weigerte sich, einzuschreiten; sie sei "selbst Schutzmann in ihrem Hause". Da ging sie Hilfe holen.

Von ihrem Manne her hatte sie ihre Bekanntschaften im kommunistischen Lager. Sie suchte sie im Lokal auf, aber dort tagte eine Funktionärversammlung; man hatte keine Zeit. Indessen: zwei liefen in ein Nachbarlokal und holten Verstärkung. Ein Haufen machte sich auf den Weg in Frau Salms Wohnung. Was war geplant?

Es wird nicht bestritten: Wessel zur Rede zu stellen; wenn er nicht ging, ihn mit Gewalt aus der Wohnung zu setzen; ihm Papiere und Waffen abzunehmen. Einer sagt: geplant war eine "proletarische Abreibung". Der Anwalt wünscht zu wissen, was sein Mandant darunter versteht.

Angeklagter: "Eine proletarische Abreibung wird ohne Waffen vorgenommen, nur mit den Fäusten; aber so, daß der Betreffende ins Krankenhaus kommt".

Vorsitzender: "Ich bin durch die Antwort einigermaßen überrascht. Der Herr Verteidiger legt wohl keinen Wert darauf, daß noch Fragen in derselben Richtung gestellt werden."

Der Student Wessel kam ins Krankenhaus, aber nicht,, weil man die Abreibung an ihm mit Fäusten vollzogen hatte, sondern weil er in den Kiefer geschossen worden war. Gehörte das zum Plan? Wurden die Waffen offen mitgeführt? Wußte die Leitung der Expedition von den Waffen? Wußte die höhere Leitung überhaupt etwas? So viel Fragen, so viel widersprechende Antworten. Von den siebzehn Angeklagten ist am ersten Tage nur ein kleiner Teil vernommen. Es ergibt sich noch kein klares Bild.

Was ist nach dem Schuß unternommen worden? Auch hierüber ist Aufklärung nur schwer und hauptsächlich durch die Widersprüche der Aussage zu gewinnen. Das scheint nicht geleugnet zu werden, daß einer die Parole ausgab: "Alle raus." Sie wurde befolgt. Verständigung hinterher wird bestritten. Immerhin gibt Frau Salm zu, ins Karl-Liebknecht-Haus bestellt worden zu sein, wo ihr mitgeteilt wurde, man werde die Affäre als eine "Eifersuchtstragödie unter Zuhältern" darstellen, um die Polizei von der kommunistischen Fährte abzulenken. Bestritten wird auch, daß die Teilnehmer zur Verschwiegenheit aufgefordert worden seien, unter der Drohung: "Wer etwas verrät, bekommt eine Kugel in den Kopf."

Um den verwundeten Studenten Wessel bemühte sich nur seine Wirtin, Frau Salm. Sie wollte ihren Arzt holen, der nebenan wohnt. Er verbot es ihr, falls es ein jüdischer Arzt sei. Es kam zunächst, von der Braut geholt, die Partei, seine Partei, und schaffte die Papiere weg. Dann kam die Polizei. Dann erst, nach Verlauf einer Stunde, kam der "richtige" Arzt.

Sachverständige werden sich im Verlauf des Prozesses darüber äußern, ob der Tod an Blutvergiftung zu vermeiden gewesen wäre, wenn man nicht auf den "richtigen" Arzt gewartet hätte.
VZ, Nr. 227 v. 23. 9. 1930

DIE BERUFENEN VERTRETER
George Grosz wieder vor Gericht

In der neuen Verhandlung um drei Blätter aus der Bilderfolge des Zeichners George Grosz zum braven Soldaten Schwejk, der fünften nach Verurteilung durch das Schöffengericht, Freisprechung durch die Berufungsinstanz, Aufhebung und Rückverweisung durch das Reichsgericht und Vertagung durch die Strafkammer des Landgerichtsdirektors Siegert treten als Sachverständige auch Abgesandte der christlichen Religionsgemeinschaft auf. Der erste von ihnen, Pfarrer am evangelischen Johannisstift in Spandau, hält sich für verpflichtet, zunächst festzustellen, daß er sein Gutachten nicht auf Grund kirchenbehördlicher Instruktionen abzugeben gedenke. Demgegenüber verlangt der Verteidiger Rechtsanwalt Apfel, die kirchlichen Behörden mögen ihre Meinung authentisch und offiziell zu erkennen geben. Der Staatsanwalt wendet ein, die kirchlichen Behörden seien nur aufgefordert worden, Sachverständige zu benennen, und das hätten sie getan. Der Vorsitzende aber stellt fest, daß laut Gerichtsbeschluß "die berufenen Vertreter" der Kirchen angefordert worden seien. Und danach können die Gutachten beginnen.

Der große Schwurgerichtssaal ist überfüllt von einer interessierten und sachverständigen Hörerschaft, unter der sich ungewöhnlich viele Moabiter Richter, Rechtsanwälte und Staatsanwälte befinden. Sie alle hat offenbar die Erwartung hergetrieben, daß noch mehr berufene Vertreter zu sehen und zu hören sein werden. Wenn es gilt, für die Künstlerschaft des angeklagten Grosz schwungvolles Zeugnis abzulegen, wer sonst wäre dazu berufen, wenn nicht der Reichskunstwart Dr. Redslob. Ueber dieser wiederholten Verhandlung schwebt das Erkenntnis des Reichsgerichts, das die Rechtsgrundsätze vorschreibt, aus denen das neue Urteil geschöpft werden soll. Und ist das Reichsgericht, das freilich nur schriftlich im Saale vertreten ist, etwa nicht berufen? Der Staatsanwalt nennt die Reichsgerichtsentscheidung denn auch "ungewöhnlich fein und klar". Worauf der Vorsitzende schlicht bemerkt: "Das kann ich nicht finden." Es sei nämlich an einer wesentlichen Stelle undeutlich und versetze das Gericht in die schwierige Lage, den Grundsatz, nach dem es entscheiden soll, nach eigener Entscheidung zu finden. Der Richter, der sich genötigt sieht, an dem höchsten deutschen Gericht eine solche Kritik zu üben, derselbe, dessen freisprechendes Urteil vom Reichsgericht aufgehoben worden ist, gehört am Ende auch zu den berufenen Vertretern.

Nicht minder aber der alte Geheimrat Kahl, der seinen 81 Jahren zum Trotz mit jugendlicher Stimme und jugendlicher Frische des Geistes dem Gericht die schwierige Materie der Gotteslästerung und der Beschimpfung christlicher Kirchen auseinandersetzt, wobei er sich auf seine eigene gesetzgeberische Tätigkeit bei Vorbereitung eines künftigen Strafgesetzbuches stützen kann. Die Richter, die ihre Lehrjahre längst hinter sich haben, scheinen wieder wie in ihrer Studentenzeit zu Füßen des Professors zu sitzen - ein reizvoller Anblick, wobei die Juristen entscheiden mögen, ob es zulässig ist, daß ein Gericht ein juristisches Gutachten anhört.

Und bei so vielen berufenen Vertretern: wird es also möglich sein, die Frage zu entscheiden, um die es sich in diesem Prozeß dreht? Die Anklage richtet sich gegen drei Blätter des Zeichners Grosz, mit denen er, nach seiner eigenen Auslegung, die Diener der Kirche brandmarken will, die im Kriege den Krieg gepredigt und damit den Sinn des Christentums in sein Gegenteil verkehrt haben. Hat er recht? Gibt es auch gerechte Kriege? Darf man an den Blättern Anstoß nehmen? Muß man das Gefühl der Anstoßnehmer schützen? Gott und Welt, die Religion und Kirche, Krieg und Gerechtigkeit - geringer sind die Gegensätze nicht, zwischen denen hier der Ausgleich gefunden werden soll.

Berufene Vertreter, gibt es sie für so schwerwiegende Entscheidungen? George Grosz, der Künstler, hat sie auf seine Weise, mit seinen Mitteln, aus seiner Ueberzeugung vollzogen. Und ist er nicht auch berufen?

VZ, Nr. 289 v. 4. 12. 1930

GEORGE GROSZ FREIGESPROCHEN

In dem Prozeß gegen George Grosz und den Verleger Wieland Herzfelde verkündete Landgerichtsdirektor Siebert gestern nachmittag folgendes Urteil der zweiten großen Strafkammer des Landgerichts III: Die Berufung der Staatsanwaltschaft wird verworfen. Das erste Urteil (des Schöffengerichts Charlottenburg) wird aufgehoben und die beiden Angeklagten werden auf Kosten der Staatskasse freigesprochen.

Die Staatsanwaltschaft wird gegen das neue freisprechende Urteil im George-Grosz-Prozeß beim Reichsgericht Revision einlegen.

Diese neue Verhandlung der Berufungsinstanz mußte durchgeführt werden, weil das Reichsgericht das Ersturteil derselben Kammer aufhob. Damit war die Rechtslage wieder hergestellt, die bestand, bevor die Berufungskammer ihr erstes Urteil gefällt hatte. Das heißt, es lag das Urteil des Schöffengerichts Charlottenburg vor, das die beiden Angeklagten mit je 500 Mark Geldstrafe belegte. Gegen dieses Urteil hatten sowohl die Angeklagten wie auch die Staatsanwaltschaft Berufung eingelegt. Die Strafkammer mußte also den Fall noch einmal verhandeln und noch einmal ein Urteil finden, wie das in allen Berufungsverhandlungen tagaus, tagein geschieht. Nur, daß diese Kammer schon einmal verhandelt und schon einmal entschieden, nämlich im Gegensatz zum Schöffengericht freigesprochen hatte, und zwar in derselben Zusammensetzung, mit Ausnahme der beiden Laienrichter, also auch unter demselben Vorsitzenden, Landgerichtsdirektor Siegert. Das Reichsgericht hatte Siegerts Urteil und seine Begründung des Urteils angefochten und fünf Maßstäbe vorgeschrieben, mit denen die Rechtslage nachgeprüft werden sollte. Es verlangte von dem Vorsitzenden, in eigener Sache zu Gericht zu sitzen und unter Umständen durch ein neues Urteil sich selbst unrecht zu geben.

Die Begründung, die das Reichsgericht der Aufhebung des Urteils gegeben hat, wird von Juristen heftig angefochten. Man könnte glauben, daß das Reichsgericht eine Verurteilung, und sogar über die erste Entscheidung hinaus eine Verurteilung wegen Gotteslästerung wünsche. Andererseits ist es nicht so weit gegangen, dem Richter, der freigesprochen hat, sein Mißtrauen auszusprechen und den Fall an eine andere Kammer zu verweisen. Dieselbe Kammer hatte noch einmal zu urteilen.

Welch eine Anforderung an die Selbständigkeit des Richters! Landgerichtsdirektor Siegert fühlte sich ihr nicht ohne weiteres gewachsen. Wäre es dem Richter vom Gesetz erlaubt, sich selbst abzulehnen, so hätte er sich abgelehnt. Wenigstens aber stellte er zweimal den Antrag, ihn von der Leitung der neuen Verhandlung zu entbinden, wozu freilich ein Grund von der vorgesetzten Instanz erst hätte gefunden werden müssen. Den Ausweg, sich krank zu melden oder sonst eine Entschuldigung zu suchen, verschmähte er begreiflicherweise. Sein Wunsch wurde ihm nicht bewilligt, er mußte die von ihm entschiedene Sache noch einmal entscheiden.

Er hat die schwere Probe bestanden. Mit gelassener Ueberlegenheit führte er den neuen Prozeß durch, mit einer Objektivität, daß wohl niemand von den Prozeßbeteiligten vorher zu sagen vermocht hätte, auf wessen Seite er diesmal treten würde. Er hat wieder, wie das erstemal, dem Unverstand, dem Dünkel und der Unbelehrbarkeit von Menschen, die sich im Hintergrund gehalten haben und die man daher nicht kennt, den Rücken gekehrt und ist entschlossen auf die Seite des reinen Wollens und der wahren Religiosität getreten. Der Prozeß Grosz wird in der Geschichte der Justiz fortleben als ein Zeichen dafür, wie inmitten einer gärenden und strudelnden Zeit die besserer Zukunft von ein paar mutigen Menschen vorbereitet worden ist.

VZ, Nr. 230 v. 5. 12. 1930

DEUTSCHE STAMMESKUNDE

Ueber den guten deutschen Volksstamm der Bayern gibt der Staatsanwalt seine Meinung dahin zu erkennen: Sie bestünden auf ihren Sonderrechten. Sie könnten es nicht ertragen, wenn ihnen das Bier verteuert würde. Sie seien im ganzen genommen Dickschädel. Aber daß sie lügen, dürfe man den Bayern nicht nachsagen, und erst recht nicht, daß sie falsch schwören.

Ihm entgegnet der Verteidiger: Er sei keineswegs gesonnen, den bayrischen Staat anzugreifen. Er habe nichts gegen die Bayern. Denn in Bayern sei er Student gewesen. Und was mehr sagen will: er rühme sich eines bayrischen Hausmädchens, mit dem er oder vielmehr seine Frau über die Maßen zufrieden sei. Mit der Glaubwürdigkeit der Bayern aber müsse man sich vorsehen, sobald es sich um Bier handle. Denn wenn einem Bayern oder der Frau eines Bayern das Bier entzogen werde, so sei der Bayer zu allem fähig.

Diese Erörterungen über den bayrischen Volkscharakter werden gepflogen vor dem Einzelrichter des Amtsgerichts Schöneberg. Der Hauptzeuge stammt ohne Zweifel aus Bayern; man merkt es seiner Sprache an, und die stämmige Gestalt und die schlichte Kleidung widersprechen der Diagnose nicht. Seiner Frau ist wirklich das Bier entzogen worden, wenigstens nach der Aussage der Eheleute. Sie, die aus Oberschlesien stammt und auch ihren Volkscharakter hat, verwaltete die Küche eines Restaurants in der Hohenstaufenstraße. Aus ihren Händen gelangten täglich etwa 100 Portionen, gebraten und gesotten, auf den Tisch der Gäste. Von dem Berufsleben der Frau wußte der Mann nur durch ihre Erzählungen. Sie aber erzählte ihm, daß seit einiger Zeit das Fleisch so komisch aussähe. Sie erzählte weiter, daß sie sich erlaubt hätte, die Wirtsleute darauf aufmerksam zu machen, und daß von diesem Augenblick an sich das Benehmen der Wirtsleute ihr gegenüber geändert hätte. Vor allem entzog man ihr das Freibier. Der Bayer, ihr Mann, drückt das mit den Worten aus: der Wirt habe seine Frau kujoniert.

Mögen die Bayern Eigenschaften haben, welche sie wollen; dieser Bayer jedenfalls ist ein ausgezeichneter Gatte. Ihn empörte die Kujonierung, die seiner Frau widerfuhr, und er beschloß, einzugreifen. Er begab sich in das Restaurant. Aber er fiel nicht mit der Tür ins Haus, sondern setzte sich bescheiden an einen Tisch, bestellte Bier und ein gebratenes, unpaniertes Schnitzel. Dann ließ er sich den Wirt rufen. Und als der Wirt kam, stellte er ihn wegen seiner Frau zur Rede.

Der Wirt benahm sich anders, als der Bayer erwartet hatte: er verbat sich die Einmischung des Ehemannes seiner Köchin. Nun verlangte der Bayer, daß ihm der noch nicht aufgegessene Teil des Schnitzels eingepackt werde. Es geschah, und er ging damit zur Polizei. Die Polizei sandte das Paket an das zuständige Institut zur Untersuchung, und dort wurde festgestellt, daß die Portion nicht vom Rinde, sondern vom Pferde stammte.

Die Wirtsleute, angeklagt wegen Verstoßes gegen das Lebensmittelgesetz und wegen Betruges leugnen jede Schuld. Sie behaupten, daß hier ein Racheakt ihrer Köchin vorliege. Und sie erklären das Untersuchungsergebnis damit, daß entweder die Köchin das Pferdefleisch mitgebracht und ihrem Mann in die Hände gespielt habe oder daß von dem Ehemann das Rinderschnitzel des Restaurants gegen ein Pferdeschnitzel umgetauscht worden sei. Tatsächlich ist in dem Verhalten sowohl der Köchin und ihres Ehemannes mancherlei verdächtig, unter anderem der Umstand, daß der Bayer erst mehrere Stunden verstreichen ließ, ehe er mit seinem Schnitzel zur Polizei ging. Der Richter hält denn auch die Belastung der Wirtsleute für so wenig gesichert, daß er sich zu einem Freispruch entschließt.

Das Schlimme ist, daß, wenn die Vermutung der Wirtsleute zutrifft, der Bayer einen Meineid geschworen haben muß. Wer wollte sich erdreisten, hier die Wahrheit zu finden? Es ist möglich, daß der Ehemann jedes Mißtrauen verdient, und daß ihm das Pferdefleisch vorgesetzt worden ist. Und obwohl der Staatsanwalt ohne Zweifel Recht hat mit der Behauptung, der Stamm der Bayern sei weder lügenhaft noch meineidig, ist es möglich, daß dieser Bayer sowohl gelogen als auch einen Meineid geschworen hat. Denn so ist das mit der gerühmten Stammeskunde: man mag noch so genau über die Eigenschaften der Gesamtheit Bescheid wissen, über die Eigenschaften des Einzelnen weiß man deswegen noch gar nichts.
VZ, Nr. 65 v. 17. 3. 1931

DER WITZIGE RICHTER

Vorsitzender: "Angeklagter, warum erlauben Sie Ihrer Frau das Trinken?"

Angeklagter: "Ich erlaube es ihr nicht, aber was soll ich tun? Sie hört doch nicht auf mich. Ich kann sie ja auch nicht jeden Tag schlagen."

Vorsitzender: (ohne eine Miene zu verziehen, in scheinbarer Zustimmung): "Jeden Tag nicht."

Im Zuschauerraum wird gelacht. Der Beisitzer, der Staatsanwalt, die Verteidiger lächeln oder schmunzeln. Der Angeklagte fährt fort, sich zu rechtfertigen. Er hat den Witz nicht verstanden. Er weiß gar nicht, daß ein Witz gemacht worden ist.

Denn es ist ihm nicht nach Witzen zumute. Es fehlt ihm das Maß von Bildung, von gesellschaftlichem Schliff, von Ueberlegenheit, das nötig wäre, um den Witz zu verstehen. Er kommt nicht mit. Aber er hört das Lachen, er sieht das Lächeln und das Schmunzeln. Er merkt, hier geht etwas vor auf seine Kosten. Er wird noch unsicherer, als er es schon gewesen ist.

Dieser Richter und mancher andere Richter haben die Gewohnheit, witzig zu sein. Gewohnheit setzt Begabung voraus. Sie haben die Gabe, auf eine schlagfertige, bisweilen geistvolle, immer unterhaltende Art witzig zu sein. Der tägliche Beobachter des Kriminalgerichts kennt solche Vorsitzenden, er darf sich von ihrer Verhandlungsleitung amüsante Unterbrechungen der ernsten Sachlichkeit erhoffen, er hört ihnen gern zu - und er wird doch ein Unbehagen nicht los.

Denn gehört wirklich sehr viel geistige Ueberlegenheit dazu, um aus der Höhe, in der ein Richter über dem Angeklagten thront, auf dessen Kosten witzig zu sein? Gehört sehr viel dazu, einen Dieb mit Höflichkeit zu behandeln und diese Höflichkeit bis zu den gewählten Formes des Salons, also bis zur Komik zu übertreiben? Gehört sehr viel dazu, bei der Frage, ob die Ehefrau des Angeklagten das Gewerbe ausgeübt habe, dessentwegen er der Zuhälterei schuldig sein würde, sie als "Frau Gemahlin" zu bezeichnen? Es gehört nicht viel dazu, und es ist eine billige Ausnutzung der Ueberlegenheit und beinahe ein Mißbrauch, auch wenn der witzige Richter, was nicht selten vorkommt, zu milden Urteilen bereit ist.

Denn Witz ist nicht Humor. Daß der Richter die Menschlichkeiten, die sich vor ihm und tief unter ihm abspielen, mit humorvollem Verständnis betrachte, das bleibt freilich zu wünschen. Aber er wird es kaum nötig haben, diesen Humor in der Verhandlung selbst erkennen zu lassen. Manchmal hätte der Richter dazu Gelegenheit, dann nämlich, wenn ein schlecht beratener Angeklagter sich zu einem Auftreten verleiten läßt, das im Widerspruch steht zu dem, was als Würde des Gerichts mit berechtigtem Eifer geschützt zu werden pflegt. In solchen Fällen wünscht man wohl, der Richter möge Humor genug aufbringen, um einen Zusammenstoß, der nieman-

dem als dem Angeklagten schaden kann, zu vermeiden. Aber dann verrät sich nicht selten, daß der Richter weit entfernt ist von einer humorvollen Bewältigung seiner Aufgabe, und dann pflegt auch den witzigen Richter sein Witz gänzlich zu verlassen.
VZ, Nr. 88 v. 12. 4. 1931

UNIFORMGEIST

Die Erschießung des Bäckerlehrlings Nathan durch den nationalsozialistischen S.A.-Mann Kuntze vor dem Schwurgericht: einer aus der Serie von Prozessen, in denen Gewalttaten der Radikalen ihre Sühne finden sollen, der Rechten und der Linken gegeneinander, meist der Rechten gegen die Linken. S.-A.-Mann Kuntze begab sich am Abend des 11. März zu einem Appell nach dem Bürgergarten in der Hauptstraße in Schöneberg, in voller Uniform, aber den Mantel darüber. Vor einem Lokal, in dem Kartoffelpuffer gebacken werden, sah er einen Knäuel Menschen und hielt sie sofort für Kommunisten, das heißt für Feinde. Es waren Mitglieder von Wanderbünden, von denen einer den Namen "Harmlos" führt, einer aber bedrohlich "Piratenblut" heißt. Wenn man die Mitglieder fragt, warum ihr Verein so heißt, so wissen sie darauf nichts zu antworten. Diese Wanderbünde stehen zwar den Kommunisten nahe, sind also mit Piraten und gar mit Piratenblut niemals in Berührung gekommen. Für "Faschisten" freilich besteht unter ihnen keine Sympathie.

In der belebten Hauptstraße, in der ein Fußgänger nicht auffällt, wäre der S.A.-Mann Kuntze im Schutz seines Mantels wahrscheinlich unbemerkt an der Gruppe vorbeigekommen. Aber er glaubte, seinem Rufe als S.A.-Mann auch etwas schuldig zu sein. Er rief daher den Leuten "Heil" zu. Die durften die Schande nicht auf sich sitzen lassen und blieben ihm ein paar gepfefferte Antworten nicht schuldig. Herr Kuntze hatte die Hartnäckigkeit, noch einmal "Heil" zu rufen und entweder durch Worte oder durch Gebärden, darüber gehen die Aussagen auseinander, anzudeuten: wer etwas von ihm wolle, der möge kommen. Das war eine Provokation in aller Form, und etwa ein halbes Dutzend "kamen" denn auch. Der S.A.-Mann rannte, die andern rannten hinterher, er drehte sich um und schoß, einer der Verfolger, eben der Bäckerlehrling Nathan, brach getroffen zusammen. Eine Woche danach starb er. Die Obduktion ergab, daß der Schuß durch Magen und Unterleib gegangen war und im Beckenknochen festsaß.

Das Gericht wird entscheiden, ob der Angeklagte wirklich, wie er behauptet, vor dem Schuß geschlagen worden ist, ob er mit einem Schlag bedroht wurde oder ob er nur fürchtete, geschlagen zu werden. Die Entscheidung hierüber, die durch ein ungeheures Aufgebot an Zeugen herbeigeführt werden soll, ist für das Urteil wichtig, aber nicht für die Allgemeinheit. Für die Allgemeinheit ist wichtig, wie es zu der Tat kommen konnte, weil es zu allen diesen Taten auf dieselbe Weise kommt.

Das Unglück wäre nicht geschehen, wenn Kuntze keinen Revolver bei sich getragen hätte. Dabei ist er schon einmal wegen Waffenbesitzes bestraft und der Revolver eingezogen worden. Der Staat, der ihm das gefährliche Ding abnahm, erreichte seinen Zweck nicht: Kuntze ging nach der Münzstraße und kaufte sich einen neuen Revolver. Warum?

Weil er sich bedroht fühlte. Wenn man ihn erzählen hört, lauerten Kommunisten auf ihn, wo er ging und stand. Sie verfolgten ihn auf seinen Dienstgängen, rotteten sich vor seinem Hause zusammen und läuteten auf verdächtige Weise an seiner Wohnungstür. So spiegelt sich die Hetze, die von den Radikalen in Zeitungen, in Versammlungen und auf Plakaten getrieben wird, in dem Kopf eines Haltlosen.

Denn wer ist dieser S.A.-Mann Kuntze? Mit dem Vater, Kaufmann, der seine evangelische Frömmigkeit betont, vermag sich der Sohn nicht zu stellen. Er wird aufs Realgymnasium geschickt, wechselt dreimal die Schule und geht aus der Tertia ab. Sitzt ein paar Jahre zu Hause herum, geht schließlich gegen den Willen des Vaters, mit Einverständnis der Mutter, aufs Land. Heiratet dort, erst zwanzigjährig. Kommt mit Frau und zwei Kindern nach Berlin zurück und schlägt sich auf das kümmerlichste durch, als Posthelfer, aber auch als Agent und als Gelegenheitsarbeiter. Er ist also nichts. Aber dem Stahlhelm gehört er an, von da gelangt er zu den Nationalsozialisten. Und dort wird er sogleich etwas, nämlich, so schmettert er dem Gericht stolz entgegen: "Ordonnanz beim Standartenführer Zwei". Wenn es selbst nichts sein sollte, so klingt es doch nach was.

Wir lachen wieder, mit Erschütterung, über den Hauptmann von Köpenick. Leute, denen Zuckmayers menschliche Komödie nicht paßt, schelten ihn, weil er eine untergegangene Herrlichkeit verspotte. Sie haben unrecht, die Herrlichkeit ist nicht untergegangen. Der Uniformgeist geht um, damals wie heute. Er hat sogar an Gefährlichkeit zugenommen. Damals hielt er eine Stadtverwaltung zum Narren, heute fordert er blutige Menschenopfer.

VZ, Nr. 93 v. 18. 4. 1931

S. A.-DIENST GEHT VOR VERLAGSDIENST
Die Stennes-Revolte beim Arbeitsgericht

Die stürmischen Umgruppierungen, die sich im Büro des Gaues Berlin-Brandenburg der N.S.D.A.P. und in der Redaktion des "Angriff" im Anschluß an die Seitensprünge des Hauptmanns a.D. Stennes zugetragen haben, fanden gestern ihren ersten juristischen Widerhall in einer Güteverhandlung vor dem Arbeitsgericht.

Man muß alle Dinge aufs Menschliche zurückführen, wenn man sie begreifen will. Du gehst z.B. ins Pergamon-Museum und findest da die kolossalen Architekturen des babylonischen Königs Nebukadnezar aufgebaut. Welch eine fremde Welt! denkst du. Aber wenn es richtig ist, daß Babylon eine große Stadt war, so werden ja junge Leute, Söhne von Bauern, vom Land in die Stadt gekommen sein, um dort ihr Glück zu machen. Sie werden sich eine Unterkunft gesucht haben. Es muß also im alten Babylon das Institut der Zimmervermieterin bekannt gewesen sein. Der junge Mann vom Lande wird gefragt haben, auf babylonisch, was es kostet. Und er wird weiter gefragt haben, auch auf babylonisch, ob das Frühstück einbegriffen ist. Es ist immer menschlich zugegangen und geht überall menschlich zu. Man muß es sich nur klarmachen.

Die Nationalsozialisten drohen mit dem Dritten Reich. Wenn man sie sieht und hört und wenn man ihre Zeitungen liest, so denkt man Wunder, wie es dort zugehen wird. Ganz anders, denkt man, als bei uns. Aber da bricht bei ihnen eine Revolte los, ein bißchen Bürgerkrieg, ein kleiner Vorschuß auf die Seligkeit des Dritten Reichs, Hauptquartiere werden besetzt, Wachen ziehen ab und ziehen auf, Goebbels erhält Vollmachten und "greift durch." Und wenn man sich die Sache bei Lichte besieht, so sind ein paar Angestellte entlassen worden und klagen vor dem Arbeitsgericht auf Auszahlung ihrer Gehälter. Es wirkt garnicht revolutionär, es wirkt durchaus zahm.

Sechs Angestellte des Verlages fechten ihre fristlose Entlassung an, verlangen Gehalt, Papiere, Zeugnisse. Ihnen gegenüber in der Rolle des Beklagten steht als Beauftragter des Verlages ein Herr Henke. Er hat seine Vollmachten von dem eigentlichen Geschäftsführer Herrn Max Ammann in München. Herr Henke steht erst seit kurzem auf seinem Posten, kennt die stürmischen Tage nur vom Hörensagen, ist aber bereit, die Sache in Ordnung zu bringen.

Manches läßt sich sehr einfach in Ordnung bringen und ist bisher nur deshalb nicht in Ordnung gebracht worden, weil "die alte Garde", wie die Kläger sich selber nennen, von der neuen Wache in das Haus Hedemannstraße 10 nicht hineingelassen wird. Zum Beispiel die Klage auf Herausgabe der Invalidenkarten. Herr Henke hat sie gleich bei sich und verteilt sie friedfertig. Zeugnisse wird er ihnen auch austellen, und ein bißchen Geld, je 100 Mark, als Anzahlung auf einen möglichen Vergleich, ist er auch bereit auszuhändigen, damit die Entlassenen nicht länger ohne Barmittel herumlaufen. Einer für alle wird Geld und Zeugnisse am Montag aus der Hedemannstraße abholen, und Herr Henke wird dafür sorgen, daß die "Wache" den Boten passieren läßt. Bei dieser Gelegenheit werden auch die "sichergestellten", das heißt, bei dem großen Krach mitgenommenen Akten und Bücher zurückgeliefert und die Kassen abgerechnet werden.

Und damit werden die Entlassungsgründe, die durch angebliche Unredlichkeiten gegeben sind, wahrscheinlich beseitigt sein. Und es bleibt nur der eigentliche Grund übrig, der Frontwechsel, nämlich der Uebertritt von Hitler zu Stennes. Aber, belehrt der Vorsitzende, der junge Amtsgerichtsrat Lehmann, Frontwechsel ist kein Entlassungsgrund für fünf von den sechs Angestellten, deren Tätigkeit mit Front und Gesinnung nichts zu tun hatte, da sie der großen Sache nur bescheiden als Expedienten, Kontrolleure und Stenotypistinnen dienten.

Anders steht es um den sechsten Kläger, der eine leitende Stellung innehatte, als Vertreter des früheren Geschäftsführers Weißauer. Dieser sechste, ebenfalls fristlos entlassene Kläger heißt Ernst Werner Techow. Das deutsche Volk kennt diesen Namen, jawohl, es hat ihn nicht vergessen. Er gehört zu den Mördern Rathenaus, er hat die Waffe beschafft und das Auto gesteuert und wurde vom Staatsgerichtshof wegen Beihilfe zum Mord zu fünfzehn Jahren Zuchthaus verurteilt. Siebeneinhalb Jahre davon hat er verbüßt, zum Teil in gemilderter Form, dann erreichte ihn die Amnestie. Am 8.Januar 1930 wurde er aus dem Gefängnis entlassen. Aus Dankbarkeit für seine Taten gab man ihm einen Posten im Verlag des "Angriff".

Herrn Techow scheint die Haft nicht übel bekommen zu sein. Er sieht frisch und gesund aus. Vor Gericht tritt er auf in brauner Weste und brauner Hose, an den Füßen hohe Schnürsenkel, über der Uniform einen schweren hellgelben Wettermantel. Er ist kostümiert wie für einen aberteuerlichen Ritt durch Tibet. Nachdem er seine Aussagen gemacht hat, öffnet er den Mantel, steckt die Hände in die Hosentaschen und stolziert auf und ab. Der Richter muß ihn ermahnen, sich angemessen zu betragen. Sogleich, zu seiner Ehre sei es gesagt, nimmt er die Hände aus den Hosentaschen.

Bei ihm als leitenden Angestellten könnte der Front- und Gesinnungswechsel als Entlassungsgrund gelten. Sollte er aber nicht gelten, so hat der Verlag noch ein paar andere Gründe bereit. Die neue Geschäftsführung läßt die alte Geschäftsführung durch vereidigte Revisoren nachprüfen. Es hat sich schon ergeben, daß mit keinem der Angestellten Verträge abgeschlossen worden sind. Die Kontrolle, die in einer Woche beendet sein sollte, zieht sich hin. Dem Geschäftsführer hat der eine der Revisoren den Zustand der Bücher und Papiere als einen "Saustall" bezeichnet. Herr Henke erklärt, man müsse abwarten, was schließlich herauskommt.

Einem der kleinen Angestellten wird vorgeworfen, er habe, statt seinen Dienst zu tun, die "Stabswache" bezogen. Nämlich die Stabswache des Hauptmann Stennes. Er rechtfertigt sich damit, daß allgemein die Weisung gegolten habe, S.A.-Dienst

gehe vor Verlagsdienst. Die Parole scheint befolgt worden zu sein: Unordnung in den Büchern, Unordnung in den Verträgen, vielleicht auch Unordnung in den Kassen. Jeder hat sich damit abgefunden wegen der Wichtigkeit des S.A.-Dienstes. Bis plötzlich welche fristlos entlassen werden und ohne Geld auf der Straße sitzen. Da geht plötzlich der Verlagsdienst vor den S.A.-Dienst. Und sie klagen beim Arbeitsgericht.
VZ, Nr. 94 v. 19.4.1931

35 SORGENKINDER DER GESELLSCHAFT
Die Atmosphäre von Scheuen

Lüneburg, 25. Juni
Auf den Anklagebänken der weiträumigen Turnhalle, die als Schwurgerichtssaal dienen muß, sitzen die 35 Zöglinge, rund die Hälfte zur Rechten: es sind jene, die in Scheuen revoltiert haben. Die andere Hälfte zur Linken: es sind diejenigen, die gegen die Aufsässigen mit Schlägen und Mißhandlungen vorgegangen sind. Bei diesen hat, nicht ohne seinen Widerspruch, Straube seinen Platz angewiesen bekommen. Früher ihr Direktor, jetzt ihr Mitangeklagter.

Von den 35 sind jetzt einige der Fürsorge entwachsen. Keiner von ihnen befindet sich mehr in Untersuchungshaft. Für die lange Dauer der Verhandlung hat man sie also unterbringen müssen. Es gibt hier ein altes Zuchthaus, das geräumt worden ist. In eine Jugendherberge soll es umgewandelt werden. Vorläufig dient es als Herberge für die ehemaligen Zöglinge von Scheuen. Da hausen sie alle zusammen, freudlos, aber friedlich. Der Zwist ist vergessen.

35 Sorgenkinder der Gesellschaft - was sind das nun für Menschen? Einer von ihnen hat den Weg ins bürgerliche Leben gefunden. Schwer trifft ihn der Prozeß, der ihn aus seiner Arbeit reißt und die eben aufgebaute Existenz bedroht. Andere - eine Stufenleiter, von der Wohlgeratenheit, die zu Hoffnungen Anlaß gibt, über alle Grade der Psychopathie bis zum Schwachsinn. Unmöglich, in wenigen Tagen der Beobachtung von außen die Individualität kennenzulernen. Das Gericht, von Sachverständigen beraten, wird es sich angelegen sein lassen, in wochenlanger Befragung und Vergleichung die Charakter zu scheiden und Anteil und Verantwortlichkeit jedes Einzelnen festzustellen.

Die sogenannten Topfkratzer hüben, die Rebellen drüben - aber diese Scheidung deckt sich keineswegs mit ihren Aussagen. Längst haben sie sich wieder zueinander gefunden, auch die Geprügelten zu ihren Prüglern. Sie stehen alles in allem geschlossen gegen ihren Direktor, sie gehören zueinander, sie kennen einander, sie wissen, was es heißt, in Fürsorge zu sein.

Niemandem wird es einfallen, ihnen einfach zu glauben, und die Erzieher nur deshalb für schuldig zu halten, weil sie von den Zöglingen belastet werden. Selbst wo sie übereinstimmen, selbst wo sie Einzelheiten angeben, ist die äußerste Vorsicht am Platze. Kameradschaften mögen mitspielen, Drohungen, unbestimmte Furcht, Verabredungen und Einflüsterungen. Und sogar was in voller Ueberzeugung ausgesagt wird, braucht sich nicht zugetragen zu haben, sondern kann aus der krankhaften Einbildung stammen. Man wird auch nicht vergessen, daß die Zöglinge, aus was für Gründen sie auch unter Fürsorge gestellt sein mögen, und wenn es auch unzureichende Gründe sind, doch nicht ohne Grund die Obhut der Eltern entbehren. Zum Spaß oder aus purer Willkür lädt sich der Staat diese kostspielige Sorge nicht auf. Man wird sich vor billiger Sentimentalität zu hüten haben.

Und doch kann der unbefangene Beobachter nicht verhindern, daß ihn beim Anblick dieser jungen Menschen, zwischen Kindlichkeit und Männlichkeit, das Mitleid packt. Sie wirken alle zusammen nicht so, als ob sie die Köpfe hängen ließen. Natürlich nicht. Sie sind ja jung. Sie lachen miteinander. Sie sind in den Pausen etwa zum Scherzen aufgelegt und wären wohl zu Streichen bereit, vielleicht zu schlimmen Streichen. Doch merkt man ihnen an: Ueber ihnen waltete nicht nachsichtige Liebe, sondern harter Befehl. Sie sind gefangen. Sie tragen Ketten.

"Herr Vorsitzender, ich bin jetzt acht Jahre in Fürsorge, da werde ich wohl wissen, wie man sich vor Gendarmen vorsieht." Nämlich auf der Flucht, wenn er wieder einmal aus dem Heim "türmt". Manchmal türmt einer. Es nützt ihm nichts. Er wird aufgegriffen und zurückgebracht. Es gibt keinen Weg in die Freiheit.

Es gibt keinen Weg, auch wenn sie im Heim viele und die Aufseher nur wenige sind. Denn die Zöglinge sind machtlos. Sie fanden sich vielleicht verlassen und hielten sich selbst dafür. Aber sie kennen das Leben nicht, sie wissen nicht, wo das Recht ist und wie man zu seinem Recht kommt. Sie sind schwach, denn sie besitzen nichts als allenfalls, was sie auf dem Leibe tragen. Sie können sich nicht ernähren, denn sie haben nichts gelernt. Sie beschweren sich - wer glaubt ihnen? Sie möchten ihr Los verbessern - wer hört auf sie? Wehrlos stehen sie der Front der Erwachsenen gegenüber, die alles haben, was ihnen fehlt. Und die untereinander bis zur Fühllosigkeit einig sind gegen die Jugend, die in Fürsorge geraten ist.

Zöglinge sind durch Zöglinge mißhandelt und verletzt worden, einer hat den Tod gefunden. Auch durch einen Zögling. Das Gericht wird untersuchen und sein Urteil fällen. Will es wirklich Strafen verhängen über die Zöglinge von damals? Das hieße nur zu der Ratlosigkeit eine neue Ratlosigkeit fügen. Härter kann man Jugend nicht strafen, als daß man sie in Fürsorge-Erziehung gibt, solange Fürsorge so gehandhabt wird, wie sie in Scheuen gehandhabt worden ist. Wenn sie alsdann, ihrer Freiheit beraubt, unter der Aufsicht ihrer Fürsorger, dennoch nun erst recht Straftaten begeht, so hat diese Jugend nicht unrecht, sondern die Fürsorge ist falsch.

VZ, Nr. 151 v. 26.6.1931

JUSTIZFLASCHENBIER

Eines Tages im Sommer 1930 führten den Präsidenten des Preußischen Kammergerichts die Geschäfte seines hohen Dienstes in das Gebäude des Landgerichts I Berlin. Und da Vorgesetztenaugen vom Himmel mit dem Fluche geschlagen sind, im Bereich ihrer Machtbefugnisse Dinge zu sehen, die sie nicht zu sehen wünschen, so sah der Herr Kammergerichtspräsident, wie ein Bierkutscher einen Kasten Flaschenbier durch die feierlichen Korridore des Landgerichts schleppte und hinter einer Tür ablieferte. Der höchste preußische Richter schloß daraus, daß hier ein unerlaubter Ausschank von Alkohol stattfinde, und lieh seinem Verdacht Worte.

Nachforschungen ergaben, daß der Verdacht unbegründet war. Niemand hatte Alkohol ausgeschenkt, nicht die Beamten, nicht die Angestellten, nicht das Publikum. Sie alle befolgten damit eine alte und bewährte Verfügung, die verbietet, im Gebäude des Landgerichts I Alkohol zu verkaufen oder sich zutragen zu lassen.

Der Krieg brach aus, die Monarchie ging zugrunde, das Betriebsrätegesetz wurde erfunden - aber jene Verfügung bestand unerschüttert weiter und wurde auch widerspruchslos befolgt. Indessen, damit der Kammergerichtspräsident seinen Verdacht nicht ganz vergeblich geäußert hätte, entschloß sich der Präsident des Landgerichts I - im Aufbau der Justiz ein respektabler Vorgesetzter, aber von der Höhe des Kammergerichtspräsidenten aus gesehen doch wieder nur ein Untergebner - jene alte Verfügung in Erinnerung zu bringen. Er unterließ nicht, bei dieser Gelegenheit, ernstlich zu erklären: "Gegen Verfehlungen dieser Art werde ich vorgehen, gegebenenfalls die Kündigung des Dienstverhältnisses in Erwägung ziehen." Vorgehen, das will sagen: wenn derjenige, der Alkohol verkauft oder sich zutragen läßt, ein Beamter ist, so wird gegen ihn ein Disziplinarverfahren angestrengt werden; wenn er zum bloßen Publikum gehört, so hat er Anklage wegen Hausfriedensbruches zu gewärtigen; die Kündigung des Dienstverhältnisses aber wird demjenigen angedroht, den die Justiz als Angestellten beschäftigt.

Die Folge dieser Erinnerung war, daß die Verfügung immer weiter eingehalten wurde. Bis nach Jahr und Tag ein Justizangestellter ihre Aufhebung verlangte; nicht in seiner Eigenschaft als einfacher Justizangestellter, sondern als Vorsitzender des Betriebsrats beim Landgericht I. Als solcher nämlich fiel ihm ein, daß es sich um eine Dienstvorschrift handle, vor deren Anordnung der Betriebsrat hätte gehört werden müssen. So verlange es das Betriebsrätegesetz.

Er steht jetzt als Kläger vor dem Arbeitsgericht dem Preußischen Justizfiskus gegenüber, in einem vorläufigen Termin, der noch nichts entscheidet. Der Preußische Justizfiskus sieht so aus, wie jeder sich diesen oft genannten Herrn vorstellt: groß, korrekt und nüchtern. Er wendet gegen den Kläger ein, es sei keine Dienstvorschrift erlassen, sondern nur eine längst bestehende Dienstvorschrift in Erinnerung gerufen worden; ferner, jene alte Dienstvorschrift sei gar keine Dienstvorschrift, sondern nur eine Maßnahme des Hausrechts und der Leitungsbefugnis, die dem Chef der Behörde ohne weiteres zustehe und in die kein Betriebsrat dreinzureden habe.

Ihm gegenüber wirkt der Justizangestellte klein, beweglich und phantasievoll. Er ähnelt etwa einem Hofschauspieler aus der unangefochtenen Zeit vor dem Kriege. An ihm muß der Vorsitzende rügen, daß er die einzelnen Fragen durcheinanderbringe. Da ist zum Beispiel die Frage der Klarheit oder Unklarheit der Verfügung. Der Vorsitzende findet sie klar. "Wenn Sie", erläutert er, "von Hause eine Flasche Bier mitbringen, so wird Ihnen niemand verwehren, sie zum Frühstück zu trinken."

"Wenn einer aber zwei Flaschen trinken will?"

"Sie dürfen auch zwei Flaschen mitbringen. Soviel Sie tragen können. Sie dürfen nur im Gericht niemand beauftragen, Ihnen Bier zu holen."

"Aber wenn einer nun nicht soviel Bier tragen kann, wie er trinken kann, und wenn nun seine Frau oder sein Schwager ein paar Flaschen nachbringt?"

"Das ist verboten."

Vorläufig hat der Justizangestellte, dem es verboten ist, sich Bierflaschen nachtragen zu lassen, einen Schriftsatz eingereicht. Der Justizfiskus soll darauf antworten, und auf diese Antwort soll wieder der Justizangestellte antworten. Danach, wenn alles gut geht, kann vielleicht schon das Urteil gesprochen werden. Und wenn erst die Sache mit dem Flaschenbier geregelt ist, dann werden auch bald die anderen Mängel beseitigt sein, die etwa dem Justizbetrieb noch anhaften sollten.

VZ, Nr. 207 v. 30. 8. 1931

STOLZ UND AUFRECHT
Widersprüche im Helldorf-Prozeß

Vor dem Zeugentisch ein früherer Major, jetzt bei den Nationalsozialisten Standartenführer. Er ist angezogen nicht wie für eine Gerichtsverhandlung, eher für eine Löwenjagd: kurze braune Jacke, braune Reithosen, hohe braune Reitstiefel. Niemand sagt ihm, diese Tracht sei dem Orte nicht angemessen. Vielleicht findet es niemand. In der Tat ist er bei weitem nicht der einzige, der so auftritt. Die sogenannte Sporttracht, bisweilen in Verbindung mit den hochgeschnürten Bärenstiefeln, zeigt sich nicht selten, von den Angeklagten über die Zeugen bis unter die Zuschauer. Abzeichen aller Art, mit Einschluß des Hakenkreuzes, fehlen nicht. Unangefochten gehen die Träger aus und ein. Nur wie jemand mit erhobenem Arm den Parteigruß zur Anklagebank sendet, greift der Vorsitzende mit sanfter Rüge dazwischen und verbietet es für die Zukunft.

Der Standartenführer ist, wie so viele seiner Parteigenossen, am Abend des 12. September auf dem Kurfürstendamm gewesen, er hat, wie so viele seiner Parteigenossen, ein Kino besuchen wollen, und er ist, wie so viele seiner Parteigenossen, davon abgehalten worden. Der Standartenführer durch die Unruhen auf dem Kurfürstendamm? Keineswegs; sondern durch Ueberfälle oder geplante Ueberfälle der Kommunisten auf nationalsozialistische Sturmlokale. Als der Standartenführer die Sache mit den kommunistischen Ueberfällen ins reine gebracht hatte, verabredete er sich aufs neue, diesmal ins Café Berlin. Aber auch da gelangte er nicht hin; denn inzwischen ging es in der Gegend um die Kaiser-Wilhelm-Gedächtniskirche wirklich los.

Was hat der Standartenführer gesehen? Gewalttätigkeiten? Jawohl; nämlich Gewalttätigkeiten eines Schutzmannes, eines wahren Riesen von einem Schutzmann, der auf einen wehrlosen Passanten einschlug. Der Standartenführer empörte sich, "aus reiner Menschlichkeit", wie er dem Gericht versichert, und belästigte die Polizisten, die dort die Ordnung wieder herstellen sollten, so lange mit seiner Empörung, bis er selbst auf einen Wagen gesetzt und zur Wache gebracht wurde.

Ob er Zusammenrottungen gesehen habe? Jawohl, er habe eine kleine Zusammenrottung gesehen, etwa 15 Mann; das seien aber keine Nationalsozialisten gewesen. Ob die Leute denn keine Uniform getragen hätten. Nein, Uniform hätten sie nicht getragen. Woran er denn also erkannt habe, daß es keine Nationalsozialisten gewesen seien? Nun, Nationalsozialisten hätten doch einen bestimmten Typ. Was denn für einen Typ? Sie seien alle, sagt der Major und Standartenführer, stolz und aufrecht.

Stolz und aufrecht demnach sind die Führer, stolz und aufrecht die Geführten. Außer diesem Führer einer Standarte wird der Führer eines Sturms vernommen. Auch er wollte sich einen Film ansehen und auch er gelangte nicht dazu. Ihn aber rief aus seinem Auto der Graf Helldorf an und verlangte, er solle sich wegscheren und die S.A.-Leute nach Hause bringen. So erzählt der Zeuge. Und er erzählt weiter, wie er von der Polizei in die Budapester Straße gedrängt wurde und sich dort inmitten eines Publikums fand, das seiner Meinung nach zu den üblichen Besuchern des Kurfürstendamms gehört. Getreu der Mahnung des Grafen Helldorf rief er: "Der Oberführer sagt, alle sollen nach Hause gehen." Er bekam eine unerwartete Antwort. "Was redet denn der vom Oberführer?" wurde ihm entgegnet, mit dem Zusatz: "Schlagt doch den Kerl in die Schnauze".

Vorsitzender: "Zeuge, wie alt sind Sie?"

Zeuge: "41 Jahre".

V o r s i t z e n d e r: "In diesem Alter mußten Sie doch aber wissen, daß man nicht irgendwelchen Leuten Befehle eines Oberführers überbringen kann. Das geht doch nur bei Ihren eigenen Parteigenossen".

Z e u g e: "Ich dachte, der Oberführer wird schon wissen, was da für Leute sind".

V o r s i t z e n d e r: "Offenbar sind Sie an die Unrichtigen gekommen."

Das also sind Führer. Unter den Geführten treten als Zeugen auch einige von denjenigen auf, die im ersten Kurfürstendamm-Prozeß durch das Schnellschöffengericht verurteilt worden sind. Nur einer gibt zu, daß er von seinem Führer aufgefordert worden ist, sich nach dem Kurfürstendamm zu begeben. Ein anderer, Gärtnerlehrling, 19jährig, behauptet, ihm sei nichts dergleichen gesagt worden. Vor der Polizei hat er aber nach dem Protokoll das Gegenteil gesagt. Nach dem Polizeiprotokoll: er sei vom Sturm-Abend gekommen; jetzt: es habe kein Sturm-Abend stattgefunden. Nach dem Protokoll: er sei mit sechs oder sieben Kameraden zu dem verabredeten Treffpunkt an der Kaiser-Wilhelm-Gedächtniskirche gegangen; die Namen dieser Kameraden finden sich dort angegeben; jetzt: er sei nur mit einem Bekannten gegangen, mit den Namen habe er nicht Begleiter, sondern Sturm-Mitglieder bezeichnen wollen. Im ganzen behauptet er, der vernehmende Kriminalbeamte habe ihm alle Aussagen in den Mund gelegt, und er sei nicht imstande gewesen, den Sinn des Protokolls zu verstehen. Auf den Vorhalt des Staatsanwalts, ob er sich denn nicht bewußt gewesen sei, daß er mit der Nennung der Namen, wenn sie falsch war, Unschuldige einer Straftat bezichtige, erwidert er, er wisse nicht, was "bezichtigen" heißen soll. Der Verteidiger springt ihm bei mit der Frage: "Hat vielleicht der Kriminalbeamte Ihnen versprochen, Sie würden entlassen werden, wenn Sie alles zugeben?" Und prompt erwidert er: "Ja."

Stolz und aufrecht - wenn man den Gärtnerlehrling vor dem Richtertisch stehen und seine Aussagen machen sieht, so kann man ihm die gute Figur nicht absprechen. Aber es gibt ja immer noch Leute in Deutschland, die den Stolz und die Aufrichtigkeit nicht nach der guten Figur beurteilen.

VZ, Nr. 516 v. 1. 11. 1931

ZAUBERLEHRLING AM KURFÜRSTENDAMM

Die Urteilsbegründung im Helldorf-Prozeß

"Politische Motive scheiden für das Gericht selbstverständlich aus." So heißt es in der Urteilsbegründung. Dieser Satz kann nicht gelten für den Betrachter, der sich vielmehr grade durch den politischen Sinn der Vorgänge am Kurfürstendamm, ihre Ursachen und ihre Folgen bewegt fühlt.

Wenn er aber fordern darf, daß die schweren Ausschreitungen schwere und abschreckende Sühne finden, so muß er sich davor hüten, zu fordern, daß die Angeklagten schuldig gesprochen werden, nur weil man sie hat, solange nicht bewiesen ist, daß diejenigen, die man hat, wirklich die Schuldigen sind. Keinem von den acht Angeklagten ist nachgewiesen worden oder auch nur vorgeworfen worden, sie hätten selbst Gewalttätigkeiten oder Zerstörungen begangen. Zunächst stand nichts weiter fest, als daß sie zur Zeit der Tumulte am Kurfürstendamm gewesen sind. Bei dreien hat das Gericht es nicht für erwiesen gehalten, daß sie aus anderen als aus zufälligen Gründen sich dorthin begeben haben. Sie haben zwar in der Nationalsozialistischen Partei den Rang von Führern; es sind trotzdem kleine Leute, ihrer Funktion und ihrem Format nach. Bei den fünf Verurteilten wiederum hat das Gericht die Teilnahme an den Tumulten im Sinne des Strafgesetzes für festgestellt erachtet. Das ergibt das Vergehen des einfachen Landfriedensbruches, sofern nicht Rädelsführerschaft vorliegt.

Nach der Ueberzeugung des Gerichtes ist sie bei keinem der fünf Verurteilten nachgewiesen worden. Das bedeutet wenig für die Unterführer Schulz und Damerow, um so mehr für die nationalsozialistischen Führer Graf Helldorf und Ernst und den Stahlhelmführer Brandt. Vielleicht darf man auch diese beiden beiseite lassen, von denen der "Stabsleiter" Ernst eine aufgeblasene Unbedeutendheit darstellt und der Stahlhelmer Brandt mit seinem unentwegten koketten Lächeln an ein gefallsüchtiges Mädchen erinnert. Von Wichtigkeit ist die Frage: Plan oder nicht Plan? im Grunde nur bei dem obersten Führer der Groß-Berliner Sturmabteilungen, dem Grafen Helldorf.

Das Gericht hat ihm, da zwingende Beweise nicht erbracht werden konnten, geglaubt, was er, entgegen dem dringenden Verdacht, behauptet: daß der Tumult von ihm nicht geplant und also auch nicht befohlen worden sei. Und am Ende muß man es ihm glauben. Er scheint ja immerhin zu den maßgebenden Männern der Partei zu gehören. Und wenn man der Leitung auch nur eine Spur von Vernunft und Besonnenheit zubilligen will, so kann sie den Exzeß vom 12. September nicht gewollt haben, der ihr nur Abbruch des Ansehens und ihren Anhängern Schwierigkeiten und Strafen eintragen konnte.

Damit aber ist die Leitung, und also auch Graf Helldorf, in keiner Weise entlastet. Denn wenn sie die Exzesse selbst nicht gewollt und nicht befohlen haben, durften sie erwarten, daß etwas anderes eintreten würde, als was schließlich eingetreten ist? Wer seinen Anhängern den Spruch einhämmert "Juda verrecke!" oder, nachdem der Spruch selbst neuerdings offiziell abgelehnt wird, wenigstens die Gesinnung dieses Spruches, der darf sich nicht wundern, daß die gelehrigen Schüler eines Tages sich mit dem bloßen Geschrei nicht mehr begnügen und zur Tat übergehen. Die Leitung hat es nicht gewollt? Immerhin trugen diejenigen Mitglieder der Leitung, die hier auf der Anklagebank saßen, ein empörendes Maß von Heiterkeit zur Schau, als die Geschlagenen und Mißhandelten ihre Zeugenaussagen machten. Einige Verteidiger, zu ihrer Schande sei es berichtet, hielten es für richtig, an dieser Heiterkeit sich zu beteiligen. Und aus dem Munde des Grafen Helldorf selbst vernahm das Gericht, daß er die Vorfälle für nichts Besonderes halte: Schließlich seien nur ein paar Juden verprügelt worden.

Wenn man ihnen trotzdem glauben will, daß es von ihm nicht gewollt war: verhindern haben sie es erst recht nicht können. Der Münchner Rechtsanwalt Frank, eine der Stützen der Partei, verkündete mit Stolz, die Nationalsozialisten seien in der Lage, einen Sturm zu entfesseln, der über ganz Deutschland brausen werde. Aber ihre Anhänger an das Gesetz der Ordnung zu binden, ihnen Achtung vor dem Recht des Nebenmenschen einzuflößen, ja, auch nur ihnen das einfachste Verständnis für die geistigen Zusammenhänge und die staatlichen Notwendigkeiten beizubringen, dazu sind die Nationalsozialisten offenbar nicht in der Lage. Die Leitung hat es nicht gewollt, und es ist doch geschehen; welch eine Blamage für die titelstrotzende, uniformselige, soldatenspielende Partei-Organisation!

Ein aus Kassel herbeigeeilter Partei-Anwalt, der mit seiner Aufgeregtheit auch den Mitverteidigern auf die Nerven ging, konnte sich nicht genug tun in bramarbasierenden Ankündigungen der bevorstehenden Machtübernahme. Er durfte das tun unter Ausfällen gegen die Regierung und Beleidigungen von Amtspersonen, ohne vom Vorsitzenden in die Schranken gewiesen zu werden. Wenn man so freundlich sein will, ihm die bevorstehende Uebernahme der Macht durch die Nationalsozialisten zu glauben: durch den Tumult am Kurfürstendamm und durch den Prozeß hat man wieder einmal einen Vorgeschmack bekommen, was für Menschen und was für Gesinnungen alsdann an die Macht kommen würden.

VZ, Nr. 528 v. 8. 11. 1931

KANNEGIESSER MACHT POLITIK
Beleidigungsklage des Reichspressechefs

Unter den vielen und seltsamen Dingen, die es bei uns gibt, findet sich auch eine Deutsch-italienische Gesellschaft. Warum nicht? Aus den Fäden, die zwischen Deutschen und Italienern, zwischen deutscher Kultur und italienischer Kultur gespannt worden sind, ist in tausend Jahren ein Netz geknüpft worden, das durch Krieg, Staatsumwälzung und Wirtschaftskrise vielleicht beschädigt, aber nicht zerrisen werden kann. Wenn sich Leute die Aufgabe stellen, die Löcher auszubessern und durch die alten Maschen neue Fäden zu ziehen, so werden Deutschland und Italien und mit den beiden Ländern ganz Europa Nutzen davon haben.

Was wäre eine Gesellschaft ohne Vorsitzenden? Die Deutsch-italienische Gesellschaft hat einen; er heißt Josef Sonntag, ein Mann, der schon ein wenig bei Jahren ist, aber seine jugendliche Beweglichkeit sich erhalten hat; leider durch politische Prozesse, in denen er wegen übler Nachrede angeklagt war und um Entschuldigung bitten mußte, nicht ganz unbekannt.

Präsident Sonntag verfügt über ein eigenes Organ; es nennt sich "Grüne Briefe für Politik und Wirtschaft" und versichert im Kopf, daß es ein "politisch und wirtschaftlich vollkommen unbeeinflußtes Organ des ehrlichen Staatsbürgers" sei. Wer etwas über den Inhalt dieser staatsbürgerlichen Ehrlichkeit erfahren will, der findet in einer prospektartigen Ankündigung im Fettdruck hervorgehoben etwa die Worte "Dienst am Volk" - "Ungeist des Bolschewismus" - "Kampfidee einer großen Volksbewegung" - "Sache der Arbeitgeberschaft".

Da wird am Ende der Faschismus nicht weit sein. Da wird die Sympathie für Italien nicht diejenigen deutschen Idealisten begleiten, die auf Goethes Spuren unpolitisch südwärts wandern, da wird es wohl mehr darauf ankommen, von der Sonne römischer Regierungskunst mit beschienen zu werden.

Josef Sonntag, Herausgeber der "Grünen Briefe" und Vorsitzender der Deutsch-italienischen Gesellschaft, hält sich nicht für zu gering, die Sache der deutsch-italienischen Beziehungen als seine eigene Sache auszugeben. Namentlich zu der Zeit, als der Plan einer Zollunion mit Oesterreich betrieben wurde, sei, so äußert er sich, das gute Einvernehmen zwischen Deutschland und Italien wichtig gewesen. Aber es gibt Blätter, die aus Abneigung gegen das System des Faschismus das faschistische Italien angreifen, z. B. das Organ der deutschen Sozialdemokratie, der "Vorwärts"; vielleicht grob, vielleicht töricht angreifen. Wie unerwünscht! Warum, so überlegt Herr Sonntag, stellt sich der Reichspräsident nicht offen auf die Seite der "Grünen Briefe"? Warum wird dem "Vorwärts" nicht sein Sonntag-feindliches Handwerk gelegt? Wozu haben wir eine Reichspressestelle? Warum schreitet deren Chef nicht ein? Wer ist denn überhaupt dieser Leiter der Reichspressestelle?

Chef der Reichspressestelle ist seit sechs Jahren Ministerialdirektor Dr. Zechlin, langjähriger Beamter, aus dem auswärtigen Dienst des Reichs hervorgegangen, Mitglied der Sozialdemokratischen Partei. Aha, denkt Herr Sonntag, da haben wirs ja! Jetzt ist mir alles klar.

Es ist ihm klar, daß Dr. Zechlin in seinem Amt sitzt "als Verbindungsmann der Sozialdemokratie mit der Reichsregierung", daß er "im Dienste einer antifaschistischen Liga" wirkt, daß er den Reichspräsidenten in dieser Gesinnung einseitig und unrichtig informiert und in seinem politischen Handeln beeinflußt. So hängt das alles zusammen, durchschaut Herr Sonntag - wozu wäre er sonst Politiker? Und er "deckt" diese Zusammenhänge in den "Grünen Briefen" auf - wozu hätte er sonst ein eigenes Organ? Kaum ist dies geschehen, so stellt der "Vorwärts" seine heftigen Angriffe ein, und die deutsch-italienischen Beziehungen bessern sich! Erstaunlicher Einfluß eines schlichten Mannes. Und woher stammt unsere Kenntnis dieses historischen Faktums? Herr Sonntag selbst bringt es zur Kenntnis des Gerichts.

Denn Herr Sonntag muß sich wegen Beleidigung des Ministerialdirektors Zechlin verantworten. Er steht dem Beleidigten selbst gegenüber, er sieht ihn mit eigenen Augen und er hört aus seinem Munde, wie die Dinge wirklich zusammenhängen, hoch über den Stammtischen der Kannegießer, dort, wo nicht verantwortungslos geredet werden darf, sondern verantwortungsvoll gehandelt werden muß. Er erfährt - was jeder besonnene Staatsbürger sich selber sagen kann, was nur die Wichtigmacher vom Schlage der Sonntag nicht wissen wollen -, daß der Reichspräsident als einer der bestinformierten Staatsmänner, dem pflichtgemäß Informationen des Reichskanzlers und der Reichsminister, der diplomatischen Vertretungen und Missionen, dazu Hunderte von Briefen und Zeitschriften aller Art täglich zur Verfügung stehen, nicht darauf angewiesen ist, ob der Leiter der Reichspressestelle ihn so oder so zu informieren wünscht. Er hört, daß Geheimrat Zechlin, der das Vertrauen Hindenburgs seit sieben Jahren genießt, sich nicht einen Tag halten könnte, wenn der Reichspräsident merkte, dass sein Pressechef ihn unvollständig oder parteiisch informierte. Er muß sich sagen lassen, daß der Vorstand der Sozialdemokratischen Partei keines Vermittlers bedarf, sonder jederzeit auf Wunsch den Reichskanzler selbst sprechen kann.

Das alles erfährt Herr Josef Sonntag jetzt durch die eidliche Aussage des Ministerialdirektors Zechlin. Er wundert sich, er sieht ein, daß er ihm unrecht getan hat, er nimmt seine Behauptungen zurück. Aber es ist zu wetten, daß er das nächstemal, wenn er wieder einmal besonders klug zu sein glaubt, neue geheime Zusammenhänge aufdecken und ebenso daneben tappen wird. Denn so treiben es in Deutschland seit jeher die politischen Kannegießer.

VZ, Nr. 8 v. 6. 1. 1932

DIE STEMPELBRÜDER VON FELSENECK

Bei der Aufnahme der Personalien, mit der die umfangreiche Verhandlung um die Bluttaten in der Kolonie Felseneck beginnt, lassen sich unter den 24 Angeklagten die sechs Nationalsozialisten leicht herauskennen. Im Gegensatz zu ihren kommunistischen Mitangeklagten springen sie, einer nach dem andern, von ihren Plätzen auf, stehen stramm und schmettern Namen, Vornamen, Geburtsort, Geburtsdatum mit lauter Stimme in den Saal. So ist es ihnen eingeübt worden, nach altem militärischen Vorbild.

Der erste, der eingehend zur Sache vernommen wird, einer von den sechs Nationalsozialisten, war früher bei den Kommunisten organisiert. Inzwischen hatte er umgelernt und weiß nun, wie man sich benehmen soll, auch vor Gericht. Aus seiner Vernehmung wird manches deutlich. Er leugnet nicht, daß in einer Versammlung des Sturmbannes die Nachricht verbreitet wurde, die Kommunisten lauerten ihnen auf; daß daraufhin ein geschlossener Zug von etwa 150 Nationalsozialisten den Umweg über Reinickendorf machte, daß bei der Kolonie Felseneck ein unbekannter Mann, wie man jetzt weiß, der Arbeiter Klemke, von Nationalsozialisten umzingelt und niedergeschlagen oder niedergeschossen wurde.

Die Nachricht, die Gegner lauerten ihnen auf, ist nach der Anklage auch bei den Kommunisten verbreitet worden. Die Hauptverhandlung wird versuchen, darüber Aufklärung zu schaffen, wer hier und drüben der Urheber des Alarms gewesen ist und ob eine Partei der andern wirklich aufgelauert hat. Aber als die Züge sich formierten und loszogen, in Erwartung des Ueberfalles und entschlossen, den Angriff abzuwehren, da war damit das Gerücht schon zur Wirklichkeit geworden. Es ist nicht das erstemal, daß auf diese Weise die Komödie in eine Tragödie ausartete.

Der angeklagte Nationalsozialist, der zuerst vernommen wird, bekundet weiter, daß er schon früher mit Kommunisten seines Bezirks Zusammenstöße gehabt hat. Er hielt einmal einen Kommunisten so lange fest, bis die Polizei herbeikam. Was er "festhalten" nennt, das ist freilich nach der Meinung des Verteidigers der Kommunisten eine schwere Körperverletzung gewesen. Jedenfalls nahmen die Kommunisten ihm diesen Eingriff besonders übel, weil er ja einmal zu den Ihrigen gehört hatte. Er wurde seitdem, behauptet er, unausgesetzt bedroht, beinahe täglich. Wo? Auf dem Arbeitsamt, das er aufsuchen mußte, um zu stempeln.

Stempeln gehen sie alle, ganz gleich, ob sie bei den Nationalsozialisten oder bei den Kommunisten organisiert sind. Hüben so gut wie drüben: keine Arbeit, ein bißchen Unterstützung, unzulängliche Wohnungen in Lauben, eine und dieselbe Not. Und statt Hilfe in der Not nichts als Versprechungen, hüben so wie drüben. Aber weil die einen sich das Märchen vom Paradiese durch Hitler erzählen lassen, die anderen durch Thälmann, darum halten sie sich gegenseitig für Todfeinde und liegen miteinander in blutigem Bürgerkrieg.

VZ, Nr. 191 v. 21.4.1932

"NICHT GEEIGNET"

Die Niederlage der Funkstunde

Dr. Kürschner, bis zu seiner überstürzten Absetzung Leiter der Aktuellen Abteilung der Berliner Funkstunde, dem das Arbeitsgericht auf seinen Einspruch hin das Recht zugesprochen hat, innerhalb des Betriebes, wenn auch vielleicht auf einem anderen Posten, weiterzuarbeiten oder 3000 Mark Entschädigung zu beziehen, wird - das darf man getrost voraussagen - nicht wieder eingestellt werden. Auch wenn die Funkstunde nicht an die höhere Instanz appelliert und wenn Dr. Kürschner sein Geld ausbezahlt erhält, bleibt er ein Mann, der entlassen worden ist.

Für diese Entlassung gibt es eine Art von Gründen nicht; nämlich nicht Verfehlungen, Unkorrektheiten oder Nachlässigkeiten im Dienst. Denn wäre davon nur eine Spur aufzustöbern gewesen, die neuen Herren des Rundfunks, die ihn lossein wollten, hätten sich die willkommene Begründung nicht entgehen lassen, sondern sie an alle Glocken des Landes gehängt.

Daß es ihm auch nicht an der für diesen Posten geforderten Tüchtigkeit gefehlt habe, samt der gleichfalls notwendigen, oder wenigstens nützlichen Raschheit, Hellhörigkeit, Aufmerksamkeit und Wendigkeit, das dem Gericht deutlich zu machen, ist der unverhohlene Zweck eines großen Teils der Ausführungen des Klägers, der von sich sagen darf, daß er die Situation auch ohne Rechtsbeistand zu meistern wisse. Vielleicht würde man sich für befugt halten, seinem eigenen Zeugnis über sich selbst ohne weiteres zu glauben. Aber auch die Vertreter der beklagten Funkstunde, darunter Direktor Knöpfke, widersprechen ihm in diesem Punkt nicht oder bestätigen ihm ausdrücklich, daß er seine Pflichten zur Zufriedenheit der Vorgesetzten erfüllt habe. Ganz unnötig hingegen erhitzt sich Dr. Kürschner in dem Bemühen, den Verdacht zu widerlegen, er habe etwa die "Unparteilichkeit" des Rundfunks dadurch verletzt, daß unter seinem Einfluß die "nationalen Belange" zu kurz gekommen seien.

Niemand, der seiner Wirksamkeit an der Spitze der Aktuellen Abteilung gefolgt ist, wird finden, er habe die politische und kulturelle Linke bevorzugt und die Rechte vernachlässigt. Und wenn er vor Gericht die Leistungen und Anregungen aufzählt, mit denen er so national gewesen ist, wie auch der bewährteste Nationalist nicht nationaler sein kann, so stimmt er offenbar auch darin mit der Meinung seiner Vorgesetzten überein, die gewiß nicht unterlassen hätten, ihm Verstöße dieser Art schonungslos vorzuwerfen.

Nichts von alledem steht denn auch in der Begründung derjenigen, die ihn entlassen haben. Sie begnügen sich vielmehr mit der Feststellung, er sei "zum Mittler deutscher Kultur und deutschen Geistes nicht geeignet". Das könnte ja zutreffen; die Funkstunde hätte dann die Pflicht, dieses Urteil über einen Funktionär, den sie drei Jahre lang an leitender Stelle hat wirken lassen, mit Tatsachen zu belegen. Das tut sie nicht, sondern begnügt sich mit der Feststellung, Dr. Kürschner sei im Ausland geboren und erst spät eingebürgert worden. Ist denn etwa jeder, der im Ausland das Licht der Welt erblickt hat, "nicht geeignet"? Dem Kläger fällt es leicht, an vielen, zum Teil amüsanten Beispielen zu zeigen, wer alles unter denen, auf deren deutsche Leistung die Deutschen mit Recht stolz sind, das deutsche Staatsbürgerrecht erst hinzuerwerben mußte. Die Vertreter der Funkstunde wissen darauf zu erwidern, daß dieser eine Dr. Kürschner angesichts der neuen Aufgaben des Rundfunks eben nicht geeignet sei.

Nicht geeignet - kennen wir die Wendung nicht? Wenn früher beim preußischen Militär gewisse Einjährige nicht befördert wurden, so hieß es: "zum Vorgesetzten nicht geeignet". Dagegen war nichts zu machen, und damit war man gedeckt gegen alle unbequemen Interpellationen in den Parlamenten. Man brauchte den wahren Grund nicht einzugestehen und hatte doch die Freiheit, nach dem nicht eingestandenen Grunde zu verfahren.

Der wahre Grund wird auch hier nicht eingestanden. Ein Gericht, das den Willen der neuen Herren hätte verstehen wollen, wäre wohl in der Lage gewesen, ihn sich anzueignen und zu urteilen: Wer für diesen Posten geeignet ist und wer nicht, das müssen die Leiter selbst entscheiden dürfen. Die Spruchkammer des Arbeitsgerichts macht nicht mit. Sie fragt: Was heißt "nicht geeignet?" Politisch? Aber wenn das ein Kündigungsgrund sein soll, so müßte der Rundfunk ein "Tendenzbetrieb" sein. Daß er das nicht ist, haben die Vertreter der Funkstunde selbst betont. Also kulturpolitisch? Aber, sagt das Gericht, daß jemand nicht geeignet sein soll, der Förderung und Verbreitung deutschen Kulturgutes zu dienen, dafür müßten schon Gründe von anderem Gewicht vorgebracht werden als die bloße Tatsache, da er erst zu einem gewissen Zeitpunkt eingebürgert worden ist.

Die neuen Herren haben es sich sehr leicht gedacht, diejenigen Mitarbeiter, die sie für "nicht geeignet" halten, aus dem Rundfunk hinauszubefördern. Die Macht ist freilich auf ihrer Seite. Aber daß sie es wenigsten nicht unbemerkt tun dürfen, dafür wird dieses erfreuliche Urteil des Berliner Arbeitsgerichts sorgen.
VZ, Nr. 433 v. 9. 9. 1932

RAZZIA AUF BETTEL-LEUTE

Betteln ist verboten, Paragraph 36 I Ziffer 4 Strafgesetzbuches. Es ist nicht verboten, in Not zu geraten und nicht zu wissen, wovon man sein bißchen Leben fristen soll. Es ist auch nicht verboten, zu hungern, zu verhungern oder vorher den Gashahn aufzudrehen. Verboten, glattweg verboten und strafbar ist nur das Betteln.

Trotzdem wird gebetteln. Es wird gebettelt gradezu, indem der arme Mann oder die arme Frau Leute auf der Straße anspricht und um eine milde Gabe bittet, oder in verschleierter Weise als Handel mit Streichhölzern, Schnürsenkeln und Heftpflaster. Geschieht es auf Grund eines Kleinhandels-Erlaubnisscheines, so ist es keine verschleierte Bettelei, sondern Kleinhandel. Aber wer bekommt schon diesen Schein? Gebettelt wird ferner in der liebenswürdigen Form des Musizierens. Gruppen von drei, vier, fünf unternehmenden Burschen haben sich zusammengeschlossen, ziehen durch die Straßen und machen Ensemblemusik. Häufig sehr begabte Musik. Die Kinder, sie hören es gerne. Aber Musizieren auf der Straße verstößt gegen die Berliner Straßenordnung.

Der traurige Zustand herrscht auf unseren Straßen seit Jahr und Tag - bis Freitag vormittag. Freitag vormittag um 11 Uhr ist auf Berliner Bettler, auf echte und verschleierte, eine Polizeirazzia abgehalten worden. Mit dem Ergebnis, daß gestern dem Schnellgericht in der Dircksenstraße 163 Festgenommene zur Aburteilung vorgeführt werden mußten.

Junge Frauen, alte Frauen, alte Männer, junge Männer. Meistens Arbeiter. Aber auch ein Drogist, ein Klavierbauer. Nicht nur aus Berlin; aus allen Himmelsgegenden des Reiches, auch aus Oesterreich. "Geben Sie zu, gebettelt zu haben?" Meist geben sie es einfach zu. Der Amtsanwalt beantragt, der Richter verkündet: "Wegen Bettelns einen Tag Haft, verbüßt durch die Polizeihaft." Zwei, drei Minuten für jeden Fall, die persönlichen Umstände aufzuklären bleibt keine Zeit. Ist ja auch nicht notwendig. Die Verurteilten sind froh, daß sie gleich entlassen werden sollen. Einer ruft, bevor er abgeführt wird: "Und wie ist das mit dem Essen? Ich habe einen Mordshunger. Wir sitzen seit gestern vormittag und haben nichts zu essen bekommen." Razzia und Massenfestnahme - hat das Polizeipräsidium nicht genügend Vorsorge getroffen, daß Verpflegung bereitgestellt wird? "Ist ja jetzt auch erledigt", meint der Richter. "Sie kommen jetzt nach Hause". Hoffentlich finden die Bettler, die nicht betteln dürfen, zu Hause ihr Essen ...

Ein weißhaariger Alter. Hat mit einer kleinen Jazzband musiziert: "Wenn ich nicht betteln soll, muß mir die Wohlfahrt mehr geben. Ich bin 70 Jahre alt." Der Richter rät, er möge eine Eingabe an die Wohlfahrt machen. "Ach was, Eingabe! Habe schon fünf Eingaben gemacht. Bekomme nicht mal Antwort." Ein anderer: "Was soll ich denn anfangen? Ich m u ß doch betteln. Wenn ich hier rauskomme, muß ich gleich wieder betteln. Das hat doch gar keinen Sinn, mich zu bestrafen." Der Richter: "Ich kann das Gesetz nicht ändern. Ich habe es nur anzuwenden." Ohne Zweifel macht es ihm keinen Spaß, das Gesetz so anzuwenden.

Wer zugibt, ist fein heraus. Wehe dem Dickkopf oder dem Toren, der leugnet.

Richter (streng): "Wollen Sie nicht lieber zugeben?"

Angeklagter: "Gut, ich gebe zu."

Richter (erschrocken): "Sie dürfen nicht zugeben, wenn Sie nicht gebettelt haben. Sie müssen bei der Wahrheit bleiben."

Angeklagter: "Ich habe nicht gebettelt."

Richter (wieder streng): "Hoffentlich machen Sie da keine Dummheiten. Sie könnten sich große Unannehmlichkeiten zuziehen."

Angeklagter: "Dann will ich doch lieber zugeben."

Richter (verliert die Fassung): "Das gibt's nicht. Ich habe nicht die Absicht, Sie einzuschüchtern. Wenn Sie nicht gebettelt haben, dann bleiben Sie dabei!"

Angeklagter: "Werde ich keine Unannehmlichkeiten davon haben?"

Richter (schreit): "Weiß ich nicht!"

Angeklagter (kleinlaut): "Ich habe nicht gebettelt."

Richter: "Abführen!" - Da hat er schon die Unannehmlichkeiten.

Die mechanische Abwicklung von Anklage, Strafantrag und Urteil scheint dem Richter nicht zu gefallen. Er fühlt sich zu einen kleinen Belebung gedrängt. Irgendeinem der Bettler, der grade freigelassen werden soll, ruft er nach: "Ich kann Ihnen nur den guten Rat geben: Lassen Sie sich hier nicht wieder sehen."

Es ist ein ungewöhnlich guter Rat. Leider vergißt er hinzuzufügen, wie der Bettler vermeiden kann, hier wieder gesehen zu werden, wenn er doch nun einmal nichts zu essen hat und zugleich das Betteln verboten ist. Vielleicht weiß es der Richter selber nicht.

VZ, Nr. 437 v. 11. 9. 1932

DAS "MATERIAL" DES "ANGRIFF"

Hetze gegen den Polizeivizepräsidenten

Nach den Aussagen der beiden Gegenspieler, des Polizeivizepräsidenten Dr. WEISS und des Leiters des Spieldezernats, Kriminalkommissar Greiner, kann man sich ungefähr ein Bild davon machen, wie der "Angriff" zu seinen ungeheuerlichen Beschimpfungen der leitenden Beamten des Berliner Polizeipräsidiums gekommen ist.

Als Kriminalkommissar Greiner das Dezernat übernommen hatte, begann er als neuer Besen sogleich tüchtig zu kehren. Er "kontrollierte" nicht nur dort, wo gewerbsmäßig Glückspiel getrieben wurden, sondern auch dort, wo er eine Möglichkeit dazu vermutete. Er brach mit seinen Beamten in die geschlossenen Klubs ein und gereit dabei auch in den sehr feinen Unionklub. Der aber nahm den Eingriff nicht stillschweigend hin, sondern beschwerte sich. Darauf erging eine Dienstanweisung, wonach die geschlossenen und gesellschaftlich legitimierten Berliner Klubs ohne besondere Anweisungen von polizeilichen Razzien auf verbotenes Glücksspiel verschont bleiben sollten. Neun solcher Klubs wurden des Vorzugs für würdig gehalten. Das geschah noch vor der Zeit des Vizepräsidenten Weiß. Er fand also mit dem Leiter des Spieldezernats Greiner auch diesen Zustand vor.

Dr. Weiß selbst nun, ein Fachkenner und, wie er sich rühmt, einer der schärfsten Bekämpfer des Glücksspielunwesens, sieht diese Regelung mit seiner eigenen Ueberzeugung in Uebereinstimmung. Bekämpfenswert nämlich erscheinen ihm die gewerbsmäßigen Unternehmer des öffentlichen oder verschleiert öffentlichen Glückspiels, die aus der Spielleidenschaft Gewinn ziehen, zum Spiel verführen und zweifelhafte Elemente an sich locken. In bezug auf die geschlossenen Klubs aber hegt er die Meinung, daß es die Polizei nichts angehe, wenn Leute, die es dazu haben, sich gegenseitig das Geld aus der Tasche ziehen. Er hält es also für falsch, diese Klubs polizeilich zu überfallen, es sei denn, daß ein dringender Verdacht strafbarer Handlungen vorliege.

Ueber die Dringlichkeit eines solchen Verdachtes können die Meinungen leicht auseinandergehen. Kamen Anzeigen, meist anonym, so war der Dezernent geneigt, sie erst zu nehmen; er bemühte sich also um eine "Anordnung" seines Vorgesetzten zum Einschreiten. Der aber sah die Sache mit Ruhe an und verweigerte häufig genug seine Zustimmung. Was kann einen tatenlustigen Beamten mehr ärgern als eine solche Behinderung durch den Vorgesetzten? Es kam zu offenen Meinungsverschiedenheiten, doppelt schwer erträglich für den Dezernenten, weil Dr. Weiß ihm das "Fingerspitzengefühl" absprach, und weil er sich fügen mußte.

Aber er fügte sich nicht willig. Im Dienst durfte er nicht rebellieren. Dafür hielt er sich außerdienstlich schadlos. Er schimpfte, und er dichtete auch gleich die Motive hinzu, aus denen ihm der Vizepräsident das Einschreiten untersagte. Und so - der Zeuge behauptet: nicht durch ihn selbst, also dann durch andere - kam die

Sache zur Kenntnis der Angriffredaktion. Das konnten sie grade brauchen. Sie griff die Sache auf und brachte sie zu Papier, in der Form, die sie ihrer Leserschaft zumuten darf.

Der "Angriff", heißt es da, habe seine Ermittlungen abgeschlossen und "so schwerwiegendes Material gegen die Machthaber der Berliner Polizei zutage gefördert", daß man "nur noch die Zustände in Chicago zum Vergleich heranziehen kann". Das Material gegen den "Juden Weiß" sei so belastend, daß man "bei einer gerechten Aburteilung dieses Burschen sicher mit einer längeren Gefängnis-, wenn nicht mit einer Zuchthausstrafe rechnen kann". In einem zweiten Artikel: "Der Jude Weiß ist Mitglied mehrerer Spielklubs gewesen. Diese Klubs haben alljährlich ihren Reingewinn verteilt. Auch davon hat der Jude Weiß profitiert."

Zwei verantwortliche Redakteure haben jetzt Gelegenheit, sich zu verantworten. Der eine von ihnen ist jung, der andere überraschend jung. Er hat von einer Polizeibehörde zwar phantastische Vorstellungen, aber keine auf Erfahrung gegründete Anschauung und richtet daher an den Zeugen Greiner so jungenhafte Fragen wie etwa, ob er sich durch die Anordnungen seines Vorgesetzten nicht in seinen Rechten als Dezernatsleiter beeinträchtigt gefühlt habe. Er hat offenbar auch, worin ihm übrigens sein älterer Kollege nicht nachsteht, zwar phantastische Vorstellungen, aber keine Anschauung von der Riviera und scheint sich einzubilden, daß sich alle Leute, die dorthin reisen, einem verschwenderischen Lasterleben hingeben. Niemand würde ihm jugendliche Unerfahrenheit übelnehmen, wenn er nicht an einem Platze stünde, an dem diese Eigenschaften schweres Unheil anrichten können. Trotzdem ist er wieder erwachsen genug, um den oben angeführten Satz mit flinker Geschicklichkeit in sein Gegenteil zu verkehren. Profitiert - hat er damit etwa dem "Juden Weiß" Bestechlichkeit vorgeworfen? Aber keine Spur! Aus dem Reingewinn wird doch auch die Klubküche betrieben. Die Mitglieder dürfen dort billig essen. Hat der "Jude Weiß" also nicht "profitiert"? So sucht sich vor der Verantwortung zu drücken einer von denen, die für ihre Berufskollegen die Bezeichnung "Journaille" eingeführt haben.

An diesem ersten Tag ist den beiden Beamten keine Unkorrektheit oder Pflichtwidrigkeit nachgewiesen worden. Nicht einmal der Kriminalkommissar Greiner, die Quelle des "Materials", Nationalsozialist und ohne Zweifel sehr aufmerksam auf jede Blöße seines Vorgesetzten, hat einen stichhaltigen Vorwurf erheben können. Die Nebenkläger führen den Kampf um ihre menschliche und bürgerliche Ehre mit beherrschter Ruhe. Sie werden wohl wissen, warum.

VZ, Nr. 447 v. 17.9.1932

MENSCHLICHES VERFAHREN

Der Sohn soll die Mutter eingesperrt haben, von der Mutter ist Anzeige erstattet worden. Delikt der Freiheitsberaubung. Der Sohn sitzt auf der Anklagebank, einzige Zeugin ist die Mutter.

Zeugin: Ich möchte nicht, daß mein Sohn bestraft wird.

Vorsitzender: Dann hätten Sie keine Anzeige erstatten sollen.

Zeugin: Ich nehme die Anzeige zurück.

Vorsitzender: Das ist gesetzlich nicht zulässig.

Zeugin: Mein Gott, mein Gott, was tu ich da bloß!

Vorsitzender: Sie sollen hier als Zeugin vernommen werden. Als Mutter des Angeklagten haben Sie das Recht, Ihr Zeugnis zu verweigern. Wollen Sie aussagen?

Zeugin: Ich will ja aussagen.

Vorsitzender: Niemand zwingt Sie. Es steht ganz in Ihrem Belieben. Wollen Sie also ihr Zeugnis verweigern?

Zeugin: Nein, nein, das will ich nicht.

Vorsitzender: Wenn Sie aber aussagen, müssen Sie die Wahrheit sagen.

Zeugin: Ja, ja, gewiß.

Vorsitzender: Aber am Ende belasten Sie Ihren Sohn, wenn Sie die Wahrheit sagen.

Zeugin: O je, o je!

Vorsitzender: Vielleicht verweigern Sie also doch Ihre Aussage?

Zeugin: Ja, dann verweigere ich lieber meine Aussage.

Vorsitzender: (diktiert dem Protokollführer): Die Zeugin macht von ihrem Recht der Zeugnisverweigerung Gebrauch. - Nehmen Sie dort hinten Platz. - Angeklagter, stehen Sie auf. Wollen Sie sich zu der Ihnen zu Last gelegten Straftat äußern?

Angeklagter: Jawohl.

Vorsitzender: Sie brauchen sich nicht zu äußern, wenn Sie nicht wollen.

Angeklagter: Ich will genau und der Wahrheit gemäß schildern, wie es sich zugetragen hat.

Vorsitzender: Das wird für Sie das Beste sein, wenn Sie sich überhaupt äußern. Aber wer angeklagt ist, braucht nur zu sagen, was er will. Er ist auch nicht verpflichtet, die Wahrheit zu sagen.

Angeklagter: Ich werde die reine Wahrheit sagen.

Vorsitzender: Es wird von Ihnen nicht verlangt, daß Sie sich selber belasten. Wenn Sie fürchten, daß Ihre Aussage zu Ihren Nachteil ausschlagen könnte, so erklären Sie einfach: Ich will mich nicht äußern.

Angeklagter: Ich will mich nicht äußern.

Das Gericht zieht sich zur Beratung zurück, verweilt einige Zeit hinter verschlossener Tür und kehrt endlich zur Verkündung des Urteils wieder. Es lautet:

Der Angeklagte wird auf Kosten der Staatskasse freigesprochen, da der Sachverhalt mit Hilfe der Hauptverhandlung nicht hat aufgeklärt werden können.

Mutter und Sohn verlassen miteinander den Saal.

VZ, Nr. 525 v. 2. 11. 1932

WENN ZWEI DASSELBE TUN . . .
Wels' Kampf gegen seine Beleidiger

Wenn der nationalsozialistische Schriftsteller Rosenberg nach England fährt, um dort für die nationalsozialistische Partei Stimmung zu machen, so wird er in deutschen, nicht nur nationalsozialistischen Blättern als Abgesandter Hitlers anerkannt und mit respektvoller Aufmerksamkeit von Diner zu Diner begleitet. Wenn der Führer der Sozialdemokratischen Partei Otto Wels in Uebereinstimmung mit der deutschen Regierung die englische Regierung besucht, so schreit die nationalsozialistische Presse: Landesverrat!

Es ist Otto Wels selbst, der in seiner Eigenschaft als Nebenkläger vor der 5. Strafkammer des Landgerichts I in der Verhandlung gegen die Redakteure Kames vom "Deutschen Schnelldienst" und Zeitz von der "Deutschen Tageszeitung" diesen Vergleich anstellt. "Wenn zwei dasselbe tun . . ." Bevor er sie wegen ihrer öffentlich erhobenen ehrenkränkenden Vorwürfe zur Verantwortung ziehen konnte, hatten die beiden versucht, den Spieß umzudrehen, indem sie gegen ihn Strafanzeige erstatteten. Sie hofften damit auf einen Skandalprozeß vor dem Reichsgericht. Der Oberreichsanwalt aber lehnte die Erhebung der Anklage ab. Darüber sind anderthalb Jahre vergangen, und jetzt erst stehen die Beleidiger dem Beleidigten Auge in Auge gegenüber.

Erst dürfen sie aussagen und sind keinesweg verlegen um hochtönende Begründungen und Entschuldigungen. Aber dann kommt Otto Wels selbst zu Wort. Er bittet, daß man ihm einen Stuhl zur Verfügung stelle. Da sitzt er nun, der schwere Mann von beinahe sechzig Jahren, und macht seine Aussage in gelassener Selbstsicherheit, erbost über den ihm angetanen Schimpf, aber dabei innerlich heiter und unangefochten, von der ungekünstelten Schlichtheit des Parteiführers, der aus dem Volk emporgestiegen ist. Seiner Aussprache englischer Namen und Worte merkt man an, daß er hohe Schulen nicht besucht hat, ohne daß dem Gewicht seines Auftreten dadurch Abbruch geschieht.

Er erzählt von der lebenslagen Kampfgemeinschaft, die ihn mit dem englischen Arbeiterführer Henderson verbindet. Beide haben dasselbe Ziel: Versöhnung der Völker, Liquidierung des Krieges. Der Reichskanzler Brüning, so bekundet Otto Wels, hat seine historische Zusammenkunft mit MacDonald in Chequers. Dabei erfährt er von dieser Freundschaft. Wie in Deutschland die Not derart steigt, daß die Auszahlung der Beamtengehälter und der Erwerbslosenunterstützung unmöglich zu werden droht, fragt er bei dem Parteiführer Wels an, ob er nicht durch einen Besuch bei Henderson die deutschen Bemühungen um finanzielle Erleichterung unterstützen wolle. Wels übereilt nichts. Er muß es sich erst überlegen, er wartet, bis kein anderer Ausweg übrigbleibt, dann erklärt er dem Reichskanzler seine Bereitschaft zu fahren. "Als Sozialdemokrat", betont er dabei; und setzt auseinander, wie er zu verhandeln gedenke, "damit die Absichten der deutschen Regierung nicht durchkreuzt werden". Telegramm an Henderson: Wann kann ich dich sprechen? Antwort: Am Dienstag im Foreign Office, einen Tag nachdem Hoovers einjähriges Moratorium bekannt worden ist.

Wels nimmt sich einen Dolmetsch mit: den "Vorwärts"-Redakteur Schiff. Breitet mit seiner Hilfe vor dem englischen Minister die deutsche Not aus. Aber der unterbricht: Das weiß ich ja alles. Ich will euch auch helfen. Aber wie kann ich helfen, wenn ihr dem Ausland, wenn ihr vor allen Dingen Frankreich und Amerika immer wieder Grund zum Anstoß gebt? Wels versucht zu beruhigen. Zoll-Union? Aber du als alter Freihändler müßtest doch froh sein über jede Zollschranke, die niedergelegt wird. Panzerkreuzer? Aber Brüning könnte nicht verzichten, selbst wenn er wollte. Er könnte nur seinen Sturz herbeiführen.

Henderson, sagt der Zeuge und Nebenkläger Wels weiter aus, ist ein Mensch, der rasch aufnimmt, danach seinen Entschluß faßt und dann eisern daran festhält. Wie weit er ihn beeinflußt hat, weiß er nicht. Aber auf seinen eigenen Besuch in London folgte ja der Besuch von MacDonald und Henderson bei der Reichsregierung.

Wo gibt es da einen Grund für den Vorwurf des Landesverrats? Es läßt sich nicht die Spur eines Grundes finden. Nun sehen es die Beleidiger selber ein und sind bereit, sich zu vergleichen. Sie wollen auch eine "loyale" Erklärung abgeben. Aber jetzt entsteht die Schwierigkeit: Was ist eine loyale Erklärung? Ihr Verteidiger, zugleich Abgeordneter der Rechten, würde es sich nie verzeichen, einer Erklärung zugestimmt zu haben, nach der seine politischen Gegner Recht und seine politischen Freunde Unrecht haben. Und so bleibt dem Gericht nichts anderes übrig als zur Erzielung einer Einigung über die Formel der Einigung, die Verhandlung zu vertagen.

Inzwischen können sich also die beiden angeklagten Redakteure überlegen, mit welcher Vergleichsformel sie vor ihren Lesern verbergen sollen, daß der Führer der Sozialdemokratie aus Liebe zum Vaterland zum Nutzen des Vaterlandes gehandelt hat.
VZ, Nr. 587 v. 8. 12. 1932

ALTES DEUTSCHES RECHT

In Tagen nationalen Aufschwungs wie den unsrigen geziemt es sich, auch der nationalen Dichter zu gedenken. Man sollte seinen Goethe im Kopf haben. Aber hat man ihn im Kopf? Faust wünscht dem geliebten Gretchen ein kostbares Geschmeide zu verschaffen, nachdem der erste Schmuck wegen seines höllischen Geruches in die Obhut der Kirche gegeben worden ist.

"Sei, Teufel doch nur nicht wie Brei,
Und schaff' einen neuen Schmuck herbei!"

wettert er; und Mephisto überlegt:

"So ein verliebter Tor verpufft
Euch Sonne, Mond und alle Sterne
Zum Zeitvertreib dem Liebchen in die Luft."

Nachdem aber das Geschmeide seine Wirkung getan hat, besinnt Gretchen sich, wie sie früher auf leichtfertige Mägdlein nicht genug schelten konnte und wie sie nun selbst der Sünde bloß sei. Und schließt:

"Doch - alles, was dazu mich trieb,
Gott! war so gut! ach, war so lieb!"

An Faust erinnert den Verteidiger die Tat des Angeklagten. Er hat im Café am Nebentisch ein platinblondes Mädchen aus Dresden gesehen und sich mit ihr bekanntgemacht. Es war, wie er noch heute vor Gericht bekennt, das einzige Weib, das für ihn in Betracht kam. Leider ließ sich die dauernde Verbindung nicht ebenso leicht herstellen wie die Bekanntschaft: Sie stammte aus einer angesehenen Arztfamilie, er hatte zum Vater einen ehemaligen Diener, der zum Hausmeister eines Klubs emporgestiegen war. Der junge Mann selbst bekleidete in diesem Klub den bescheiden dotierten Posten eines Buchhalters. Er ließ sich hinreißen, den platinblonden Mädchen seine Stellung und seine Einnahmen als hervorragend gut zu schildern. Er begann sogleich mit Zuwendungen und Geschenken, heiratete sie, richtete sich mit ihr stattlich ein und trieb die Komödie so lange, bis er seinem Klub 38 000 Mark unterschlagen hatte. Es ging ihm, meint der Verteidiger, wie dem verliebten Faust mit dem ahnungslosen Gretchen: und daher zitiert er frischweg:

"So ein verliebter Tor verpufft
Euch Sonne, Mond und Sterne
Zum Zeitvertreib dem Liebchen in die Luft.
Doch alles, was ihn dazu trieb,
Gott! war so gut! ach, war so lieb!" ...

Das Verbrechen des Angeklagten ist besonders tadelnswert deshalb, weil er früher schon einmal wegen einer ähnlichen Unredlichkeit mit sechs Monaten Gefängnis bestraft worden ist. Damals wurde ihm Bewährungsfrist zugebilligt und die Strafe schließlich im Gnadenwege erlassen. Die neue Anstellung erfolgte in Kenntnis dieser Vergangenheit. Seine Arbeitgeber wollten ihm beweisen, daß sie die Bewährung für ausreichend hielten und daß sie keinerlei Mißtrauen hegten. Nun täuschte er ihr Vertrauen in so grober Weise. Freilich erstattete der Klub keine Anzeige, vielleicht aus Mitleid, vielleicht auch, weil er den Skandal vermeiden wollte. Jedenfalls nimmt der Verteidiger daraus das Stichwort zu einem neuen Zitat. Es gebe, so meint er, einen alten deutschen Rechtssatz: Wo kein Kläger ist, da ist auch kein Richter. Der Verteidiger gesteht, er habe es immer bedauert, daß das alte deutsche Recht durch das fremde römische Recht verdrängt worden sei. Aber in unseren Tagen nationalen Aufschwungs müsse man sich auf das alte deutsche Recht berufen dürfen, und sei es auch nur, um eine Milderung der Strafe herbeizuführen.

Es gibt gewiß auch in diesem Falle Gründe für eine Milderung der Strafe. Das Gericht scheint sie in Betracht gezogen zu haben; denn es bleibt weit unter dem Antrag des Staatsanwalt und benügt sich mit einem Jahr drei Monaten Gefängnis bei sofortiger Verhaftung. Es muß auch dem Verteidiger gestattet sein, alle Gründe herbeizuziehen, aus denen eine Strafmilderung abzulenken ist. Aber die Berufung auf einen Rechtssatz, weil er deutlich ist und weil wir uns im nationalen Aufschwung befinden, muß zurückgewiesen werden. Es ist ein gefährlicher Grundsatz. Die Frage darf nicht lauten, woher das Recht stammt, sondern ob es Recht ist, nach bestem Wissen und Gewissen des Richters. Denn die Grundsätze, nach denen Recht gesprochen wird, sollen nicht nur gelten in Tagen nationalen Aufschwungs, sondern unverändert auch dann, wenn sich das Nationale ohne Worte wieder von selbst versteht.

VZ, Nr. 75 v. 14. 2. 1933

III. Politisches

DEUTSCH - JÜDISCHER PARNASS

Unter dieser Überschrift sendet uns ein gebildeter Jude Ausführungen, die schon um ihrer ganz ungewöhnlichen Offenherzigkeit willen bei Juden wie Nichtjuden Aufsehen erregen dürften. Es versteht sich von selbst, daß wir sie nicht als unsre eignen Meinungen wiedergeben, und daß dieser Beleuchtung von einer Seite die Beleuchtung von andern her folgen muß. Aber Goldsteins Aufsatz scheint uns ganz ungewöhnlich geeignet als Ausgangspunkt einer Erörterung.

* * *

Von gewissen Dingen zu reden, verbietet das Schamgefühl. Ein höheres Interesse aber kann uns zwingen, dieses Gefühl zu unterdrücken und offen von einer Sache zu reden, wenn rücksichtsloses Aufdecken das einzige Mittel ist, ein Übel zu beseitigen. Schäden der Allgemeinheit können nur von und in der Allgemeinheit behoben werden, und dazu ist nötig, daß sie zur öffentlichen Diskussion stehen, mag sich Herkommen und guter Geschmack auch gegen solche Behandlung delikater Dinge wehren. Und wie laut auch die zarten Seelen sich entrüsten und Zeter schreien, es wird immer verdienstlich sein, ausgesprochen zu haben, worüber zu schweigen bisher weltmännische Pflicht war.

"Der Jude in der deutschen Literatur", das ist eines von den allerheikelsten Dingen, die nicht in den Mund genommen werden dürfen, will man sich nicht heillos kompromittieren. Zwar dann und wann wählte dieses oder ein ähnliches Thema ein jüdischer oder christlicher Literaturprofessor, um durch die vornehme Sachlichkeit und kühle Gelassenheit, mit der er das Schiffchen seines Vortrags, ohne rechts oder links anzustoßen, durch das schwierige Gewässer steuerte, sich als echten Europäer auszuweisen. Wie oft die Gestalt der Esther zu dramatischem Leben beschworen worden ist, hat man uns wiederholt vorgerechnet; wieviel Juden unter ihren Dichtern sind, danach zu fragen, hütet man sich meist. Greift ein Christ das Problem beim Schopfe und sagt rücksichtslos seine Meinung wie Richard Wagner vom "Judentum in der Musik", so wird er als "Antisemit" gebrandmarkt, und Höfliche übergehen seine Schrift mit Stillschweigen. Wenigstens im Verkehr mit Juden. Welcher gesittete Deutsche wollte sich auch das Lob entgehen lassen, daß er tolerant sei? Aber wir Juden verlangen endlich Ehrlichkeit, und die Zeit ist hoffentlich nicht mehr fern, wo ein Jude den Schurken vor seine Klinge fordern wird, der es wagt, gegen ihn "tolerant" zu sein. Vorläufig sind wir noch nicht so weit. Wagners Judenhaß ist nicht nur den Juden ein Dorn im Auge, sondern auch wohlmeinenden Christen ein Pudendum, von dem sie nur heimlich unter sich reden. Offiziell dagegen bescheinigt man uns gern, daß nicht die deutschen Fürsten oder das deutsche Volk, sondern jüdisches Geld Bayreuth ermöglicht habe, und uns tut es im Herzen wohl, von jener Seite bestätigt zu bekommen, daß der große Mann uns schnöde verkannt habe und daß sein Werk allerdings von seinem Antisemitismus getrennt werden müsse. So reist man zu den Festspielen und dirigiert und rezensiert, und niemandem fällt es ein, daß es nicht bald etwas Schämenswerteres für uns Juden gibt, als den Mann unterstützt zu haben, der uns auf das Unzweideutigste von seiner Seite gewiesen. Daß Wagners Lebenswerk vollendet werden konnte, mag ein Glück sein; eine Ehre ist es für uns nicht.

Das sind so die selbstverständlichen Voraussetzungen des Empfindens, die gegeben sein müßten, wenn man sich über ein peinliches Thema wie das folgende verständigen wolle. Nur unter Nationaljuden und Zionisten dürfte man den Takt und das Verständnis voraussetzen, die hierfür nötig sind. Aber was nützt es, in ihren Parteiblättern Probleme zu besprechen, über deren Bedeutung sie alle im klaren sind? Diese Fragen müssen aus den Reihen der Partei hinausgetragen werden, damit die zu hören gezwungen sind, die nicht hören wollen, und damit wenigstens soviel allgemein begriffen und öffentlich zugestanden wird, daß hier etwas problematisch ist. Denn das Problem zu begreifen, zu ergreifen, ist vor allem einmal die Aufgabe; von seiner Lösung sind wir noch weit entfernt.

Daß wir lieber nicht davon sprächen, gebe ich zu; es geht auch mir gegen das Schamgefühl, vor aller Welt zu sagen, was ich nur vor Juden sagen sollte. Auch ich wünschte, daß wir unsere schmutzige Wäsche im eigenen Hause waschen könnten. Aber wir haben kein eigenes Haus. Es gibt keine jüdische Öffentlichkeit; es ist in Deutschland, überhaupt in Westeuropa nicht möglich, zur Gesamtheit der Juden als Juden zu sprechen, soviel wir auch über uns sprechen lassen müssen. Man vergegenwärtige sich, was das heißt: daß es damit nämlich so gut wie unmöglich gemacht ist, auf die Juden Einfluß zu gewinnen - während doch jeder Fortschritt überall und immer daran hängt, daß ein Individuum auf seine Volksgenossen Einfluß ausübt. Aber dieser Mangel besteht nicht nur, er ist den meisten noch nicht einmal zum Bewußtsein gekommen. Will man dennoch zur Gesamtheit der Juden sprechen, so muß man es in voller Öffentlichkeit tun, ohne die, die es nichts angeht, ausschließen zu können. Jedoch Judenfragen sind ja fast alle zugleich europäische Fragen, und so wird es schließlich auch keine Zumutung bedeuten, wenn hier die nichtjüdische Allgemeinheit zu Zeugen der nachstehenden Erörerungen gemacht wird.

Vor hundert und einigen Jahren fielen, von christlichen, unsers Dankes ewig gewissen Verfechtern der Menschenrechte niedergerissen, die Mauern, die uns Juden in ein geistiges Ghetto gesperrt hatten. Die bisher in den Winkel Gewiesenen, plötzlich ans Tageslicht und die offene Tafel Gerufenen stürzten sich, ausgehungert und nach Wissen und Bildung gierig, auf die dargebotene Speise. Es waren fähige, mit Willenskraft begabte und von Begeisterung getriebene Schüler, die da bei dem alten Europa in die Lehre gingen. Sie begriffen schnell; es währte nicht lange, so wußten sie alles, was der Meister sie lehren konnte, und alsbald genügte es ihnen nicht mehr, zu lernen. Sie wollten selbst in die Reihen der Lehrer eintreten, sie wollten mit den andern forschen und graben, sie auch wollten Hand anlegen an das große Werk der Menschheit, sie auch wollten die Kultur förden helfen. Und es gelang ihnen. Wo sie zugreifen durften, zeigten sie sich ihrer Aufgabe gewachsen. Ja, infolge irgendwelcher geheimnisvoller Eigenschaften zeigten sie sich als die Überlegenen: trotz ihrer geringen Zahl, trotz aller Schwierigkeiten, die sie auf ihrem Wege zu überwinden hatten, liefen sie ihren Lehrmeistern in gewisser Weise ganz den Rang ab: auf allen Posten, von denen man sie nicht gewaltsam fernhält, stehen plötzlich Juden; die Aufgaben der Deutschen haben die Juden zu ihrer eignen Aufgabe gemacht; immer mehr gewinnt es den Anschein, als sollte das deutsche Kulturleben in jüdische Hände übergehen. Das aber hatten die Christen, als sie den Parias in ihrer Mitte einen Anteil an der europäischen Kultur gewährten, nicht erwartet und nicht gewollt. Sie begannen sich zu wehren, sie begannen wieder uns fremd zu nennen, sie begannen, uns im Tempel ihrer Kultur als eine Gefahr zu betrachten. Und so stehen wir denn jetzt vor dem Problem: Wir Juden verwalten den geistigen Besitz eines Volkes, das uns die Berechtigung und die Fähigkeit dazu abspricht.

Diese in solcher scharfen Formulierung ungeheuerliche Tatsache, die Juden ebenso wie Nichtjuden das Blut aufregen muß, fordert unerbittlich zu Maßregeln auf. Dieser Konflikt muß auf irgendeine Weise gelöst werden. Was tun wir in dieser unmöglichen Situation, in die man, von beiden Seiten ohne Schuld und Absicht, hineingeraten ist? Was vor allen Dingen tun die Juden selbst? - Etwas sehr Einfaches: sie leugnen das Faktum.

Das aber muß ihnen zunächst unmöglich gemacht werden; sonst hat die ganze Erörterung keinen Sinn. Betrachten wir also die Situation in Ruhe.

Niemand bezweifelt im Ernst die Macht, die die Juden in der Presse besitzen. Namentlich die Kritik ist, wenigstens in den Hauptstädten und ihren einflußreichen Zeitungen, geradezu im Begriff, jüdisches Monopol zu werden. Ebenso bekannt ist das Vorherrschen des jüdischen Elementes im Theater: fast sämtliche Berliner Theaterdirektoren sind Juden, ein großer, vielleicht der größte Teil der Schauspieler desgleichen, und daß ohne jüdisches Publikum ein Theater- und Konzertleben in Deutschland so gut wie unmöglich wäre, wird immer wieder gerühmt oder beklagt. Eine ganz neue Erscheinung ist, daß auch die deutsche Literaturwissenschaft im Begriff scheint, in jüdische Hände überzugehen und es ist, je nach dem Standpunkt, komisch oder tragisch, die Mitglieder der "germanischen" Seminare unsrer Universitäten zu überblicken. (Ich selbst habe dazu gehört.) Wie viele Juden endlich es unter den "deutschen Dichtern"gibt, weiß so manch ein Hüter deutscher Kunst zu seinem Zorne.

Wer es aber nicht weiß und nicht wissen will, ist die Mehrzahl der Juden selber. Sie merken nichts von der Rolle, die wir im deutschen Kulturleben spielen, und wachen ängstlich darüber, daß auch die andern nichts merken. Deckt einer den Schaden auf, so erheben sie laut und unermüdlich den Anspruch, daß "man" danach nicht frage, daß man keinen Unterschied mache, welchen Gott der Kritiker bekenne, wenn er nur richtig urteilt, sie fordern, daß man kein Judentum in der Musik, in der Dichtung, in der Schauspielkunst, in den bildenden Künsten bemerke, sondern nur noch gut und schlecht, Kunst oder Unkunst richte. Und haben sie etwa nicht ein Recht, dies zu fordern? Gewiß! Denn sie wollen ja nichts anderes, als was ihre nichtjüdischen Mitbürger auch wollen. die S a c h e , heiße sie nun Kritik oder Theater oder Kunst oder Wissenschaft.

Daß uns Juden nicht die Sache, sondern der Schein der Sache locke, ist die Behauptung unsrer Gegner. Deutsch sein heißt, eine Sache um ihrer selbst willen tun, sagt Richard Wagner, indem er, chamberlainisch lange vor Chamberlain, das Merkmal j e d e s echten Strebens für seine Landsleute allein in Anspruch nimmt. Nur wir Juden wissen, wieviel solchen Deutschtums es unter uns gibt. Wir allein wissen, wie leidenschaftlich wir Ästhetentum und Kunstfexerei, literarische Schnorrer und Premierenhyänen, die Schmarotzer auf der ehrlichen Arbeit anderer, bekämpfen, und wie sehr wir uns d i e s e Judenheit (zu der mancher Germane gehört) vom Leibe zu halten wünschten. Sind wir, wie ihr es wollt, noch immer die Fremden, die Ausländer, die sogar die deutsche Sprache nur "als Ausländer", nur "wie eine erlernte, nicht als angeborene Sprache" sprechen* , eines haben wir gewiß mit Euch gemeinsam: die Arbeit an der Kultur, die Arbeit für die Menschheit. Daß wir dieser Aufgabe mit Ernst und Eifer dienen, wir sind uns dessen bewußt und scheuen uns nicht, uns selbst dieses Zeugnis auszustellen, da es um uns her zwar beständig von jüdischem Einfluß tönt, aber immer als von etwas Schlechtem und Schädlichem. - Ich sage, die Juden haben ein Recht zu verlangen, daß nur nach ihren Leistungen gefragt werde und daß man sie endlich freudig als Mitkämpfer anerkenne, daß man in ihnen wenn nicht Brüder und Blutsverwandte, so doch Kameraden ehre und liebe: von einem g e r e c h t e n Deutschland, von einem g e r e c h t e n Europa dürften sie

* Wagner, Gesammelte Schriften, 4. Aufl. Bd. 5 S. 70

dies verlangen. Europa ist aber nicht gerecht, sondern bei aller "Zivilisation", sobald es sich um Juden handelt, von einer wahrhaft barbarischen Ungerechtigkeit. Tröste man sich doch nicht mit der Ausrede, das seien rüde Radau- und Hetzantisemiten: um sie würde niemand sich scheren und sie haben, wo sie auftraten, uns immer mehr genutzt als geschadet. Nein, es sind die besten Geister, kluge wahrheitsliebende Männer, die aber, sobald von den Juden die Rede ist, in einen blinden, an Tollwut grenzenden Haß geraten, und um die grundsätzliche Minderwertigkeit, Schlechtigkeit, Schädlichkeit der Juden zu beweisen, alle Tatsachen auf den Kopf stellen. Chamberlains verhängnisvolles Buch "Grundlagen des neunzehnten Jahrhunderts", dessen "Beweise" für die Überlegenheit der germanischen "Rasse" auf einem platten Taschenspielertrick beruhen, darauf nämlich, daß er die Unterschiede zwischen einst und jetzt, die Fortschritte einer Entwicklung von mehr als 3000 Jahren einfach umdeutet in einen Unterschied zwischen hier und dort, zwischen Germanen einerseits und den übrigen Völkern, namentlich den Juden, andrerseits - ein Buch, das unter anderm den heutigen jüdischen Gelehrten geradezu die Fähigkeit abspricht, die von Kant bewiesene Unzulänglichkeit des menschlichen Erkenntnisvermögens zu begreifen* - dieses Buch kann freilich auf jeder Seite widerlegt werden; aber unwiderleglich ist der Haß, der einen kenntnisreichen, geistvollen und wahrheitsliebenden Mann treibt, die Unwahrheit zu sagen. Wahrheitsliebend? Es heißt den Kopf in den Sand stecken, wenn die Juden ihre Feinde immer als böswillige Verleumder abtun. Nein, Chamberlain glaubt das, was er sagt, und eben deswegen erschüttern mich seine Entstellungen. Und mit ihm glauben es Tausende, da das Buch Auflage nach Auflage erlebt, und ich möchte wissen, wieviel "Germanen", deren Selbstgefühl durch die vorgetragene Theorie so angenehm gekitzelt wird, sich Kritik genug bewahren, um die unzähligen Ungerechtigkeiten und Fälschungen nicht mitzumachen. Bei Schopenhauer, der gleichfalls nicht mit dem Worte "Antisemit" abgetan ist, sondern dem das Suchen und Verkünden der Wahrheit Lebensaufgabe war, lesen wir: "Auch das auserwählte Volk Gottes laß uns nicht vergessen, welches, nachdem es, in Ägypten, auf Jehovas ausdrücklichen Spezialbefehl, seinen alten, zutrauensvollen Freunden die dargeliehenen goldenen und silbernen Gefäße gestohlen hatte, nunmehr, den Mörder Moses an der Spitze, seinen Mord- und Raubzug ins gelobte Land antrat, um es, als 'Land der Verheißung', auf desselben Jehovas ausdrücklichen, stets wiederholten Befehl, nur ja kein Mitleid zu kennen, unter völlig schonungslosem Morden und Ausrotten aller Bewohner, selbst der Weiber und Kinder (Josua, Kap. 10 und 11) den rechtmäßigen Besitzern zu entreißen, - weil sie eben nicht beschnitten waren und den Jehova nicht kannten, welches Grund genug war, alle Greuel gegen sie zu rechtfertigen; wie ja, aus demselben Grunde, auch früher die infame Schurkerei des Patriarchen Jakob und seiner Auserwählten gegen Hemor, den König von Salem und sein Volk uns (1. Mos. 34) ganz glorreich erzählt wird, weil ja eben die Leute Ungläubige waren." Und dazu in Fußnoten: "Dort (bei Tacitus und Justinus) ersehn wir, daß der Pharao das eingeschlichene, unflätige, mit schmutzigen Krankheiten (scabies), welche Ansteckung drohten, behaftete Judenvolk nicht länger im reinen Ägypten dulden wollte, also sie auf Schiffe bringen und auf die arabische Küste abwerfen ließ. Daß ihnen ein Detachement Ägypter nachgesandt worden ist, ist richtig, jedoch nicht, um die pretiösen Kerle, die man ja exportierte, zurückzubringen, sondern um ihnen abzunehmen, was sie g e s t o h l e n hatten, g e s t o h l e n nämlich hatten sie goldene Gefäße aus den Tempeln: wer würde auch solchem Gesindel etwas borgen!" Und: "Übrigens ist

* "Grundlagen", Volksausgabe S. 960

der Eindruck, den das Studium der Septuaginta bei mir nachgelassen hat, eine herzliche Liebe und innige Verehrung des megas basileys Naboychodonosor wenn er auch etwas zu gelinde verfahren ist mit einem Volke, welches sich einen Gott hielt, der ihm die Länder seiner Nachbarn schenkte oder verhieß, in deren Besitz es sich dann durch Rauben und Morden setzte und dann dem Gotte einen Tempel darin baute. Möge jedes Volk, das sich einen Gott hält, der die Nachbarländer zu "Ländern der Verheißung" macht, rechtzeitig seinen Nebukadnezar finden und seinen Antiochus Epiphanes dazu, und weiter keine Umstände mit ihm gemacht werden!"* Nicht was der Philosoph in seinem Haß sagt, sondern welche Leidenschaft einer fanatischen Abneigung in diesem Manne wüten muß, um ihn so aller menschlichen und männlichen Würde vergessen zu lassen, das ist es, worauf wir das schmerzende Auge richten müssen. Und ohne Gewährsmänner: achthundert Jahre lang, nämlich seit den Kreuzzügen, wurden die Juden verfolgt, geschlachtet, verhöhnt und verketzert, warum? Weil sie so verstockt waren, Juden zu bleiben, da es doch ein Christentum in der Welt gab. Und heute, wo das Christentum an Ansehen eingebüßt hat, was erleben wir? Mit einem Male ist das gepriesene Christentum schnödes Judentum, die Christianisierung Europas eine Verjudung, die den Germanen ihre herrliche Religion verdorben hat, und in summa: alles Übel, das die Kirche über die Menschheit gebracht hat, einschließlich Intoleranz, Autoritätsglauben, Dogmatismus, Aszetik und Dunkelmännertum, haben die Juden verschuldet.

Dies nur eine allzu rasche Blütenlese europäischer Gerechtigkeit und Logik. Alle Proteste besonnener Christen hiergegen beweisen nichts wider die Hunderttausende, die dieser Meinung sind, - dieser Meinung sein wollen.

Nein, Europa ist nicht gerecht, und so haben die braven Juden unrecht, die - auf ihre Leistungen und ihren guten Willen pochend - nichts als Gerechtigkeit verlangen. Denn jetzt sollen sie Rede stehen und auf diese Frage antworten: *da dir so von deinen Mitmenschen begegnet wird, wie begegnest du ihnen?* Merkst du nichts von diesem Haß, von dieser unüberwindlichen Abneigung um dich her, so bist du danach. Merkst du es und machst du dich nur nichts wissen, so bist du noch schlimmer. Am schlimmsten aber, wenn du dich damit tröstest, daß die Abneigung jenen andern gelte, die da mauscheln, mit ihren Preziosen protzen, sich breit und laut machen und, kurz: das Östlich-Allzuöstliche nicht ablegen können. Du irrst, mein Freund, du selber bist gemeint. Dir eben, trotz deines europäischen Gebarens und Aussehens, verzeiht man den Juden nicht. Machen wir uns doch nichts vor: wir Juden, unter uns, mögen den Eindruck haben, als sprächen wir als Deutsche zu Deutschen - wir *haben* den Eindruck. Aber mögen wir uns immerhin ganz deutsch fühlen, *die andern fühlen uns ganz undeutsch*. Wir mögen nun Max Reinhardt heißen und die Bühne zu ungeahntem Aufschwung beflügeln oder als Hugo von Hofmannsthal einen neuen poetischen Stil an Stelle der verbrauchten Schillerschen Bildersprache setzen oder als Max Liebermann die moderne Malerei führen: *wir* mögen das deutsch nennen, die andern nennen es jüdisch, sie hören das "Asiatische" heraus, sie vermissen das "germanische Gemüt", und wenn sie schon die Leistung - mit Vorbehalten - anerkennen müssen, *sie wünschten, wir leisteten weniger*. Der Jubel mit dem ein Schmidtbonn, Eulenberg, Schönherr und andre Unverdächtige begrüßt werden, ist nun einmal anders als der, den die unsern zu hören bekommen, es klingt darin ein Ton, der den Juden demütigt, wenn seine Ohren nur fein genug sind, ihn herauszuhören; es ist im Vergleich zu den Stimmen die Hofmannsthal und Schnitzler begrüßen, derselbe Unterschied, wie das anfeuernde Geschrei der Zuschauer bei

* "Parerga" II: Über Religion

einem Wettrennen, je nachdem der Liebling der Menge oder ein Unerwarteter, Unwillkommener sich dem Siege nähert; hier klingt der Beifall wie abgetrotzt, dort springt er von selbst hervor, rufend: dich wollen wir, du gehörst zu uns und wir zu dir! Wer die Lage durchschaut, dem ist es ein tragikomischer Anblick zu sehen, wie gewisse liberale Tageszeitungen sich gebärden, als sprächen sie zum deutschen Volke. Das "deutsche Volk" denkt gar nicht daran, das "Berliner Tageblatt" zu lesen, zum preußischen Junker, zum Soldaten, zum Beamten, zum Landmann dringt die Stimme keines feuilletonistischen Juden. Wovor die Herren sich so sehr entsetzen, das ist schon beinahe Wirklichkeit geworden: eine jüdische Literatur im Kopfe haben und Mut und Ehrlichkeit, sie zu benutzen.

Das ist die Lage. Ich sage nichts darüber, ob es mit Recht oder Unrecht so ist, ob wir es verdient haben, daß es so ist. Ich sage nicht, wem es zur Ehre und wem zur Schmach gereicht. Ich sage nur: so ist es, das ist das Problem. Hiermit gilt es, sich abzufinden. Was tun wir jetzt? lautet die ernste Frage. Gibt es eine Antwort?

Betrachten wir die Möglichkeiten!

Wir könnten zunächst den Versuch machen, aufzuklären, unser Recht auf den deutschen Boden, auf die deutsche Kultur verteidigen, die Irrtümer widerlegen, Verdächtigungen und Verleumdungen abwehren. Diese Taktik ist bisher von den wenigen befolgt worden, denen die Klärung der Lage überhaupt am Herzen lag. Sie hat sich als ganz verfehlt erwiesen, wie es nicht anders sein konnte. Denn nicht so steht es, daß man uns nicht mag, weil man uns für minderwertig usw. hält, sondern umgekehrt: man verleumdet, verdächtigt, schmäht, verkennt uns, weil man uns nicht leiden kann. Wir können unsre Gegner leicht ad absurdum führen und ihnen zeigen, daß ihre Feindschaft unbegründet ist. Was ist damit bewiesen? Daß ihr Haß echt ist. Wenn alle Verleumdungen widerlegt, alle Entstellungen berichtigt, alle falschen Urteile über uns verbessert sind, so bleibt die Abneigung selbst als unwiderleglich übrig. Wer das nicht einsieht, dem ist nicht zu helfen.

Wir könnten ferner uns nicht darum kümmern, was die anderen zu unsern Literatur-, Kunst- und Kulturleistungen sagen, und wenn sie meinen, daß ihr Deutschtum durch unsre "Makler" und "Jobber", durch unsre "Parvenüs" und deren "Jargon" verdorben werde, es ihnen überlassen, sich dagegen zu wehren oder sonst sich abzufinden. Das tut denn auch die Mehrzahl der produktiven oder sonstwie öffentlich tätigen Judenheit. Aber darin werden wir andern Juden anfangen, sie zu stören. Über dies Problem darf man nicht hinwegkommen, an dieser Sache muß man sich stoßen, dieses Verhältnis ist unerträglich für jeden aufrechten Mann - und wer es erträgt, der hat ein unanständig dickes Fell oder ein elastisches Rückgrat. Die Herren Kritiker aus jüdischem Hause, die Hauptmanns Christusroman rezensieren, ohne mit einem Worte anzudeuten - was sage ich? - ohne mit der leisesten Regung zu empfinden, daß sie nicht zu dem Publikum gehören, für das der Dichter schrieb; die Herren Literarhistoriker, die, ohne sich jemals etwas dabei zu denken über Luther und die Reformation arbeiten; die Herren Poeten, die sich als "deutsche Dichter" unter dem Weihnachtsbaum photographieren und veröffentlichen lassen, wir werden sie aus ihrer Naivität und Objektivität aufscheuchen, wir werden ihnen die Frage, um die sie sich herumdrücken, vor aller Welt in die Ohren schreien, wir werden sie zwingen, sich als Juden zu bekennen oder sich taufen zu lassen.

Man tut immer so, als wäre man über derlei Skrupel erhaben. In Wahrheit aber liegt die Sache ganz anders. Um als deutscher Jude hochzukommen, um in dieser zwiespältigen Situation, mit einer Gleichberechtigung, die nur auf dem Papier steht, als Mensch zweiten Ranges sich durchzusetzen, darf man nicht zu feinfühlig sein, oder man zerbricht. Aber muß man denn emporkommen? Die allerbesten von uns sind wahrscheinlich an diesem unmöglichen Leben entzweigegangen: gerade die Stärksten, die ganz Geraden, haben wahrscheinlich ihr Bestes nicht geleistet. Vielleicht haben die nicht ganz unrecht, die uns das eigentlich Schöpferische absprechen, vielleicht fehlt die ganz große Leistung - aber nicht weil die großen Männer fehlen, sondern weil die Lebensbedingungen fehlen, unter denen allein die geniale Persönlichkeit, der produktive Charakter möglich ist. Wenn das wahr ist, dann mußten die, denen jeder Kompromiß gegen die Natur geht, die nicht gebogen, nur gebrochen werden können, zugrunde gehen, da sie die Zeit nicht ändern konnten. Aber inzwischen hat sich die Zeit geändert, und bald wird der Jude, der in der Halbheit und Verworrenheit der bisherigen Zustände gedeihen kann, sich damit moralisch kompromittieren. Warum gibt es so viel jüdische Journalisten? Ein Journalist ist ein Spiegel: Die Bilder des Tages auffangen und zurückwerfen, das ist seines Wesens. Ist es jüdisch, nur Spiegel zu sein, statt selbst zu schaffen? Ihr behauptet es, viele glauben es. Ich aber sage: nein! Sondern wer nichts war als ein Spiegel, anschmiegsam, gewandt, wer sich abzufinden, vorliebzunehmen wußte, der kam in unsrer jüdisch-halben Situation obenauf. So mußte man sein, um sich in einer Umgebung von Verächtern durchzusetzen. Wer so war, dem glückte es. Wer aber mehr war, wer zur Ganzheit der Persönlichkeit strebte, der mußte an der Unmöglichkeit, ganz zu sein, zerbrechen. Ein Schaffender braucht die Resonanz der Massen; vielmehr: das macht ihn zum Schaffenden, daß die Stimmen der Massen, die Stimmen der Zeit alle in seiner Seele tönen. Welch ein Mißklang in der Seele eines deutschen Juden! -

Der "liberale" Jude von heute wendet allerdings ein: "Was willst du? Ich habe das Ghetto innerlich und äußerlich abgelegt und bin im Vollbesitz westeuropäischer Kultur. Niemand könnte aus meinen Schriften merken, daß mein Urahn mit Kaftan und Schläfenlocken einherging." Edler Freund! Den Juden zum Europäer zu wandeln war freilich die Aufgabe - vor 150 Jahren. Inzwischen ist es selbstverständlich geworden, daß man in einer Gesellschaft von anständig gekleideten, leidlich gebildeten und wohlerzogenen Menschen nicht auffalle; es ist die Voraussetzung; von solchen allein ist hier die Rede. Wer aber heute noch immer nichts weiter von sich verlangt, als daß er sich des Europäertums bemächtige, ist von vorgestern. Er steht noch immer an derselben Stelle, an der einst Moses Mendelssohn stand. Dem Freunde Lessings gereicht es zur Ehre, dies gewollt und durchgesetzt zu haben. Die kulturelle Gleichheit mit den andern mußte freilich erreicht werden, sie lag auf unserm Wege. Sie ist aber erst der halbe Weg, sie stellt sich heraus als die Halbheit selbst und sie ist jedenfalls etwas, das wir Juden so oder so überwinden müssen.

Steht also nicht zu hoffen, unsre Stellung innerhalb der deutschen Kultur durch Aufklärung usw. zu ändern, ist es andrerseits gerade den Besten unter uns unmöglich, die Sache auf sich beruhen zu lassen und harmlos fröhlich im deutschen Dichterwald auch ihr Liedlein einzustimmen: so müssen wir den schließlich aus dem Zustand des Leidens und der bloßen Abwehr zur Tat und zum Angriff übergehen. Endlich einmal werden wir es satt bekommen, uns "Mangel an Schöpferkraft", "kühle Verstandesdichtung", "Frivolität", "Witzelei" vorwerfen zu lassen. Wenn wir denn durchaus das "deutsche Gemüt" nicht verstehen sollen, endlich einmal werden wir einsehen, daß unser jüdisches Gemüt noch viel weniger verstanden wird. Und endlich einmal werden wir auf die Ehre, ein deutscher Dichter zu heißen und deutsche Kultur zu machen, verzichten. Denn, weiß Gott! der deutsche Parnaß sollte einen Juden nicht locken! Wessen er sich dort oben zu versehen hat, lehrt das Beispiel Heinrich Heines. Mag man über ihn als Menschen und Künstler denken, wie man will: das Romanzero steht doch einmal als unvergleiche Leistung in der deutschen Literatur, und Heines politische und Zeitgedichte werden an Bildkraft, Witz, schlagender Wirkung von keinem der andern politischen Dichter erreicht. Statt dessen aber klammert man sich, um den Poeten zu beurteilen, an das Jugendwerk des Buches der Lieder, als wäre es die einzige Frucht seiner Lyrik. Wollen wir seine Schwächen, namentlich seine moralischen, vertuschen? Im geringsten nicht; sondern wir Juden haben noch zehnmal mehr Grund, unsern Großen in die Seele und auf die Finger zu gucken. Aber wir wollen, daß mit gleichem Maße gemessen werde. Haben die Deutschen nicht ihre Macher wie Kotzebue und Raupach gehabt? Nicht ihren Wieland, der im Leben, mehr noch in seinen Schriften schlüpfrig sein konnte wie nur einer und der noch dazu ein bloßer Nachdichter war, fast nur klug und formgewandt, ohne eine Spur von echter Originalität? Haben nicht viele Romantiker ihre Religion gewechselt, hat nicht Friedrich Schlegel sich zu Metternichs Kreatur erniedrigt, ist nicht Herwegh ein Franzose und Deutschenfresser geworden? Tadelt man sie, so geschieht es mit der Achtung, die ihre Leistungen fordern. Aber was hinter Heine her tönt, dem man - mit Recht und Unrecht - ungefähr dieselben Dinge vorwirft, klingt ganz anders; es ist ein Gebrüll maßloser Verleumdung, Entstellung, Verhöhnung, es ist das Toben derselben Rotten, die im Mittelalter in die Judenquartiere einbrachen, um im Namen Jesu Christi zu morden, zu brennen und vor allem zu rauben. Der Haß, der hier rast, gilt jedem von uns, den Ruhm oder Macht oder Geld über die andern emporhöbe. Man zucke doch nicht verächtlich die Achseln über Adolf Bartels; der Weimarer Professor wäre leicht abgetan, nicht aber die Tausende, deren Meinung er ausspricht. Heinrich Heine, bisher noch immer der einzige jüdische Dichter von europäischer Bedeutung, ist ein Symptom. Wer es zu deuten weiß, dem wird die Lust vergehen, sich mit den ach! so viel glücklicheren deutschen Dichtern zu messen; er wird sein Bündel schnüren und seiner Wege gehen.

Seiner Wege gehen - aber welches ist unser Weg? Ich weiß nicht, wie andere darin empfinden - ich, wahrhaftig, wenn ich meinem Gefühle folgte, ich würde weichen; ich würde es nicht länger ertragen, übel gelitten zu sein, ich würde, was ich etwa an Fähigkeiten besitze, dorthin tragen, wo man sich ihrer gerne bedient, - wüßte ich nur, wo das wäre. Einen Weg ins Freie kennen wir nicht. Wir kennen ihn vielleicht, aber wir dürfen ihn nicht gehen.

Es gibt keine deutsche oder chinesische oder jüdische W a h r h e i t und folglich auch keine deutsche, chinesische, jüdische oder überhaupt nationale Wissenschaft, außer daß in der Praxis das Objekt der Wissenschaft national verschieden ist, wie denn zum Beispiel die sogenannte Weltgeschichte für den Ostasiaten anders aussieht als für den Westeuropäer. Wohl aber gibt es nationale K u n s t. Ja, es gibt n u r nationale Kunst, und die vom alten Goethe erstrebte Weltliteratur kann doch nichts als eine Sammlung des Besten sein, was auf dem Boden fester und echter Volkstümlichkeit gewachsen ist. Das Nationale ist zwar nicht Ende und Ziel, aber doch die Wurzel jeder Leistung, und von Homer und der Bibel bis zu Tolstoi und Ibsen sind alle Großen zunächst in ihrem Volk und für ihr Volk groß gewesen.

Diese Einsicht pfeifen ja heute die Spatzen von den Dächern; "Weltbürgertum", "Internationalismus" - das wirkt schon fast altväterlich.

Merkwürdig schwer aber wird den Juden die Anwendung dieser Erkenntnisse auf sich selbst. Daß es etwas "Jüdisches" gibt, im Leben und in der Kunst, wird vorläufig ja fast immer als Vorwurf gemeint und daher von den meisten Juden überhaupt bestritten oder auf die russisch-polnisch-galizischen Brüder abgewälzt. Im Sinne jenes Nationalitätenprinzips jedoch ist an einem Juden das Jüdische gerade das Beste;

oder wenigstens es kann und soll sein Bestes sein, die nationale Eigenart muß sich so steigern, verinnerlichen, veredeln lassen, daß sie zum Vorzug, zur Tugend wird, daß eine besondere Kraft und alle Leistungen daraus hervorquellen. Denn wenn die Juden nicht als Juden etwas wert sind, so sind sie überhaupt nichts wert. Wer das einsieht und will, muß auch die Mittel dazu wollen; er muß Bedingungen zu schaffen suchen, aus denen sich jüdisch-nationale Eigenart frei und leicht entwickeln kann, wie anderswo deutsche, engliche, italienische Art. Für Volk wie für Kunst aber ist die Voraussetzung jeder Entwicklung eine Heimat, ein eigner Boden, und so ergibt die Anwendung der modernen Ideen des nationalen Individualismus auf die Juden: für das Volk - den Zionismus, für die Kunst - die Wiederbelebung hebräischer Sprache und hebräischer Poesie.

In der Tat: für einen produktiven oder sonstwie an der Kultur mitarbeitenden deutschen Juden wäre die einzige Rettung aus der Halbheit, aus dem Zwitterwesen, aus Verleumdung und Verdächtigung, aus Ungerechtigkeit und Übelwollen: der Sprung in die neuhebräische Literatur. Die einzige Rettung und zugleich die unfehlbar sichere: hier ist jungfräulicher Boden, sind Schaffensmöglichkeiten ins Unendliche, und hier hört jede ungerechte Vergleichung auf, hier wird kein Widerstand der Wirtsvölker gegen "Verjudung" ihrer Nationalliteratur mehr geweckt, hier wird das Wort Jude von selbst zum Ehrennamen; denn hier mit einem Male hat es keinen Sinn mehr, von uns etwas anderes zu verlangen, als daß wir jüdisch sind, mit Leib und Seele, mit Sitten, Anschauungen, Empfindungen, mit Vorzügen und Fehlern. Wohl jenen Glücklichen, die auf dieser Bahn nach der Palme laufen dürfen!

Uns andern aber geht es wie Moses, der das gelobte Land schauen, doch nicht betreten durfte. Wir aus dem Ghetto Entlaufenen, wir glücklich-unglücklichen Erben westeuropäischer Kultur, wir Ewig-Halben, wir Ausgeschlossenen und Heimatlosen, wir können mit dieser neuen Möglichkeit nichts anfange, der junge Frühling, der aus den alten Stämmen hebräischer Sprache längst zu keimen begonnen hat, für uns grünt er nicht, über unserm Leben steht das graue Wort: sich abfinden!

Denn wir deutschen Juden, wir *heute Lebenden*, wir können ebensowenig hebräische Dichter werden, wie wir nach Zion auswandern können. Oder mit andern Worten: so sehr wir wünschen müssen, jüdische und nichtjüdische Deutsche kulturell reinlich voneinander zu scheiden, um aus dem Kompromiß, der Halbheit, der Menschen- und Mannesunwürdigkeit herauszukommen, so unmöglich scheint das, wenigstens in absehbarer Zeit. Denn trotz Verfolgung, Verhöhnung, Mißachtung ist das Judentum im Laufe einer mehr als tausendjährigen Gemeinschaft mit dem Deutschtum so eng in den Wurzeln verwachsen, daß beide nicht mehr voneinander gelöst werden können.

Die rassereinen Germanen mögen sich sträuben wie sie wollen, sie mögen (mit echt germanischer Logik) alles Gute für sich in Anspruch nehmen und alles Übel den Juden zur Last legen: sie werden doch die Tatsache nicht aus der Welt schaffen, *daß deutsche Kultur zu einem nicht geringen Teil jüdische Kultur* ist. Denn Europa überhaupt ist wahrscheinlich mehr jüdisch als man im allgemeinen weiß. Die Hegemonie Westeuropas über den Erdball ist sicher eines der interessantesten und nach seinen Ursachen schwierigsten geschichtlichen Probleme. Ohne Chamberlains chauvinistische Naivität, der alle großen Europäer einfach zu Germanen macht und die europäische Kultur germanische Kultur nennt, durch einen neuen Chauvinismus zu widerlegen, möchte ich doch fragen, ob der Geist der freien Unternehmung, der Europa dahin gebracht hat, wo es jetzt steht, nicht zum großen Teil Geist der jüdischen Unternehmung, jüdischer Geist der Unternehmung ist. Auch gibt es, bei aller Leugnung jüdischer Genialität, wie sie -

nicht eben aus Bescheidenheit - von gewisser Seite heute beliebt wird, doch immerhin eine Reihe von jüdischen Namen, die aus der deutschen und europäischen Entwicklung nun einmal nicht mehr auszuschalten sind.

Und gar wir Juden! Wenn wir mit endlich erwachtem Mannesstolze dem deutschen Volke, das uns nicht mag, den Rücken kehren wollten: könnten wir je aufhören, zum größeren Teil Deutsche zu sein? Auch unser Leben ist eben nicht erschöpft mit "Jehova", dem "alttestamentlichen Gott des Zornes" und dem "Gesetz", wie Christen die Karte unsrer inneren Welt zu umreißen pflegen. Wir haben zwar - traurig genug! - die deutsche Erde kaum jemals gepflügt und seit zweitausend Jahren hat kaum einer von uns Brot gegessen, das er selbst gesät und geerntet hat. Dennoch aber gehört auch uns dieser Boden, in den wir seit so langer, langer Zeit unsre Toten betten, die, wenn sie zu Staub werden, trotz allen Rassefanatikern in deutschen Staub zerfallen müssen. Der deutsche Frühling ist auch uns ein Frühling, wie der deutsche Winter unser Winter war, und gegen diesen seit unzähligen Generationen miterlebten Wechsel der Jahreszeiten, was bedeutet unserm Herzen der östlich blaue Himmel, unter dem Palmen, Zeder und Oliven gedeihen? Ein Wunder allenfalls. Sind wir nicht aufgewachsen mit dem deutschen Märchen? Haben wir nicht mit Rotkäppchen und Dornröschen gespielt, waren wir nicht betrübt über Schneewittchen und froh mit den sieben Zwergen? Lebt nicht auch uns der deutsche Wald, dürfen nicht auch wir seine Elfen und Gnomen erblicken, verstehen nicht auch wir das Rauschen des Baches und den Gesang der Vögel?

Und weiter: auch wir sind Schüler der Griechen und Römer, auch wir haben an Schiller unsre Ideale gebildet, auch wir haben über dem Faust gegrübelt und sind jung gewesen mit dem grünen Heinrich. Und wenn wir Ehrgeiz haben - und wir haben Ehrgeiz - welches sind die Vorbilder, die uns voranschreiten? Goethe und Lessing und Kant und Beethoven.

Wir heute Lebenden, wir schon Gewordenen und Fertigen, wir können das nicht abschütteln, nicht von uns tun, wie man ein Kleid wechselt. Wir wollen das alles auch nicht aufgeben: es hieße, uns das Blut unsres Lebens abzapfen. Aber wir wollen zugleich nicht mehr um eine Gunst betteln, die man uns solange vorenthalten hat und, nach einer kurzen Epoche scheinbarer Versöhnung von neuem vorenthält. Wir wollen nicht mehr Werte produzieren und uns immer dagegen sagen lassen, daß es Unwerte seien, die das Herrlich-Deutsche entstellen. Wir wollen nicht mehr unser Leben einsetzen für die Kultur eines Volkes, das unsre tätige Mitarbeit für jüdische Aufdringlichkeit erklärt. Wir wollen einem Lande, das uns soviel gegeben hat und dem wir dankbar seine Gaben doppelt und dreifach zu vergelten strebten, nichts mehr aufdrängen, da es unsern Dank nicht mag. Unser Verhältnis zu Deutschland ist das einer unglücklichen Liebe: wir wollen endlich männlich genug sein, uns die Geliebte, statt ihr endlos kläglich nachzuschmachten, mit kräftigem Entschlusse aus dem Herzen zu reißen - und bleibe auch ein Stück Herz hängen.

Ich habe gesagt, was wir wollen, was wir wollen m ü s s e n. Ich habe auch gesagt, warum wir es doch nicht wollen k ö n n e n. Das Problem aufzuzeigen war meine Absicht. Es ist nicht meine Schuld, daß ich keine Lösung weiß.

Palliative will ich verschreiben, Linderungsmittel, bis einmal das Kraut gewachsen ist, das uns heilt - bis es einmal wieder Menschen gibt, moderne, gebildete, "europäische" Menschen, die auf jüdischer Erde, in einem jüdischen Volke jung gewesen sind, mit jüdischem Heimat- und Sprachgefühl, fern unsern Nöten, fern auch unsrer Halbheit.

Ich nenne zunächst das eine (es schmerzt, aber es hilft): sich laut und rücksichtslos, ich möchte beinahe sagen schamlos als Juden bekennen; seinen eindeutig kompromittierenden Namen nicht hinter germanisch klingenden und klirrenden Kriegsnamen verstecken. Nicht durchaus nur für Juden und über Juden schreiben, dichten, malen, aber überall und unbedingt als Jude wirken. Es fehlt uns noch das Organ, das alle schaffenden Juden, eben als Juden, vereinigt, ein Organ, das nicht religiösen oder politischen Einzel- und Parteizwecken dient, auch nicht die brave jüdische Gesinnung anstatt der guten Leistung passieren läßt, sondern nichts ist als eine Sammelstätte des Besten, was Juden in Deutschland leisten. Hätten wir es, es würde mancher christlich-germanische Rufer im Streit still werden, und mancher hocheuropäische Jude - sich zum Philosemiten bekehren.

Hätten sich so endlich auf dem deutschen Parnaß Juden und Nichtjuden reinlich geschieden, so würde dann von selbst - und dies ist das zweite Heilmittel, das ich zu raten weiß - die Übertreibung des Nationalitätsprinzips aufhören. Denn was jetzt hierüber gelehrt und geglaubt wird, ist kindische Übertreibung. Wir predigen zwar nicht mehr eine "mosaische Konfession", sondern glauben an ein jüdisches Volk mit angeborenen unverwischbaren Merkmalen. Aber so einfach, wie sich in gewissen Köpfen hüben und drüben die Welt malt, ist sie denn doch nicht. Germanen und Juden als Gegensätze zu behandeln, ist eine Vergewaltigung, eine Fälschung. Mag uns immerhin manches trennen: was wir gemein haben, ist mehr, wenn man nur ehrlich genug ist, das Verbindende zu sehen. Denn wären wir auch nirgends sonst Genossen, so sind wir doch gewiß Zeitgenossen und haben alles miteinander gemein, was die Zeit an Aufgaben und Forderungen an uns heranträgt. Fast alle Kulturerscheinungen sind in Europa längst international: Humanismus und Renaissance waren es, Romantik und Naturalismus desgleichen. Das soziale Problem fordert uns alle zur Mitarbeit auf, und das Zeitalter der Maschine hat jedem von uns in gleicher Weise Nutzen oder Schaden gebracht. Und so bauen wir denn schließlich alle an demselben Werk und könnten uns alle in diesem Werke finden, wenn auch jeder es auf seine Weise fördert - gerade weil jeder es auf seine Weise fördert. Was uns unterscheidet, braucht uns ja nicht zu scheiden. Wenn wir Juden erst alle so weit sind, nichts andres sein zu wollen als Juden, so wird vielleicht auch Europa dahin gelangen, uns für nichts zu nehmen als für Juden, so wird es sich eingestehen, daß es uns braucht - als Juden.

Goethe sagt einmal zu Eckermann von irgendeinem Künstler, er litte daran, woran wir Modernen alle leiden, am Stoff. In der Tat: richtet man den Blick etwa auf griechische Kunst und ihre Gestaltung nationaler Mythen und Sagen oder auf die des Mittelalters, die an der unermüdlichen Variation christlich-religiöser Themen zur Höhe der Renaissancekunst emporklomm: so bietet uns die neuere Kunst, was die Objekte der Darstellung anlangt, ein Bild wilder Zerfahrenheit und Ratlosigkeit. Aus allen Völkern und Zeiten, aus allen Berufen und Gewerben, aus allen Höhen und Tiefen der Gesellschaft, aus diesseits und jenseits tragen unsre Künstler sich ihre Stoffe zusammen. Dieses haltlose Herumtappen ist ohne Zweifel, wie Goethe eben sagt, ein Schaden für die Kunst. Das Nationale, in Geschichte oder Sage, bietet dagegen immer einen gewissen Anhalt, hierzu hat jeder Mensch nicht eine zufällige oder willkürliche, sondern notwendige Beziehung. Aufschwung der Kunst fällt daher oft zusammen mit Betonung des Nationalen und der Wahl nationaler Stoffe.

Unter den produktiven Juden Deutschlands und Westeuropas hat nun die Behandlung jüdischer Stoffe in jüngster Zeit ungeheuer zugenommen. Einer nach dem andern setzt sich, mehr oder weniger bestimmt, mit dem Judenproblem auseinander, einer nach dem andern entdeckt das Judenproblem als sein Problem. Und dies ist das letzte und vielleicht wirksamste Palliativ, das ich vorzuschlagen weiß. Keineswegs freilich ist uns jüdische Kunst identisch mit der Behandlung jüdischer Stoffe. Dennoch aber liegt hier eine dringende und schöne Aufgabe für uns Juden. Denn soviel schon geschehen, das Judendrama, der Judenroman ist noch ungedichtet. Worauf es hier vor allem ankommt, ist die Schaffung eines neuen Typus Jude, neu nicht im Leben, sondern in der Literatur. Bekanntlich sehen wir alle das Leben, die Menschen, die Landschaft so, wie unsre Künstler sie uns vorstellen. Welches aber ist der Jude, den sie uns gezeigt haben. Shylock und Shylocks Tochter! Dieses Vorbild ist so mächtig, daß sich kein Christ, trotz aller lebendiger Anschauung im täglichen Umgang mit Juden davon zu befreien wußte. Auch die Juden nicht (siehe Beer-Hoffmanns Grafen von Charolais), es sei denn, daß sie ins Idyll flüchteten und die Enge des Ghetto darstellten. Der dämonisch-lasterhafte Shylock und der karikierte oder gutmütig-komische Trödeljude - bisher gab es fast nur diese beiden Extreme. Der Jude, der unser Ebenbild ist, unser jüdisches Ideal des Juden fehlt noch. Jüdische Dichter, heran!

Wir führen einen Kampf mit zwei Fronten. Unsre Feinde auf der einen Seite sind die deutsch-christlich-germanischen Dummköpfe und Neidbolde, die das Wort Jude zum Schimpfwort gemacht haben und alles, was von Juden kommt, "jüdisch" nennen, um es dadurch zu besudeln, zu verkleinern, zu verdächtigen. Wir unterschätzen diese Führer und ihren Anhang nicht; es sind ihrer mehr, als sie selbst wissen, und welcher Nichtjude nichts mit ihnen gemein haben will, prüfe sich sorgfältig, ob er nicht, gegen seinen Willen, sehr viel mit ihnen gemein hat.

Auf der anderen Seite stehen unsre schlimmeren Feinde, die Juden, die nichts merken, die unentwegt deutsche Kultur machen, die so tun, als ob, und sich einreden, man erkenne sie nicht. Das sind unsre wahren Feinde; sie gilt es, von den allzu sichtbaren Posten zu verdrängen, wo sie die Judenschaft repräsentieren als ein falscher Typus Jude, sie gilt es, mundtot zu machen und allmählich auszurotten, damit wir andern Juden wieder unsers Lebens froh werden können in dem einzigen, worin ein Mann sich stolz und frei fühlen kann: im offenen Kampfe gegen einen ebenbürtigen Gegner.

Ehe wir aber soweit sind, fordern wir Achtung vor einer Tragik, die wir hier mit schwerem Herzen vor aller Welt aufgedeckt haben.

* * *

Wir haben den Herrn Verfasser aussprechen lassen, ohne ihn an irgendeiner der Stellen zu unterbrechen, bei denen die Welt uns anders aussieht, als ihm. Wir haben auch nicht angedeutet, welche Stellen das sind, um dem Leser nirgendwo die Unbefangenheit zu beeinträchtigen. Mit unsrer Antwort oder Ergänzung mögen wir uns nicht beeilen, weil wir vorher gern sehen möchten, wie sich unsre jüdischen Mitbürger zu Goldsteins Ausführungen stellen.

Der Kunstwart, München
Jahrg. 25 Erstes Märzheft 1912 Heft 11

DER HOCHWERTIGE TEIL

Der Nationalsozialist Strasser vor Gericht

In dem Prozeß gegen den nationalsozialistischen Reichstagsabgeordneten Gregor Strasser, der vor dem erweiterten Schöffengericht des Amtsgerichts Oranienburg unter dem Vorsitz des Amtsgerichtsrats Grenzin geführt wird, beantragte der Staatsanwalt wegen öffentlicher Beleidigung in fünf Fällen und wegen Vergehens gegen das Republikschutzgesetz in sechs Fällen eine Gesamtstrafe von 1 Jahr 6 Monaten Gefängnis.

"Seit dem November 1918 sind die bewußten Deutschen in die Defensive gedrängt. Gesiegt haben Juden, Marxisten und der minderwertige Teil des Deutschen Volkes." So läßt sich der nationalsozialistische Reichstagsabgeordnete Gregor Strasser auf die erste der neun ihm vorgeworfenen Straftaten vernehmen, gewissermaßen als Leitmotiv seiner Verteidigung.

Wenn dem so ist, dann hat das Gericht hier also offenbar einen Vertreter des hochwertigen Teiles des deutschen Volkes vor Augen und kann ihn sich aus der Nähe betrachten. So sieht er aus: groß, schwer und breitschultrig, zur Fülle neigend, mit bartlosem pausbäckigem Gesicht, bekleidet mit braunen Halbschuhen, grauen Strümpfen, Knickerbockers und einem Sporthemd unter dem offenen Jackett, die rote Krawatte befestigt durch ein Medaillon, auf dem das Hakenkreuz zu sehen ist. Aehnlich gekleidete und ähnlich gewachsene junge Herren sind auch sonst im Saale zu sehen, eine Gruppe von ihnen hat den Angeklagten schon vor dem Gebäude nach "Faschisten"-Art begrüßt. Wenn er spricht, so verbirgt er nicht den Dialekt seiner bayrischen Heimat, wie denn überhaupt seine Art, sich zu geben, an fröhliche Stunden in Müchener Bräukellern erinnert. Es macht den Eindruck, als ob es ihm nicht an Humor fehle. Hier vor Gericht freilich hat ihn nicht nur der Humor, sondern auch der Witz völlig verlassen und seine Einfälle beschränken sich auf ein fast nie unterbrochenes höhnisches Lächeln und auf ein paar jener Bewegungen, mit denen auf Vorstadtbühnen das Volk Israel verspottet zu werden pflegt.

Vielleicht muß man zu dem "hochwertigen" Teile des deutschen Volkes gehören, um es für erlaubt zu halten, eine Reihe von Blättern als verantwortlicher Redakteur mit seinem Namen zu decken und für die Verfehlungen in ihnen so lange die Vorrechte eines Abgeordneten in Anspruch zu nehmen, bis der Reichstag selbst ihm die Immunität entzieht.

Nun steht er also als Angeklagter vor Gericht, bereit selbstverständlich, den Kampf um das Erwachen Deutschlands fortzusetzen und als Märtyrer der Idee diejenigen Strafen auf sich zu nehmen, die das Gesetz androht. Also, wie wird er, als der "hochwertige" Deutsche, der er ist, sich in dieser Lage benehmen?

Vom preußischen Ministerpräsidenten Braun hatte er geschrieben, eine seiner weiblichen Urahnen müßte wohl an einem preußischen Junker Gefallen gefunden haben, und daher erklärten sich die noblen Passionen des Ministerpräsidenten. Besteht ein Zweifel, was damit gemeint ist und was einer ungenannten und längst verstorbenen Frau nachgesagt wird? Aber Gregor Strasser bekundet, es wäre damit nur gemeint, die Urahnin hätte während der Schwangerschaft einen preußischen Junker gesehen, und dieser Anblick hätte, nach dem Volksglauben, auf die Leibesfrucht eingewirkt; was man in Bayern "sich verschauen" nennt.

Was wird er zu einer Veröffentlichung sagen, die einen Vorfall auf dem Essener Bahnhof falsch und zum Nachteil des preußischen Ministers Hirtsiefer und seines Begleiters dargestellt hat? Er wird sagen, er wisse von nichts; denn der Artikel sei ihm eingesandt worden. Und wenn man ihm vorhält, daß doch die richtige Darstellung ihm zugegangen sei und sogar vom Amtlichen Preußischen Pressedienst? Dann wird er sagen, er habe den Preußischen Pressedienst nicht gelesen, und wenn er ihn gelesen hätte, so würde er ihm nicht geglaubt haben.

Dieser Vertreter des hochwertigen Teiles des deutschen Volkes findet nichts dabei, den Berliner Rechtsanwalt Dr. Georg Loewenthal, der in einem Sittlichkeitsprozeß verteidigt hatte, dahin zu verdächtigen, daß er als Jude aus schlechten Instinkten die Partei eines "jüdischen" Verbrechers ergriffen habe, und diese Verdächtigung in keiner Weise zurückzunehmen, nachdem er erfahren hat einmal, daß jener Angeklagte inzwischen rechtskräftig freigesprochen worden ist und zweitens, daß er als Gruppenführer zum Stahlhelm gehört.

Keineswegs übrigens steht er allein vor Gericht. Sein Verteidiger, offenbar ebenfalls ein Vertreter des "hochwertigen" Teiles des deutschen Volkes, sieht ganz anders aus: Aszetengesicht auf einer hageren, beweglichen Gestalt, begabt mit falschem Pathos und übertriebenen Gesten. Ihm begegnet es, daß der Vorsitzende ihm androhen muß, er werde die Verhandlung auf seine Kosten vertagen, wenn er sich in beschimpfenden Ausdrücken nicht Mäßigung auferlege.

Der Staatsanwalt, der harte Strafen für notwendig hält, will doch dem Angeklagten zugute halten, daß er sich im Dienste einer Idee fühle. Im Dienste einer Idee doch nur, wenn man unter Idealismus versteht: Blindheit, Besessenheit und den Anspruch, für sich jedes Mittel anwenden zu dürfen.

Wenn es wahr ist, daß im November 1918 der minderwertige Teil des deutschen Volkes gesiegt hat, so möge der Himmel Deutschland davor bewahren, daß jemals der hochwertige Teil an die Macht gelangt.

VZ, Nr. 205 v. 28. 8. 1929

DER POLITISCHE ANKLÄGER

Wer folgt auf Oberstaatsanwalt Binder?

Noch wird die Republik von ihr feindlich Gesinnten berannt, noch muß ihre, zwar gefestigte, aber keineswegs ungefährdete Macht gegen Beschimpfer, Verleumder, Gewalttäter und im Dunkeln wühlende Ehrgeizige aller Art wachsam verteidigt werden. Wer sind die Männer, denen es obliegt, zum Schutze des Werkes von Weimar öffentlich Anklage zu erheben? Ist bei ihrer Bestellung auf Wichtigkeit und Würde ihres Amtes Bedacht genommen worden? Hat Dienstalter, persönliche Gunst oder gar Zufall die Wahl bestimmt. Wollte man die preußischen und die deutschen politischen Staatsanwälte auf ihre Eignung hin prüfen, vielleicht wäre das Ergebnis nicht immer beruhigend.

In Berlin verteilt sich die Verfolgung der politischen und der verwandten Pressevergehen auf die Staatsanwaltschaften der drei Groß-Berliner Landgerichte. Kein Zweifel, daß eine zielbewußte und wirkungsvolle Abwehr der offenen und versteckten Angriffe auf die Republik durch solche Zersplitterung beeinträchtigt werden kann. Längst schon ist die Vereinigung der drei Staatsanwaltschafen zu einer einzigen Groß-Berliner Behörde angeregt worden. Wenn sich dagegen vielleicht einwenden läßt, daß ein zu großer Apparat entstünde, dessen Funktionieren an seiner Unübersichtlichkeit litte, so steht doch nichts im Wege, wenigstens die politischen Dezernate der drei Staatsanwaltschaften zusammenzulegen. Das wird über kurz oder lang vermutlich erfolgen. Vorläufig aber und für die jetzt notwendig gewordene Neubesetzung muß noch mit der bestehenden Einteilung gerechnet werden.

Das politische Dezernat bei den Staatsanwaltschaften pflegt je nach Umfang mit ein bis zwei Beamten besetzt zu sein. Es arbeitet aber nicht selbständig, sondern ist einer Abteilung eingefügt, deren Vorsteher sowohl die Aufsicht über die politischen Anklagen, als auch die volle Verantwortung für die Entscheidungen des unterstellten Dezernats übernimmt. Der Abteilungsvorsteher kontrolliert im allgemeinen bei politischen Anklagen jede Schlußverfügung und deckt sie mit seiner Unterschrift.

In Groß-Berlin nun darf als das wichtigste politische Dezernat dasjenige der Staatsanwaltschaft beim Landgericht I gelten. Der Zufall hat zwar gerade die letzten großen politischen Prozesse in die Bezirke der beiden anderen Landgerichte verlegt. Das hindert nicht, daß die politische Staatsanwaltschaft des Landgerichts I, zwar nicht der Form, aber dem Gewicht nach, die zentrale Stelle für die Verfolgung politischer Vergehen darstellt. Denn der Bezirk des Landgerichts I umfaßt die Redaktionen der wichtigsten unter denjenigen Zeitungen, von denen der Kampf gegen die Republik geschürt wird, und er enthält außerdem den Kern der Hauptstadt Preußens und des Reichs.

Gerade dieses politische Dezernat nun befindet sich im Zustand der völligen Umbesetzung. Sein Chef Oberstaatsanwalt Binder, geht nach Frankfurt a. Main. Der Referent selbst aber, Staatsanwaltschaftsrat Kirchner, übersiedelt als Oberstaatsanwalt nach Meseritz. Seinen Posten nimmt Staatsanwalt Schönhoff ein, bisher Adlatus des politischen Dezernenten Kirchner, ein junger Mann, der über große Erfahrungen noch nicht verfügt. Unter diesen Umständen kommt viel darauf an, daß an die Stelle des scheidenden Oberstaatsanwalt Binder zum Leiter derjenigen Abteilung der Staatsanwaltschaft beim Landgericht I, der das politische Dezernat untergeordnet ist, der richtige Mann bestellt wird.

Entscheidungen sind bisher noch nicht getroffen. Der General-Staatsanwalt beim Kammergericht, der gehört werden muß, weilt auf Urlaub. In den nächsten Tagen voraussichtlich wird die Stelle in üblicher Weise ausgeschrieben werden. Unter den Bewerbern hat das Justizministerium alsdann die Wahl.

Ohne Zweifel sind sich die zuständigen Herren bewußt, daß hier eine folgenschwere, für das Wohl der Republik ungewöhnlich wichtige Entscheidung getroffen werden muß. Ohne Zweifel sind sie sich auch schon darüber klar geworden, welcher Maßstab bei der Auswahl anzulegen ist. Der Chef des politischen Dezernats der Staatsanwaltschaft I Berlin darf nicht ein Mensch sein, der blind alle Worte und Taten verfolgt, die gegen die Republik ausgelegt werden können. Er muß Takt, Menschenkenntnis und politischen Instinkt genug besitzen, um harmlose oder lächerliche Ausbrüche der Leidenschaft oder erlaubte Aeußerungen des Parteigeistes unterscheiden zu können von straffähigen und strafwürdigen Angriffen auf den Bestand des Staates. Er muß aber dann auch Willen und Tatkraft mitbringen, um Anliegen, wo sie erfordert werden, durchzuführen, und Verstand, um sie vor den erkennenden Gerichten zu vertreten.

Staatsanwälte, die an diesem Posten genügen, mögen selten sein; aber wenn man sie suchen will, werden sie sich finden lassen.

VZ, Nr. 210 v. 3. 9. 1929

SCHWARZE FAHNEN

Während im Plenarsaal des Reichstages die Totenfeier für Stresemann, über die in der dritten Beilage ausführlich berichtet wird, stattfand, bot sich auf dem Platz der Republik dieses Bild.

Zwischen den sechs kolossalen Säulen, die den breiten Giebel an der Hauptfront des Reichstagsgebäudes tragen, unter dem Gesims mit der Aufschrift "Dem deutschen Volke", hängen fünf schwarze Fahnen. Leis bewegte sie der Herbstwind, der ohne Gewalt über das melancholische Blätterwerk streicht. Grauer Dunst liegt über dem Platz der Republik, tief hängen die Wolken, so tief, daß die ersten Flieger, die zu Ehren des Toten zu kreisen beginnen, in die ziehenden Schwaden eintauchen.

Bis an das bronzene Gewimmel des Bismarck-Denkmals darf das Publikum sich nähern. Dort bezeichnet ein quergespannter Strick die Grenze der Absperrung. Sie zieht sich rings um das Gebäude, so nahe, daß nur Fahrdamm und Bürgersteig in der Sperrzone liegen. Ueberall sichert Schutzpolizei die Linien, wartet in starken Bereitschaften und hält mit vierfacher Kette die große Freitreppe besetzt - die Schutzpolizei, die heute, da die Reichswehr fernbleibt, zugleich die Aufgabe hat, die staatliche Macht zu repräsentieren.

Zwischen dem Denkmal und dem Gebäude breitet sich eine leere Fläche wie eine Bühne. Zwei schwarz-rotgoldene Fahnen, halbmast gesenkt, flankieren sie. Schwarze Pylonen, mit Tannengrün umrändert, im Halbkreis um das Denkmal angeordnet, schließen den Raum nach außen ab. Pflanzenschmuck säumt die beiden Rampen und verdeckt die Treppenwangen, Palmen, Tannengrün und gelbe Chrysanthemen. Vor der Mitte der Freitreppe baut sich schwarz eine Rednertribüne empor.

Fotografen und Kinooperateure siedeln sich am Rande der Bühne an. Die Chargierten studentischer Korporationen, in Wichs mit Bannern, ziehen auf und nehmen Stellung zu beiden Seiten der Freitreppe. Die Fahnenträger des Reichsbanners Schwarz-Rot-Gold besetzen die Rampen. Berittene Polizei hält und nimmt Front gegen den Reichstag; sie wird die Spitze des Trauerzuges bilden. Neben ihr Polizei als Musikkapelle. Neben ihr eine Hundertschaft Polizei als Ehrenwache.

11 Uhr. Die Sonne bricht durch und zaubert noch einmal die Illusion eines Sommertages herauf. Drinnen muß die Feier jetzt begonnen haben. Kopf an Kopf steht die Menge schweigend über den ganzen Platz der Republik, auf den Stufen und in der Rundhalle der Siegessäule, weit in den Tiergarten hinein, an den Fenstern und auf den Dächern der Häuser. Reichskunstwart Dr. Redslob, der den Rahmen der Feier entworfen hat, sendet einen letzten Blick über die Szene. Polizeivizepräsident Weiß kontrolliert von der Höhe der Freitreppe her seine Mannschaften, an einem Fenster des ersten Stockes bespricht Kommandeur Heimannsberg sich mit Polizeipräsident Zörgiebel.

12 Uhr. Die Flügeltüren des Reichstagsgebäudes öffnen sich. Trommelwirbel. Tief kreisen die Flieger. Der Sarg, mit der Reichsfahne bedeckt, erscheint unter freiem Himmel, auf der Schulter von zehn Trägern. Ihm dicht voraus der Reichskunstwart, eine Art Zeremonienmeister der Republik, davor Studenten, die dem alten Burschenschafter die Banner voran tragen, davor Diener mit Kränzen. Dem Sarge folgt die Witwe am Arme des Abgeordneten von Kardorff, dahinter die beiden Söhne, dahinter die weiteren Angehörigen. Aufrecht und feierlich schreitet der Reichspräsident von Hindenburg die Freitreppe hinab, in schwarzem Rock, entblößten Hauptes. In dichtem Schwarm, bunt von Stickereien, Orden und Bändern, folgt das diplomatische Korps.

Inzwischen ist der Sarg auf den Wagen gehoben worden. Reichstags-Vizepräsident von Kardorff besteigt die Rednertribüne und ruft dem toten Freunde den letzten Abschied nach. Das Dröhnen der Propeller hängt in der Luft wie Glockengeläut und verschlingt die Worte des Redners.

Der Trauerzug setzt sich in Bewegung. Voran berittene Schutzpolizei. Dann die Kapelle. Die Ehreneskorte der Polizei. Studenten mit Fahnen. Der Wagen mit den irdischen Resten Gustav Stresemanns, von sechs schwarzbehängten Pferden gezogen. Der Geistliche. Die Söhne. Der Reichspräsident zwischen Reichskanzler Müller und Vizepräsident Kardorff. Die Diplomaten. Die Minister. Die Abgeordneten der Parlamente. Die Rektoren der Hochschulen. Das Auto mit Frau Stresemann. Zehn Wagen mit Kränzen.

Die Sperrketten werden gelöst, über Vorplatz, Rampen und Freitreppe ergießt sich das Gewühl. In der warmen Mittagssonne wehen die schwarzen Fahnen.

VZ, Nr. 240 v. 8. 10. 1929

KUNDGEBUNG DER STAATSPARTEI

Die Staatspartei wirbt. Eintritt eine Mark steht auf den Plakaten. Werden das die Leute zahlen, wird ihnen die Sache wichtig genug sein, abgesehen davon, daß sie den schönen Sonntagvormittag opfern müssen?

Doch; es ist ihnen wichtig genug. Der Riesenraum der Kammersäle vor dem Halleschen Tor, der an die 2000 Personen fassen mag, ist bis auf den letzten Platz gefüllt. Männer und Frauen, viel Jugend darunter, viel gute Köpfe. Der Ernst überwiegt. Um Klamauk zu machen, hat keiner sich eingefunden. Die Not der Stunde treibt sie hierher. Sie wollen hören, um sich zu entscheiden.

Der Versammlungsleiter, Rechtsanwalt Scheuermann, hebt hervor, daß er von der Deutschen Volkspartei komme. Beifall. Irgendwo muß ja jeder, der sich zur Staatspartei bekennen will, aufgebrochen sein.

Mahraun, der Führer des Jungdeutschen Ordens. Stämmige Erscheinung, ein Kopf, der auf bäuerliche Vorfahren zu deuten scheint. Typus etwa des Marineoffiziers.

Er beginnt fast professoral. Man merkt gleich: es ist nicht auf berauschende Worte abgesehen, sondern auf denkende Ueberlegung. Hauptlinien werden aufgezeichnet. Es gibt, wenn man das Unwesentliche beiseite schiebt, in Deutschland die bolschewistische und die faschistische Gefahr. Alles kommt darauf an, ob es gelingt, die Mitte zwischen den beiden diktatorischen Bewegungen zu sammeln und zu aktivieren.

"Wir wollen der Staatwerdung der Nation dienen."

"Wir sind der fleischgewordene Gegensatz der Diktatur."

"Diktatur ist die Staatsform der Analphabeten."

An dieser Stelle erhebt sich geräuschvoll eine würdige Dame. Sie hat schon längst mit Empörung dagesessen. Offenbar ist sie gekommen, um dieselben leeren Kraftworte zu hören, die ihr anderwärts vorgesetzt werden. Statt dessen wird sie zum Nachdenken aufgerufen. Jetzt hält sie sich nicht länger. "Hier bleibe ich nicht", ruft sie und rauscht hinaus, von Heiterkeit begleitet.

Der Demokrat Lemmer. Er bekennt sich zur "Partei der Optimisten". Er hat den Schwung und die Uebung und reißt aus der Versammlung stürmischen Beifall. Wie er von den Zeiten spricht, da die Feinde der Republik das Werk von Weimar zu zertrümmern drohten, wird ihm zugerufen: "Hätten sie es man getan!"

"Sie sehen nicht so aus, als ob Sie es hätten tun können", erwiderte der Redner ihm schlagfertig und hat den Schreier zum Schweigen gebracht.

Reichsfinanzminister Dietrich. Er schöpft aus den Erfahrungen einer langen Beamtenlaufbahn und aus der Kenntnis seines Ressorts. Nackte Tatsachen, harte Folgerungen. Ein Mann, dem man zutraut, daß er unbeirrbar seinen Weg geht, den Weg der Vernunft und des Rechts.

Zum Schluß die Jugend: Dr. Eschenburg, auch von der Deutschen Volkspartei her. Gewissenhaften Abwägen der Gründe, fern von Lärm und Schwärmerei.

Den Leuten, die aus dem Torweg strömen, gellen nicht die Ohren. Ein Ziel ist ihnen gezeigt worden. Sein Bild tragen sie mit sich fort. Dazu den Mut zum Kampf und die Hoffnung auf den Sieg.

VZ, Nr. 203 v. 26.8.1930

ADOLF LEGALITE
Hitlers Bekenntnis

Citoyen Egalité zu deutsch "Bürger Gleichheit" nannte sich jener Louis Philippe Joseph Herzog von Orleans, der mit dem französischen Königsgeschlecht verschwägert war und seine Verbundenheit mit den Zielen der großen französischen Revolution dadurch auszudrücken gedachte, daß er sich eines ihrer Schlagworte als Namen zulegte. Es half ihm nichts, er erlitt schließlich dasselbe Schicksal wie Ludwig XVI. Aber das hinderte wieder nicht, daß sein Sohn später wieder König der Franzosen wurde.

Nach seinem Beispiel könnte sich der Führer der Nationalsozialistischen Deutschen Arbeiterpartei Adolf Legalité nennen; so laut und so unermüdlich sucht er der deutschen Oeffentlichkeit die Ueberzeugung einzuhämmern, er und seine Bewegung seien legal. Legal und immer wieder legal, das schlüpft ihm so leicht über die beredten Lippen, als ob es nie eine Agitation für den gewaltsamen Umsturz und nie einen Putsch im Münchener Bürgerbräu-Keller gegeben hätte. Was heißt legal? Uebereinstimmung mit der Weimarer Verfassung, versteht sich. Nicht als ob er die Weimarer Verfassung billigte. Im Gegenteil, er hält sie für falsch und schlecht, schon deshalb, weil sie besteht. Indessen, er erklärt sich für einsichtig genug, um zu wissen, daß jeder Versuch eines gewaltsamen Umsturzes dieser Verfassung zum Scheitern verurteilt ist, und er hält es mit seinem Gewissen nicht für vereinbar, Menschen, die sich seiner politischen Führung anvertrauen, vor die Maschinengewehre zu treiben.

Die Stätte, an der er dieses Bekenntnis zur Legalität mit weit in das Land hallender Stimme wieder einmal verkünden darf, ist der Schwurgerichtssaal des Landgerichts III in Moabit. Der Prozeß Stief und Genossen ist im Gange, noch immer seit einem Monat, unter der Anklage des versuchten Totschlags stehen ein paar Mitglieder jenes nationalsozialistischen Sturmtrupp 33, der sich in letzter Zeit immer wieder durch blutige Gewalttaten ausgezeichnet hat. Ein solcher Ueberfall ist schon abgeurteilt, zwei Verfahren schweben noch, außer dem Prozeß Stief. Die Verletzten, als Nebenkläger zugelassen, behaupten: es sei Methode in diesen Ueberfällen; die Leitung wisse davon und trage die Verantwortung. Die leitenden Männer sind als Zeugen geladen: der Führer der Groß-Berliner Sturmabteilungen Wetzel, der übergeordnete Führer der Sturmabteilungen östlich der Elbe, Hauptmann Stennes, beide nicht mehr auf ihrem Posten, und der Parteiführer selbst. Adolf Hitler ist aus München herbeigereist, nicht allein übrigens, sondern umgeben von seinen

Helfern mit den klangvollen Titeln, dem "Vorsitzenden des Reichsuntersuchungsausschusses", dem "Inspekteur der S. A." und noch einigen anderen Würdenträgern. Er hat sie alle mitgebracht für den Fall, daß das Gericht sie brauchen sollte, damit sie ihm die Legalität bezeugen helfen.

Was hat die Leitung gewußt? Gar nichts von jenem Charlottenburger Sturmtrupp Nr. 33, dem wackeren Häuflein deutscher Idealisten. Aber das hat die Leitung gewußt, daß Gewalttätigkeiten verboten sind, daß Waffen verboten sind, daß jeder ausgeschlossen wird, der mit Waffen oder bei Gewalttätigkeiten betroffen wird. Denn es handelt sich nicht um einen Kampf der Leiber, sondern der Geister. Die Gesinnung muß geändert werden. Was wäre schmerzlicher zu beklagen als der Krieg deutscher Arbeiter gegen deutsche Arbeiter! So verkündet es Hitler, und die Angeklagten in ihrem Holzkäfig, Arbeiter sie selbst, klammern sich mit verzücktem Blick an ihren Führer, und er ist freundlich genug und auch geschickt genug, diese Blicke mit kameradschaftlichem Lächeln zu erwidern.

Freilich: die Notwehr kann man den S. A.-Leuten nicht verbieten. Wenn einer sich in Todesgefahr befindet! Und sie befinden sich immer und überall in Todesgefahr, die armen, die redlichen, die unbewaffneten und friedfertigen S. A.-Leute.

Nach dem obersten Führer werden die Unterführer vernommen. Den Streit innerhalb der Partei sucht man vorsichtig zu umgehen. Hauptmann Stennes: Mir ist nichts bekannt von Ueberfällen. Ich weiß nichts davon, daß Ueberfälle geplant waren. Ich weiß nichts davon, daß es sogenannte Rollkommandos gegeben hat. Ich habe immer vor Gewalttätigkeiten gewarnt. Der Berliner Gauleiter Wetzel, Bankbeamter: Ich habe nie etwas von Rollkommandos gewußt. Ich habe nie gewußt, daß Ueberfälle geplant worden sind. Ich habe einen solchen Plan nie an Hauptmann Stennes weitergegeben.

Aber beide, Stennes und Wetzel, sagen übereinstimmend und beinahe mit denselben Worten: Die Führer hetzen und peitschen die Leidenschaften auf, der einfache Mann zahlt die Zeche. Das ist hüben nicht anders als drüben. Wenn es zu Gewalttätigkeiten kommt: nie hat der S. A.-Mann oder der Rotfrontkämpfer schuld. Schuld haben die Gewandten der Rede oder der Schrift, die das blutrünstige Wort im Munde führen und die Folgen nicht bedenken.

Die "Bewegung" soll als legal dastehen, "vor Gott und der Welt", sagt Hitler. Er hat schon ganz anderes gesagt und ganz anderes getan. Wer kann wissen, wie er es meint, und wenn er es so meint, wie er es künftig einmal meinen wird? Die einfachen Leute kümmern sich nicht um gewundene Auslegungen. Sie verstehen es auf ihre Art und setzen es in die Tat um. Wenn die Unterführer anfangen, sich dagegen aufzulehnen, daß zwischen Rede und Rede, zwischen Rede und Tat Widersprüche klaffen, vielleicht fällt ihnen eines Tages die Binde von den Augen, und sie entdecken, daß die blendende und rasselnde Organisation durch nichts anderers in Bewegung gesetzt worden ist, als durch das Gerede der Unverantwortlichen, die ihre Hände in Unschuld waschen, wenn die Saat ihrer Worte aufgeht.

VZ, Nr. 110 v. 9. 5. 1931

WAS SOLL DER BÜRGER?

Man redet noch vom Bürger, es gibt in der Politik noch bürgerliche Parteien. Aber wie steht es heutzutage mit dem Bürger, mit dem Bürgertum und der Bürgerlichkeit?

Die Not frißt an der Schicht, wir sehen und erleben es seit vielen Jahren. Der Kreis derer, denen noch der bürgerliche Lebensstil möglich ist, wird kleiner und kleiner. Rußland hat seinen Bürger verschlungen. Der deutsche Bürger behauptet sich noch, sogar nicht ohne Stattlichkeit. Aber er ist bedroht. Wie es ihm gehen wird, weiß keiner.

Der Bürger hat gegen sich den Spott der Jugend. Sie verlacht in ihm den Philister. Es ist ihr Privileg, und sie pocht darauf. Seit jeher stand Jugend gegen Alter, Neues gegen Gewordenes, Ungebundenheit gegen Sitte, Anspruch des Einzelnen gegen Pflicht der Gemeinschaft. Aber weil heutzutage Jugend überschätzt wird, so wird auch das Gewicht ihres Widerstandes überschätzt. Früher lächelte das Bürgertum über die ungestüme Jugend, heute fürchtet es sich vor ihr.

Gegen das Bürgertum hat sich erhoben, schon lange vor dem Kriege, das Proletariat, gestützt nicht auf seine Massenhaftigkeit, sondern auch auf eine Theorie. Sie hat den Proletarier gelehrt, in dem Bürger den Ausbeuter zu sehen. Er steht gegen den Bürger im Klassenkampf. Der Krieg wird mit Erbitterung geführt, das Proletariat hat ungeheure Eroberungen gemacht, der Enderfolg ist ungewiß. Als neuer Feind gesellt sich zum Proletariat der Rechtsradikalismus, der, ideenlos wie bisher immer, Schlagworte, die ihm wesensfremd sein sollten, aufgegriffen hat, mit dem Ergebnis, daß eine nie für möglich gehaltene Verpöbelung ehemals bürgerlicher Kreise einreißt.

Das Bürgertum, von so vielen Seiten angegriffen, beginnt zu wanken. Es steht vor der größten Gefahr, die ihm drohen kann: Das Vertrauen zu sich zu verlieren und sich selber aufzugeben. Das wäre der Untergang.

Wo beginnt die Bürgerlichkeit? Bei dem ausreichenden Einkommen, bei der Vier-Zimmer-Wohnung, bei der Hausangestellten? Noch lange nicht. Richtig deutsch? Das gehört dazu und spielt etwa die Rolle einer Uniform. Aber die Uniform allein beweist nichts. Mit Uniformen kann Schwindel getrieben werden.

Die braven Einwohner von Schöppenstädt, die am Tage ihre Semmeln backen, ihre Würste stopfen, ihr Bier brauen und abends am Stammtisch hocken: die haben es nicht. Auch nicht, wenn der Arzt und der Notar und der Bürgermeister selber unter ihnen sitzen. Bürger, das bedeutet bei ihnen nur: Stadtbewohner.

Aber abseits für sich am Nebentisch, reden zwei sich die Köpfe heiß. Der Schullehrer und der Apotheker. Sie streiten sich, ob Nietzsches Lehre vom Uebermenschen gegen Kants Lehre vom Sittengesetz behauptet werden kann. Zu gleicher Zeit delektiert sich etwa der Direktor der mechanischen Weberei zuhause in seinem Sessel unter der Lampe mit Hilfe einer Lupe an Dürerschen Stichen. Dieser Kunstkenner und jene Freunde der Weisheit, die haben es.

Es begegnet einem wohl, daß ein selbstbewußter Student einem dreist ins Gesicht hinein behauptet: Goethes Wilhelm Meister könne er nicht mehr lesen, diese Prosa sei veraltet. Was ist diesem Studenten zu erwidern? Goethes Prosa ist nicht mehr unsere Prosa; aber es ziemt sich, in Goethes Prosa so eingelesen zu sein, daß sie einem nicht veraltet vorkommt. Das wäre ja noch schöner, wenn jede neue Jugend das Recht hätte, die schöpferischen Geister, die vor ihrer Zeit aufgetreten sind daraufhin zu prüfen, ob sie sich des Jargons bedienen, den die Leser in ihren Büros, Bars und Sportplätzen zu hören und zu reden gewohnt sind, und sie danach anzuerkennen und zu verwerfen. Man muß im Zusammenhang mit der Vergangenheit leben können, man muß so leben wollen, und das seinige dazu tun. Sonst lebt man wie die primitiven Völker, wie die Tiere, von heute zu heute, traditionslos.

Auf die Tradition aber kommt es an. Mit der Tradition beginnt die Bürgerlichkeit. Von der Tradition beziehen wir, die wir uns zum Idealismus der Bürgerlichkeit bekennen, unsere Kraft, an der Tradition erkennen wir einander, für die Tradition haben wir Opfer gebracht und sind wir bereit, Opfer zu bringen.

Denn wir verteidigen, hegen und pflegen eine stolze Tradition. Sie steht als ein hochragender, starkstämmiger, breitwipfliger Baum, der zu seiner Zeit in Blüten prangt und von Früchten strotzt. Seine Säfte zieht er aus unbekannten Tiefen. Wo aber die Wurzeln erkennbar werden, da klammern sie sich an die Ethik der Bibel, an die helle und schöne Geistigkeit der Hellenen, an die ausgreifenden Staatskonstruktionen des römischen Imperiums. Alle europäischen Veränderungen, Revolutionen, Umstürze haben in zweitausend Jahren den Zusammenhang nicht zu zerstören vermocht. Die Verbindungen scheinen dünn und luftig. Wieviel Menschen in jeder Generation sind es schließlich, die Platos Lehre lebendig weiterreichen? Aber die Ketten müssen doch wohl fest geschmiedet sein. Bisher haben sie gehalten. Wehe uns, wenn sie je reißen sollten!

Das Bürgertum kann seiner Idee nach nichts dagegen haben, daß die Kultur vielen und, wenn es geht, allen zugänglich gemacht wird. Aber es hat zugleich die Erfahrung, zu wissen, daß Kultur nicht dargereicht und empfangen werden kann wie eine Schale Obst. Kultur oder die Vorstufe dazu, das Wissen, muß erobert werden, aus eigener Kraft, durch eigene Leistung, auf einem weiten Wege voller Mühen und Entsagungen. Strenges Bürgertum verlangt die Leistung, es läßt sich nichts vormachen, es begnügt sich nicht mit der leichtfertigen Phrase und dem blendenden Schein. Es haßt, mehr: es verachtet den vordringlichen und ahnungslosen Dilettantismus, die schlecht erzogenen, lärmenden und lästigen Kinder der Verallgemeinerung und Verbreitung. Es verlangt das gediegene Wissen und das erprobte Können, es weigert sich, die Ehren der Bürgerlichkeit demjenigen zuzuerkennen, der zwar in viele Hörsäle gerochen, von vielen Büchern genascht hat, der aber nicht genug Zähigkeit, Ausdauer, Begabung aufbringt, um das europäische Erbe auf seine Schultern zu nehmen.

Im übrigen, wenn Bürgertum bisher das Privileg einer Kaste gewesen ist und noch fortdauert, es zu sein, so tragen Unvollkommenheiten im Bau der menschlichen Gesellschaft die Schuld an diesem Fehler. Ihn zu beseitigen, ist eine Frage der Organisation, nicht der Weltanschauung. Seiner Idee nach wendet sich das Bürgertum an alle. Sofern es Forderungen stellt, fordert es von allen, und sofern es Vorteile gewährt, gehen seine Versprechungen an alle. Es fordert von dem Einzelnen nach dem Bedürfnis der großen und immer größeren Gemeinschaft, es verspricht dem Einzelnen nach den Kräften solcher Gemeinschaft. Es gibt dem Einzelnen seinen Platz in der Gemeinschaft und lenkt seine Kräfte für die Gemeinschaft. Es bildet damit das Kraftzentrum, die Mitte des Staates, die Mitte von Europa und der an Europa orientierten Welt. Es gibt dem Menschen seinen Schwerpunkt und macht ihn zum Menschen, so lange er nämlich als Mitmensch in der Gemeinschaft und nicht als Einzelmensch in der Einsamkeit lebt.

Echtes Bürgertum ist eine Idee, von uns unvollkommenen Menschen so wenig zu verwirklichen wie Gerechtigkeit oder Heiligkeit. Es ist ein Ideal. Seiner irdischen Erscheinung nach ist es gefügte Ordnung, bestimmt, ein System von Worten in Geltung zu setzen und in Geltung zu erhalten. Es ist nicht von selbst in der Welt, sondern, soweit es darin ist und je gewesen ist, durch Kampf errungen in den europäischen Revolutionen, den geistigen und den politischen, mit Blut bezahlt, gegen Despotien des Schwertes und des Wortes immer von neuem mühselig unter Opfern behauptet. Es ist nicht aus Willkür eingeführt worden, sondern aus der Notwendigkeit der erwachten, selbstbewußten und verantwortlichen Menschen. Es ist überhaupt nicht gemacht, sondern gewachsen.

Wer wird die Gefahren der Bürgerlichkeit verkennen? Wer wird die Schranken der Bürgerlichkeit übersehen?

In Sicherheit und Geborgenheit wachsen nicht nur schöpferische Leistungen, nicht nur mutige Tat und treue Pflichterfüllung: sondern auch Trägheit, Genuß, Uebersättigung, Hochmut. Das ist Mißbrauch der Bürgerlichkeit.

Pflichten und Aufgaben leitet der Bürger her von der erkannten Notwendigkeit der Gemeinschaft. Aber der Mensch als sittliches Wesen ist auf sich selbst gestellt. Alle letzten Entscheidungen, das heißt die sittlichen Entscheidungen, das heißt die wesentlichen Entscheidungen, muß er allein treffen, losgelöst von der Gemeinschaft, vielleicht gegen die Gemeinschaft, in heldenhafter Einsamkeit. Bürgerlichkeit kann den Menschen dazu verführen, die Entscheidungen aller hinzunehmen, bequem zu werden, feige zu werden und sich vor der eigenen Entscheidung zu drücken. Auch das ist Mißbrauch der Bürgerlichkeit.

Gegen Verrottung des Bürgertums aufzutreten, ist kein Vorrecht des sogenannten Radikalismus. Das Bürgertum selbst hat diese Aufgabe und wird sie lösen müssen. Radikalismus steht überhaupt nicht, wie er das glauben zu machen sucht und selber glaubt, im Widerspruch zur Bürgerlichkeit. Was heißt denn radikal? Dem Wortsinne nach: von der Wurzel her oder bis in die Wurzel. Soll die Idee des Bürgertums etwa nicht von der Wurzel her oder nicht bis in die Wurzel verwirklich werden?

Sie soll und muß es. Es ist endlich genug zerstört. Viel zu lange schon erdulden wir die Ungewißheit der wankenden und stürzenden Werte. Endlich einmal wünschen wir wieder festen Boden unter die Füße zu bekommen. Seit Jahr und Tag wird das Bürgertum nur immer angegriffen, beschimpft, verhöhnt. Endlich einmal muß jemand den Mut finden, es in Schutz zu nehmen und sich offen auf seine Seite zu schlagen. Wer anders ist dazu berufen als der Bürger selbst? Das Bürgertum muß lernen, sich wieder zu wollen, nicht als ein zahmes, friedfertiges, allenfalls entschuldbares Gebilde, sondern als radikaler Wille zu seinem hellen, reinen und hohen Ziel.

Das Bürgertum selbst muß radikal werden.

VZ, Nr. 142 v. 16. 6. 31

ORGANISIERTER PAZIFISMUS

Der Protest der Friedensgesellschaft

Friede auf Erden! - wer wäre nicht dafür? Muß man erst Pazifist sein, um Haß, Neid, Streit und Kampf von Menschen gegen Menschen, von Völkern gegen Völker zu verabscheuen? Am Ende versteht sich - zwar nicht Versöhnung und Eintracht, aber die *Sehnsucht* nach Versöhnung und Eintracht von selbst.

Indessen vielleicht versteht sich auf dieser Welt gar nichts von selbst, am wenigsten die guten und erstrebenswerten Dinge. Vielleicht ist es unvermeidlich, sie zu organisieren. Vielleicht muß also auch das Streben nach allgemeinem Frieden organisiert werden. Und tatsächlich ist es ja organisiert worden.

Bei uns heißt die Haupt-Organisation, in der sich die Pazifisten zusammengeschlossen haben, Deutsche Friedensgesellschaft. Grade haben wir Gelegenheit, sie im Kampf zu beobachten. Im Kampf zunächst nicht um den Frieden, sondern im Gegenteil: im Kampf zwischen einem Beleidigten als Kläger und einigen Beleidigern als Angeklagten. Er spielt sich im Großen Schwurgerichtssaal des Alten Kriminalgerichts ab, der den Vorgängen einen düster-prunkvollen Rahmen gibt. Aber das ändert nichts daran, daß es sich um einen alltäglichen Beleidigungsprozeß vor dem Einzelrichter handelt.

Abgesehen davon, was sich über die Beleidigungen herausstellen wird: man sieht wieder einmal, wie es den großen Ideen ergeht, wenn sie in die Hände von Organisationen fallen. Diejenigen, denen es Ernst ist mit dem Frieden, spalten sich zunächst in Parteien. Es gibt daher einen "rechten" Pazifismus, dessen Anhänger sich von dem alten Professor Quidde führen lassen, und einen "linken" Pazifismus, für den der sehr viel jüngere Kurt Hiller seine radikale Stimme erhebt. Und zwischen beiden, genau in der Mitte, steht der zentrale Pazifismus, und das ist der offizielle Pazifismus der Organisation, und zu ihm bekennt sich der Vizepräsident der Deutschen Friedensgesellschaft, Herr Küster, derselbe, der beleidigt worden ist und als Kläger auftritt. In ihm hat die Organisation gewonnen, was eine Organisation braucht: den Organisator. Ein Fremder, der durch Deutschland reiste und mit den sogenannten führenden Persönlichkeiten Fühlung nähme, könnte glauben, das deutsche Volk bestehe aus lauter Organisatoren. Ueberall, wo organisiert wird, treffen wir sie, überall leisten sie dasselbe, ganz gleich, ob die Fabrikation von Stiefeln oder die Finanzierung eines Filmstars oder die Propagierung des Weltfriedens verlangt wird. Und überall sehen die Organisationen einander gleich. Nur freilich: der Geist ist nicht bei ihnen.

Das ist die eine Seite des organisierten Pazifismus. Die andere Seite hat ein viel bedenklicheres Gesicht. "Es kann der Beste nicht in Frieden leben, wenn es dem bösen Nachbarn nicht gefällt." Also muß man sich mit dem Nachbarn in Verbindung setzen. Aber wenn auch die Interessen der Pazifisten diesseits und jenseits der Grenzen übereinstimmen mögen, so stimmen doch die Interessen der Staaten solange nicht überein, als der Pazifismus noch nicht verwirklich ist. Die Pazifisten kränken sich mit Recht darüber, daß, während sie für ihre Idee kämpfen, die Staaten sich für blutige Auseinandersetzungen rüsten. Aber wenn sie dem anderen Staate mitteilen, daß ihr eigener Staat rüstet, so laufen sie Gefahr, Landesverrat zu begehen. Und wenn sie aus dem anderen Staate Geld beziehen, um die eigene Friedenspropaganda zu stärken, so riskieren sie, dem Feinde Vorschub zu leisten.

Pazifisten, die mit Pazifisten der anderen Länder in Verbindung treten, müßten an Vorsicht, Gewissenhaftigkeit und Takt ihre Landsleute übertreffen. Aber weil der Pazifismus organisiert worden ist, so zieht er, wie alle Organisationen auch die Wichtigmacher und Schaumschläger an sich. Plötzlich tritt im Namen von Pazifisten ein Mann auf, wie dieser Zeuge Schwann, einer, der von Deutschland aus in polnischen Blättern schreibt und dafür von der polnischen Regierung sich bezahlen läßt. Der darf hingehen und im Namen des Friedensgedankens an den Außenminister der Tschechoslowakei, Benesch, der grade in Genf weilt, und durch ihn an den Völkerbund einen Brief schreiben und um Rat und Hilfe für die deutschen Pazifisten bitten. Möglich, daß ihn niemand dazu beauftragt hatte. Aber eben das ist die gefährliche Wirkung dieser Art von Mitgliedern der Organisationen, daß sie aus Wichtigtuerei, Unvorsichtigkeit und Gewissenlosigkeit das zu tun sich erlauben, was nur getan werden dürfte an den höchst amtlichen Stellen, in die zu gelangen sie keine Aussicht haben.

Das geheimnisvolle Hin und Her, das Nehmen und Geben, das Raunen und Tuscheln im Hintergrunde des organisierten Pazifismus, in das dieser Prozeß einen Einblick gewährt hat, bereitet niemandem Freude. Das soll uns aber nicht veranlassen, an dem reinen Wollen der echten Führer des Friedensgedankens und an der Hoheit dieses Gedankens selbst irre zu werden.
VZ, Nr. 223 v. 18.9.1931

IV. Feuilletons

BEGEGNUNG

Nach einem Jahre, oder auch nach zwei Jahren, treffe ich ihn wieder einmal auf der Straße. Wir bleiben stehen und stümpern miteinander eine kümmerliche Unterhaltung zurecht. Keiner von uns weiß, was er aus dieser Begegnung machen soll. Unsere Bekanntschaft stammt daher, daß wir einmal im selben Hause gewohnt haben. Es ist lange her. Aber trotzdem wir jung waren, wußten wir schon damals nichts miteinander anzufangen.

Immerhin von unserer Hausgemeinschaft her haben wir gegenseitig unsere Eltern gekannt und kennen noch heute unsere Geschwister. Wir gedenken in den paar Minuten, die wir miteinander ausharren, der schon Gestorbenen und erkundigen uns nach den noch Lebenden. Ueber uns selbst zu sprechen, fällt uns sehr schwer. "Wie geht's ?" - "Danke, es macht sich," oder "Man schlägt sich so durch", haben wir gleich zu Anfang gesagt, unter dem ersten Schreck des Widersehens. Auf dieses Thema zurückzukommen, tragen wir beide Bedenken. Denn was sollen wir uns erzählen? Wir leben auf verschiedenen Planeten, so fern von einander, daß wir uns noch gerade mit bloßem Auge sehen, aber keine Einzelheiten erkennen. So wenig ich eine Vorstellung davon habe, womit er sein Brot verdient, so wenig ohne Zweifel weiß er, was ich eigentlich treibe.

Gerade wie ein verlegenes Schweigen ausbrechen will, schleudert er das Gespräch mit kühnem Wurf in die Höhen der Philosophie empor. "Ja, ja, mein Lieber", läßt er sich vernehmen, "die Zeit vergeht."

Er hat Recht. Die Zeit vergeht in der Tat. Es ist mir schon selber aufgefallen. Und wie sie vergeht! Daß wir nicht mehr im selben Hause wohnen, ist an die zwanzig Jahre her, und fast 35 Jahre, seitdem wir ins selbe Haus gezogen sind. Selten hat ein Mensch so recht gehabt wie mein Bekannter mit seinem allgemeinen Satz. Uebrigens wundere ich mich nicht sehr. Was soll die Zeit schließlich anderes tun als vergehen? Es ist sozusagen ihr Beruf.

Eines freilich scheint mein Bekannter nicht zu bemerken: daß nämlich für ihn die Zeit ganz umsonst vergangen ist. Natürlich: er hat diesen und jenen durch den Tod verloren. Natürlich: er hat inzwischen die Fünzig fast erreicht. Aber was ändert das? Er ist klein und dick und trägt einen runden Kugelbauch vor sich her - nie habe ich ihn anders gekannt. Er jammert leise zu mir empor und tut niemandem etwas Böses - das war von jeher seine Art. Er ist unverheiratet - heute wie früher. Er hat nichts und sieht ein bißchen schäbig aus - nie hatte er etwas, und immer sah er so aus. Und er läuft in kleinen Geschäften herum, mit denen er sich gerade durchbringt - und nichts anderes hat er sein Leben lang getan.

Die Zeit vergeht - und vielleicht fällt es ihm gerade deswegen auf, weil sie für ihn ohne Wirkung vergeht. Er kann noch 20 Jahre so herumlaufen, und ich kann ihn noch zwanzigmal auf der Straße treffen, und immer wird er noch ebenso aussehen und ebenso gekleidet sein, und er wird immer noch dasselbe treiben und mit mir dasselbe reden. Es sterben Leute um ihn her - und es ändert sich nichts für ihn. Das Bild der Stadt wandelt sich - und er bleibt derselbe.

Bis auch er eines Tages gestorben sein wird. Es ist die einzige große Chance, die ihm noch offen steht. Er sieht zwar so aus, als ob er nie sterben würde; aber eines Tages wird er doch sterben. Ich glaube fest daran.

Und gerade dann, wenn er wirklich Grund hätte, sich zu verwundern, wird er nicht mehr sagen können, daß die Zeit vergeht. Aber dann wird für ihm die Zeit in der Tat aufgehört haben, zu vergehen.

Ja, ja, mein Lieber ...

VZ, Nr. 196 v. 17.8.1928

SCHUTZ DER ARBEIT

Die überlasteten Gewerberäte

Endlich scheint es ja Frühjahr geworden zu sein. Was tut einer, wenn nach allzu langer Frostzeit am blauen Himmel die Sonne nicht nur lacht, sondern auch wärmt? Er geht ins Preußische Handelsministerium.

Das Preußische Handelsministerium nämlich ist für die preußische Gewerbeaufsicht die vorgesetzte Behörde. Wenn irgendwo, so kann einer dort Antwort bekommen auf die Frage, die durch den Prozeß um die Brandkatastrophe in der Radiofabrik des Herrn Trotzki aufgeworfen worden ist; die Frage nämlich: Warum hat die Gewerbeaufsicht nicht ...?

Die Gewerbeaufsicht hat deshalb nicht - so antworten die Herren im Handelsministerium -, weil es viel zu wenig Gewerbeaufsichtsbeamten in Preußen gibt und weil diese wenigen Beamten bis an die Grenze der Leistungsfähigkeit belastet sind. In ganz Preußen gibt es 163 Gewerberäte, 56 Gewerbeassessoren, 37 Gewerbereferendare, 72 Gewerbe-Oberkontrolleure und 30 Gewerbekontrolleure. Das sind zusammen etwa 300 Gewerbeaufsichtsbeamte. Davon zählen die Referendare kaum mit, weil sie noch in der Ausbildung begriffen sind. Der weibliche Teil der Beamtenschaft hat sich auch nicht eigentlich um die Gefahrenaufsicht zu kümmern, sondern die Jugendlichen, die Schwangeren und die Mütter zu behüten. Ausgeführt worden sind im Jahre 1928 in Preußen 168 689 Besichtigungen. Selbst wenn man sie also auf sämtliche 360 Beamte verteilt, so kommen auf jeden etwa 470 Besichtigungen im Jahr.

Schon das wäre nicht wenig. Aber die Besichtigungen stellen nur etwa die Hälfte der dienstlichen Tätigkeit dar. Gelten doch die Gewerbeaufsichtsbeamten sozusagen als Mädchen für alles und werden in der inneren Verwaltung überall herangezogen, wo besondere Kenntnisse der Technik, der Wirtschaft und der Sozialpolitik nötig sind.

In Berlin zum Beispiel gibt es 60 bis 70 Gewerbeaufsichtsbeamte. Sie haben im Jahre 1928 außer ihren Besichtigungen zu erledigen gehabt: 400 Verhandlungen auf Grund der Stillegungsverordnung (wenn ein Betrieb stillgelegt werden soll, so greift zum Schutze der Arbeitnehmer die Gewerbeaufsicht ein), 1055 Nachbarbeschwerden, 1092 Gesuche um Genehmigung von Benzin-Zapfstellen, 107 Verhandlungen über Zugehörigkeit zu den Berufsgenossenschaften.

Und auch das ist noch lange nicht alles. Es kommen hinzu zum Beispiel alle Baugesuche, die der Baupolizei eingereicht werden, die Gewerbeaufsicht hat sie auf Einrichtungen wie Notausgänge und ähnliches hin nachzuprüfen. Gar die genehmigungspflichtigen Anlagen, bei denen im sogenannten qualifizierten Verfahren etwa die Baupolizei, der Kreisarzt, der Kreistierarzt und noch ein paar andere Instanzen ihre Gutachten und manchmal widersprechende Gutachten abgeben, brauchen die Gewerbeaufsichtsbeamten als denjenigen, der Für und Wider abzuwägen und die Ansprüche auszugleichen weiß.

Was nun die besondere Gefahrenaufsicht anlangt, so können nur die Großbetriebe, mit mehr als 50 Arbeitern, jährlich kontrolliert werden. Die mittleren und kleineren Betriebe kommen nur alle drei bis fünf Jahre an die Reihe. Die Zahl der Besichtigungen, die sich noch durchführen lassen, sinkt.

Natürlich sucht man aus dem Fall Trotzki seine Lehren zu ziehen. Eine Anzeigepflicht für gefährliche Rohstoffe wird erwogen. Der Landtag hat eine Vermehrung der etatsmäßigen Beamtenstellen bewilligt: um sechs Gewerberäte und achtzehn mittlere Beamte. Eine Vermehrung des Personals ist damit nicht ohne weiteres erreicht. Zu den sechs Gewerberäten sind sechs Assessoren befördert worden. Man hat also damit sechs Assessoren weniger. Es müßten, um genügend Nachwuchs zu bekommen, auch die Assessorenstellen vermehr werden. Und überhaupt wachsen die Gewerbeaufsichtsbeamten nicht an den Bäumen. Für die mittlere Beamtenschaft nimmt man Leute, die eine zehnjährige Erfahrung als Arbeitnehmer hinter sich haben. Die müssen dann für ihre neue Aufgabe ausgebildet werden. Aber die spezielle Gefahrenprüfung kann man ihnen nicht anvertrauen. Die hochqualifizierten Beamten, die Gewerberäte, brauchen eine sehr lange Lernzeit: vier Jahre polytechnisches Studium, ein Jahr praktische Arbeit, drei Jahre Referendarzeit, dazu je ein halbes Jahr für die beiden Examen. Bis einer Gewerbeassessor wird, sind neun Jahre vergangen.

Der Wille, Gefahren zu verhüten und die Gesundheit zu schützen, ist gut, die Aufgabe ungeheuer, die Kräfte zu schwach. Warum helfen die Betriebsräte nicht besser mit? Es ist doch ihre eigenste Sache. Freilich nicht immer sind sie die geeignete Instanz: Die Männer wollen rasch aus der Fabrik und nach Hause kommen; sie drängen auf kurze Pausen. Die Gewerbeaufsicht muß auf lange Pausen halten, um der Jugendlichen und der Frauen willen. Aber man könnte besser zusammenwirken.

So erklären es dem wißbegierigen Frager die Herren im Handelsministerium. Die Zahlen finden sie in einem dicken Buch, dem "Jahresbericht der Preußischen Gewerbeaufsichtsbeamten und Bergbehörden" für das Jahr 1928, dessen Erscheinen bevorsteht.

Der Mai ist gekommen. Von den Dächern schießen die Kommunisten. Im Handelsministerium sitzen gelehrte Herren und stellen, um die Gefahren der Arbeit zu vermindern, aufschlußreiche Statistiken zusammen. Alles zugleich, alles neben- und durcheinander. Diese Welt ist schon das seltsamste, was sich ersinnen läßt.

VZ, Nr. 107 vom 5. 5. 1929

DIE TISCHDAME

Ich werde gebeten, Fräulein Sonja Soundso zu Tische zu führen. "Die schönste Dame der Gesellschaft," flüstert mir der gastfreundliche Hausherr ins Ohr und leitet mich durch die Fräcke und Roben, um mich vorzustellen. In der Tat, Sonja ist schön; schlank, jung und blond. Der Abend wird nicht verloren sein.

An der Prunktafel nebeneinander beginnen wir ein vorsichtiges Fragen und Antworten, um zum Thema zu gelangen. Es ist nicht schwer zu finden; denn sie hat keinen Grund, hinter dem Berge zu halten. Schon beim Hors d'euvre verrät sie mir, daß sie sich eine künstlerische Begabung zuschreibt und zur öffentlichen Bewährung dieser Gabe in wenigen Tagen über den Ozean reisen wird. Also stürzen wir uns in das Gespräch, das sich von selber bietet, und reden von ihrem Talent, von der Ausbildung, die sie hinter sich hat, von dem Ruhm, der sie belohnen wird; von der Seereise, dem Schiff und der Kabine; von dem Ziel der Fahrt und den Abenteuern, die sie drüben erwarten; von der Wahrscheinlichkeit und dem Zeitpunkt der Rückkehr. Alsdann reden wir von ihren Eltern, von ihrer Kindheit und von dem Lande, in dem sie unerwachsen gelebt hat; und da dieses Land Rußland heißt, so reden wir von der Not des Krieges und den Schrecken der Revolution und von der Besonnenheit und frühen Reife, mit der sie den Verwirrungen und Gefahren unversehrt entronnen ist. Und zusammenfassend reden wir von ihrer Schönheit, von ihrer Jugend, von ihrer Klugheit und zum Ueberfluß auch noch von ihrer Gesundheit.

Damit sind wir bis über den Braten gelangt und haben vor uns noch das Eis, den Käse und das Obst. Also worüber reden wir jetzt?

Immer weiter von ihr? Aber die unverhüllte Frage aus dem Faust: "Wie steht es mit Ihrem Herzen?" verbietet sich ja wohl. Das geht mich auch nichts an. Und überhaupt, ich weiß ja jetzt genug über sie.

Es gibt nur eine Möglichkeit das Gespräch fortzusetzen: ich muß die Erlaubnis bekommen, von mir zu erzählen. Denn auch ich habe über Herkunft, Jugend, Pläne, Hoffnungen, über Vergangenheit, Gegenwart und Zukunft einiges zu sagen. Es ist nichts weiter dazu nötig, als daß sie zu erkennen gibt: Nun, und Sie? Wie steht es mit Ihnen? Sind Sie am Ende auch ein Mensch aus Fleisch und Blut?

Sie fragt nicht. Ein paar vorsichtige Versuche, das Gespräch ungefragt auf meine Umstände zu lenken, beantwortet sie damit, daß sie weghört. Sie will über mich und von mir nichts wissen. Ich bin für sie nur Wand gewesen.

Und da das Thema Sonja erschöpft ist, und das Thema Ich keinen Anklang findet, so wissen wir schon über dem Eise nichts mehr miteinander anzufangen, und bis zur Gesegneten Mahlzeit haben wir uns, ohne Eklat, versteht sich, und bei Wahrung der Form, miteinander verfeindet.

Schön, begabt, klug, jung und gesund. Aber irgendwo fehlt es offenbar. Irgendwie genügt es nicht. Vielleicht müßte sie zu alledem noch ein gutes Herz haben. Und wenn sie ein gutes Herz hätte, vielleicht würde man dann in Kauf nehmen, wenn sie nicht gesund wäre oder nicht jung oder nicht klug, oder nicht begabt oder sogar nicht schön.

Denn worauf würde man nicht verzichten für ein bißchen hilfsbereite Güte und Menschenliebe.

VZ, Nr. 56 v. 7. 3. 1929

FILM UND LEBEN

Olga Tschechowa vor dem Arbeitsgericht

Unsereins wünscht sich, schönen Frauen, die er auf der Leinewand bewundert, einmal im Leben zu begegnen. Wünscht und fürchtet; denn vielleicht ist es eine Enttäuschung.

Unsereins erblickt mit frohem Schreck den Namen der schönen und begabten, der leidenschaftlichen und damenhaften Olga Tschechowa auf dem Terminzettel des Arbeitsgerichtes. Und da wird schon ihre Sache aufgerufen: Olga Tschechowa gegen Tschechowa-Film G. m. b. H.

Die Sache ist sehr verwickelt. So viel unsereins davon versteht: Frau Tschechowa hält die Gesellschaft für überschuldet. Frau Tschechowa will feststellen lassen, daß sie aus dem Vertrag heraus darf. Denn Frau Tschechowa beklagt sich, daß die Gesellschaft ihren Honorar-Verpflichtungen nicht nachkomme. Sie hat für jeden Film, in dem sie künstlerisch mitwirkt, 40 000 Mark zu beanspruchen. Filmfachleute werden wissen, ob das viel ist. Um zwei Filme geht der Streit. In dem einen ist sie Darstellerin gewesen. Das Honorar dafür wird ihr nicht bestritten; aber die Gesellschaft behauptet, sie habe schon reguliert in Form von bezahlten Rechnungen. Bei dem zweiten hat sie sich als Regisseurin betätigt. Die Beklagte erklärt, ehe sie sich über das Honorar für einen unerpropten Regisseur schlüssig machen könne, müsse sie erst wissen, ob die Selbstkosten hereinkommen. Demgegenüber besteht die Klägerin darauf, das Honorar sei fest verabredet. Denn als Regisseurin habe sie sich versucht auf Wunsch der Gesellschaft, und zwar weil ihr früherer Mann, der noch immer ihr Vetter ist, der in Rußland berühmte Schauspieler Michael Tschechow, von Reinhardt engagiert, nach Deutschland gekommen sei. Diese Gelegenheit habe die Gesellschaft benützen wollen zu einem Film, in dem Michael Tschechow die Hauptrolle spielt und Olga Tschechowa die Regie führt. Klägerin behauptet, ihr Debut als Regisseurin sei über Erwarten gelungen; denn sie habe so sparsam gearbeitet, daß die Kosten unter dem Voranschlag geblieben sind. Der Film ist schon verkauft, in Deutschland an die Terra. Man wird ihn sehen unter dem Titel "Poliche".

Dies der Streitfall, soweit unsereins ihn versteht. Es wird lange verhandelt, lange beraten und ein Bündel von Beschlüssen verkündet, die darauf hinauslaufen, daß der Sachverhalt noch weiter erforscht werden soll. Und wahrscheinlich werden Verhandlung, Beratung und Beschlußfassung sich als überflüssig herausstellen. Denn inzwischen sind draußen die Rechtsanwälte miteinander ins Plaudern gekommen und haben unerwartet die Möglichkeit eines Vergleiches entdeckt.

Wie? Und solchem schwierigen geschäftlichen und juristischen Fragen ist die schöne und begabte, die leidenschaftliche und damenhafte Olga Tschechowa gewachsen? Keine Spur. Sondern sie hat sich einen Bevollmächtigten mitgebracht, der auf eine dreizehnjährige Filmerfahrung zurückblickt und selber Film-Manuskripte verfaßt. Er führt die gerechte Sache seiner Auftraggeberin ritterlich und geschickt, wortgewandt und mit schlagfertiger Beherrschung des Stoffes. Ihm gegenüber steht nun auch nicht etwa die Gesellschaft mit beschränkter Haftung persönlich, sondern auch sie hat jemanden bevollmächtigt, und zwar eine Dame, jung und wenn sie sich nicht durch eine Hornbrille entstellt hätte, auch hübsch. Und ist der Bevollmächtigte der Tschechowa gewandt, beredt und kampflustig, so ist die Bevollmächtigte der Gesellschaft noch gewandter, noch beredter und noch kampflustiger.

Zwischen ihnen beiden erst tritt Olga Tschechowa selber auf, nicht dämonisch und tragisch, sondern kleinmädchenhaft, im Schatten der breiten Schultern ihres Bevollmächtigten, zu dessen großer Gestalt sie bisweilen schutzbedürftig die rührenden Augen erhebt.

Dann und wann aber mischt sie in den Streit der Parteien ihre Stimme, erstens um zu erklären, daß sie sich nur mit künstlerischen Aufgaben befasse und von diesen trockenen Dingen nichts verstehe, und zweitens, um mit raschem Zungenschlag ihr Recht dennoch zu verteidigen. Und ach, die Enttäuschung ist da. Das soll Olga Tschechowa sein, die da redet? Sie ist es nur in dem leichten, schon abgeschliffenen russischen Akzent. Aber jede Unbekannte versteht ebensogut zu reden, und die Bevollmächtigten verstehen es noch unvergleichlich besser. Diese Frau ist groß, wenn sie sich im ausdrucksvollen Spiel der Mienen und der Glieder zeigen darf und wenn unsereins sie nur anzusehen braucht. Der Himmel erhalte uns den stummen Film.

Denn anzusehen ist sie auch an dieser Stelle und in dieser Rolle entzückend, wie sie dasteht, gekleidet in ein schlichtes taubenblaues Schneiderkostüm, gleichfarbige Schuhe, gleichfarbige Filzkappe und sonnenbrandfarbene Strümpfe (so viel unsereins davon versteht). Um den Hals trägt sie eine Perlenkette, und irgend eine kleine Zierlichkeit hängt ihr noch außerdem auf der Brust. Unter der Kappe lugt die vom Friseur sorgsam stehengelassene Haarspitze gerade noch hervor. Und auf beiden

Seiten daneben ist das Nackenhaar, das nicht da sein sollte, doch da. Olga Tschechowa schlecht rasiert: das ist allerentzückendste an ihr und gerade deswegen zum Verlieben.
VZ, Nr. 170 v. 18. 7. 1929

DIE SCHÖFFIN

Sechzig Tage dauert nun schon der Stinnes-Prozeß. Zwei Fragen möchte der Zuschauer beantwortet bekommen: Wieso haben die Prozeßbeteiligten so lange Zeit? Und: Wie machen sie es, um den ungeheuren Stoff jetzt, da das Urteil bevorsteht, zu übersehen und nichts zu vergessen.

Was die Zeit betrifft, so haben die Richter und die Staatsanwälte nichts zu versäumen. Dieser Prozeß ist ihnen von Amts wegen zugewiesen und so lange er dauert, geht nichts anderes sie an. Die Angeklagten würden sicher gern etwas Besseres tun, als hier über sich verhandeln lassen. Aber da hilft ja nun nichts. Bei den Rechtsanwälten ist es schon erstaunlich, daß sie die Zeit aufbringen, zum Teil fern von ihrer Heimat. Vermutlich haben sie Nutzen und Schaden sorgfältig abgewogen. Am schwersten, sollte man meinen, lastet die monatelange Verpflichtung auf den Schöffen, die ja ihren Beruf, und zwar einen ganz anderen Beruf haben.

Was nun die Bewältigung des Prozeßstoffes anbelangt, noch dazu eines so unerhört verwickelten Prozeßstoffes, so braucht man sich den Kopf der Fachjuristen nicht zu zerbrechen. Die Angeklagten werden schon alles im Gedächtnis behalten, was auf ihre Schuld oder Unschuld Bezug hat, zumal hier lauter intelligente Angeklagte sitzen. Und wiederum ist am erstaunlichsten die Anforderung, die an die Schöffen gestellt wird.

Immerhin sind Schöffen Männer, die im Berufsleben stehen und mit Rechtsverhältnissen schon einmal etwas zu tun gehabt haben werden. Aber eine von den Schöffen ist eine Schöffin: eine Frau mit angegrautem Haar, fast männlichem Gesicht und scharf geschliffenen Gläsern vor den Augen.

Ueber ihre Zeit braucht man sich keine Sorgen zu machen. Nach dem Adreßbuch nämlich betreibt sie den Beruf einer Privatiere. Wer auf der Welt soll Zeit haben, wenn nicht die Privatieren? Sie macht auch den Eindruck, daß sie nicht ungern hier sitzt. Vielleicht ist sie froh, für zwei Monate zu wissen, was sie mit sich anfangen soll.

Aber wie steht sie zu dem Prozeßstoff? In den ersten Tagen gab sie zu erkennen, daß sie nicht gewillt sei, nur einfach dazusitzen und den Gang der Verhandlung sich selbst zu überlassen. Sie wünschte vielmehr durch eigene Fragen sich dort Aufklärung zu verschaffen, wo sie ihr nötig schien. Dann meldete sie sich mit erhobenem Finger wie in der Schule, wenn der Vorsitzende ihr das Wort gab, so stand sie auf und fragte mutig in den großen Saal hinein, der von Richtern und Rechtsgelehrten, von Angeklagten, Zeugen, Zuschauern und Beobachtern aller Art überfüllt war. Damals hatte sie noch nicht gelernt, daß in diesem feierlichen Saale jeder sich zu erheben hat, dem das Wort verstattet wird, nur nicht die Richter, die als einzige beim Sprechen sitzen bleiben, zum Zeichen ihrer Würde, und daß sie selbst hier Richterin ist.

Von der Schule hat sie das Fingerheben und Aufstehen gewiß nicht. Woher aber sonst? Ohne Zweifel aus Versammlungen. Ohne Zweifel ist diese Privatiere gewöhnt, bei den Tagungen der Frauen oder bei politischen Veranstaltungen dabei zu sein und sich zum Worte zu melden. Deswegen auch fürchtet sie sich nicht vor dem großen Saal und den vielen Menschen.

Das Fragen hat sie inzwischen aufgegeben. Aber sie ist nicht müde geworden zuzuhören. Jedem der Prozeßbeteiligten, den Vorsitzenden nicht ausgenommen, sieht man bisweilen an, daß die Aufmerksamkeit abgleitet, von den Widerholungen oder von der Hitze übermüdet. Nur die Schöffin scheint immer bei der Sache zu sein. Wer auch immer spricht, was er spricht und wie lange er spricht, sie wendet ihm ihr Gesicht zu und hält die scharfen Augengläser auf ihn gerichtet.

Vor dem Beratungszimmer wacht der Engel mit dem Schwerte. Niemand wird je erfahren, was darin vorgegangen ist, ob sie den Prozeßstoff verstanden und behalten hat, und wie das Urteil von ihrer Meinung beeinflußt sein wird. Aber sie hat offenbar vor der ungeheuren Anforderung dieses Prozesses keineswegs kapituliert und ist bereit, ihre Pflicht als Richterin zu tun.

Bravo, Frau Schöffin.

VZ, Nr. 174 v. 23. 7. 1929

DER GERECHTE RICHTER
Das Strafbuch der 21 Paragraphen

Soll man strafen? hat es einen Sinn zu strafen? Wird mit der Strafe etwas erreicht? Ist man überhaupt berechtigt, zu strafen?

Justizrat Dr. Johannes Werthauer, der Berliner Anwalt und vielfach bewährte Jurist, sagt: nein. Der Staat, sagt er, habe kein Strafrecht; es müsse und werde einmal ersetzt werden durch das Erziehungsrecht.

Vielleicht. Darüber läßt sich streiten. Denn auch gegen das Recht eines Menschen, den anderen unter dem Namen Erziehung umzuwandeln und gar gegen das Recht des abstrakten Staates, lebendige Menschen zu formen, läßt sich allerlei einwenden, zum Teil dasselbe wie gegen das Recht zu strafen. Immerhin verdient das Problem erörtert zu werden. Aber Justizrat Werthauer entwirft inzwischen nicht das Muster eines Erziehungsrechtes, sondern eines Strafrechtes. Die Liga für Menschenrechte gibt es als "Strafbuch-Entwurf" heraus. (Verlag Hensel & Co., Berlin)

Das ist eine Inkonsequenz, eine bewußte und gewollte. Denn vorläufig sind wir noch nicht so weit, das Strafrecht abzuschaffen und das Erziehungsrecht einzuführen. Vorläufig halten wir erst bei dem Entwurf eines Allgemeinen Deutschen Strafgesetzbuches, das dem Reichstag vorliegt. Im Kampf um diesen Entwurf, gegen diesen Entwurf ist Werthauers Strafbuch eine Waffe. Er will auf eindringliche Art zeigen, daß der Entwurf unvollkommen ist und was an ihm unvollkommen ist. Und so benutzt er als sichtbarsten Protest den Umfang. Der Entwurf umfaßt 413 Paragraphen. Wozu der Ballast? Wozu die Geheimwissenschaft? ruft Werthauer. Es geht auch mit 21 Paragraphen. Und legt ein Strafbuch mit 21 Paragraphen vor.

Verblüffend ohne Zweifel, wie wenig Worte ausreichen, um z. B. die Verbrechen und Vergehen der Erpressung, der Nötigung und des Hausfriedensbruches zu treffen; verblüffend, wie einfach sich das meiste sagen läßt (vieles wird sich noch einfacher sagen lassen; denn der Verfasser ist kein Meister der Sprache), verblüffend, was alles keiner Strafandrohung bedarf.

Aber manches ist doch wohl nicht so einfach, wie es in dem Strafbuch steht. Man muß dem Justizrat, der ein Leben praktischer Justiz hinter sich hat, leider vorwerfen, daß er einem schweren theoretischen Irrtum verfallen ist. Er meint, der Verbrecher wird bestraft, weil es ein Strafgesetz gibt, und er würde nicht bestraft werden, wenn es kein Strafgesetz gäbe. Aber zum Strafen braucht man kein Gesetz, dazu genügt schon die Macht. Die Mutter haut dem Kinde eine herunter, wenn es ein Glas zerbrochen hat, aber auch wenn es eine Frage stellt, auf die sie keine Antwort weiß - nicht auf Grund des Gesetzes, sondern auf Grund der Macht über das Kind. Der Chef überliefert den alternden Angestellten, von dem er sich einredet, daß er die Frau Chefin unhöflich gegrüßt habe, dem Hungertode, indem er ihn entläßt - nicht auf Grund des Gesetzes, sondern auf Grund seiner Macht über ihn. Die Macht straft, was ihr mißfällt, z.B. der Despot den Kaufmann, der ihm zu reich geworden ist, mit Konfiskation und Verdammung. Dafür läßt er den Mörder straffrei, wenn der Mord an einem Menchen geschehen ist, den er nicht ausstehen konnte. Das Gesetz bewirkt dagegen, daß die Macht nicht strafen darf, nur weil ihr Mißfallen erregt worden ist, und daß sie, wenn sie den einen bestraft, den andern, der dasselbe begangen hat, genau ebenso bestrafen muß. Aufgabe der Rechtsphilosophie: herauszubekommen, warum die Macht einen Teil ihrer Macht aufgegeben hat zugunsten des Rechts.

Grunderkenntnis aller Strafrechtsreform: das Strafrecht ist für den Verbrecher da, nicht gegen den Verbrecher. Zwanzigmal weniger Paragraphen, heißt das nicht: zwanzigmal weniger Schutz? Das müßte erst ausprobiert werden.

Werthauer in seinem Strafbuch schafft die Todesstrafe ab, den Eid, die Strafen auf Homosexualität, Kuppelei, Zuhälterei und manches andere. Dafür schützt er die Republik, den Arbeiter, die uneheliche Mutter. Ausgezeichnet! Ganz unsere Meinung, die Meinung sagen wir: der Hälfte des deutschen Volkes. Wie kann dieses Strafbuch Gesetz werden, als indem die Hälfte sich zu zwei Dritteln vermehrt? Wir stehen auf der Seite dieser Macht. Aber darf der Rechtskundige sich verhehlen, daß er abermals die Macht ist, die Strafwürdigkeit und Straffreiheit bestimmt?

Werthauer kennt keine höhere Strafe als fünf Jahre Einsperrung. Auch für Mord. Die gleiche Strafe soll verhängt werden über den, der "Mitgliedern ehemaliger Monarchenfamilien oder Mitgliedern des Adels Anreden wie Majestät, Hoheit, Durchlaucht oder ähnliche Bezeichnungen öffentlich zuteil werden läßt." Gut, gut, von uns aus. Aber ist das Gerechtigkeit.

Dem freien Ermessen des Richters wird weitester Raum gelassen. Alles kommt an auf die "vollendete Gerechtigkeitsliebe des Richters", der noch nicht da ist, aber einmal da sein wird. Ist das nicht das Ei des Columbus? Weil der Mensch unvollkommen ist, darum brauchen wir das Strafgesetzbuch - und niemand weiß, wie es beschaffen sein müßte, um Ungerechtigkeiten auszuschließen. Aber hätten wir den Richter mit der vollkommenen Gerechtigkeit, nicht nur mit dem Willen dazu, sondern auch mit der Fähigkeit dazu, so brauchten wir nur einen einzigen Paragraphen: Strafwürdigkeit und Strafmaß bestimmt der Richter. Punktum.

Es lohnt sich, Werthauers Strafbuch-Entwurf zu studieren; aber es ist nötig, sich noch einiges nebenbei zu denken.

VZ, Nr.185 v.4.8.1929

SEX APPEAL

Marlene Dietrich vor dem Bühnenschiedsgericht

Und für den Fall, daß sie nicht wiederkommen sollte, was dann?

Nämlich zunächst, und zwar am 2. April, muß Marlene Dietrich von Bremen abreisen. Das heißt: am 1. April von Berlin. So verlangt es der Vertrag, den sie endlich mit der Paramount ausgehandelt hat und der sie verpflichtet, 26 Wochen im Jahre in Hollywood zu filmen. Die übrigen 26 Wochen darf sie in Deutschland leben, wovon jedoch die Hin- und Rückreise abzurechnen ist. Rund fünf Monate im

Jahr also wird sie wieder unter uns weilen; nicht unseretwegen, sondern ihres Kindes wegen. Sie hat, so hört man ihren süßen Mund sprechen, um dieses Kindes willen sich die 26 filmfreien Wochen im Jahr von der Paramount ausbedungen und dafür in eine Herabsetzung ihrer Bezüge gewilligt. Wie gering infolgedessen ihre Bezüge sind, hört man leider nicht.

Der Vertrag mit der Paramount ist also in Ordnung. Leider gibt es da noch den Vertrag mit unserem Theaterdirektor Robert Klein, der sie auf elf Monate verpflichtet; freilich mit einer Klausel, die ihr einen Urlaub zum Zwecke des Filmens bewilligt. Auf Grund dieser Klausel hält Marlene Dietrich sich für berechtigt, am 1. April aus Berlin abzureisen. Auf Grund seines Vertrages aber hatte Direktor Klein darauf gerechnet, sie in seinem nächsten Stück zu beschäftigen, dessen Aufführung gerade vorbereitet wird, betitelt "Sex appeal" von Lonsdale. Beide haben sich an das Bühnenschiedsgericht gewendet, der Direktor, um feststellen zu lassen, daß sie nicht abreisen darf, Marlene Dietrich, um feststellen zu lassen, daß sie abreisen darf.

Der Vorsitzende regt einen Vergleich an. Aus dem süßen Munde der Marlene Dietrich hört man: "Er will 60 000 Mark gezahlt haben, und ich will gar nichts zahlen." Alle sind sich darüber einig, daß auf dieser Grundlage ein Vergleich nicht geschlossen werden kann.

Es wird angeregt, sie soll ihren jetzt abgebrochenen Vertrag nach ihrer Rückkehr im Oktober fortsetzen. "Wer garantiert mir, daß ich angemessen beschäftigt werde?" fragt Marlene Dietrichs süßer Mund. Direktor Klein ist bereit, zu garantieren: aber nun ist der Zeitpunkt gekommen, wo sie ihren gestauten Zorn entlädt. In "Sex appeal!" hat sie nur eine kleine Rolle im ersten Akt. Die Hauptrolle hingegen spielt Mady Christians. Und dabei ist ihr von der Paramount verboten, andere als hervorragende Rollen zu spielen. Der Vorsitzende verweist auf den Normalvertrag, der dem Direktor eine angemessene Beschäftigung zur Pflicht macht.

Aber auch der Direktor hat Bedenken. Was geschieht, wenn er sie jetzt aus dem Vertrag entläßt und sie im Oktober nicht wiederkommt? Man kann ja nicht wissen, was in Hollywood passiert. Der Vorsitzende regt an: Konventionalstrafe. Wieviel? Zehntausend Mark. Jawohl, wenn sie dafür aller Verpflichtungen ledig ist. Für zehntausend Mark? Das kostet billigerweise zwanzigtausend Mark.

Der Vergleich ist so gut wie fertig, da sagt Marlene Dietrich nein. Sie will nicht. Warum sollte sie auch wollen? Sie sitzt da unter lauter ernsten Männern als einzige Frau und zeigt über dem Tisch das trotzige Köpfchen, dessen Blondhaar in eine gestrickte Seidenkappe gesteckt ist, und unter dem Tisch die bestrumpften Beine, deren Schönheit zu verbergen kein Grund vorliegt. Sie will nicht, und das sollte den Männern genügen.

Der Vorsitzende, nahe daran, die Geduld zu verlieren, redet ihr gut zu, indem er sich nicht ohne Koketterie auf sein hohes Alter beruft. Die Beisitzer umringen sie und versuchen ihren Einfluß als Kollegen. Von den zwei Anwälten, unter deren Schutz sie steht, läßt sie sich hinausführen. Wiedereintritt. Ein Augenblick lautloser Spannung. Marlene Dietrich ist einverstanden.

Das Trotzköpfchen weiß, daß es durch ein Lächeln leidender Nachgiebigkeit noch verschönt wird. Und viele ernste Männer weiden sich an dem Anblick.

VZ, Nr. 51 v. 1. 3. 1930

SUCCESFUL MEN

Was werden Sie in Amerika beginnen? erkundigte ich mich. "In Amerika", belehrt mich mein Bekannter, "ist es ganz anders als hier. In Amerika gibt es nur ein Ziel: to be succesful, und sich umgeben mit succesful men. Alle machen es so."

Er strahlt mich an vor Jugend, Kraft, Zuversicht und Lebensfreude. Er wird also hinübergehen, um es drüben zu machen, wie es drüben alle machen, und wie er es immer gemacht hat, drüben sowohl wie hüben: er wird erfolgreich sein und sich mit erfolgreichen Leuten umgeben. Ich wünsche ihm Glück auf die Reise. Er braucht meinen Segen nicht, aber ich bin es so gewöhnt.

Und dann setze ich meinen einsamen Spaziergang fort, eine vorfestliche Schlenderei zwischen Karfreitag und Ostersonntag, und überlasse mich ernstem Gedanken über die unerwartete Bewegung. Es geht ihm , Gott sei Dank, gut, dem lieben Menschen, es ist ihm immer gut gegangen und niemand kann voraussehen, wie gut es ihm noch einmal gehen wird. Er wird finden, daß ich ihn recht töricht gefragt habe. Was soll ein frischer, gesunder, heiterer und liebenswürdiger junger Mensch anderes beginnen als erfolgreich sein? Das versteht sich doch von selbst.

Nicht von selbst versteht sich, daß er sich auch noch mit erfolgreichen Leuten umgeben will. Was kann ihm daran liegen, wenn er doch schon selbst erfolgreich ist? Vielleicht wäre es klüger oder menschlicher, gerade dem Umgang der Erfolglosen zu suchen. So wie er es vorhat, geschieht das vielleicht aus gutem Herzen? Will er nur vermeiden, vor armen Schelmen zu renommieren, die nicht imstande sind, zurückzurenommieren? Oder umgibt man sich deshalb mit erfolgreichen Leuten, um an ihren Erfolgen teilzunehmen? Besteht vielleicht der Erfolg darin, daß die erfolgreichen Leute sich miteinander umgeben? Ich hätte meinen Bekannten fragen sollen, bevor er nach Amerika abreist.

Ich hätte ihn überhaupt fragen sollen. Wie macht er es, daß er immer erfolgreich ist? Wenn man ihn hört, könnte man glauben, es käme einfach daher, daß er es sich vorgenommen hat. Wieso machen es ihm die anderen nicht nach? Weil sie es sich nicht vorgenommen haben? Oder weil die bloße Vornahme nicht genügt?

Es ist der Tag vor Ostern, durch den ich spaziere. Das Fest naht, es will gefeiert werden. Ach, wie sie sich abrackern, wie sie rennen und sich drängen, wie sie ihr Geld zählen und mit dem Pfennig rechnen, ehe sie ihren bescheidenen Osterbraten und Osterkuchen, ihr bißchen Ostergrün und Ostersüßigkeit im Hause haben. Und die anderen wieder, wie sie sich die Beine müde stehen und sich die Kleider durchnässen lassen, wie sie sich die Arme ausrecken und die Stimme heiser reden, nur um aus der Kauflust des Osterfestes ihren kleinen Nutzen zu schlagen. Die große Stadt wühlt und tobt durcheinander, von den Schächten unter der Erde, in denen die überfüllten Untergrundbahnzüge rollen, bis auf die Dächer der prunkenden Warenhäuser, von denen Familien mit Kind und Kegel auf das Gewimmel niederblicken. Sie prüfen auch den Himmel und klopfen an das Thermometer und erwägen die Frage, ob das Osterwetter ihnen erlauben wird, nach der Enge des Winters Leib und Seele ein bißchen durchzulüften. Sie sehen alle nicht aus nach succesful men. Es wäre ihnen zuzutrauen, daß sie nicht viel Glück mit Ostern haben werden.

Indessen hinter den Zäunen, hier und da, auf eingehegten Plätzen mitten im Staub und Lärm, fängt es nicht an zu knospen und zu sprießen? Drängt es nicht fruchtbar ans Licht, bereit, zu blühen, kaum noch zu halten? Wie ist das mit dem Frühling? Oh, er ist nicht umsonst voll Jugend, Kraft, Zuversicht und Lebensfreude. Er wird es schaffen, wie er es bisher immer geschafft hat.

Lasset uns erfolgreich sein und den Umgang erfolgreicher Leute suchen.

VZ, Nr.95 v.20.4.1930

ZUZUTRAUEN

"Auch ist dem Angeklagten die Tat zuzutrauen. " Zuzutrauen? Darüber lohnt es sich nachzudenken.

Vor den Richtern zieht die lange Reihe blonder Jünglinge vorbei, jahraus, jahrein, sie reißt nicht ab: Liebe, Eifersucht, Schuß auf die Geliebte, Schuß in die eigene Stirn, zufällig sind sie mit dem Leben davongekommen, Anklage wegen Totschlags oder versuchten Totschlags. Wer hat es ihnen zugetraut, die Gewalttat und den Entschluß zum Selbstmord? Niemand; von allen, die ihnen nahestanden, niemand. Eine brave alte Frau schlägt mit dem Küchenbeil nach ihrem alten Mann und schlägt ihn tot; ein junger Bursche steckt eine Eisenschiene zu sich und fällt damit über ein Mädchen her, das ihm über den Weg läuft, wegen einer Läppersumme von 3 Mark, die er braucht. Brave Leute, harmlose Leute, nach dem Urteil derer, die sie gekannt haben. Dieser vornehme Herr - und ein Hochstapler; diese bescheidene junge Dame - und eine Ladendiebin, dieser schlichte Spießbürger - und ein Heiratsschwindler. Wer hätte das gedacht!

Vielleicht trauen die Leute ihnen nichts Böses zu, weil sie selber gut sind? Ach nein, daran liegt es nicht. Sie haben schon das Zeug ihren Nachbarn, ihren Untermietern, ihren Konkurrenten und Nebenbuhlern alle Bosheit und Schlechtigkeit der Welt zuzutrauen. Was, der? Der hat ja schon zwei Frauen unter die Erde gebracht; der dritten wird es auch nicht besser gehen. Was, die? Die feiert ja jede Nacht Orgien in ihrer Wohnung; am Morgen werden die Reste in das Müll geschüttet. Was, das? Der hat sein Geld auch nicht mit Arbeit verdient; wenn wir reden wollten. Was, die? Die ist ja gar nicht mit ihm verheiratet; ihr richtiger Mann lebt in Amerika. Das Gericht forscht nach, vernimmt Zeugen, fragt unter Eid: es ist nichts daran. Klatsch und Tratsch. Aber zugetraut haben sie es ihren Nebenmenschen.

Ein Buch hat er geschrieben? Der? Das hättest du ihm nicht zugetraut, nicht wahr? Und es soll sogar gut sein. Das neue Mitglied des Kabinetts: das ist doch - mit dem hast du doch zusammen auf der Schulbank gesessen. Sieh einer an! Was alles in den Menschen steckt! Zwei Kinder vom Tode des Ertrinkens gerettet? Mit eigener Lebensgefahr? Alle Achtung! Hätt' ich von dem auch nicht erwartet.

Und schließlich lieben sich zwei. Und trauen einander das Beste zu. Und heiraten daraufhin. Und es kommt ganz anders. Und wenn alle Stricke reißen, so hast du noch immer deinen erprobten Freund und weißt, daß du dich auf ihn verlassen kannst. Auf keinen sonst, aber auf ihn. Und eines Tages sind alle deine Stricke gerissen, und wie stellt sich der Freund dazu? Er zuckt die Achseln. Er weiß nichts von Treue. Er versteht gar nicht, was du willst.

Zuzutrauen .... wenn es darauf ankäme!

VZ, Nr. 154 v. 29. 6. 1930

WIEDERENTDECKUNG DER SERVIETTE

Hausfrauen pflegen von gewissen Flecken zu behaupten, sie gingen nicht heraus. Wahrscheinlich beruht diese Ansicht auf Aberglauben. Denn wenn es richtig wäre, daß zum Beispiel Kakaoflecke nicht herausgehen, so hätten sich im Lauf von mehreren tausend Jahren menschlicher Geschichte so viele Kakaoflecke angesammelt, daß die Welt längst kakaobraun gefärbt wäre. Es kann also nicht stimmen, daß Flecke nicht herausgehen

Aber darin haben Hausfrauen recht, daß manche Flecke länger sichtbar bleiben, als dem Träger des befleckten Kleidungsstücks lieb ist. Nach der Hochzeit hängt man den Frack in den Mottenschrank; aber während der Hochzeit wirkt das herabgekleckerte Löffelchen Sauce auf dem schwarzseidenen Revers recht unfestlich. Am Samstag abend gibt man das Oberhemd in die Wäsche; aber die Woche über mit einem Tropfen Rotwein herumlaufen zu müssen, beeinträchtigt die Sicherheit des Auftretens.

Schon unsern Altvordern war die Gefahr bekannt, und sie haben ein Mittel dagegen erfunden. Sein Name ist Serviette. Es ging ihnen mit der Serviette wie uns mit dem Tonfilm: sie machten ein bißchen zu viel Wesens davon. Auf alten Bildern sieht man die Schlemmer und Genießer an prunkenden Tafeln sitzen, ein großes weißes Laken vor dem Leib. Die Befestigung geschah in der Weise, daß man das Linnen im Nacken zweizipflig verknotete. Später begnügte man sich damit, eine Ecke hinter den Kragen zu stecken. Die ausgebreitete Serviette galt als Zeichen der Festlichkeit. Zugleich fing sie alle Flecke auf. Sie war nicht nur schön, sondern auch praktisch.

Der Beginn des 20. Jahrhunderts, der so viele Lebensgewohnheiten umgeworfen hat, ging auch an der Serviette nicht spurlos vorüber. Sie begann zu schrumpfen und sich zu verstecken. Es bemächtigte sich der Menschen eine Art Gène in bezug auf die Serviette, als ob sie Verborgenes enthüllte, während es doch ihre Aufgabe ist, zu bedecken. Seit dem Krieg ist es vollends mit ihr zu Ende. Man sieht sie nicht mehr, man legt die Serviette, ein Taschentuch von Serviette, über die Knie, die ohnehin durch die Tischplatte vor Befleckung geschützt sind. Der männliche Teil einer Festtafel besteht heutzutage aus schwarzen Fräcken und weißen Hemdbrüsten. Ein geheimes Uebereinkommen sorgt dafür, daß die Flecke nicht gesehen, mindestens nicht erwähnt werden.

Es heißt: feine Leute machen sich keine Flecke. Aber ebensogut könnte man erklären, feine Zahnärzte spritzen nicht mit Jod. Dabei tragen Zahnärzte weiße Kittel, und die Neigung, in Werkkleidung zu arbeiten, nimmt in allen Berufen zu.

Und nur beim Essen sollen wir so tun, als vollzöge sich ein unmaterieller Vorgang? Wir proklamieren die Wiederentdeckung der Serviette. Wer mit uns ist, der stecke sich ein Laken hinter den Kragen und breite es über den Leib, der Sitte zum Trotz. Die Leute werden sich ärgern, aber sie werden es nachmachen. Und finden, daß sie recht daran tun.

VZ, Nr. 215 v. 9. 9. 1930

GOETHES WELTANSCHAUUNG

Auf dem Autobus im Obergeschoß fährt ein älterer Herr, gestutzter, angegrauter Vollbart, anständige Kleidung ohne Eleganz. Er könnte ein Gelehrter sein. Mit der Linken trägt er einen Packen Bücher, mit der Rechten führt er eine brennende Zigarre in gemessenen Abständen zum Mund. Er läßt sich, auf dem Eckplatz gegen das Fenster geschmiegt, durch das Gewühl schaukeln, raucht und genießt das Behagen seines Zustandes mit auffallender Innigkeit. Kein Zweifel: er fühlt sich glücklich.

Was beglückt ihn? Alle Welt ist mit dem Ausgang der Wahl beschäftigt, diskutiert sie, reißt sich um die Zeitungen. Freut er sich, daß die Radikalen gesiegt haben? Zu den Kommunisten scheint er nicht zu passen. Also freut er sich mit den Nationalsozialisten? Hat er vielleicht selbst nationalsozialistisch gewählt?

Unter den Linden, nicht weit von der Universität, erhebt er sich, um auszusteigen. Im Vorbeigehen läßt er von dem Buch, das oben auf dem Packen liegt, den Titel sehen. In großen Lettern steht darauf: Goethes Weltanschauung.

Ach ja! Das gibt es noch in Deutschland: Goethes Weltanschauung, aufbewahrt in seinen Schriften und in Schriften über ihn; und dazu gibt es Leute, denen sie wichtig ist und die sie kennenzulernen, vielleicht sogar sich danach zu richten wünschen. Goethes Weltanschauung, wie war sie doch? Sie läßt sich nicht auf eine Formel bringen, es können viele Zeitalter und viele Sorten Mensch sich das ihrige herauslesen, das, was ihnen gemäß ist und was grade sie zu bestätigen scheint.

Aber ist nicht auch in ihr enthalten der Abscheu vor entfesselter Leidenschaft und gewaltsamen Umsturz? Die Andacht für stilles Wachstum und unmerkliches Werden? Heißt Goethes tiefste, durch Wort und Beispiel gepredigte Lehre nicht Ehrfurcht? Ist nicht das Geheimnis seines eigenen unübersehbaren Leistens und Wirkens Stetigkeit? Und war dieser Goethe nicht ein Deutscher? Haben nicht hundert Jahre, deutscher Jahre, sich nach ihm zu bilden versucht?

Und am letzten Sonntag haben 6 1/2 Millionen Deutsche ihre Stimme für die Hitler, Goebbels und Straßer abgegeben, für die Apostel der Gewalt und des Umsturzes, für Verneiner und Zerstörer, für Männer ohne Ueberlieferung, für Phrasen ohne Inhalt, für Fäuste ohne Köpfe.

Was soll man noch glauben von den Deutschen, von Goethes Deutschen? Freilich der Hunger war in Goethes Weltanschauung nicht einkalkuliert. Erst Brot, Obdach, Kleidung, dann Goethe: gegen diese Rechnung läßt sich nichts einwenden. Gesetzt den Fall, daß nach den Rezepten der Nationalsozialisten die Massen aus Not und Elend zu befreien wären, vielleicht müssen wir dann, mit Trauer im Herzen, hundert Jahre Kultur in Stücke schlagen lassen, Aber sie werden ja mit ihren Methoden keinen Säugling satt machen, sie werden Not und Elend vergrößern und noch ausserdem Goethes Erbe vernichten.

Und mitten durch die Katastrophe fährt einer, ein deutscher Professor, und liest seelenheiter Goethes Weltanschauung. Und sieht so aus, als hätte er nationalsozialistisch gewählt.

Staatskrise? Kulturkrise!

VZ, Nr. 221 v. 16. 9. 1930

DIE GROSSTADT DER KLEINEN LEUTE

Vor Gericht hat eine jugendliche Angeklagte ausgesagt, daß sie, 17jährig, in Neukölln geboren und aufgewachsen, noch niemals in die Berliner Innenstadt gekommen ist.

Weit ist die Welt. Grade deswegen haben wir das Zeitalter des Verkehrs erfunden. Man fährt mit der Eisenbahn quer durch Asien bis Wladiwostok am Stillen Ozean. Man rollt mit dem Auto vom Kap bis Kairo. Man schwimmt in einem Luxus-Hotel nach New York. Man fliegt nach Paris binnen sechs Stunden, rings um die Erde in ein paar Tagen. Wäre die Welt nicht weit, was fingen wir an mit unsern Bahnen, Automobilen, Schiffen und Flugzeug?

Wer fährt, rollt, schwimmt, fliegt? Die Menschen? Die Menschen bestellen ihr Feld, haften an der Scholle, schlagen Wurzeln in ihr heimatliches Erdreich, kommen nicht weiter als von einem Dorf zum andern. Der Krieg hat sie einmal über Europa gestreut, den pommerschen Bauernknecht nach der Türkei, den rheinischen Winzer ins Baltikum, den russischen Muschik nach Laon. Das ist lange her. Längst schreiten sie wieder hinterm Pfluge.

Also wer verkehrt? Die Städter, wenigstens die Großstädter? Man spricht ihnen die Tugenden der Scholle ab. Sie kennen keine Erde, nur Pflaster.

Da ist Berlin. Erst ein Fischerdorf, dann zwei zusammengewachsene Spreegemeinden. Später, als es schon zur Stadt der Millionen angeschwollen war, gab es noch immer rings herum einen Kranz von Siedlungen, eingebettet in Wiese, Feld und Heide. Heute eine steinerne Unübersehbarkeit. Stelle dich auf den Kreuzberg und blicke um dich: du siehst kein Land mehr, nur Häuser; hier und da ein paar eingeklemmte Baumgruppen.

Aus Stadt und Vorstädten sind Stadtteile geworden. Du, Geschäftsmann, Anwalt, Arzt oder worauf du sonst deine Berliner Existenz gründest, machst keinen Unterschied zwischen ihnen. Du sagtest nicht, und du denkst nicht einmal: Das ist mir zu weit, dort kenne ich mich nicht aus. Du hast deinen Wagen, oder du winkst einer Autodroschke, oder du steigst in den Omnibus, oder du vertraust dich der Untergrundbahn an. Von der Wohnung ins Büro, vom Büro aufs Gericht, zur Kundschaft, zu den Patienten, vormittags im Zentrum, nachmittags am Wedding, abends irgendwo um die Gedächtniskirche, kreuz und quer, mitten hindurch oder außen herum. Alles gehört dir, überall bist du zu Hause. Und immer bewegst du dich im Gewimmel, und wenn du die Augen auftust, so siehst du sie rennen, fahren, radeln und denkst, sie machen es wie du und lassen sich umhertreiben auf dem mächtigen Gelände von Groß-Berlin.

Aber du irrst dich. Du weißt nichts vom Leben der zoologischen Spezies Mensch. Du ahnst nicht, daß du die Ausnahme bildest, und daß die andern unter ganz andern Bedingungen und mit ganz andern Gewohnheiten leben.

Wenn du in deine Sommerfrische reist, so trägt dich der Schnellzug vorbei an Bauern, die auf dem Felde arbeiten. Sie brauchen bloß einzusteigen, denkst du, falls du auf dem Weg in die Sommerfrische überhaupt denkst. Aber sie steigen nicht ein. Es gibt welche, die sind noch nie eingestiegen und werden niemals einsteigen. Der Schnellzug fährt außerhalb ihres Lebens.

Es ist nicht anders, wenn du mit der Straßenbahn durch Berlin fährst. Sie brauchen bloß einzusteigen; aber wieviele steigen nicht ein. Einer wird geboren - sagen wir: in Neukölln. Er geht zur Schule in Neukölln, er kommt in die Lehre in Neukölln. Er sucht sich ein Mädel aus Neukölln und führt sie ins Kino oder ins Kaffee - in Neukölln. Er heiratet, in Neukölln. Er macht sich etwa eine Klempnerei auf in Neukölln. Er hat keine andere Kundschaft als die von Neukölln. Allenfalls kommt er in der Nachbarschaft herum, nach Britz, nach Tempelhof, nach Mariendorf.

Man muß es sich deutlich vorstellen: So leben sie in Steglitz, in Siemensstadt, in Reinickendorf, in Adlershof. Durch den Beruf werden die einen und anderen im Laufe der Jahre hierhin und dorthin geweht. Sie fahren auch einmal unter die Linden oder zum Kurfürstendamm, so wie unsereiner, wenn er Glück hat, nach Paris oder Konstantinopel kommt. Aber im ganzen haben sie nichts davon, daß sie in einer Stadt von vier Millionen Menschen leben, weder für ihren Werktag noch für ihren Feiertag.

Du weißt wahrscheinlich nicht, mit wie wenig Geselligkeit, mit wie wenig Freundschaft und Liebe ein Leben hingehen kann. Du weißt auch nicht, auf wie kleiner Fläche sich manches kleine Dasein abspielt. Wenn du schon nicht ändern kannst, blicke wenigstens hin, im Vorüberfahren.

VZ, Nr. 226 v. 21. 9. 1930

MARKE BALILLA

An den Säulen tobt ein Riesenplakat. Ein kleines Hakenkreuz lockt in der Mitte, ein großes Hakenkreuz teilt die Fläche in vier Felder. In einem davon steht zu lesen: "Jeder deutsch Empfindende raucht nur diese Zigaretten, denn dadurch kämpft er mit gegen die internationale Finanzversklavung".

Du empfindest doch hoffentlich deutsch? Wer weiß, mein Lieber. Du möchtest doch gewiß mit gegen die internationale Finanzversklavung kämpfen? Vielleicht; wenn du nur wüßtest, was du dir darunter vorzustellen hast. Es gibt mancherlei, was international ist, und anderes, was international sein sollte. Aber internationale Finanzversklavung? Heißt das, die Nationen sind wechselweise untereinander versklavt? Oder alle Nationen sind einer übernationalen Macht versklavt? Heißt es: die Versklavung unter die internationale Finanz? Heißt es: unsere Versklavung, infolge des verlorenen Krieges und des Versailler Friedens? Am Ende ist es so gemeint. Du darfst nämlich von jedem Deutschen verlangen, daß er deutsch empfindet, aber du darfst nicht verlangen, daß er die deutsche Sprache beherrscht.

Also, falls es sich um die Kriegslasten handeln sollte: möchtest du nicht dagegen ankämpfen? Du möchtest es, und du tust es schon längst, indem du die Völker zu versöhnen strebst, den Haß dämpfst, die Vernunft stärkst und mit Fleiß und Geduld eine bessere Zukunft vorbereitest. Aber, mein Freund, das ist ein langer Weg. Du vertraust dich ihm an, weil du nicht deutsch empfindest. Für diejenigen, die deutsch empfinden, zeigt das Hakenkreuz-Plakat den rechten Weg: du mußt diese Zigaretten rauchen. Welch einleuchtendes, welch erfolgverheißendes, welch echt deutsches Kampfmittel!

Uebrigens: diese Zigaretten. Auf einem der Felder des Plakats siehst du - zwar nicht die Zigaretten, aber die Packungen abgebildet. Du findest, es sind Zigarettenschachteln wie andere Zigarettenschachteln auch. Aber das wird dir bloß so vorkommen, weil du nicht genügend deutsch empfindest. Du stellst weiter fest, es gibt drei Sorten. Die billigste heißt Balilla. Balilla? Du kramst in deinem deutschen Wortschatz: was heißt nur Balilla? Richtig, richtig, es ist nicht deutsch, aber - es ist italienisch. Die faschistischen Jugendorgarnisationen nennen sich so. Warum Balilla? Nach wem Balilla? Richtig, richtig, das war doch jener italienische Knabe, ein kleiner Genueser, der den ersten Stein gegen die österreichische Garnison warf und damit den Aufstand von 1846 entfesselte. Einen Aufstand der Italiener gegen die Oesterreicher. Sind eigentlich die Oesterreicher nicht deutsch? Ist der italienische Nationalheld gegen die Oesterreicher eigentlich unser Held? Ach, es fällt dir bisweilen schwer, deutsch zu empfinden.

Schließlich siehst du dich nach der Zigarettenfabrik um. Aber da gibt es keineswegs so etwas Undeutsches und Internationales wie eine Zigarettenfabrik. Was es gibt, das ist eine "Reichszeugmeisterei, Abteilung Sturm, Dresden-A."

Du betrachtest die Unterschrift, um ein Haar hättest du gesagt: die Firma. Und du denkst: es ist doch nur eine Zigarettenfabrik, und sie will doch nur Geschäfte machen, genau wie die internationale Finanz. Aber die internationale Finanz ist klug und macht es mit der Güte des Tabaks. Ihr dagegen seid dumm und wollt es mit der eleganten Packung, mit der Bombenreklame, mit den pompösen Worten und mit der nationalen Gesinnung machen. Aber weder "Balilla" noch Reichszeugmeisterei werden euch nützen. Wißt ihr, was euch geschehen wird, ihr wackeren Meister des Reichszeuges? Ihr werdet pleite gehen. Das Wort ist nicht hübsch und die Sache ist nicht hübsch. Aber das Gesetz der Rentabilität kennt keine Parteien. Die

Kunden werden wegbleiben, das Geld wird verwirtschaftet werden, der Gerichtsvollzieher wird zu euch kommen. Der Gerichtsvollzieher, den nicht die internationalen Finanzdiktatoren geschickt haben werden, sondern eure armen deutsch empfindenden Gegner.
VZ, Nr. 300 v. 17. 12. 1930

ZWISCHEN DEN FESTEN

Was soll man anfangen mit einer Woche, die vor lauter Einschnitten zerbröckelt. Andere sind in den Wintersport gereist, da wissen Sie, was sie zu tun haben. Unsereiner sitzt brav zu Hause, mit dem Entschluß, seinen Pflichten obzuliegen, nämlich an den Feiertagen sich von der Ueberarbeitung zu erholen und an den Wochentagen dazwischen sich schon wieder zu überarbeiten. Aber arbeite mal einer an so einem eingeklemmten Sonnabend. Der Magen ist noch nicht ganz fertig mit den schweren Eßwaren, die ihm vorgesetzt worden sind, der Kopf fühlt sich auch ein bißchen eingenommen, denn es hat zu den Mahlzeiten Wein gegeben. Man schleicht in die Stadt. Die Aemter oder öffentlichen Geschäftsstellen funktionieren nicht oder nur halb. Die Straßen wirken leerer als sonst an Wochentagen, die Kaffees dafür etwas voller. Es wird nichts Rechtes mit diesem Sonnabend.

Das war gestern. Heute haben wir schon wieder Sonntag. Es wird wohl wieder ein bißchen schwer zu essen geben, noch von den Vorräten der Feiertage her, auch ein bißchen reichlich zu trinken. Morgen fängt dann die Woche harmlos mit einem Montag an. Es sieht so aus, als ob sich dann die Arbeit nicht ganz würde vermeiden lassen. Aber übermorgen ist schon der Tag vor Silvester. Mittwoch feiern wir Silvester, und dann müssen wir uns schon wieder einen Ruhetag gefallen lassen. Es wird nicht viel werden mit der Arbeit, auch in dieser Woche.

Was fangen wir also mit uns an, zwischen den Festen? Die Weihnachtsgeschenke lassen sich in Gebrauch nehmen, der neue Radioapparat wird ausprobiert, die Bücher müssen angelesen und eingeordnet werden. Frau Gemahlin führt den Pelzmantel spazieren. Der Umtausch verursacht eine lange häusliche Kontroverse und mehrere Rennereien. Was noch?

Vielleicht sollten wir die freie Zeit dazu benutzen, ein bißchen nachzudenken, ein bißchen mit uns zu Rate zu gehen. Das neue Jahr droht schon vor den Toren. Und mit dem neuen Jahr, wie? da soll es ja nun endlich Ernst werden mit den guten Vorsätzen. Da soll ja das neue Leben der sparsamen Wirtschaft, des gesunden Tageslaufes, der bewährten Ueberzeugungen endlich losgehen. Es wird kein Spaß sein, dieses neue Leben.

Möchten wir uns nicht rasch, zwischen den Festen, überlegen, was wir eigentlich wollen und wie wir es anstellen müssen, um das zu erreichen, was wir wollen?

Ach, wir brauchen nicht erst lange zu überlegen, um dessen inne zu werden, daß wir es bisher völlig falsch gemacht haben. Wer hätte es nicht falsch gemacht? Wir leben nach außen, statt nach innen. Wir leben für die anderen statt für uns. Wir zerstreuen uns, statt uns zu sammeln. Wir laufen mit, statt unseren eigenen Weg zu gehen. Wir begeben uns in Abhängigkeiten, statt uns zu befreien. Wir erleichtern einander den Tag nicht, wir erschweren ihn uns gegenseitig. Wir tun einander nicht wohl, sondern wehe. Wir besitzen zu viel, wir brauchen zu viel, wir geben zu viel aus. Wir geben uns selber aus, wir mißbrauchen uns und lassen uns mißbrauchen, wir besitzen uns selber zu wenig.

Im neuen Jahr wird das alles anders werden. Was denn? Jedes Jahr haben wir es uns vorgenommen, und niemals sind wir unserem Vorsatz treu geblieben? Aber diesmal, diesmal gibt es kein Ausweichen mehr. Es ist auch Zeit. Wir sind allmählich alt genug geworden.

Es wird nichts Rechtes mit der Arbeit zwischen den Festen. Aber es träumt sich so schön von guten Vorsätzen. Gute Vorsätze erzeugen ein gutes Gewissen. Es läßt sich so angenehm leben mit guten Vorsätzen.

Verlieren wir unsere Zeit nicht. Seien wir nicht knauserig. Fassen wir recht viel gute Vorsätze, zwischen den Festen.

VZ, Nr. 309 v. 28. 12. 1930

EIN HERR LEHMANN

"Herr Generaldirektor Obermeier, bittäh!"

Durch die Halle des Hotels ruft es ein Page, indem er mit höchster Eile zwischen den Tischen und Stühlen hindurchjongliert. Der Ruf, unermüdlich wiederholt, verhallt in den geheimnisvollen Tiefen des belebten Gebäudes.

Ich trinke in der Halle des Hotels bisweilen meinen Nachmittagskaffee. Es sitzt sich angenehm dort. Eine Kapelle spielt Jazz. Der Fahrstuhl steigt auf und landet. Koffer werden getragen. Die Leute um mich her sind nicht alle von hier. Wenn ich will, kann ich mir selbst verreist vorkommen.

Herr Generaldirektor Obermeier, den der Page ausruft, wird ans Telefon gewünscht. Das ist es. Es ist nicht viel, aber es verfehlt auch wieder nicht seine Wirkung. Es macht den Eindruck ungeheurer Wichtigkeit. Der Mann, von Hause weg, hier einlogiert, kann sich offenbar nicht retten vor Beanspruchung. Er wird rein zerrissen. Kein Wunder: wofür ist er Generaldirektor.

Wie mag er nur aussehen, der Herr Generaldirektor Obermeier? Sicher bin ich nicht der einzige, den die Neugier packt. Bisweilen wird sie nicht befriedigt. Bisweilen läßt sich kein Generaldirektor Obermeier finden. Bisweilen aber erhebt er sich von der Seite einer Dame oder aus einem Kreis von Herren, folgt dem Pagen und läßt sich im Gefühl seiner Wichtigkeit zum Telefon führen. Alle wissen: dies ist Herr Generaldirektor Obermeier. Und er weiß, daß es alle wissen und gönnt es ihnen.

"Herr Diplom-Ingenieur Untermüller, bittäh!" Diese Sache muß ungeheuer dringend sein. Alle fünf Minuten trägt ein anderer Page den Namen durch die Räume. Offenbar hängen Schicksale davon ab, daß es gelingt, Herrn Diplom-Ingenieur Untermüller ans Telefon zu bekommen.

"Frau Professor Mittelschulze, bittäh!" Aller Augen begleiten mit unverhohlener Aufmerksamkeit den Pagen. Eine Dame, die öffentlich angerufen wird, das gehört zu den Seltenheiten.

Plötzlich ereignet sich etwas Unglaubliches. Ein Page mit einem Spitzbubengesicht schlendert durch die Halle, er scheint mir die Unwichtigkeit des Falles durch seinen Mangel an Eile zu betonen, und trompetet vor sich her: "Ein Herr Lehmann!"

Ein Herr Lehman - gibt es dergleichen? Das ist ja wohl nicht möglich. Nicht Generaldirektor nicht Diplom-Ingenieur, nicht Professor, nicht einmal Baron oder Doktor. Und so was sollte sich ins Hotel wagen? Der Bengel von Page hat ganz recht, daß er die Würde seines Hauses wahrt mit der frechen Formulierung "Ein Herr Lehmann".

Wenigstens aber wird doch dieser Herr Lehmann nicht wagen, sich öffentlich zu zeigen, sondern so tun, als wäre er es nicht. Ich sehe mich gespannt um, und an den Nebentischen verfährt man ebenso.

Aber nein, dort verläßt einer seinen Tisch und läuft zum Telefon. Er kommt bei mir vorbei, ich kann ihn mir genau betrachten. So sieht der arme Mensch aus, der Elende, der es im Leben nicht einmal so weit gebracht hat, daß man seinen Namen, wenn man ihn schon öffentlich ausrufen muß, wenigstens einen kleinen Titel anhängen kann.

Ein Herr Lehmann!

VZ, Nr. 7 v. 8. 1. 1931

DAS SPIELEN DER KINDER . . .
Amtsunfug auf dem Lützowplatz

Ohne Zweifel kennen Sie das steinerne Getobe, das inmitten unseres großflächigen Lützowplatzes unter dem Namen Herkulesbrunnen vollführt wird. Es wächst felsig aus einem vieleckig gezackten Becken, prunkt mit gemeißelten Allegorien und hebt einen unbekleideten jungen Herrn hoch in die Luft. Vielleicht gefällt Ihnen das Spektakel, und Sie halten es für eine Sehenswürdigkeit; vielleicht finden Sie es mißraten und wünschen sich ein kleines Erdbeben, dem es zum Opfer fallen möchte; vielleicht haben Sie sich daran gewöhnt und sind bereit, es stehenzulassen, weil es nun einmal steht. In der guten Jahreszeit springen rings um den toten Koloß die lebendigen Wasser, steigen in die Höhe und plätschern kaskadisch hernieder, und solange das bewegte Rauschen währt, dürfen Sie im Vorbeigehen Ohr und Auge weiden. Leider währt es auch in der guten Jahreszeit nicht lange, sondern wird unter dem Druck der Not auf wenige Tagesstunden beschränkt.

Indessen, ob die Quellen springen oder nicht: das Becken läuft voll und bleibt voll und bietet die ganze gute Jahreszeit hindurch eine gefahrlose Wasserfläche, die zu den schönsten Spielen anregt. Und die Kinder der Gegend, die armen Großstadtkinder, denen kein Bach durch grüne Wiesen murmelt, hören den Lockruf und kommen in Haufen, barfuß, mit aufgekrempelten Hosen oder im Badetrikot, bringen ihre Schiffchen mit und lassen sie schwimmen. Segler, Ruderboote, Schraubendampfer. Ihre Phantasie verzaubert das flache Becken in den Ozean, die steinerne Umrandung in tropische Küsten, den felsigen Aufbau in Südsee-Inseln. Sie veranstalten Wettfahrten, sie probieren ihre Konstruktionen, sie stellen die Pracht ihrer Flotten zur Schau. Ihr Gejauchze hängt in der Luft wie sommerliches Bienensummen. Inmitten der trübseligen Stadt ein täglich erneuertes Fest des Uebermutes und der Sorglosigkeit. Wer sich die Mühe nimmt, stehenzubleiben und zuzusehen, der darf ein bißchen Erquickung und Ermutigung mit sich davontragen. Und wen könnte das Treiben stören?

Langsam, langsam! Es gibt das Bezirksamt. Noch stecken wir mitten im Winter. Aber das Bezirksamt ist dessen eingedenk, daß es einmal eine gute Jahreszeit gegeben hat, und daß es vielleicht wieder eine gute Jahreszeit geben wird. Es sorgt vor. Ueber Nacht hat es zwei Tafeln neben den Herkulesbrunnen gestellt, eine rechts, eine links. Darauf steht:

> "Das Spielen der Kinder im Wasser und das
> Betreten des trockenen Beckens ist zur Vermeidung
> von Beschädigungen des Brunnens verboten.
> Bezirksamt Tiergarten."

Die illustrierten Journale zeigen uns in Bildern Filmstars, Sportchampions, Staatsmänner, Raubmörder, Schönheitsköniginnen. Wir haben uns schon satt daran gesehen. Wir verlangen nach neuen Köpfen. Wie einer aussieht, der dieses bezirksamtliche Deutsch hervorbringt (Kinder dürfen im Wasser nicht gespielt werden!), das möchten wir wissen. Wie einer aussieht, der sich Gedanken macht, ob diese felsige Unverwüstlichkeit nicht etwa von Kinderhänden zerschrammt werden könnte, das möchten wir wissen. Und wie einer aussieht, der des Sommers an buntem Treiben und ausgelassenem Spiel Anstoß nimmt, auch das möchten wir wissen. Es werden erbauliche Köpfe sein, sinnbildliche Köpfe, im bösesten Sinne zeitgenössische Köpfe. Her damit!

Und wenn erst die gute Jahreszeit wieder da ist, dann wünschen wir den Herkulesbrunnen selbst abgebildet zu sehen, einsam in seiner steinernen Unberührtheit, behütet von einem Schutzmann, der dorthin kommandiert worden ist, um die Kinder, die etwa ahnungslos mit ihrem Schiffchen kommen und es dort schwimmen lassen wollen, von Amts wegen zu verscheuchen. Weil wir doch sonst keine Sorgen haben.

Vielleicht aber gibt es einen Menschen, einen unvertrockneten Menschen in einer der Behörden, die dem Bezirksamt Tiergarten übergeordnet sind. Vielleicht verfügt er, daß die Tafeln ohne Aufschub beseitigt werden, und daß die Kinder im Wasser spielen dürfen, wie es ihnen gefällt. Wenn es einen solchen Menschen gibt, dann wünschen wir auch ihn abgebildet zu sehen, zu seiner Ehre und zur Wiederherstellung der Ehre dieses traurigen Zeitalters.

VZ, Nr. 21 v. 17. 2. 1931

EIN GLÜCKLICHER MENSCH

Wenn man den Inder Krishnamurti fragt, so antwortet er. Er tat es gemäß der Zusage, die er am Karfreitag in der Philharmonie gegeben hatte, am Montag in der Singakademie. Aus den schriftlich eingereichten Fragen ergab sich, daß nicht wenige seiner Hörer angeregt worden waren, über seine Lehre oder über Teile seiner Lehre in ernster Bemühung nachzudenken. Seine Antworten wiederum deuteten darauf hin, daß ihn seine Gedanken von ausgetretenen Pfaden bisweilen weit wegführen. Diejenige Frage indessen, die ich selbst auf dem Herzen hatte, war nicht eingereicht worden und wurde daher auch nicht beantwortet. Allein Krishnamurti hatte die Freundlichkeit, mich am nächsten Tage allein in seinem Hotel zu empfangen. Ich durfte ihm meine Frage, einen Bandwurm von Frage, mündlich vorlegen, und er war so geduldig, sie auf der Stelle mündlich zu beantworten.

Ich fragte: Wir haben aus Ihrem Munde gehört, daß die Konzentration zur Erkenntnis der Wahrheit führen soll und daß die Wahrheit einem hilft, sich aus den Verstrickungen des Lebens zu lösen. Ich gebe zu, daß man sich lösen sollte. Ich bin überzeugt davon, daß man sich viel Ungemach ersparen würde, wenn man es nur dahin brächte, zum Beispiel den Ehrgeiz fahren zu lassen. Aber die tiefste Ueberzeugung von der Nützlichkeit solcher Einstellung bewirkt nicht, daß man sich so einstellt und daß man zum Beispiel den Ehrgeiz überwindet. Sie, Herr Krishnamurti, haben uns gesagt, daß Ihnen diese Loslösung gelungen sei. Sie sagen es in Ihren Vorträgen, ich sehe es nicht, es ist eine bloße Behauptung, und es steht bei mir, ob ich Ihnen glaube oder nicht glaube. Vorausgesetzt aber, daß ich Ihnen glaube, so stehe ich doch vor einem seltsamen Widerspruch. Während Sie nämlich Ihre Lehre verkünden, haben Sie damit etwas, was man Erfolg nennt. Sie haben einen ungewöhnlichen Erfolg, einen Welterfolg. Sie haben also das, was diejenigen sich wünschen, die in der Verstrickung befangen sind, und Sie haben es dadurch, daß Sie die Loslösung predigen.

Krishnamurti erwiderte: Es ist richtig, daß ich den Menschen, die mich hören wollen, nur sagen kann, was ich selber erkannt habe und wie ich selber lebe. Aber daß meine Worte ihnen helfen, das steht nicht bei mir, sondern bei den Menschen. Es ist richtig, daß ich Erfolg habe, daß ich daher in Sälen spreche, daß ich meine Vorträge ankündige und daß ich Zulauf finde. Aber wie soll ich es anders machen, hier in Europa? Wenn ich in Indien bin, so stelle ich mich unter einen Baum und rede. Ich kann mich in Berlin nicht an einer Straßenecke aufstellen; denn ich spreche nicht Deutsch. Es ist richtig, daß die Worte nichts beweisen. Man müßte sehen, daß ich so lebe, wie ich sage. Aber die Menschen meiner Umgebung sehen es. Und wenn ich meine Vortragsreise um die Welt beendet habe, so werde ich zwei Monate lang in Holland an einem Orte verweilen. Dann kann jeder, der will, sehen, wie ich lebe. Ob ich Erfolg habe oder nicht, ist mir gleichgültig. Wenn ich keinen Erfolg hätte, würde ich arbeiten. Ich habe das Schloß, das mir geschenkt worden ist, zurückgegeben, ich habe auf jeden Besitz verzichtet, ich habe die Organisation aufgelöst. Ich habe erkannt, wie das rechte Leben beschaffen sein muß, und ich lebe danach. Ich habe erkannt, daß dies der einzige Weg ist, um glücklich zu sein, und ich bin glücklich.

So antwortete mir Krishnamurti freundlich, ohne Überschwang, ohne Rechthaberei, während er von Besuchern und telefonischen Anrufen bedrängt wurde und Mühe hatte, eine Pause für seine Mahlzeit einzuschieben. - Vielleicht hilft den anderen nicht viel, was ihm selbst geholfen hat. Aber wenn es in dieser unseligen Welt nur einen glücklichen Menschen gibt, so wäre auch das schon ein Gewinn, über den man sich freuen könnte.

* * *

Wir werden gebeten, dem Bericht der "Vossischen Zeitung" vom 4. April folgende Ergänzung hinzufügen: 1. In Ommen findet jährlich ein Zeltlager statt, das jedermann offensteht und nicht nur von Theosophen besucht wird. 2. Es gibt heute keine Organisation mehr, die dazu dient, Krishnamurtis Ideen zu verbreiten. Der Stern-Verlag in Neubabelsberg ist nur das technische Hilfsmittel zur Verbreitung seiner Schriften.

VZ, Nr. 84 v. 8. 4. 1931

DIE FALSCHE SCHAM

"Ich habe lange über Sie nachgedacht und bin zu der Ueberzeugung gelangt: Sie sind nicht fähig, ein Verbrechen zu begehen. "So spricht meine verehrte Kollegin und gute Freundin zu mir. Und sie fährt fort: "Mein Mann, sehen Sie, hat schon als Sextaner eine Räuberbande angeführt. "

Fern liegt es mir, mich etwa dem Mann meiner Freundin und Kollegien gleich zu setzen. Ich bin eines Verbrechens nicht fähig. Er hingegen wäre eines Verbrechens fähig und hat den Beweis schon in seiner Kindheit erbracht. Sie bewundert ihren Mann. Es ist ein Vorzug, den sie an ihm, neben vielen andern Vorzügen, feststellt. Hingegen macht sie mir eine Unzulänglichkeit zum Vorwurf, einen ausgesprochenen Mangel. Sie meint es so, und ich verstehe es so. Es kommt mir zu, mich zu schämen, und ich schäme mich.

Aber damit kann ja wohl die Sache nicht abgetan sein. Darüber lohnt es sich nachzudenken. Ich fühle mich ein bißchen verwirrt und muß mich erst zurechtfinden.

Wie ist das doch gleich mit dem Verbrechen und der Fähigkeit dazu? Galt nicht früher, in meiner Jugend, damals als ich Maßstäbe mir eroberte oder vielleicht fertig geliefert bekam, grade das umgekehrte Verhältnis? Hielt man sich nicht für lobenswert, und wurde man nicht gelobt, wenn man erhaben war über dem Verdacht, man könnte ein Verbrechen begehen? Und andererseits: behandelten einen die Mitmenschen nicht schlecht, und glaubte man nicht, die schlechte Behandlung zu verdienen, wenn man der Versuchung ausgesetzt zu sein schien? Und jetzt, vor der Feststellung meiner Freundin, lächle ich nicht etwa geschmeichelt, sondern ich schäme mich! Was hat sich zugetragen mit mir? Was ist anders geworden in der Welt?

Meine strenge Freundin selbst - ein Glück, daß es mir einfällt - gehört keineswegs zu denen, die eines Verbrechens fähig sind. Fähig ist sie der Güte, der Hingabe, der Aufopferung. Aber eines Verbrechens? Meine verehrungswürdige Freundin, ich muß Ihnen den Vorwurf zurückgeben. Wenn ich mich schämen soll, müssen Sie sich auch schämen. Und wie ich Sie kenne, sind Sie bereit, sich zu schämen.

Mich will ich nicht verteidigen, aber Sie will ich verteidigen. Sie tun sich unrecht. Weil die Gewalt herrscht, lassen Sie sich verführen, die Bereitschaft zur Gewalt, zum Rechtsbruch als eine Tugend anzusehen. Glauben Sie doch nicht den Schwätzern und Schreiern, die Ihnen einreden wollen, halten und erhalten sei leicht, stören und zerstören aber sei schwer, wohl gar heldenhaft. Es ist nicht wahr, sie machen Ihnen blauen Dunst vor. Wahr ist das Gegenteil. Stören und zerstören ist leicht, halten und erhalten ist schwer und bisweilen heldenhaft.

Unser beider Aufgabe ist es, die Partei derjenigen zu nehmen, die über den Schwierigkeiten und Nöten des Lebens gestrauchelt sind und deswegen vor Gericht stehen. Unsere Aufgabe ist es, sie zu schützen gegen die Ahnungslosigkeit und den Hochmut der Unangefochtenen, die sich für besser halten, weil es ihnen besser geht. Wir wollen nicht müde werden, dieser Aufgabe zu dienen. Aber begehen wir damit zugleich nicht ein Unrecht an denen, die nicht straucheln, trotzdem ihnen dieselben Schwierigkeiten und Nöte entgegenstehen? Denen jede Ablenkung, jede Erleichterung und Erholung versagt ist und die sich dennoch nichts zuschulden kommen lassen? Die nichts anderes kennen als verzichten, entbehren, darben und arbeiten, nur um mit dem kargen Gehalt durchzukommen? Die nicht nur eines Verbrechens, sondern auch des geringsten Verstoßes gegen die peinlichste Redlichkeit unfähig sind? Soll das für gar nichts gelten? Und wenn es für etwas gilt, und wenn Sie es vielleicht mit mir für heroisch halten: glauben Sie, daß diese Gesinnung von selbst wächst? Wollen Sie nicht anerkennen, daß diese Gesinnung erkämpft worden ist auf dem Boden Jahrhunderte alter Züchtung und unerbittlicher Selbstzucht?

Ihr Gatte, meine gute Freundin und verehrte Kollegin, führt heute keine Räuberbanden mehr an. Ob er dessen fähig wäre: wer will das entscheiden, und was soll damit entschieden werden? Aber daß er, ebenso wie Sie und ich, seine Existenz durch nichts anderes rechtfertigen will als durch die Bewährung der eigenen Kraft, und daß er es leistet: das darf denn wohl für etwas gelten.

Schämen Sie sich nicht, daß Sie keines Verbrechens fähig sind, und räumen Sie nur ein, daß ich mich auch nicht zu schämen brauche, wenn ich sonst keinen Grund habe, mich zu schämen.

VZ, Nr. 154 v. 30. 6. 1931

DER HÖFLICHKEITS - AUTOMAT

"Die titl. Gäste werden gebeten, die Stühle nicht mit Garderobenstücken zu belegen. Der Wirt."

Gilt das mir? Bin ich ein Gast? Offenbar soll es "die titulierten Gäste" heißen, und offenbar ist gemeint: Ich, der Wirt, als wohlerzogener Mann, und übrigens auch im Interesse meines Geschäftes, bin bereit, meine Gäste mit den ihnen zukommenden Titeln anzureden. Da ich aber nicht alle Titel meiner Gäste kennne, und um keinen Fehler zu begehen, niemanden zu gering zu titulieren und niemanden zu hoch (mancher nimmt auch das übel), so sollen sich doch meine Gäste in Gottes Namen selber anreden mit dem Titel, den sie für angemessen halten.

Nun, das ist ein praktisches Verfahren. Der Wirt erweist mir nicht die Höflichkeit, die im Verkehr von Mensch zu Mensch üblich ist, er bezeichnet bloß die Stelle, wo die Höflichkeit ihren Platz fände, wenn er sie mir erwiese. Er stellt gewissermaßen einen Automaten auf und überläßt es mir, mich selbst zu bedienen. Nun kann ich soviel Höflichkeit entnehmen, wie ich will. Wenn es mir paßt, kann ich mich mit "Euer Exellenz" anreden, und wenn es mir paßt, kann ich mir auf die Schulter klopfen und "alter Junge" zu mir sagen.

Dabei gibt sich der Wirt mit seinen "titl. Gästen" noch Mühe. Andere schreiben einfach "P. P." Das heißt ... ja, was heißt das eigentlich? Niemand weiß es, schlagen wir im Konversations-Lexikon nach. Band Pesaro bis Ruder. Da haben wir's schon. "P. P., auch P. p. oder p. p. Abkürzung für 1. Professor Publicus; 2. Pastor primarius; 3. Pater Prior; 4. Pastor pastorum; 5. praemissis praemittendis (s. d.); 6. per procura; 7. prossimo passato; 8. Poste payée."

Da kann ich's mir also aussuchen, für den Fall, daß ich wieder einmal einen Prospekt bekomme mit der Anrede "P. P." Aber bedeutet "s. d." nicht: siehe dies? Lassen wir die Gelegenheit zu lernen nicht ungenutzt, sehen wir dies. "Praemissis praemittendis (lat., meist abgekürzt P. P. oder p. p.) mit Vorausschickung des Vorauszuschickenden."

Dacht' ich's mir doch! Es kommt auf dasselbe hinaus wie die titl. Gäste, es ist nur noch umfassender. Der Automat liefert nicht allein höfliche Anreden; denn was läßt sich nicht alles vorausschicken? Wenn ich "P. P." lese, so darf ich mir zum Geburtstag gratulieren und mir ein langes Leben wünschen; oder falls ich schlechter Laune und mit mir unzufrieden bin, so darf ich mich einen krummen Hund schelten und mir Ohrfeigen offerieren. Das Verfahren ist wenig individuell, vielmehr ausgesprochen mechanisch. Aber die Zeit verlangt die Mechanisierung. Und wem es zu viel Mechanismus und zu wenig Seele in der Welt gibt, der muß das Quantum Seele, dessen er bedarf, selbst liefern. Wir sind schon eine erfindungsreiche Generation.

Und somit p. p., titl. Leser!

VZ, Nr. 202 v. 25.8.1931

KORREKTITIS

Eine Krankheit soll hier zum ersten Male beschrieben werden. Es geschieht auf Grund eigener Erfahrung: ich leide selber daran. Ich schlage den Namen "Korrektitis" vor (zu betonen wie Diphtheritis.)

"Können Sie mir 20 Mark leihen?" - Bis wann? - "Bis Sonnabend." - Bestimmt? - "Ganz bestimmt."

Bis Sonnabend kann ich 20 Mark allenfalls entbehren. Auf länger ginge es nicht. Aber nach seiner Versicherung laufe ich keine Gefahr. Er bekommt seine 20 Mark, vielmehr meine 20 Mark.

Am Sonnabend nichts. Am Montag nichts, am Dienstag nichts, am Mittwoch nichts, bis zum nächsten Sonnabend nichts. Ich muß mich entschließen, bescheiden zu mahnen. Tut ihm leid. Es vergehen noch ein paar Sonnabende. Aber eines Tages schwenkt er den 20-Mark-Schein in der Luft, lächelnd und nicht ohne Herablassung. Hegte ich etwa den Verdacht, er würde mich prellen? Von den Verlegenheiten, die ich inzwischen ausgestanden habe, will ich ihm gar nicht erst erzählen.

Wirst du kommen? - "Ja, versteht sich." - Es liegt mir so viel daran.- "Ich weiß." - Bitte, laß mich nicht im Stich. - "Aber kein Gedanke."

Er läßt mich doch im Stich. Schüchterne Anfrage. "Ach so. Ach richtig. Höre mal, es gehen mir so viel Dinge im Kopf herum. Wirklich, ich habe nicht dran gedacht. Du darfst es mir nicht übelnehmen. Wir sind doch alte Freunde." Darin hat er recht: wir sind alte Freunde.

Er braucht nicht zu kommen, wenn es ihm nicht so wichtig erscheint. Aber warum hat er's versprochen? Und da er's versprochen hat, warum hält er's nicht? Er soll mir das Geld nicht zurückgeben, wenn er nicht kann. Aber er war es doch, der mir den Termin nannte. Er hätte sagen können: Borgen Sie mir auf unbestimmte Zeit; ich weiß nicht, wann ich in der Lage sein werde zurückzuzahlen. Dann freilich hätte ich ihm nicht borgen können. Sah er das voraus? Wollte er mich nur einfach überlisten?

In irgendwelchen Büchern, vielleicht in Jugenderzählungen oder in schlechten Romanen vergangener Jahre, muß ich gelesen haben von Männern, auf deren Wort man sich verlassen konnte. In diesen törichten Geschichten gab es nichts so Festes wie ein Manneswort. Aber versprochen hatte, an einem bestimmten Tage zu einer bestimmten Stunde an einer bestimmten Stelle zu sein, der kam. Und wenn er zu diesem Zweck über den Ozean schwimmen mußte. Er schwamm und war da. Er hielt alles für unwichtig im Vergleich zu der heiligen Pflicht, sein Wort einzulösen. Und ebenso verfuhr der Mann mit den 20 Mark. Er bewegte Himmel und Hölle, um den Termin einzuhalten. Er verpfändete und verkaufte, er ließ Weib und Kind hungern; aber er zahlte pünktlich. Wenn es ihm aber nicht gelang, so schoß er sich eine Kugel durch den Kopf. Denn er wollte lieber nicht leben, als wortbrüchig leben. Und da die Männer so waren, so sagten Männer von Männern: Er hat es versprochen. Und damit war alles gesagt.

Die Helden dieser erfundenen Geschichten haben sich in mir festgesetzt. Das eben ist die Krankheit. Ich verzeihe den Männern nicht. Ich verzeihe allerlei Vergehen und Verbrechen, aber keine Unkorrektheit. Ich habe die Erfahrung, daß man sich auf noch so nachdrückliche Bekräftigung von Männern nicht verlassen kann; aber ich fordere unerbittlich, daß man sich soll verlassen dürfen.

Daß es eine Krankheit ist, merke ich daran: Die Inkorrekten, das sind die Netten, die Gutherzigen, die Liebenswürdigen; es sind die, mit denen und um deretwillen man es überhaupt unter Menschen aushält. Wenn ich meiner Krankheit nachgäbe, so müßte ich grade mit denen brechen, an deren Umgang und Freundschaft mir gelegen ist. Uebrig blieben die Unausstehlichen, die Lederherzen und Linealseelen; mit einem Worte: die Korrekten.

Das hindert aber nicht, daß ich an der Unverlaßbarkeit der netten Leute über alles Maß leide. Es ist ein schweres und schmerzhaftes, ein richtiges Leiden. Mit dem wissenschaftlichen Namen: Korrektitis.

VZ, Nr. 221 v. 16. 9. 1931

ES REGNET STRIPPEN

Meine höchst private Klage über den Mangel an brauchbarem Bindfaden, die ich vor kurzem hier in geziemender Bescheidenheit vorgebracht habe, ist unerwarteterweise in breitester Oeffentlichkeit gehört worden. Verehrte Leser und Leserinnen, genannte und ungenannte, erfreuen mich durch Zusendung von Knäueln, großen und kleinen, dicken und dünnen. Es regnet Strippen auf mich, mein Bedarf ist, welch unverhofftes Glück, fürs Leben gedeckt.

Mit soviel Strippe kann einer leicht seinen Sendepflichten nachkommen. Ich schnüre Pakete vom Morgen bis zum Abend, schicke geliehene Bücher zurück, verteile Liebesgaben und stoße überflüssigen Hausrat ab.

Wozu kann ich meine Kollektion sonst noch verwenden? Ich will endlich ein bißchen bündeln: Briefe, Manuskripte, Dokumente. Es sammelt sich so vieles an, was man sich nicht getraut wegzuwerfen oder zu verbrennen, es verstopft einem die Schubladen und schließlich auch das Gehirn. Ich stelle schöne, feste, handliche Ballen her, ordentlich umschnürt und verknotet, und schleppe sie auf den Boden. Da stören sie mich nicht, da mögen die eingepackten Erinnerungen liegen, bis sie ihre Kraft verloren haben und zu toter Makulatur geworden sind. Die läßt sich dann pfundweise verkaufen.

Noch immer bleibt Strippe in Fülle übrig. Was läßt sich weiter mit ihr anfangen? Es muß nicht jede Tätigkeit praktischen Nutzen stiften, es genügt schon, wenn sie mir die Zeit vertreibt. Ich fühle mich keineswegs zu alt, um ein bißchen mit Strippe zu spielen. Es wird seinen Reiz haben, die Knäuel zu einer fortlaufenden Reihe zu ordnen, nach der Stärke des Fadens. Mit dünnstem Heftgarn fangen meine Geschenke an. Künftig, wenn ich Zeit habe, werde ich damit Akten heften. Dann kommt der eigentliche Bindfaden in vielen Graden, dann Schnur, dann dicke Schnur, die schon beinahe als Strick bezeichnet werden könnte. Jetzt müßte ein Seil folgen, und schließlich ein Tau. Aber so weit reicht die Sammlung nicht.

Der Junge vom Portier kommt dazu, begeistert sich an der Aufreihung und schlägt ein neues Spiel vor. Die Knäuel, meint er, sind Bälle. Recht hat er. Also spielen wir zusammen, der Portierjunge und ich, Ball, von einem Zimmer ins andere. Er ist mir, wie könnte es anders sein, an Sicherheit des Fangens und Werfens überlegen. Trotzdem gelingt es nicht mir, sondern ihm, eine Vase von Schrank zu pfeffern. Gehen wir also zu ruhigeren Spielen über.

Wieder fällt ihm das Richtige ein: Wie lang ist eigentlich so ein Knäuel Strippe? Wollen wir doch einmal abwickeln. Nicht so, daß sich der Faden verheddert, sondern indem wir ihn in der Wohnung ausspannen, von Tür zu Tür und von Zimmer zu Zimmer. 38mal machen wir die Runde, dann ist das Knäuel abgehaspelt und die Wohnung eingezäunt. Das Mädchen muß den Tisch decken, sie hat keine Lust zu warten, bis wir den Faden ordentlich aufgespult haben, sie schneidet das Hindernis auf ihrem Wege von der Küche ins Eßzimmer einfach durch. Nun sind es doch wieder Strippenenden.

Damit ich mit dem Portierjungen nicht noch mehr Unfug anrichte, bittet sie sich die strickförmige Schnur aus: sie taugt zur Wäscheleine. Ein paar Knäuel Bindfaden bekommt der Junge geschenkt: es ist zwar noch nicht einmal Frühling, aber es wird gewiß auch wieder Herbst werden; dann läßt er seine Drachen steigen, und dazu kann man nie genug Strippe haben.

Schließlich sitze ich wieder allein inmitten meines Reichtums. Welch tröstliche Gewißheit: daß in meinem Hause der Bindfaden nie ausgehen wird. Zu ihm gehört auch Schnur, stark genug, das Gewicht eines Menschen zu tragen. Stammt sie viel-

leicht gar nicht von Gönnern, sondern von Widersachern, die mir zu verstehen geben wollen, ich möge mich aufhängen? Aber diesen Gefallen werde ich meinen Widersachern nicht tun. Sollen sie sich doch selber aufhängen. Wenn sie Hängeschnur brauchen: sie steht zu ihrer Verfügung.
VZ, Nr. 153 v. 31. 3. 1933

ATTRAPPEN

Kennen Sie Berlin? Und wenn es Ihre Vaterstadt ist, und wenn Sie zwei Menschenalter dort verbracht haben, Sie kennen Berlin nicht.

Kennen Sie den Gendarmenmarkt, die architektonische Sinfonie der beiden herrlich aufgetürmten Dome zu seiten des festlich einladenden Schauspielhauses? Vielleicht sind Sie hundertmal, tausendmal, zehntausendmal über den Platz gelaufen und haben Ihre Augen schweifen lassen; aber Sie wissen doch nicht, was Sie da sehen.

Sie denken, die beiden Dome seien Kirchen. Die Vorbauten nach der Charlottenstraße zu, unscheinbar unter den hoch ragenden Kuppeln, die sind in der Tat Kirchen. Die Kuppelbauten selbst stellen nur Attrappen dar. Vielleicht ist Ihnen das schon zu Ohren gekommen. Aber haben Sie sich jemals hineingewagt, um nachzusehen, wie solche Attrappen innen aussehen?

Wagen Sie es. Wagen Sie es zum Beispiel mit dem südlichen der beiden Dome, dem sogenannten Deutschen Dom. Ueber eine Freitreppe hinweg, zwischen kolossalen Säulen hindurch gelangen Sie durch ein Eisengitter in eine tiefe Nische, die an einer schweren Holztür endet. Sie scheint verschlossen, aber klinken Sie getrost, und Sie werden finden, die Tür ist offen.

Sie dürfen das Innere des mächtigen Bauwerks betreten: ein hallendes Gewölbe, an dessen Düsterkeit sich das Auge erst gewöhnen muß. Keine Menschenseele. Wenn irgendwo, so sind Sie hier mit sich allein. Hinter meterdicken Mauern beginnt eine Treppe, die in die Höhe führt, es läßt sich nicht erkennen, wohin. Ueber Ihnen wölbt sich schwarze Nacht - vermutlich schwebt senkrecht über Ihnen die Kuppel.

Linker Hand lockt Sie ein Schild, die Aufschrift ist noch eben erkennbar. "Verein für die Geschichte Berlins". Fassen Sie Mut und begeben Sie sich in den Verein. "Sitzungszimmer" steht außerdem geschrieben. Geschlossen. Der Verein hält offenbar jetzt keine Sitzung ab. Die Geschichte Berlins wartet nicht darauf und läuft inzwischen ihren Weg weiter. Hoffentlich künftig einmal zu neuem Aufschwung und neuem Reichtum. Vorläufig - wir sehen es Tag für Tag bekümmert mit an und fühlen es am eigenen Leibe - besteht sie in unerbittlich fortschreitender Verarmung.

Aber da ist ja zum Glück noch ein zweites Schild, es weist auf ein Institut, das auch an diesem seltsamen Ort untergebracht ist: "Verein gegen Verarmung".

Das gibt es? Es gibt gegen die Verarmung einen Verein? Man kann sich gegen Verarmung schützen, in dem man einem Verein beitritt? Und wir werden nicht alle Mitglied? Wir sind nicht längst Mitglied? Auf, in den Verein gegen Verarmung.

Geschlossen. Aber Sie dürfen durch die Scheibe blicken. Ein kahler Raum mit Schreibtischen, Stehpulten und Regalen. Alles alt und abgebraucht. Hier ist Platz für ein Dutzend fleißiger Sekretäre. Aber es arbeitet kein einziger Sekretär, die Drehsessel und Schreibeböcke stehen unbenutzt, die Aktenschränke sind leer. Offenbar ist der Verein gegen Verarmung selbst verarmt.

Fassen Sie sich zum letztenmal ein Herz und wagen Sie sich die Treppe aufwärts. Wohin, meinen Sie, gelangen Sie da? In Wohnungen, in harmlose, kleine, trauliche Mietswohnungen. Es gibt Familien in Berlin, die im Deutschen Dom wohnen. Es mag ein bißchen gruselig sein, an trüben Winterabenden hierher nach Hause zu kommen. Aber vielleicht gewöhnt man sich daran.

Wir in Deutschland pflegen alles mit Hilfe von Vereinen zu meistern. Wir haben Vereine dafür und Vereine dagegen. Verein für die Geschichte Berlins - und sind doch nicht imstande, die Geschichte Berlins dorthin zu lenken, wohin wir sie haben wollen. Verein gegen Verarmung - und können doch nicht verhindern, daß wir alle miteinander verarmen. Bald werden wir nur noch unsere eigenen Attrappen sein. Die Dome auf dem Gendarmenmarkt haben es uns vorgemacht.
VZ, Nr. 130 v. 10. 5. 1932

GESUNDHEIT UND CHARAKTER

Das Verhältnis von Geschlecht und Charakter hat schon einer untersucht: der genialische junge Weininger. Körperbau und Charakter gehören zusammen seit Kretschmers wissenschaftlichem Buche. Das Thema Gesundheit und Charakter wird endlich fällig.

Im Sklarek-Prozeß ist einer der Angeklagten von Zusammenbrüchen bedroht. Er sei schon zusammengebrochen, behauptet sein Verteidiger. Der medizinische Sachverständige diagnostiziert den Fall als Flucht in die Krankheit. Einer der anderen Verteidiger verkündet stolz von einem der andern Angeklagten: sein Mandat sei zwar auch von Zusammenbrüchen bedroht; aber er halte sich aufrecht, um die Verhandlung nicht zu gefährden. Verschiedenheit der Charaktere? Oder Verschiedenheit des Befindens? Oder Verschiedenheit des Befindens infolge Verschiedenheit der Charaktere?

Gesund und krank: im Sklarek-Prozeß wird der Unterschied nicht nur medizinisch, sondern auch moralisch gewertet. Er tritt in eine, nicht ausgesprochene, aber gefühlte Beziehung zu der Frage: schuldig oder unschuldig? Der Begriff des schuldhaften Krankseins schwebt in der Luft des Gerichtssaales. Die Prozeßbeteiligten erleben die Praxis einer Theorie, die entwickelt zu werden verdient.

Was hat der Charakter mit Krankheit zu tun? Halten wir uns an die Erfahrung. Manche Krankheit ändert den Charakter; macht verdrossen, ungesellig, hart, einseitig, boshaft; oder sie schafft Beruhigung, Sammlung, Besinnung, Läuterung. Aber auch: mancher Charakter ändert die Krankheit; zieht sie herbei, verstärkt sie, läßt sie nicht wieder los; oder sperrt sie aus, vernachlässigt sie, jagt sie zum Teufel.

Man hört, es gebe ungezählte Krankheiten, aber nur eine Gesundheit. Falsch! Es gibt viele Gesundheiten, vielerlei Arten von Gesundheit. Es gibt heitere, wohlgeratene, gutmütige und rechtschaffene Gesundheit, und es gibt rohe, mitleidslose, bösartige und hohnlachende Gesundheit.

Eine gesunde Seele in einem gesunden Leib. Aber auch jede Art von Leib und Zuständen des Leibes, je nach der Art der Seele. Wer leisten will, hat keine Zeit zu leiden. Lotte Schiller nach des Dichters Tode: "Lernet an seinem Beispiel, was der Mensch über sich vermag." Wer mit seinem Leben nichts anzufangen weiß, warum sollte er nicht wenigstens seinen Krankheiten Altäre bauen? Zum Verständnis der Klageweiber beiderlei Geschlechts: wer nicht bewundert und nicht beneidet wird, will wenigstens bemitleidet sein. Rache schmeckt süß. Wessen Macht zu weiter nichts ausreicht, der kann doch den Nebenmenschen dadurch strafen, daß er aus

Aerger über ihn, aus Kummer über ihn, aus Trotz oder auch nur aus Laune krank wird. Es gibt, auf allen Stufen des körperlichen Befindens, heroische Dulder und Ueberwinder und feige Ausreißer und Verräter. Es gibt die Krankheit als jämmerliche Zuflucht und die Gesundheit als übermütiges Abenteuer.

Die Seele sei nur eine Funktion des Leibes, meinte das neunzehnte Jahrhundert entdeckt zu haben. Etwas daran mag schon stimmen. Aber wie sehr wird erst der Leib eine Funktion der Seele sein! Das ist bisher nur wenigen aufgeklärten Geistern deutlich geworden, zum Beispiel dem Franzosen Coué ehrenvollen Angedenkens. Die einen glauben, man könne gesund beten, die andern lachen darüber. Aber vielleicht kann man sich gesund wollen, also auch sich krank wollen; und vielleicht können andere dabei helfen oder daran hindern. In Grenzen, versteht sich. Wer unters Auto gerät, bleibt mit gebrochenen Rippen liegen, unabhängig von seinem Charakter.

Wallenstein las aus den Sternen Erfolg und Mißerfolg seines irdischen Handelns. Warum soll die Wissenschaft nicht dahin gelangen, aus dem Charakter die Krankheit und ihre Heilung zu diagnostizieren, und aus der Krankheit, die nur ein Spezialfall von Gesundheit ist, den Charakter zu lesen?

Wir warten auf ein dickes Buch mit dem Titel "Gesundheit und Charakter".
VZ, Nr. 268 v. 12. 11. 1931

DER APPARAT

Früher sollen die Berliner, ehe sie die Mühe auf sich nahmen, groß reine zu machen, lieber gleich umgezogen sein. Das muß sehr weit zurückliegen und sich zu einer Zeit zugetragen haben, als der Apparat noch ein niedliches Spielzeug war, an dem ein bißchen herumzubasteln den erwachsenen Kindern nichts als Vergnügen bereitete.

Du weißt doch, was mit dem Apparat gemeint ist? Geboren werden, heranwachsen, sich ernähren, lieben, heiraten und so weiter das vollzieht sich ohne Apparat. Aber als lebendiger Mensch bei der Polizei gemeldet sein müssen, sich nur ernähren können auf Grund eines Anstellungsvertrages; die Flamme auf dem Herde unterhalten dürfen, erst wenn man seine Gasrechnungen bezahlt hat; das heißt Apparat. So lange du unter demselben Dache haushältst, wirst du seiner kaum gewahr. Entfesselst du aber seine Räder, Walzen, Hebel und Schrauben gegen dich, so erschrickst du vor der Allgegenwart, vor der Kompliziertheit, vor der Macht und vor der Ohnmacht des Apparates.

Bei der Polizei geht die Sache noch recht einfach vonstatten. Es ist nichts weiter nötig als die Abmeldung hier und die Anmeldung dort. Jede Ab- und Anmeldung verlangt die Polizei in vier Exemplaren. Außerdem verlangt sie, daß deine Hausangestellte nicht mit der Familie auf demselben Papier steht, sondern für sich allein. Macht zusammen 16 Formulare, die Rubrik für Rubrik ausgefüllt und vom Hauswart unterschrieben werden müssen. Bißchen viel verlangt von der Polizei. Aber dafür ist es ein Verlangen, das dich kein Geld kostet, nur Zeit.

Hat denn nun wenigstens die Polizei dafür gesorgt, daß mit einem dieser Formulare die Wahllisten berichtigt werden? Keineswegs. Deine gewissenhafte Nachprüfung ergibt, du stehst in dem neuen Wohnbezirk noch nicht in den Listen. Du mußt erst durch Einspruch die nachträgliche Aufnahme bewirken. Auch das kostet dich kein Geld, nur Zeit. Wozu dann aber die Verschwendung an Formularen? Hebt sich etwa der Herr Schupo auf dem Revier eins davon privatim auf, zum Andenken an dich? Das wäre ja reizend von ihm!

Was ist noch an- und abzumelden? Elektrizität, Gas, Telefon. Du bleibst in Groß-Berlin, du denkst also, es genüge die eine Nachricht an jedes der drei Institute: an dem und dem Tage ziehst du von dort weg und da hin. Jedes der drei Institute, denkst du, werde dafür sorgen, daß du, der du in der alten Wohnung Kunde gewesen bist, ohne viel Umstände in der neuen Wohnung wieder Kunde sein kannst. Es genügt auch den Elektrizitätswerken. Bravo, Bewag! Bei der Post bestätigen sie wenigstens von sich aus die Abmeldung des Fernsprechers und belehren dich: wegen der Anmeldung habest du das und das zu veranlassen. Und es klappt.

Dann freilich kommt die Telefonrechnung: Gesprächgebühren für den vergangenen Monat; laufende Gebühren für den laufenden Monat. Du erinnerst: Vom laufenden Monat hast du nur einen Teil beim alten Amt verbraucht, der andere Teil falle schon unter das neue Amt. Wird also nicht das neue Amt diese Gebühren auch erheben wollen? Bescheid: Dann wäre Einspruch beim neuen Amt einzulegen. Du erinnerst weiter: Beim alten Amt in der alten Wohnung benutztest du zwei Telefone; beim neuen Amt in der neuen Wohnung nur eins. Sind die Gebühren also nicht zu hoch angesetzt? Bescheid: Auch das wäre dann mit dem neuen Amt zu verrechnen. Das alte Amt jedenfalls hat das Recht, dir zu hohe Gebühren für zu lange Zeit aufzuschreiben. Und bleibt dabei.

Gar nichts von sich hören läßt die G a s g e s e l l s c h a f t. Im Drange der Umzugserledigungen verstehst du dieses Schweigen, etwas leichtsinnig, dahin: sie habe Ab- und Anmeldung zur Kenntnis genommen und werde danach handeln. Wie du in der neuen Wohnung abends müde und erschöpft etwas Warmes bereiten lassen willst, fehlt das Gas. Gasometer und Herd stehen noch da, vom vorigen Mieter her; aber es strömt nichts. Alarm bei der Gasgesellschaft. Bescheid: für heute nichts mehr zu machen. Haben Sie denn nicht einen Bereitschaftsdienst? Jawohl, wenn es nach Gas riecht. Leider riecht es nicht nach Gas. Also wann? "Morgen früh. Die Leute treten um sieben ihren Dienst an, gegen acht werden sie bei Ihnen sein." Es ist niemand da um acht, um halb neun, um neun, um halb zehn. Mußt du ohne warmes Frühstück bleiben? Wiederholter Alarm bei der Gasanstalt. Telefonisches Achselzucken. Sturm auf eine höhere Instanz. Bescheid: Es sei nicht zu begreifen, wo der Mann geblieben ist, aber es werde noch ein zweiter Mann abgesandt werden? Um viertel elf kommt ein Gasmann - es ist der erste. Gleich nach ihm erscheint der zweite. Das Frühstück kann bereitet werden.

Nach ein paar Tagen Benutzung stellt sich heraus, der Gasherd ist verstopft. Alarm. Bescheid: es wird einer kommen. Es kommt einer. Werden Sie das gleich reparieren? "Nein." Warum nicht? Können Sie das nicht? "Ich kann schon, aber ich darf nicht." Was wollen Sie hier? "Ich darf nur aufschreiben?" Wann wird die Reparatur ausgeführt werden? "Weiß ich nicht. Müssen Sie im Werk anfragen." Alarm im Werk. Bescheid: Der Termin läßt sich nicht angeben, das Werk macht seine Reparaturen nicht mehr selbst, sondern gibt sie in Auftrag bei Privatinstallateuren. "Dafür", erklärt traurig der Mann, der nur aufschreiben darf "entlassen sie alle Arbeiter, die was können."

Was muß noch an- und abgemeldet werden? Krankenkasse. Neue Schreiberei, lästig, aber unvermeidbar. Uebrigens: Du hast Krankenscheine auf Vorrat genommen; aus der Erfahrung: Wenn erst einer krank ist . . . Sie gelten doch wohl bei der neuen Kasse, die doch im Grunde nur ein neues Büro ist? Gefehlt! Du mußt die einen an der einen Stelle zurückgeben, die anderen an der anderen Stelle neu kaufen. Brieflich? Aber wenn nun schon morgen einer krank wird? Also machst Du dich lieber selbst auf den Weg. Die eine Stelle: Köpenicker Straße. Die andere Stelle: Charlottenburg, "Am Volkshause". Nicht einmal eingeborene Charlottenburger wissen, wo das ist. Hin und her mit Warten, das bedeutet einen Vormittag, die Fahrtspesen nicht gerechnet. Warum benutzt nicht ganz Groß-Berlin denselben Krankenschein? Wegen des Apparates!

Ich muß dir etwas ins Ohr flüstern: Sei nicht übermütig! Hüte dich vor dem Apparat! Bleib wohnen!

VZ, Nr. 549/50 v. 16.11.32

V. Formulierungen

FORMULIERUNGEN

Die klügsten Leute sollen sich zusammensetzen und die Wahrheit finden? Aber alle Wegweiser zusammen zeigen nicht die rechte Richtung, sondern gar keine Richtung.

Kann man der Wahrheit und der Gerechtigkeit dienen, ohne zu fragen: Was ist Wahrheit? Was ist Gerechtigkeit? Kann man den Geist alarmieren, ohne zu wissen, welchen Geist? Man kann es nicht. Denn grade der Geist ist es, der unbedingte Entscheidungen verlangt.

Daß es eine Leidenschaft der Wollust, des Alkohols, des Spiels, der Macht, des Ehrgeizes gibt, ist den Leuten geläufig. Daß auch das Denken sich zur Leidenschaft steigern kann, das wissen sie nicht und begreifen sie nicht.

Wie es alle treiben, so sollst du es auch treiben. Die Welt verlangt, daß du mitmachst. Dann ist sie bereit, dich gelten zu lassen. Den Einzelgänger, der auf eigene Faust lebt, kann sie nicht leiden. Wehe dir aber, wenn du dich unterstehst, auf eigene Faust zu denken. Der Einzeldenker gilt als verdächtig und wirkt unheimlich. Sein Los ist die hoffnungslose Vereinsamung der Gespenster.

Bediene dich des Konjunktur-Jargons: erste und beinahe einzige Bedingung des Erfolges.

Laß ihn nur laufen. Aber beklage dich dann nicht, wenn er weiter läuft, als dir lieb ist.

Tendenz in der Dichtung? Ja. Es gibt keine gesinnungslose Kunst. Aber es ist ein Unterschied, ob der Dichter die Freiheit des Gedankens verkündet, oder ob er gegen die schlechte Straßenbeleuchtung polemisiert. Den Spießbürgern mag dies dringender sein, und sie werden daher ihren Sachwalter für den größeren Dichter halten. Aber mit dem Maßstab des Jahrhunderts gemessen wird sich herausstellen, daß er selbst ein Spießbürger gewesen ist, und nur der andere ein Dichter.

Von der Herrschaft der Menschen: Erst ist der machtbegabte Mensch da, der herrschen will, weil er versteht zu herrschen. Er sammelt einen Kreis um sich, es entsteht eine Bewegung, auf ihn zu und mit ihm in die Höhe. Zuletzt erst, der Wichtigkeit nach, kommt als Rechtfertigung eine Idee hinzu oder der Schein einer Idee.

Von der Herrschaft der Ideen: Es gibt keine andere Machtquelle als die Idee. Alles andere ist Apparatur, von dazu bestellten, begabten oder auch unbegabten Menschen bedient. Was durch den Apparat herrscht, befiehlt, Gehorsam fordert und findet, ist immer wieder die Idee und nichts außer ihr.

Wenn man den Umsturz will, Neuordnung der Gesellschaft, Sozialisierung: was will man dann eigentlich? Welcher Art Mensch sollen die Lebensbedingungen unterbunden werden? Welche Art Mensch soll günstige Lebensbedingungen finden? Dazu müßte man wissen: Welche Art Mensch soll als der wertvolle und daher wünschbare Mensch gelten? Und dazu müßte man wissen: Nach welchem Maßstab bestimmt man den Wert des Menschen? Wenn man die Welt neuordnen will, so müßte man an diesem Ende anfangen. Statt dessen fängt man am entgegengesetzten Ende an: bei der Revolution. Aber vielleicht würde man sonst nie anfangen.
VZ, Nr. 63 v. 15. 3. 1931

FORMULIERUNGEN

Wo ist heute der Platz der Geistigen? wird gefragt. Das ist so, als ob man fragen wollte: Auf welcher Seite war im Weltkrieg der Platz der Soldaten? Die Tatsache, daß einer sich zu den Geistigen rechnet, entscheidet nicht über die Partei. Sie sollte aber dahin entscheiden, daß er dem Geiste treu bleibt und nicht die großen Machtkämpfe und die wirtschaftlichen Nöte für geistige Entscheidungen hält.

Die ganz fremden Menschen mit ganz anderen Sitten und ganz anderen Horizonten wohnen nicht jenseits des Ozeans, sie wohnen in deinem eigenen Hause, unten im Keller und oben in der Mansarde.

Es gibt Menschen, die ohne Besinnung vor sich hin leben. Es gibt ferner Menschen, die an irgendeinem Punkte des Lebens ihre Biographie schreiben müssen. Mit beiden ist auszukommen. Aber dann gibt es noch Menschen, die ihre Biographie leben. Denen geh aus dem Wege.

Es geschieht nicht nur das Vernünftige, und es ist etwas nicht schon deshalb vernünftig, weil es geschehen ist.

Was ist dringender: einen Plan für die Vervollkommnung der Menschen aufstellen oder bei sich selber schon immer mit der Vervollkommnung anfangen? Was ist schwerer? Und was ist wertvoller?

Insofern der Marxismus eine Lehre ist, die menschliche Glückseligkeit zu fördern: kannte denn Karl Marx die Menschen? Aber woher, da er doch kein Dichter war?

Marxismus: In dieser unvollkommenen Welt kann die Unvollkommenheit der Güterverteilung abgeschafft werden (und die Benachteiligten sollen sie selber abschaffen). Zugegeben. Und was weiter? Und alsdann?

Marxismus: Monomanie der Industrie. Die Wirklichkeit, das ist die Fabrik; der Mensch, das ist der Fabrikarbeiter.

Kapitalismus: Aber Kapital, viel Kapital, sehr viel Kapital ist nichts Schlechtes. Es ist ein Instrument. Fragt sich nur: von wem wird es gebraucht und wozu wird es gebraucht?

Was an der Struktur unserer Gesellschaft gewollt ist, das kann man ändern, indem man anders will. Was aber gewachsen ist, das kann man nicht ändern, auch wenn man anders will. Und der Streit geht grade darum: wieviel an unserer gesellschaftlichen Struktur ist gewachsen, nach der Art des Menschen, und wieviel ist gewollt, noch dazu aus bösem Willen?

Marx sah die Anarchie in der Produktion. Wenn er also helfen wollte, so hätte er müssen einen Plan der Produktion aufstellen. Statt dessen verlangt er Uebergang der Produktionsmittel in die Hände der Allgemeinheit. Aber auch die Allgemeinheit kennt keinen Produktionsplan. Ohne einen solchen Plan bliebe auch der Allgemeinheit, beim besten Willen zur planvollen Produktion, nichts anderes übrig, als anarchisch zu produzieren.

Steigerung der Produktion? Aber wer sagt, daß sie gesteigert werden soll? Vielleicht verlangt der wissenschaftlich fundierte, der zu Ende gedachte Plan, daß sie eingeschränkt werden muß. Und was heißt Produktion? Ist es wichtig, Waren zu produzieren, oder vielleicht Erkenntnis, oder Güte, oder Glück? Ist es vielleicht wichtig, Menschen zu produzieren? und wenn ja, was für Menschen?
VZ, Nr. 205 v. 3. 9. 1931

FORMULIERUNGEN

Die Unvollkommenheit menschlicher Einrichtungen ist leicht zu durchschauen, schwerer die Unvermeidbarkeit der Einrichtungen; am schwersten die Unvermeidbarkeit der Unvollkommenheit.

"Es liegt am System" - das sagt sich leicht. Dabei genügt es, die Forderung in die Welt hinauszuschreien und die Verwirklichung den anderen zu überlassen. "Es liegt an den Menschen" - das erkennt sich schwer. Dabei ist es mit der Forderung nicht getan; man muß selber anfangen zu bessern, und zwar sich selbst.

Der Mitmensch, der einen Posten zu verwalten hat, handle aus bösem Willen und mit Dummheit - setzen die einen voraus; die anderen: er bemühe sich, seine Sache gut zu machen, und verfüge mindestens über gesunden Menschenverstand. Verschiedenheit der Lebenserfahrung? Oder Verschiedenheit des Wesens, aus dem alle Erfahrung erst stammt?

Brille rechtsgeschliffen: Ein Nationalist in der Etappe ist nationaler als ein Sozialist im Schützengraben. Brille linksgeschliffen: Die kleine schlecht gerüstete deutsche Reichswehr ist gefährlicher als die unbeschränkt große, modern bewaffnete schlagkräftige russische Rote Armee.

Man muß nicht immer tätig eingreifen. Man muß auch fähig sein, abzuwarten und reifen zu lassen.

Jede Torheit, die öffentlich behauptet wird und Beistimmung findet, zu wiederlegen, ist unmöglich. Wer sich darauf einlassen wollte, könnte sein ganzes Leben auf Widerlegung von Torheiten verschwenden. Es ist aber auch nicht nötig: Torheiten sterben von selbst ab, wie die Fliegen, wenn der Sommer vorbei ist.

Viele können nur *entweder* kommandieren *oder* parieren. Deshalb kommt ihnen Demokratie vor wie eine bloße Form. Aber das ist kein Einwand; denn was soll Demokratie anders sein als eine Form des öffentlichen Lebens? Aber sie passen nicht in diese Form, weil sie keine demokratischen Menschen sind.

Kollektivismus? Wer mitarbeiten und mitkämpfen will, muß sich einfügen, in Reih und Glied treten. Aber denken kann man nur als Einzelgänger. Kollektiv denken, mitdenken, was die anderen denken, heißt auf Denken verzichten.

Zwar - aber, einerseits - andererseits: das wird als schwächlich verachtet. Aber es ist so leicht, nur eine Seite zu sehen und aus der Einseitigkeit zu handeln! Alle Humanität, aller Fortschritt, alle Gerechtigkeit und alle Weisheit kommt allein von denen, die mit der einen Seite auch die andere Seite zu sehen wissen und die so diszipliniert sind, daß sie die Welt in Zwar und Aber zerlegen können. Zuletzt gehört auch noch Mut dazu, die Doppeldeutigkeit der Dinge sich selbst einzugestehen und vor den anderen zu bekennen.

Wer ist ein demokratischer Mensch? Wie ist ein demokratischer Mensch? Sein Grundgefühl: Ich bin etwas, du bist auch etwas. Ich bin anständig, du bist auch anständig, ich bin ein Bürger, du bist auch ein Bürger. Keiner ist mehr, keiner ist weniger als der andere, wenn auch der eine zufällig der Vorgesetzte des anderen ist. Daraus ergibt sich das unbefangene, zugleich bescheidene und sichere Selbstgefühl des freien Mannes.
VZ, Nr. 293 v. 21. 10. 1932

Dortmunder Beiträge zur Zeitungsforschung

Herausgegeben vom Institut für Zeitungsforschung der Stadt Dortmund

3 Margot Lindemann: **Pressefrühdrucke als Spiegel französischer Geschichte. Neue Zeitungen und Pamphlete aus zwei Jahrhunderten. Bibliographie Frankreich. 1958.** 108 S. 14 Abb. DM 28,–. ISBN 3-7940-2503-2

4 Karl d'Ester: **Die Zeitungswissenschaft im Dienste der deutsch-französischen Beziehungen.** Heinz-Otto Sieburg: **Die Politik Richelieus und Renaudots „Gazette".** Heinrich Hofmeier: **Der Zahnarzt Georges Fattet in der Karikatur von 1848.** 1959. 75 S. DM 12,–. ISBN 3–7940–2504–0

5 Günter Sandgathe: **Der „Westfälische Anzeiger" und die politischen Strömungen seiner Zeit (1798–1809).** 1960. 214 S. DM 20,–. ISBN 3–7940–2505–9

6 Ulrich Heß: **Louis Viereck und seine Münchner Blätter für Arbeiter 1882–1889.** Margot Lindemann: **Der Münchner Preßbandit.** 1961. 101 S. DM 16,– ISBN 3–7940–2506–7

7 Rudolf Großkopff: **Die Zeitungsverlagsgesellschaft Nordwestdeutschland GmbH 1922–1940.** 1963. X, 231 S. DM 24,–. ISBN 3–7940–2507–5

8 Peter Märthesheimer: **Publizistik und gewerkschaftliche Aktion 1964.** 88 S. DM 12,–. ISBN 3–7940–2508–3

9 Elisabeth Stein: **„Der Freimüthige an der Haar" als Organ des politischen Katholizismus 1849–50.** 1965. 105 S. DM 16,–. ISBN 3–7940–2509–1

10 Wilhelm Klutentreter: **Die Rheinische Zeitung von 1842/43.** Teil 1. 1966. 171 S. Teil 2. 1967. VI, S. 173–266, 4. Zs. DM 28,–. ISBN 3–7940–2510–5

11 Bernd Grote: **Der deutsche Michel.** 1967. 89 S. DM 12,–. ISBN 3–7940–2511–3

12 Hildegard Scholand: **Presse und Beamtenpolitik.** 1968. 165 S. DM 16,–. ISBN 3–7940–2512–1

13 Uwe Kothenschulte: **Hermann Löns als Journalist.** 1968. 184 S. DM 20,–. ISBN 3–7940–2513–X

14 Heinz-Dietrich Fischer: **Publizistik in Suburbia.** 1971. 204 S. DM 28,–. ISBN 3–7940–2514–8

15 Peter Schütze: **Die Entwicklungsgeschichte lokaler Wechselseiten im deutschen Pressewesen bis 1945.** 1971. 178 S. DM 24,–. ISBN 3–7940–2515–6

16 Horst Bieber: **Paul Rohrbach. Ein konservativer Publizist und Kritiker der Weimarer Republik.** 1972. 270 Seiten. DM 24,80. ISBN 3–7940–2516–4

17 Rolf Richter: **Kommunikationsfreiheit – Verlegerfreiheit?** 1973. 429 S. DM 28,–. ISBN 3–7940–2517–2

18 Ingo Petzke: **Journalistische Mitbestimmung in schwedischen Zeitungsverlagen.** 1974. 101 S. DM 19,–. ISBN 3–7940–2518–0

19 Manfred Overesch: **Presse zwischen Lenkung und Freiheit.** 1974. 210 S. DM 28,–. ISBN 3–7940–2519–9

20 Amine Haase: **Katholische Presse und die Judenfrage.** 1975. 262 S. DM 28,–. ISBN 3–7940–2520–2

21 **Verzeichnis und Bestände westfälischer Zeitungen.** 1975. 112 S. DM 20,–. ISBN 3–7940–2521–0

22 **Carl Wilhelm Tölckes Presseberichte zur Entwicklung der deutschen Sozialdemokratie (1848–1893).** 1976. 278 S. DM 28,–. ISBN 3–7940–2522–9

23 Will Schaber: **B. F. Dolbin. Der Zeichner als Reporter.** 1976. 180 S. zahlr. Abb. DM 36,–. ISBN 3-7940-2523-7

24 Rolf Taubert: **Autonomie und Integration. Das Arbeiter-Blatt Lennep.** 1977. 215 S. DM 28,–. ISBN 3-7940-2524-5

25 Moritz Goldstein: **Berliner Jahre. Erinnerungen 1880–1933.** 1977. 269 S. 10 Abb. DM 28,–. ISBN 3-7940-2525-3

26 Margot Lindemann: **Nachrichtenübermittlung durch Kaufmannsbriefe.** In Vorbereitung. ISBN 3-7940-2526-1

Verlag Dokumentation München – Postfach 711009 – 8000 München 71

Kolibri 360 GmbH
Ferdinand-Jühlke-Straße 7
99095 Erfurt, Deutschland
produktsicherheit@kolibri360.de